普通高等教育应用型规划教材·电子信息类

模拟电子技术及应用

（第二版）

李继凯　编著

科学出版社

北　京

内 容 简 介

本书以教育部高等学校电工电子基础课程教学指导委员会最新修订的《模拟电子技术基础课程教学基本要求》为依据编写，内容简明扼要、深入浅出、通俗易懂，突出"工程应用"的特点，特别适合培养应用技术型人才的高校使用。本书共分 9 章，主要内容包括半导体二极管及应用、晶体三极管及应用、场效应管及应用、集成运算放大器、负反馈放大电路、信号运算与处理电路、信号产生与变换电路、功率放大电路和直流稳压电源等内容。

本书定位明确，针对性强，特色鲜明，可作为普通本科院校或高职高专院校电子信息工程、通信工程、自动化、计算机科学与技术、仪器仪表等电气、电子信息类专业和部分非电类专业的本、专科学生的教科书（参考学时：52～64 学时），尤其适合以培养应用型、技术技能型人才为主的地方本科高校（二本、三本）的师生选用，也可作为其他理工科相关专业学生和广大科技工作者的参考用书。

图书在版编目（CIP）数据

模拟电子技术及应用/李继凯编著. —2 版. —北京：科学出版社，2017
ISBN 978-7-03-055167-2

Ⅰ.①模… Ⅱ.①李… Ⅲ.①模拟电路-电子技术-高等学校-教材
Ⅳ.①TN710

中国版本图书馆 CIP 数据核字（2017）第 268517 号

责任编辑：孙露露 常晓敏／责任校对：王万红
责任印制：吕春珉／封面设计：耕者设计工作室

科学出版社 出版
北京东黄城根北街16号
邮政编码：100717
http://www.sciencep.com

三河市骏杰印刷有限公司 印刷
科学出版社发行 各地新华书店经销
*
2013 年 5 月第 一 版 开本：787×1092 1/16
2017 年 11 月第 二 版 印张：16 3/4
2019 年 1 月第六次印刷 字数：376 000

定价：39.00 元

（如有印装质量问题，我社负责调换〈骏杰〉）
销售部电话 010-62136230 编辑部电话 010-62138978-2010

第二版前言

《模拟电子技术及应用》自 2013 年出版至今，受到了广大读者的欢迎和好评。该书与作者主编的《数字电子技术及应用》和《电子技术及应用学习指导》形成了“电子技术基础应用型系列精品教材”，《数字电子技术及应用》和《模拟电子技术及应用》先后被评为广东省精品教材，本系列教材的建设和实践获得 2017 年广东省教学成果二等奖。

针对地方高校向应用型转变，为提高应用型人才培养质量，本书在第一版的基础上，对于各种半导体器件和集成电路，大量压缩了器件内部的工作原理分析，侧重器件的外特性、技术参数和工程应用方法介绍。通过典型的分立元件电路，重点介绍电子电路的基本分析方法，注重电子电路的组成及结构分析，减少复杂的数学推导，突出定性分析和工程估算。另外，增加了应用性和实践性强的内容，并把目前产业界对学生要求的最新内容补充到教材中。

根据广大读者提出的意见和建议，本书做了如下修订：

1. 每章前面的“基本内容”改为“本章学习目的和要求”。

2. 在二极管的应用中把全波整流电路改为半波整流电路，这样电路更简单，更有利于初学者学习，第 1 章的习题中，增加了稳压管的应用内容。

3. 为了使学生对晶体管有更多的感性认识，在 2.1.1 节增加了常用的通用/小信号晶体管、功率晶体管和 RF（射频 / 微波）晶体管的介绍，并给出了各种类型晶体管的实物图片。在 2.3 节增加了应用实例——温度自动控制系统，调整了部分习题。

4. 4.2 节采用了一种简单的分析方法求解差模电压放大倍数。只需画出半边的交流通路，利用第 2 章的结果即可得到差模电压放大倍数，简化了理论推导。

5. 第 5 章删减了分立元件负反馈放大电路的分析，主要讨论运放组成的负反馈放大电路的计算，调整了部分习题。

6. 为了使学生了解运放的实际应用，在 6.1 节和 6.4 节分别增加了多路传感器的仪器系统、仪表放大器、25W 四通道混频器/放大器、超温检测电路和液位控制系统等应用实例，更加突出了本书的应用性。

7. 为了使学生了解文氏电桥振荡器的实际应用，增加了音调发生器等应用实例。

8. 第 3、8 章在文字叙述方面做了一些改变。

9. 第 9 章删除了半波整流电路，重点介绍桥式全波整流电路。

全书突出“工程应用”的特点，在内容设计和教学方法上做了科学有益的探索。全书知识体系完整、系统，内容安排合理，注意理论与实践的结合，内容由浅入深、循序渐进，符合学生的认知规律。一些重点、难点概念的叙述简明扼要、深入浅出、通俗易懂。

为方便教师授课和学生学习，本书配有与各章节教学内容完全对应的、高质量的多媒体教学课件（包括习题课的课件），各章均提供了习题，课件及习题答案可发邮件至邮箱 360603935@qq.com 索取。另外，《电子技术及应用学习指导》（李继凯主编，科学出版社出版）可与本书配套使用。

本书适合学时数为52～64学时。书中标注有“*”的内容，教师和学生可以选讲、选学。

全书由广东石油化工学院李继凯执笔并统稿。参加编写的还有广东石油化工学院刘晓燕、李新超，浙江大学宁波理工学院李林功、王一刚，惠州学院林伟民，北京理工大学珠海学院张苑农，河南师范大学王长清，茂名职业技术学院林静等。广东石油化工学院张颖做了大量的资料收集和整理工作。

在编写本书过程中，我们参阅了大量文献资料，在此向相关作者表示诚挚的感谢。限于作者水平，不当之处在所难免，恳请广大读者批评指正。

李继凯

2017年4月

第一版前言

“模拟电子技术”是高等学校电子、电气、通信、计算机等电类专业在电子技术方面入门性质的专业基础课，它主要讲述常用半导体器件及其应用电路的工作原理和分析、设计方法。通过本课程的学习，可使学生获得电子技术方面的基础知识、基本理论和基本技能，培养学生分析问题和解决问题的基本能力，为以后深入学习专业课程以及电子技术在专业中的应用打好基础。

当前，我国高等教育已由精英教育过渡到大众化教育，各类院校生源质量差异更加明显，不同学校的定位和人才培养目标也不尽相同。本书是根据作者从事“模拟电子技术”教学近 30 年的工作经验积累编写而成，主要针对二本、三本及高等职业院校学生的特点编写，是《数字电子技术及应用》（科学出版社，2012，李继凯等编著）的姊妹篇。与现有教材相比，本书具有如下特点。

1. 本书按照教育部高等学校电子信息与电气学科基础课程教学指导分委员会最新修订的《模拟电子技术基础课程教学基本要求》编写而成。在保证基本教学内容的前提下，针对二本、三本及高等职业院校学生的特点，体现因材施教的需要。

2. 本书在结构上充分考虑了教学内容中各个知识点的特点及其内在联系，章节前后次序编排合理，内容由浅入深、循序渐进，符合学生的认知规律。

3. 在目前教学时数普遍较少的情况下，本书突出基本概念和基本原理，对一些重点、难点概念的叙述力求简明扼要、深入浅出、通俗易懂，并采用比较有效和精练的叙述方式把问题交代清楚，特别适合初学者学习，同时更有利于培养学生在教师指导下的自学能力。

4. 本书突出“工程应用”的特点。对于各种半导体器件和集成电路，压缩了器件内部的工作原理分析，侧重器件的外特性、技术参数和工程应用方法介绍；通过典型的分立元件电路，重点介绍电子电路的基本分析方法，注重电子电路的组成及结构分析，减少复杂的数学推导，突出定性分析和工程估算；既满足教学要求，又使教师好教、学生好学。

5. 制作了与本书内容配套、真正适合教师教学使用的高质量教学课件（包括习题课课件），为教师教学提供方便。

本书系统地介绍了模拟电子技术的基本知识、基本理论和常用半导体器件及其应用电路，主要包括半导体二极管及其应用电路、晶体三极管及其基本放大电路、场效应管及其放大电路、集成运算放大器、负反馈放大电路、基于集成运放的信号运算与处理电路、基于集成运放的信号产生与变换电路、功率放大电路和直流稳压电源等内容。书中打“*”号的章节为选讲内容，教师可根据各学校的教学安排、总学时数及学生的实际情况灵活处理。

本书每章后面都精选了练习题，供学生课外练习、巩固所学内容，书后附有参考答案。书中某些章节的习题量较大，考虑到不同学校的生源质量、教学要求有比较大的差异，教师可根据本校学生实际情况选做。书中注有“*”的习题难度稍大，供学习程度较好的学生选做。

全书由广东石油化工学院李继凯执笔并进行统稿。参加编写工作的还有：广东石油化工学院刘晓燕，浙江大学宁波理工学院李林功、于在河，惠州学院林伟民，湖北文理学院陈铭，茂名职业技术学院王开、林静等。刘晓燕、李林功对全书进行了修改、校对。限于作者水平，不当之处在所难免，恳请读者批评指正，有关意见可发至作者电子邮箱：13727840821@qq.com。本书配套的PPT教学课件可向科学出版社编辑（cxp666@yeah.net）或作者索取，也可从科学出版社网站（www.abook.cn）下载。

在本书出版过程中，作者参阅了大量文献资料，在此对相关作者的贡献和辛勤劳动表示衷心的感谢。

李继凯

2012年12月

目 录

第 1 章　半导体二极管及应用

本章学习目的和要求：

1. 了解本征半导体、杂质半导体和PN结的形成。
2. 理解普通二极管、稳压二极管的工作原理，掌握它们的特性和主要参数。
3. 掌握二极管的应用方法。

1.1　半导体基础知识

1.1.1　本征半导体

导电能力介于导体和绝缘体之间的物质称为半导体，如硅、锗、硒、砷化镓等。半导体的导电能力在不同条件下有很大的差别。例如，有些半导体（如钴、锰、镍等的氧化物）对温度非常灵敏，当环境温度升高时，它们的导电能力会增强很多，利用这种特性就做成了各种热敏器件（如热敏电阻）。又有些半导体（如镉、铅等的硫化物与硒化物）受到光照时，它们的导电能力变得很强，当无光照时，又变得像绝缘体一样不导电，利用这种特性就可做成各种光敏器件（如光敏电阻）。更重要的是，如果在纯净的半导体中掺入某种微量的杂质后，它的导电能力就可增加几十万乃至几百万倍，利用这种特性就可做成各种不同用途的半导体器件，如半导体二极管、三极管、场效应管及晶闸管等。

常用的半导体材料有硅（Si）和锗（Ge），它们都是 4 价元素，其原子的最外层轨道上都有 4 个价电子，如图 1.1.1 所示。

将硅或锗材料提纯（去掉无用杂质）并形成单晶体后，所有原子便基本上排列整齐。每一个硅（或锗）原子最外层的四个价电子，都与周围相邻的四个硅原子的一个价电子组成一个电子对。这对价电子是两个相邻原子共有的，它们把相邻的原子结合在一起，构成所谓的共价键结构，如图 1.1.2 所示。图中标有“+4”的圆圈表示除价电子外的正离子。这种纯净的具有晶体结构的半导体称为本征半导体。

在本征半导体中，由于共价键有很强的结合力，处于共价键中的价电子是不能自由移动的，因而不能导电。在常温下（T=300K），会有极少数的价电子由于热运动（热激发）而获得足够的能量，从而挣脱共价键的束缚成为自由电子。与此同时，在共价键中留下一个空位，称为空穴，如图 1.1.2 所示。这种现象称为本征激发，本征激发产生的自由电子和空穴成对出现。

在外电场的作用下，有空穴的原子可以吸引相邻原子中的价电子来填补这个空穴，而在失去一个价电子的相邻原子的共价键中又产生一个新的空穴，它也可以由相邻原子中的价电子来递补，而在该原子中又出现一个空穴。这种价电子递补空穴的运动也可看成空穴在运动，而空穴运动的方向与价电子的运动方向相反，因此，空穴的运动相当于正电荷的运动。

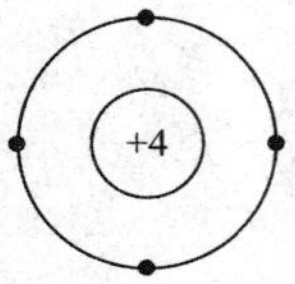

图 1.1.1 硅、锗的原子结构简化模型

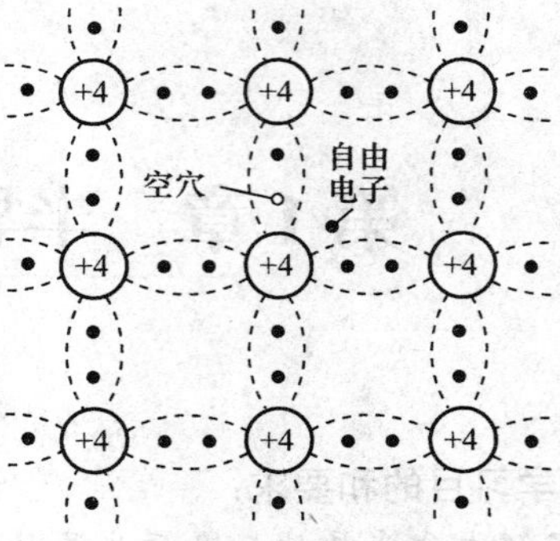

图 1.1.2 本征半导体晶体结构平面图

当半导体两端外加电压时，半导体中将出现两部分电流：一部分是自由电子作定向运动所形成的电子电流；另一部分是仍被原子核束缚的价电子（注意，不是自由电子）递补空穴所形成的空穴电流。由于自由电子和空穴所带电荷极性相反，所以它们的运动方向相反，形成的电流方向相同。因此，本征半导体中的电流是电子电流和空穴电流之和。自由电子和空穴都称为载流子。

导体中只有一种载流子（自由电子）参与导电，而半导体有两种载流子（自由电子和空穴）参与导电，这是半导体与导体在导电机理上的本质区别。

在本征半导体中，自由电子如果与空穴相遇就会填补空穴，使二者同时消失，这种现象称为复合。在一定温度下，本征激发所产生的自由电子与空穴对，与复合的自由电子与空穴对数目相等，二者达到动态平衡，半导体中的载流子（自由电子和空穴）维持一定的数目。但当温度升高时，由于本征激发产生的载流子数目增多，导电性能就会增强，所以，温度对半导体器件的性能影响很大。

1.1.2 杂质半导体

本征半导体中虽然有自由电子和空穴两种载流子，但由于数量极少，导电能力仍然很低。如果在其中掺入微量的杂质（某种化学元素），将使掺杂后的半导体（杂质半导体）的导电能力大大增强。根据掺入的杂质元素不同，可以形成 N 型半导体和 P 型半导体。

1. N 型半导体

N 型半导体是在本征半导体中掺入少量五价元素磷（或砷、锑）形成的。由于掺入的磷原子数量较少，因此，掺杂后整个晶体结构基本上不变，只是某些位置上的硅（锗）原子会被磷原子取代。每个磷原子在与周围相邻的四个硅（锗）原子形成共价键时只需要四个价电子，多余的一个价电子不在共价键中，常温下，价电子很容易挣脱磷原子核的束缚而成为自由电子。而磷原子失去一个价电子后便成为带正电荷的正离子，此正离子不能移动，因而不能参与导电，如图 1.1.3 所示。每掺入一个磷原子就可以产生一个自由电子。由此可见，掺入磷元素可以使半导体中的自由电子数目大量增加。

半导体中除了掺杂释放出的自由电子外，还有本征激发产生的电子-空穴对，但其数量比掺杂释放的自由电子数量少得多。因此，在这种半导体中，自由电子的数量远大于空穴的数量，故称自由电子为多数载流子（简称多子），空穴为少数载流子（简称少子）。这种半导体主要靠电子导电，因电子带负电（negative），所以称之为 N 型半导体。掺入的杂质越多，电子的浓度就越高，从而导电性能就越强。因杂质原子（磷）提供自由电子，故称为施主原子。

2. P 型半导体

P 型半导体是在本征半导体中掺入少量硼（或铝、镓、铟）形成的。由于掺入的硼原子最外层只有三个价电子，当它与周围相邻的四个硅（锗）原子形成共价键时，其中一个共价键中缺少一个电子而形成一个空位。在常温下，邻近的硅（锗）原子的共价键中的价电子由于热运动很容易被吸引去填补这个空位，从而在硅（锗）原子的共价键中产生一个空穴，而硼原子则因吸收一个电子而成为不能移动的负离子，如图 1.1.4 所示。每掺入一个硼原子就可以产生一个空穴，可见掺入硼元素可以使半导体中的空穴数目大量增加。除了掺杂提供空穴外，还有本征激发产生的电子-空穴对。因此，在这种半导体中，空穴的数量远大于自由电子的数量，故称空穴为多数载流子（简称多子），自由电子为少数载流子（简称少子）。这种半导体主要靠空穴导电，因为空穴带正电（positive），所以称之为 P 型半导体。掺入的杂质越多，空穴的浓度就越高，从而导电性能就越强。因杂质原子中的空位能吸收电子，故称为受主原子。

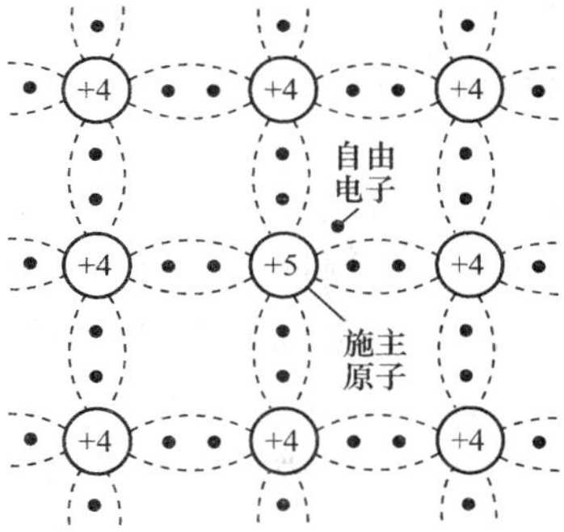

图 1.1.3　N 型半导体

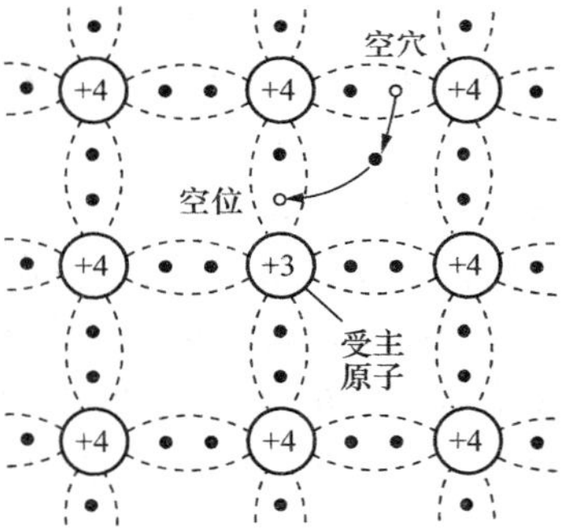

图 1.1.4　P 型半导体

1.1.3　PN 结

P 型或 N 型半导体的导电能力虽然有了很大提高，但并不能直接用来制造半导体器件。若将这两种半导体以某种方式结合在一起，构成 PN 结，就可以使半导体的导电性能受到控制，从而可以制成多种具有不同特性的半导体器件。

1. PN 结的形成

当 P 型半导体和 N 型半导体结合在一起时，由于 P 区的空穴浓度远大于 N 区的空穴浓度，因此，P 区空穴要向 N 区扩散。同样，N 区的电子要向 P 区扩散。于是，在交界面两侧便形成了电子和空穴的扩散运动，如图 1.1.5（a）中箭头所示。在交界面 P 区一侧的空穴与 N 区扩散来的电子复合而消失，留下带负电的三价杂质（如硼）离子，形成负空间电荷区。N 区一侧的电子与 P 区扩散来的空穴复合而消失，留下带正电的五价杂质（例如磷）离子，形成正空间电荷区。这样，在 P 型半导体和 N 型半导体的交界面两侧就形成了一个空间电荷区，这个空间电荷区就是 PN 结，如图 1.1.5（b）所示。

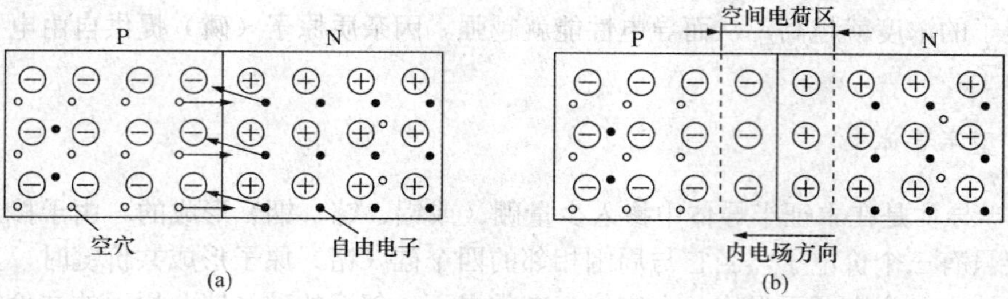

图 1.1.5　PN 结的形成

空间电荷区的正负离子虽然带电，但它们不能移动，不参与导电。而在这个区域内，载流子极少，所以空间电荷区的电阻率很高。此外，在此区域内，空穴和电子全都复合掉了，或者说载流子都消耗尽了，因此，空间电荷区又称为耗尽层。

正负空间电荷在交界面两侧形成一个电场，称为内电场，其电场强度正比于空间电荷的数量，其方向由正电荷指向负电荷，即由 N 区指向 P 区。

内电场形成后，一方面，由 P 区向 N 区扩散的空穴以及由 N 区向 P 区扩散的自由电子在空间电荷区都将受到内电场的阻力，即内电场对多数载流子的扩散运动起阻挡作用，所以空间电荷区又称为阻挡层。但另一方面，内电场促使少数载流子向对方移动（P 区的电子向 N 区移动，N 区的空穴向 P 区移动）。通常把少数载流子在内电场作用下的运动称为漂移运动。

扩散和漂移既互相联系，又互相矛盾。在开始形成空间电荷区时，多数载流子的扩散运动占优势，随着扩散的进行，空间电荷区逐渐变宽，内电场逐渐增强。随着内电场的增强，它阻挡多子的扩散，于是在一定条件下（例如温度一定），多数载流子的扩散运动逐渐减弱，而少数载流子的漂移运动则逐渐增强。最后，扩散运动和漂移运动达到动态平衡。即 P 区的空穴（多子）向右扩散的数量与 N 区的空穴（少子）向左漂移的数量相等，自由电子也是同样情况。达到平衡后，空间电荷区的宽度基本上稳定下来，PN 结也就处于相对稳定的状态。

2. PN 结的单向导电性

PN 结处于动态平衡状态时，多数载流子的扩散电流与少数载流子的漂移电流大小相等而方向相反，通过 PN 结的电流为零，即 PN 结处于不导电状态。但是，如果在 PN 结两端加上不同极性的电压，原来扩散运动和漂移运动的动态平衡就会被打破，使 PN 结呈现出截然不同的导电性能，即单向导电性。单向导电性是 PN 结的基本特性。

1）PN 结外加正向电压

当外加电源的正极接 P 区，负极接 N 区时，称为 PN 结外加“正向电压”或“正向偏置”，如图 1.1.6 所示。这时，外电场和内电场方向相反，因此扩散运动与漂移运动的平衡被打破。外电场驱使 P 区的空穴和 N 区的自由电子进入空间电荷区，分别抵消（中和）一部分负空间电荷和正空间电荷，于是整个空间电荷区变窄，内电场被削弱，多数载流子的扩散运动增强，形成较大的扩散电流（正向电流）。在一定范围内，外电场愈强，正向电流（由 P 区流向 N 区的电流）愈大，这时 PN 结呈现的电阻很小。正向电流包括空穴电流和电子电流两部分。由于空穴和电子带有不同极性的电荷，虽然运动方向相反，但所形成的电流方向一致。外电源不断地向半导体提供电荷，使电流得以维持。

2）PN 结外加反向电压

当外加电源的正极接 N 区，负极接 P 区时，称为 PN 结外加“反向电压”或“反向偏置”，如图 1.1.7 所示。这时，外电场和内电场方向一致，也破坏了扩散运动与漂移运动的平衡。外电场驱使空间电荷区两侧的空穴和自由电子移走，使得空间电荷区变宽，内电场增强，导致多数载流子的扩散运动难以进行。但另一方面，内电场的增强也加强了少数载流子的漂移运动。在外电场的作用下，N 区的空穴越过 PN 结进入 P 区，P 区的自由电子越过 PN 结进入 N 区，在电路中形成了反向电流（由 N 区流向 P 区的电流）。由于少数载流子数量很少，因此反向电流很小，即 PN 结呈现的反向电阻很大，可以认为反向偏置的 PN 结基本上是不导电的，即处于截止状态。

因为少数载流子是由于本征激发产生的，环境温度愈高，少数载流子的数量愈多，反向电流就越大。所以，温度对反向电流的影响很大。

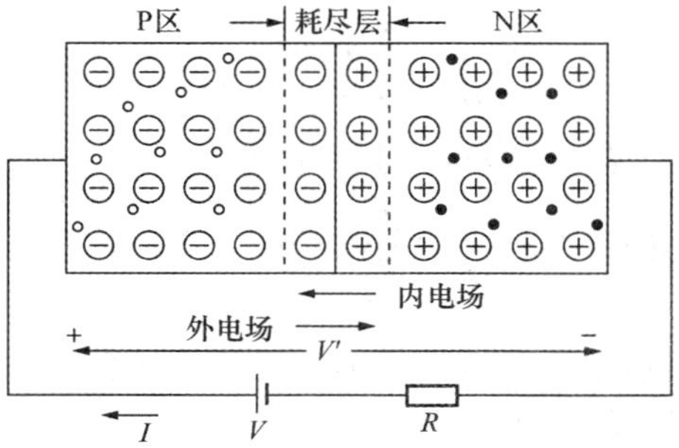

图 1.1.6　PN 结外加正向电压

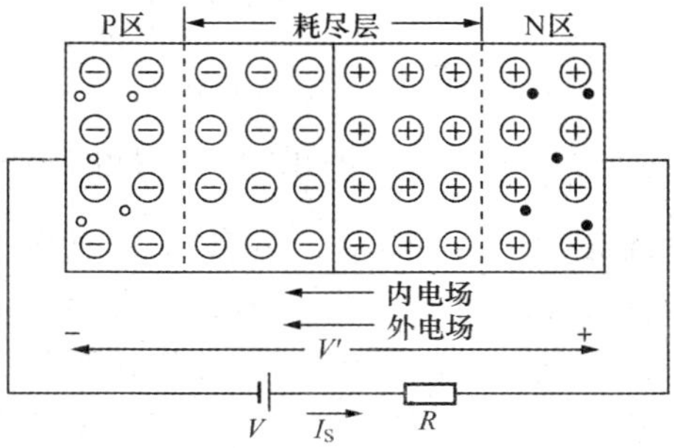

图 1.1.7　PN 结外加反向电压

由以上分析可知，当 PN 结外加正向电压时，PN 结呈现很小的电阻，PN 结中有较大的电流通过，PN 结处于导通状态；当 PN 结外加反向电压时，PN 结呈现很大的电阻，PN 结中只有很小的反向电流通过，PN 结处于截止状态。这就是 PN 结的单向导电性。

3. PN 结的电容效应

由于空间电荷区只有不能移动的正负离子，相当于存储着电荷；空间电荷区缺少可以导电的载流子，相当于介质；而两侧的 P 区和 N 区的电导率相对高一些，相当于导体；当 PN 结两端加变化的电压时，空间电荷区的电荷量将随之改变，这种现象与电容的作用相似，故 PN 结具有电容效应。与之等效的电容，称为结电容。结电容一般都很小（结面积小的其电容量约 1pF，结面积大的其电容量为几十至几百皮法），对于低频信号呈现很大的容抗，其作用可以忽略不计，因而只有在信号频率较高时才考虑结电容的影响。

1.2　半导体二极管

1.2.1　二极管的结构和类型

将 PN 结加上电极引线和管壳，就成为半导体二极管。由 P 区引出的电极为阳极（正极），由 N 区引出的电极为阴极（负极），其电路符号如图 1.2.1（d）所示。

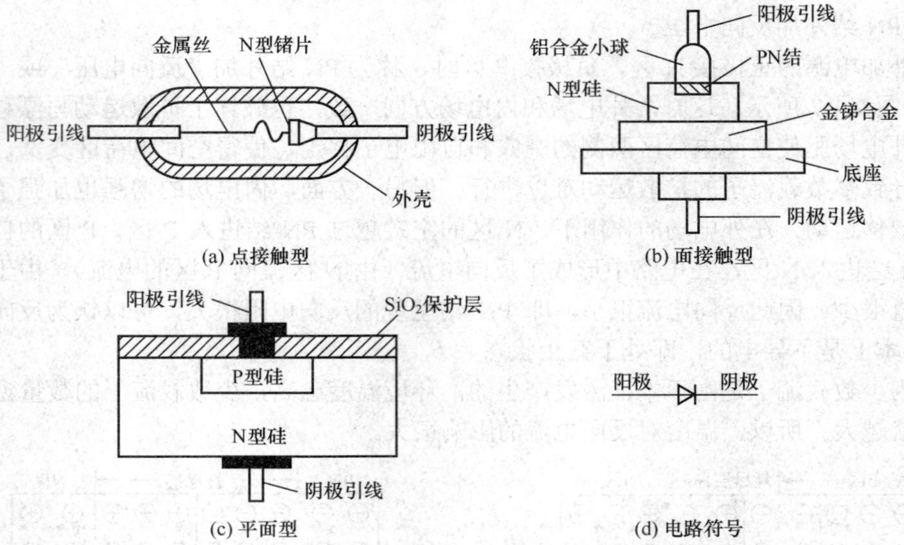

图 1.2.1 半导体二极管的几种常见结构及电路符号

按制造材料的不同，二极管有硅二极管和锗二极管两种。按内部结构的不同，有点接触型、面接触型和平面型三种，如图 1.2.1 所示。

（1）点接触型二极管（一般为锗管）：PN 结面积很小，因此不能通过较大电流，一般用于高频检波和小功率的工作，也可用作数字电路中的开关器件。

（2）面接触型二极管（一般为硅管）：PN 结面积大，可通过较大电流，适用于低频及大功率整流电路中。

（3）平面型二极管：用二氧化硅作为保护层，使 PN 结不受污染，从而大大减小了 PN 结两端的漏电流。因此，它的质量较好，批量生产中产品性能比较一致。其中 PN 结面积大的可用于大功率整流和调整管，PN 结面积小的可用作高频管或高速开关管。

1.2.2 二极管的伏安特性

二极管既然是一个 PN 结，它当然具有单向导电性，其伏安特性曲线如图 1.2.2 所示。

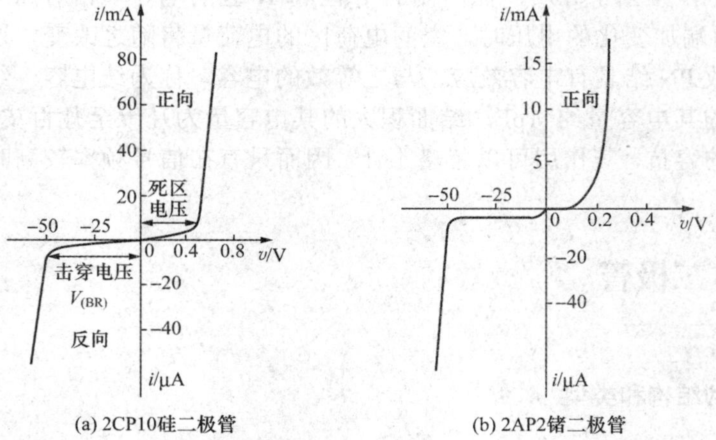

图 1.2.2 半导体二极管的伏安特性曲线

1. 二极管两端加正向电压

（1）由图 1.2.2 可见，当外加正向电压很低时，由于外电场还不足以克服 PN 结的内电场对多数载流子扩散运动的阻力，故正向电流很小，几乎为零，这一部分称为死区，相应的电压称为死区电压或门槛电压，硅管约为 0.5V，锗管约为 0.1V。

（2）当正向电压大于死区电压时，正向电流急剧地增大，二极管呈现很小电阻而处于导通状态。导通后在较大电流下的正向电压称为导通电压，硅管的正向导通电压约为 0.6～0.7V，锗管约为 0.2～0.3V。温度升高时，导通电压会减小。

2. 二极管两端加反向电压

（1）当二极管两端外加反向电压时，由于少数载流子的漂移运动，二极管中有很小的反向电流流过。反向电流有两个特点：①它随温度的升高增加很快；②在反向电压不超过某一范围时，反向电流的大小基本恒定，而与反向电压的大小无关，故通常称它为反向饱和电流。

（2）当外加反向电压增加到一定数值时，反向电流急剧增大，这种现象称为反向击穿。此时，加在二极管两端的反向电压称为反向击穿电压 $V_{(BR)}$。

反向击穿分为电击穿和热击穿。当反向电流与电压的乘积不超过 PN 结允许的耗散功率时，称为电击穿。电击穿是可逆的，当反向电压降低时，二极管可恢复原来的状态。若反向电流与电压的乘积超出 PN 结的耗散功率时，二极管会因为过热而烧毁，形成的热击穿是不可逆的。

从二极管的伏安特性曲线可以看出，二极管的电流与电压的关系不是线性关系。因此，二极管是非线性器件，根据半导体物理的理论分析，二极管两端所加电压 v_D 与流过它的电流 i_D 之间的关系为

$$i_D = I_S(e^{\frac{v_D}{V_T}} - 1) \tag{1.2.1}$$

式中，I_S 为反向饱和电流，V_T 是温度的电压当量，常温下（T=300K），V_T≈26mV。

式（1.2.1）称为半导体二极管的电流方程。

1.2.3　二极管的主要参数

二极管的特性除用伏安特性曲线描述以外，还可用一些参数来定量描述。参数是实际应用中选择器件的主要依据，在使用二极管时，主要考虑以下几个参数。

1. 最大整流电流 I_{FM}

I_{FM} 是二极管长期运行（工作）时，允许通过的最大正向平均电流。其大小与 PN 结的面积、材料和外部散热条件有关。点接触型二极管的 I_{FM} 在几十毫安以下，面接触型二极管的 I_{FM} 较大，如 2CP10 硅二极管的 I_{FM} 为 100mA。在规定散热条件下，流过二极管的正向平均电流不能超过 I_{FM} 值，否则二极管可能因结温过高而被烧坏。

2. 最大反向电压 V_{RM}

V_{RM} 是保证二极管不被反向击穿而允许外加的最大反向电压。一般产品手册上给出的

数值均留有余量，一般为反向击穿电压的一半，以确保二极管安全运行。例如，产品手册上给出2CP10硅二极管的最大反向电压为25V，实际上反向击穿电压约为50V，如图1.2.2（a）所示。点接触型二极管的 V_{RM} 一般是数十伏，面接触型二极管的 V_{RM} 可达数百伏。

3. 反向饱和电流 I_S

I_S 是二极管未击穿时的反向电流值。I_S 越小，二极管的单向导电性越好。反向电流 I_S 对温度非常敏感，温度升高，I_S 增加。硅管的反向电流较小，一般在几个微安以下，锗管的反向电流较大，为硅管的几十到几百倍。

4. 最高工作频率 f_M

f_M 是二极管正常工作（保持单向导电性）时的上限频率。超过此值，二极管有可能失去单向导电性。

1.2.4 二极管的等效模型

二极管是一种非线性器件，这使电路的分析和计算显得很不方便。为简便起见，在一定条件的电路中，常用线性器件的电路模型来模拟二极管特性，这种能够模拟二极管特性的电路称为等效电路模型（简称等效电路）。

1. 实用模型

当二极管外加正向电压大于或等于导通电压 V_{on} 时，二极管导通，其导通压降可近似为一个常量（硅管约为0.7V，锗管约为0.2V）；外加反向电压时，二极管截止，流过二极管的电流近似等于0，二极管相当于开路。由此，得到二极管等效的实用化模型，如图1.2.3（a）中实线所示。

2. 理想模型

当电路中电源电压远大于二极管的导通电压时，常常忽略二极管的导通压降，把二极管理想化处理。即二极管外加正向电压时，二极管导通，其导通压降等于 0；外加反向电压时，二极管截止，流过二极管的电流等于 0。由此，得到二极管等效的理想化模型，如图1.2.3（b）中实线所示。

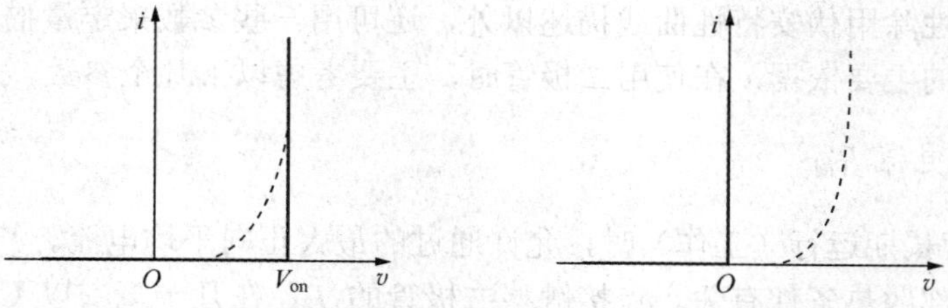

(a) 实用模型　　(b) 理想模型

图1.2.3　半导体二极管的等效模型

3. 低频小信号交流等效模型

二极管在一定的直流电压和电流（即静态工作点 Q）下，在低频小信号作用时可等效

为一个动态电阻 r_d，如图 1.2.4 所示。r_d 是工作点附近电压变化量与电流变化量之比，其值为 Q 点切线斜率的倒数，即有

$$r_d = \frac{\Delta v_D}{\Delta i_D} \tag{1.2.2}$$

根据二极管的电流方程 $i_D = I_S(e^{\frac{v_D}{V_T}} - 1)$，可得

$$\frac{1}{r_d} = \frac{\Delta i_D}{\Delta v_D} \approx \frac{di_D}{dv_D} = \frac{d[I_S(e^{\frac{v_D}{V_T}} - 1)]}{dv_D} \approx \frac{I_S}{V_T} \cdot e^{\frac{v_D}{v_T}} \approx \frac{I_D}{V_T}$$

由此可得

$$r_d \approx \frac{V_T}{I_D} \tag{1.2.3}$$

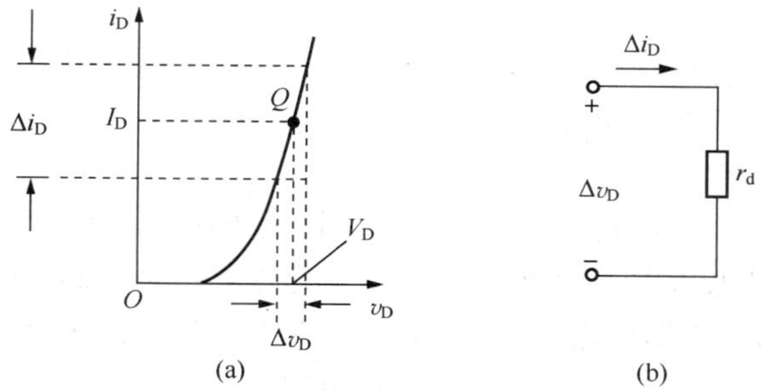

图 1.2.4　二极管在低频小信号作用下的等效模型

1.2.5　其他类型二极管

1. 稳压二极管

稳压二极管是一种用特殊工艺制造的面接触型硅半导体二极管。由于它在电路中与适当数值的电阻配合后能起稳定电压的作用，故简称稳压管。其电路符号如图 1.2.5（a）所示。

稳压管的伏安特性曲线与普通二极管的类似，如图 1.2.5（b）所示，其差异是稳压管的反向特性曲线比较陡。

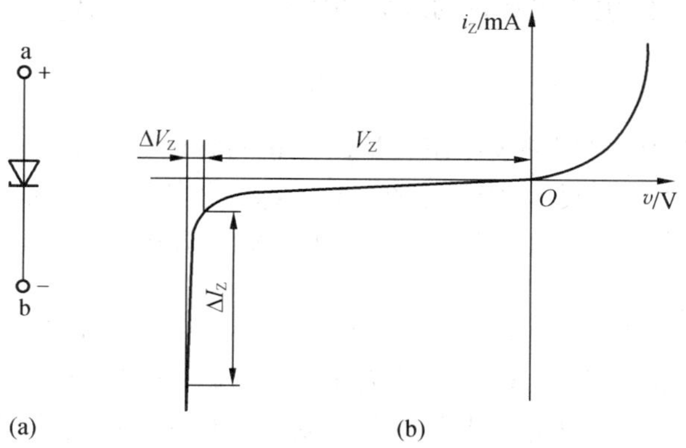

图 1.2.5　稳压二极管的伏安特性曲线及符号

稳压管工作在反向击穿区。从反向特性曲线上可以看出，反向电压在一定范围内变化时，反向电流很小。当反向电压增加到击穿电压时，反向电流急剧增加，稳压管反向击穿。此后，电流虽然在很大范围内变化，但稳压管两端的电压变化很小。利用这一特性，稳压管在电路中能起稳压作用。稳压管与一般二极管不一样，它的反向击穿是可逆的。当去掉反向电压之后，稳压管可以恢复正常。但是，如果反向电流超过允许范围，稳压管将会产生热击穿而损坏。

稳压管的主要参数如下。

1）稳定电压 V_Z

V_Z 是稳压管处于稳压工作状态时管子两端的电压。手册中所列的都是在一定条件（工作电流、温度）下的数值。由于半导体器件参数的分散性，即使是同一型号的稳压管，其稳压值也存在一定的差别。例如，2CW18 稳压管的稳压值为 10～12V，如果把一个 2CW18 稳压管接到电路中，它可能稳压在 10.5V；再换一个 2CW18 稳压管，则可能稳压在 11.8V。

2）稳定电流 I_Z

I_Z 是稳压管工作在稳压状态时的参考电流。当电流小于此值时，稳压管的稳压效果变差；电流大于此值时，只要不超过额定功耗，电流越大，稳压效果越好。

3）电压温度系数 α

α 表示温度每变化 1℃，稳压值的变化量。这是说明稳压值受温度变化影响的参数。例如，2CW18 的电压温度系数是 0.095% / ℃，就是说温度每升高 1℃，它的稳压值将增加 0.095%。假如在 20℃时的稳压值是 11V，那么在 50℃时的稳压值将为

$$\left[11+(50-20)\times 11\times\frac{0.095}{100}\right]\text{V}\approx 11.3\text{V}$$

一般来说，稳压值小于 4V 的管子具有负温度系数，即温度升高时稳压值减小；稳压值大于 7V 的管子具有正温度系数，温度升高时稳压值增加。而稳压值在 4～7V 的管子，温度系数非常小，受温度影响最小，性能比较稳定。

4）动态电阻 r_z

r_z 是稳压管工作在稳压区时，端电压变化量与其电流变化量之比，即 $r_z=\Delta V_Z/\Delta I_Z$。稳压管的反向伏安特性曲线愈陡，动态电阻愈小，稳压性能愈好。

5）最大允许耗散功率 P_{ZM}

P_{ZM} 是指管子不致发生热击穿时的最大功率损耗，$P_{ZM}=I_{ZM}V_Z$。

2. 发光二极管

发光二极管通常用元素周期表中Ⅲ、Ⅴ族元素的砷化镓、磷化镓等化合物制成。发光二极管导通以后（有电流通过），能发出红、黄、绿、蓝等不同颜色的光，发光颜色取决于管子所用的材料。发光二极管可以制成各种形状，如长方形、圆形等。图 1.2.6 所示为发光二极管的外形图和电路符号。

发光二极管也具有单向导电性。只有当外加的正向电压使得正向电流足够大时才发光，它的开启电压比普通二极管大，红色的约为 1.6～1.8V，绿色的约为 2V。正向电流越大，发光越强。使用时，应特别注意不要超过最大功耗、最大正向电流和反向击穿电压等极限参数。

发光二极管因其驱动电压低、功耗小、寿命长、可靠性高等优点被广泛应用于各种显

示电路中。

3. 光敏二极管

光敏二极管是远红外线接收管，是一种光电转换器件，能将接收到的光线强弱变化转换成电流大小的变化。这种器件正常工作时，PN 结处于反向偏置状态（外加反向电压），反向电流随光照强度（照度）的增加而增加。图 1.2.7 所示是光敏二极管的外形图和电路符号。

光敏二极管可用在光的测量上，是将光信号转换为电信号的常用器件。广泛应用于遥控、报警及光电传感器件中。

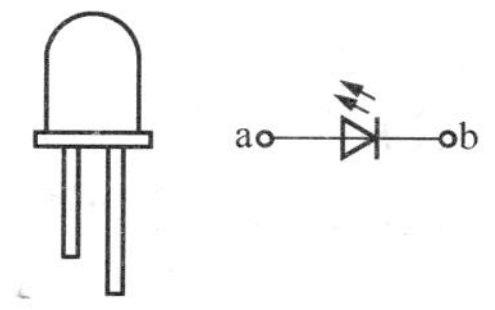

(a) 外形图　(b) 符号

图 1.2.6　发光二极管

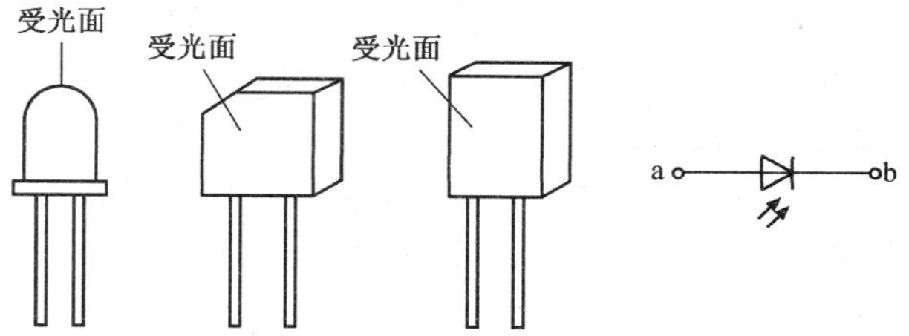

(a) 外形　(b) 符号

图 1.2.7　光敏二极管

4. 变容二极管

变容二极管是根据二极管外加反向电压时，其等效电容随外加反向电压的变化而变化的特性制成的一种半导体器件（压控电容）。图 1.2.8 所示为变容二极管的符号和特性曲线。

由图 1.2.8（b）可知，变容二极管的结电容随外加反向电压的增加而减小。不同型号的管子，电容的最大值不同，一般为 5～300pF。目前，变容二极管的电容最大值与最小值之比（变容比）可达 20 以上。变容二极管的应用相当广泛，特别是在高频技术中。例如，数字调谐收音机普遍采用的电子调谐器，就是通过控制其两端的直流电压来改变二极管的结电容，从而改变谐振频率，实现频道选择的。

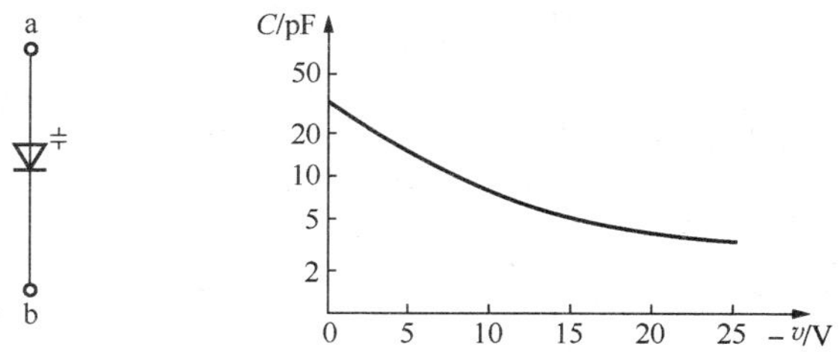

(a) 符号　(b) 结电容与外加电压的关系(纵坐标为对数刻度)

图 1.2.8　变容二极管

1.2.6　二极管的应用

二极管的应用很广，可用于整流、限幅、钳位、检波、稳压、元器件的保护以及数字电路中的开关等。下面通过几个例子说明二极管的应用及二极管电路的分析方法。

根据二极管的等效模型，二极管电路的分析方法如下。

假设二极管断开，分别求出二极管的阳极和阴极电位，如果阳极和阴极之间的电位差大于二极管的导通电压（硅管为 0.7V，锗管为 0.2V），二极管导通，否则二极管截止。如果二极管导通，二极管等效为一个电压源，二极管的阳极是电压源的正极，阴极是电压源的负极，电压源的大小等于二极管的导通电压。如果二极管截止，相当于开路。

对于理想二极管，阳极和阴极之间的电位差大于 0 时，二极管导通。导通时，二极管相当于短路；电位差小于或等于 0 时，二极管截止，二极管可看成开路。

1. 整流电路

所谓整流是指将双极性电压（或电流）变为单极性电压（或电流）的处理过程。

例 1.2.1 电路如图 1.2.9（a）所示，变压器初级输入电压为 50Hz、220V 的正弦交流电，次级电压 $v_2=\sqrt{2}\,V_2\sin\omega t$，如图 1.2.9（b）所示。假设二极管为理想二极管，试画出相应的输出电压波形。

解：当 $v_2>0$（输入电压为正半周）时，即 A 点为“+”、B 点为“-”时，二极管 VD 导通，电流从 A 点经 VD、R_L 至 B 点，输出电压 $v_o=v_2=\sqrt{2}\,V_2\sin\omega t$（二极管导通时可看成短路）。

当 $v_2<0$（输入电压为负半周）时，即 A 点为“-”、B 点为“+”时，二极管 VD 截止，输出电压 $v_o=0$。据此，可画出输出电压波形，如图 1.2.9（b）所示。

由图可知，输入为正弦交流电压的正半周时，输出近似等于输入；输入为负半周时，输出等于 0，该电路只有半周有输出，因此称为半波整流电路。

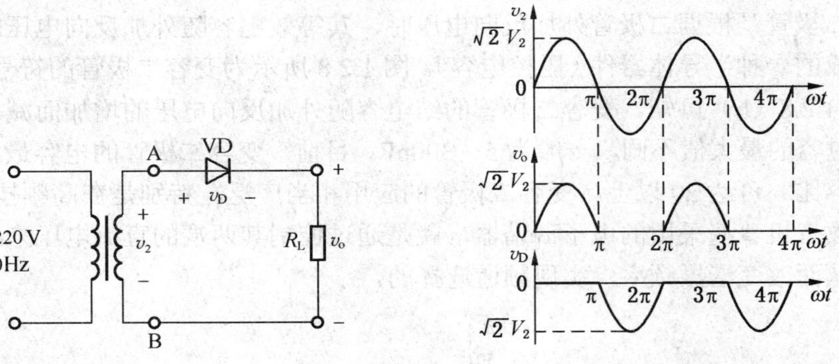

（a）电路 （b）输入、输出电压波形

图 1.2.9 例 1.2.1 的电路

2. 限幅电路

在电子电路中，常用限幅电路对各种信号进行处理。它是用来让信号在预置的电平范围内，有选择地传输一部分。限幅电路有时也称为削波电路。

例 1.2.2 电路如图 1.2.10（a）所示，$R=1\text{k}\Omega$，$V_{REF}=3\text{V}$，二极管为硅管。分别用理想化模型和实用化模型求解以下问题：（1）当 $v_i=0\text{V}$、3.3V、5V 时，求出相应的输出电压值；（2）当 $v_i=6\sin\omega t$ 时，画出相应的输出电压波形。

解：（1）假设二极管断开，其阳极电位等于输入电压 v_i，阴极电位等于 V_{REF}（3V）。

当 $v_i=0\text{V}$ 时，$v_i-3=-3<0$，对于两种模型，二极管均处于截止状态，所以 $v_o=v_i=0\text{V}$。

当 $v_i=3.3\text{V}$ 时，$v_i-3=0.3\text{V}>0$，对于理想化模型，二极管导通，这时，二极管相当于短路，所以 $v_o=V_{REF}=3V$；对于实用化模型，因为 $v_i-3=0.3V<0.7V$，所以，二极管处于截止状态，则 $v_o=v_i=3.3V$。

当 $v_i=5V$ 时，$v_i-3=2V>0.7V$，对于两种模型，二极管均处于导通状态。对于理想化模型，二极管相当于短路，所以 $v_o=V_{REF}=3V$；对于实用化模型，二极管相当于一个极性为上正下负，大小等于 0.7V 的电压源，所以 $v_o=0.7+V_{REF}=3.7V$。

（2）由于所加电压是一个振幅等于 6V 的正弦电压，这时二极管阳极与阴极之间的电位差 v_i-3 是一个随输入电压变化的变化量。

对于理想化模型，当 $v_i-3>0$，即 $v_i>3V$ 时，二极管导通，这时 $v_o=V_{REF}=3V$；当 $v_i-3\leqslant0$，即 $v_i\leqslant3V$ 时，二极管截止，$v_o=v_i$，由此可画出输出电压波形如图 1.2.10（b）所示。

对于实用化模型，当 $v_i-3>0.7V$，即 $v_i>3.7V$ 时，二极管导通，这时 $v_o=0.7+V_{REF}=3.7V$；当 $v_i-3\leqslant0.7V$，即 $v_i\leqslant3.7V$ 时，二极管截止，$v_o=v_i$，输出电压波形如图 1.2.10（c）所示。

该电路是一个限幅电路，它能使输出电压的幅值受到规定电压（限幅电压）的限制。根据以上分析可知，该电路把输出电压的正向幅值限制在 3V 或 3.7V。

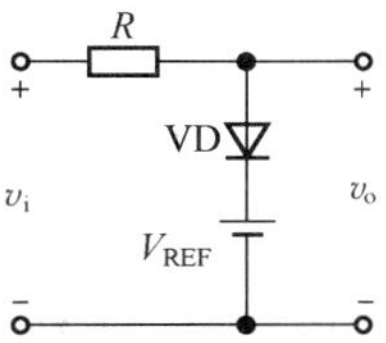

(a) 电路

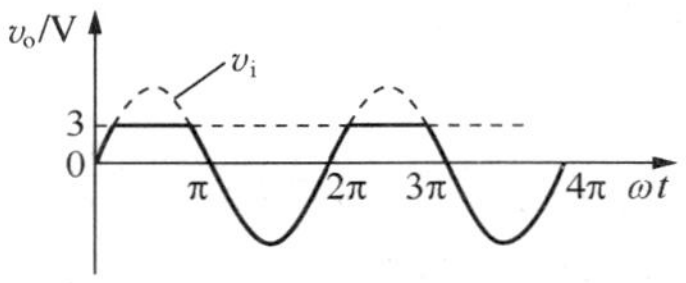

(b) 理想模型时 v_o 与 v_i 的波形

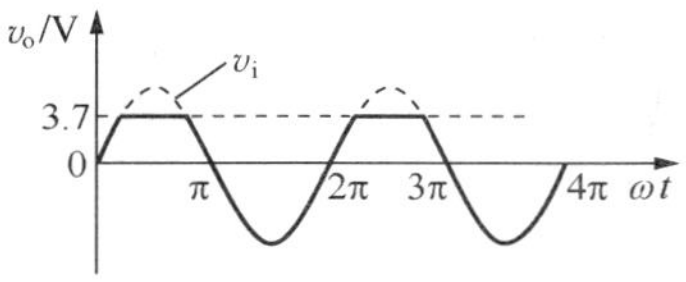

(c) 实用模型时 v_o 与 v_i 的波形

图 1.2.10　例 1.2.2 的电路

3. 开关电路

在数字电路中，常利用二极管的单向导电性，将二极管作为开关器件，用于接通或断开电路。

例 1.2.3　电路如图 1.2.11 所示，假设二极管为理想二极管，试分析当 v_{i1} 和 v_{i2} 为 0V 或 5V 时，求出 v_{i1} 和 v_{i2} 的值在四种不同组合情况下的输出电压值。

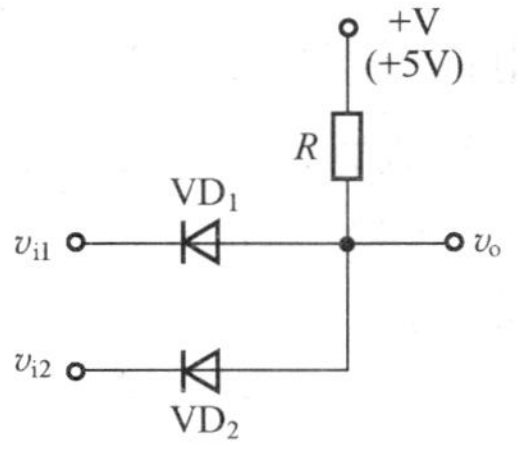

图 1.2.11　例 1.2.3 的电路

解：当 $v_{i1}=v_{i2}=0V$ 时，VD_1、VD_2 的阳极电位为 5V，阴极电位为 0V，VD_1、VD_2 均导通，则 $v_o=0V$。

当 $v_{i1}=0V$、$v_{i2}=5V$ 时，VD_1 处于正向偏置而导通，则 $v_o=0V$。此时 VD_2 的阴极电位为 5V，阳极电位为 0V，VD_2 处于反向偏置而截止。

当 $v_{i1}=5V$、$v_{i2}=0V$ 时，VD_2 处于正向偏置而导通，$v_o=0V$，而 VD_1 处于反向偏置而截止。

当 $v_{i1}=v_{i2}=5V$ 时，VD_1、VD_2 的阳极电位为 5V，阴极电位为 5V，VD_1、VD_2 均截止，则 $v_o=5V$。

据此，可列出以上四种输入情况下输出结果的表格，如表 1.2.1 所示。

表 1.2.1 例 1.2.3 输出与输入关系表格

v_{i1}/V	v_{i2}/V	v_o/V	VD_1 状态	VD_2 状态
0	0	0	导通	导通
0	5	0	导通	截止
5	0	0	截止	导通
5	5	5	截止	截止

由表 1.2.1 可知，在两个输入电压 v_{i1} 和 v_{i2} 中，只要有一个为 0V（低电平），输出就为 0V（低电平）；只有当两个输入均为 5V（高电平）时，输出才为 5V（高电平）。输出与输入的这种关系在数字电路中称为“与”逻辑关系，该电路也称为“与门”开关电路。

小 结

本章主要介绍了半导体的基础知识、本征半导体、杂质半导体、PN 结、半导体二极管及半导体二极管的应用等内容。

（1）完全纯净的具有晶体结构的半导体称为本征半导体。在本征半导体中掺入不同的杂质可以形成 N 型半导体和 P 型半导体，它们的多数载流子分别是电子和空穴，少数载流子分别是空穴和电子。多数载流子的浓度取决于掺入杂质的浓度，少数载流子的浓度取决于环境温度。

（2）在同一个硅片上制作两种杂质半导体（N 型和 P 型），在它们的交界处将形成 PN 结。PN 结具有单向导电性。

（3）一个 PN 结经封装加上管壳，并引出两个电极后就构成二极管。二极管也具有单向导电性，即外加正向电压时二极管导通，外加反向电压时二极管截止。二极管的单向导电性可用伏安特性来描述，也可用电流方程来描述：$i_D = I_S(e^{\frac{v_D}{V_T}} - 1)$。反映二极管性能的主要参数有最大整流电流 I_{FM}、最大反向电压 V_{RM}、反向饱和电流 I_S 和最高工作频率 f_M。

（4）二极管的性能受温度影响。温度升高时，二极管的导通电压减小、反向饱和电流增大。

（5）几种特殊二极管。利用 PN 结击穿时的特性可制成稳压二极管；利用发光材料可制成发光二极管；利用 PN 结的光敏特性可制成光敏二极管；利用二极管外加反向电压时，其等效电容随外加反向电压的变化而变化的特性可制成变容二极管。

（6）二极管的应用范围很广，可用于整流、限幅、钳位、检波、稳压、电路保护以及数字电路中的开关电路等。

习 题

1.1 填空题。

（1）半导体是一种导电能力介于________与________之间的物质。常用的半导体材料是________和________。

（2）在本征半导体中掺入________价元素，可以形成 N 型半导体，其多数载流子是________，少数载流子是________。

（3）在本征半导体中掺入________价元素，可以形成 P 型半导体，其多数载流子是________，少数载流子是________。

（4）在本征半导体中，自由电子的浓度________空穴浓度；在 N 型半导体中，自由电子的浓度________空穴浓度；在 P 型半导体中，自由电子的浓度________空穴浓度。

（5）杂质半导体中的少数载流子是由________产生的，多数载流子是由________产生的。

（6）温度升高时，杂质半导体中的________载流子的浓度将明显增加。

（7）当外加电压使 P 区的电位比 N 区高时，称为 PN 结________；相反，若 P 区的电位比 N 区低时，称为 PN 结________。

（8）当 PN 结两端所加正向电压大于开启电压时，PN 结处于________状态；加反向电压（反偏）时，PN 结处于________状态。

（9）半导体二极管的主要导电特性是________。

（10）在常温下，硅二极管的开启电压（死区电压）约为________V，导通后在较大电流下的正向电压约为________V；锗二极管的开启电压（死区电压）约为________V，导通后在较大电流下的正向电压约为________V。

（11）理想二极管正向导通时，其两端压降约为________V，反向截止时，流过二极管的电流约为________A。

（12）稳压二极管必须工作在________状态，且反向电流必须在________范围内，才不会因热击穿而损坏。

（13）利用半导体的________特性和________特性可制成热敏器件和光敏器件。

1.2　选择题。

（1）PN 结外加正向电压时，空间电荷区（　　）。

A. 变宽　　B. 变窄　　C. 不变

（2）二极管的正向电阻（　　），反向电阻（　　）。

A. 小　　B. 大

（3）当温度升高时，流过二极管的反向饱和电流将（　　）。

A. 增大　　B. 减小　　C. 不变

（4）当二极管两端的正向电压从 0.7V 增大 10%时，流过的电流增大（　　）。

A. 10%　　B. 大于 10%　　C. 小于 10%

（5）设二极管的端电压为 v_D，则二极管的电流方程为（　　）。

A. $i_D = I_S(e^{v_D/V_T} - 1)$　　B. $i_D = I_S e^{v_D}$　　C. $i_D = I_S e^{v_D/V_T}$

（6）面接触型二极管适用于（　　）。

A. 高频检波电路　　B. 工频整流电路　　C. 开关电路

（7）当温度为 20℃时，测得电路中二极管两端的电压为 V_D=0.7V，若其他参数不变，温度上升到 40℃时，则 V_D 的大小将（　　）。

A. 等于 0.7V　　B. 大于 0.7V　　C. 小于 0.7V

1.3　二极管电路如图 T1.1 所示。试分析各电路中二极管的工作状态（导通还是截止），并求出输出电压值。设二极管的导通电压 V_D=0.7V。

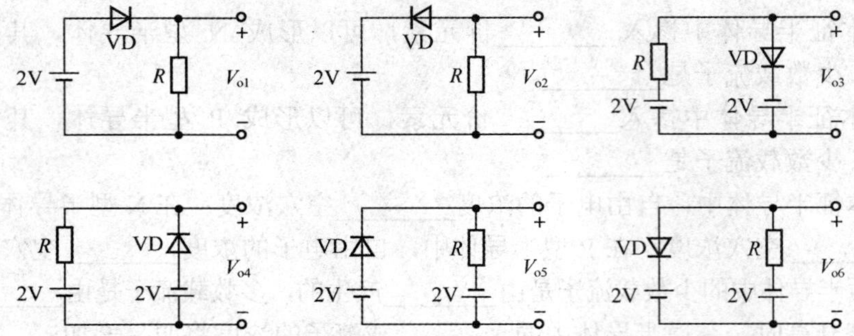

图 T1.1 习题 1.3 电路图

1.4 电路如图 T1.2 所示，已知 $v_i=6\sin\omega t$，试画出 v_i 与 v_o 的波形。设二极管的正向导通电压可忽略不计。

1.5 电路如图 T1.3 所示，已知 $v_i=6\sin\omega t$，试画出 v_i 与 v_o 的波形。设二极管的正向导通电压 $V_D=0.7V$。

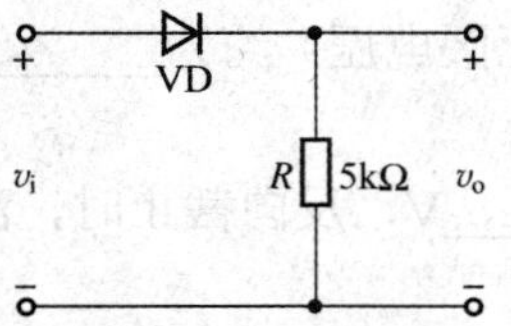

图 T1.2 习题 1.4 电路图

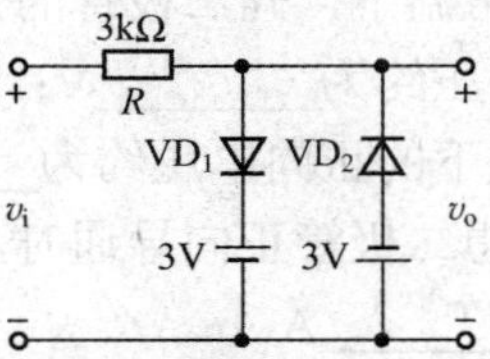

图 T1.3 习题 1.5 电路图

1.6 电路如图 T1.4 所示，二极管的导通电压 $V_D=0.7V$，常温下 $V_T\approx26mV$，电容 C 对交流信号可视为短路；v_i 为正弦交流输入电压，有效值为 10mV。试求出流过二极管的交流电流有效值。

1.7 在图 T1.5 所示电路中，发光二极管的导通电压 $V_D=1.5V$，正向电流在 5～15mA 时才能正常工作。试问：

（1）开关 S 打到什么位置时发光二极管才能发光？

（2）限流电阻 R 的取值范围是多少？

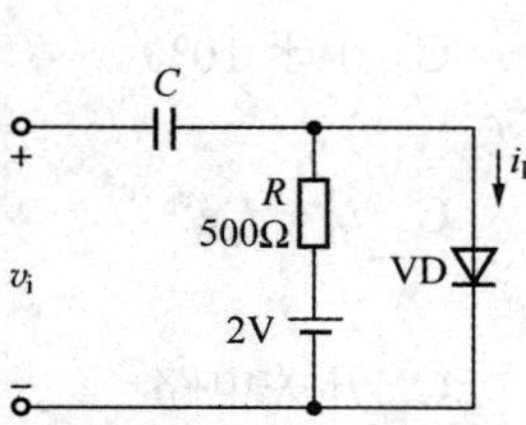

图 T1.4 习题 1.6 电路图

图 T1.5 习题 1.7 电路图

1.8 两个硅稳压管的稳压值分别为 5V 和 8V，正向导通电压为 0.7V。把它们串联连接时可以得到几种稳压值？把它们并联连接呢？

1.9 已知稳压管的稳压值 $V_Z=8V$，稳定电流的最小值 $I_{Zmin}=3mA$。试求出如图 T1.6 所示电路中的输出电压 V_{o1} 和 V_{o2} 各为多少伏。

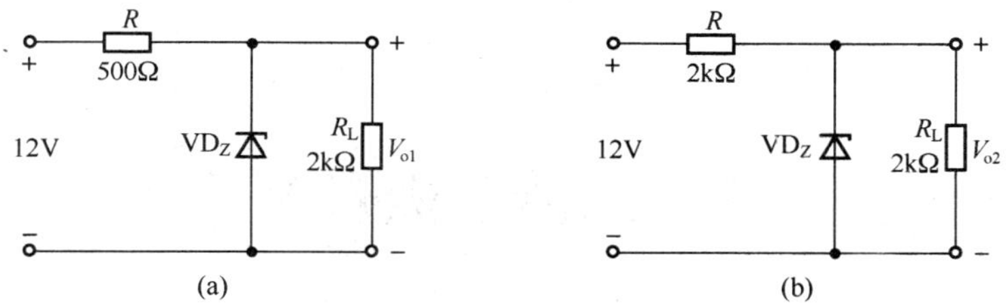

图 T1.6　习题 1.9 电路图

第 2 章　晶体三极管及应用

本章学习目的和要求：

1. 理解晶体三极管的工作原理，掌握它的外特性和主要参数，了解选用晶体管的原则。

2. 掌握下列基本概念和定义：放大，静态工作点，饱和失真与截止失真，直流通路与交流通路，直流负载线与交流负载线，晶体管的微变等效模型，放大倍数、输入电阻和输出电阻，静态工作点的稳定。

3. 理解组成放大电路的原则和各种基本放大电路的工作原理及特点，能够根据需要选择电路的类型。

4. 掌握放大电路的分析方法，能够正确估算基本放大电路的静态工作点和动态参数 A_v、R_i 和 R_o。正确分析电路的输出波形和产生截止失真、饱和失真的原因。

5. 了解稳定静态工作点的必要性及分析方法。

6. 了解多级放大电路的耦合方式、掌握多级放大电路动态参数的分析方法。

7. 了解放大电路的频率响应。

2.1　晶体三极管

2.1.1　晶体三极管的结构与类型

晶体三极管中有两种带有不同极性电荷的载流子（自由电子和空穴）参与导电，所以称为双极型晶体管（bipolar junction transistor，BJT），又称半导体三极管，以下简称晶体管。

1. 晶体管的结构

晶体管的内部结构一般有 NPN 或 PNP 三层，因此，晶体管有 NPN 型和 PNP 型两大类，其结构示意图和电路符号如图 2.1.1 所示。目前，国内生产的硅晶体管多为 NPN 型（3D 系列），锗晶体管多为 PNP 型（3A 系列）。在晶体管的电路符号中，箭头表示发射结正向导电时的电流方向。

由图 2.1.1 可知，晶体管有三个工作区，分别为基区、发射区和集电区；由三个区各引出一个电极，分别为基极 B（base）、发射极 E（emitter）和集电极 C（collector）；基区和发射区之间形成的 PN 结称为发射结，基区和集电区之间形成的 PN 结称为集电结。

为有利于晶体管的电流放大作用，晶体管的三个工作区一般具有如下特点。

（1）发射区的掺杂浓度远大于基区和集电区的掺杂浓度，其作用是向基区“发射”（扩散）多数载流子。

（2）基区做得很薄（一般只有几个微米），且掺杂浓度很低，其作用是控制由发射区扩散到集电区的载流子数。

（3）集电区的面积较大，其作用是便于收集由发射区扩散过来的载流子及便于散热。

以上这些特点是晶体管实现电流放大的内部条件。

NPN 型和 PNP 型晶体管的工作原理类似，仅在使用时外加电源极性相反。本书一般情况下都以 NPN 型晶体管为例进行介绍。

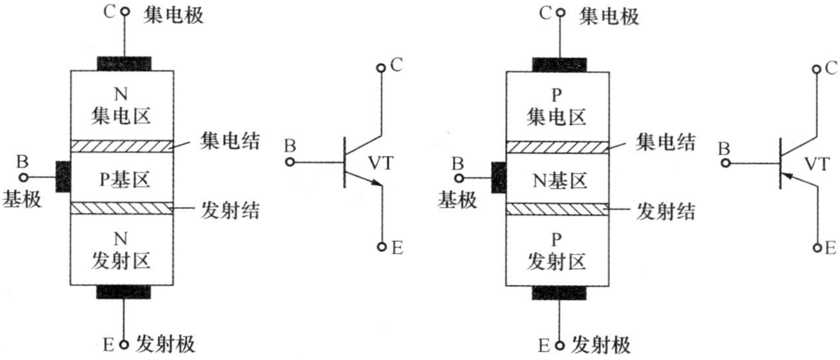

(a) NPN型　　(b) PNP型

图 2.1.1　晶体管的结构示意图和电路符号

2. 晶体管的分类

晶体管的种类很多，按照工作时频率的高低分为高频管和低频管，按照功率的大小分为大功率管、中功率管和小功率管，按所用半导体材料分为硅管和锗管，按内部结构可分为平面型和合金型两类。半导体生产商通常将其生产的 BJT 分为通用/小信号器件、功率器件和 RF（射频 / 微波）器件三大类。

1）通用/小信号晶体管

通用/小信号晶体管通常用在低功率、中等功率放大器或开关电路中。通常是塑料或金属外壳。某些类型的封装包含多个晶体管。图 2.1.2 和图 2.1.3 分别给出了常见的塑料封装和金属封装，图 2.1.4 给出了多晶体管封装。有些多晶体管封装（如 DIP 和 SO）与许多集成成电路的封装是一样的。

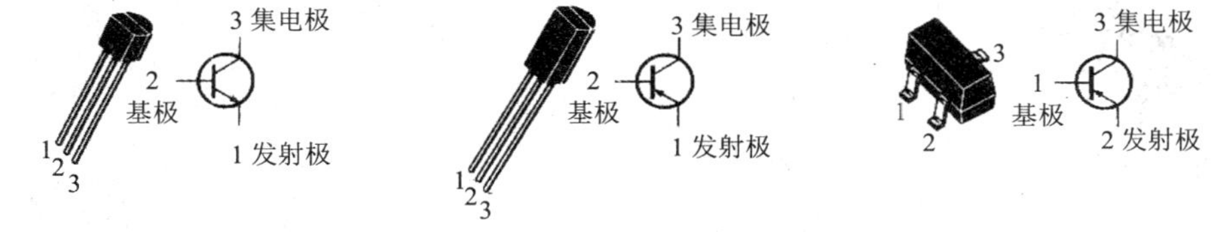

（a）TO-92 或 TO-226AA　　（b）TO-92 或 TO-226AE　　（c）SOT-23 或 TO-236AB

图 2.1.2　通用/小信号晶体管的塑料封装

2）功率晶体管

功率晶体管用于大电流（通常大于 1A）或大电压场合。例如，立体声系统中最后的音频级会使用一个功率晶体管放大器来驱动扬声器。图 2.1.5 给出了一些常见的功率晶体管的封装形式。在大多数应用中，金属突起或金属外壳通常是集电极而且通常连接到散热器来进行散热。在图 2.1.5（g）中可以看到封装内部的很小的晶体管芯片。

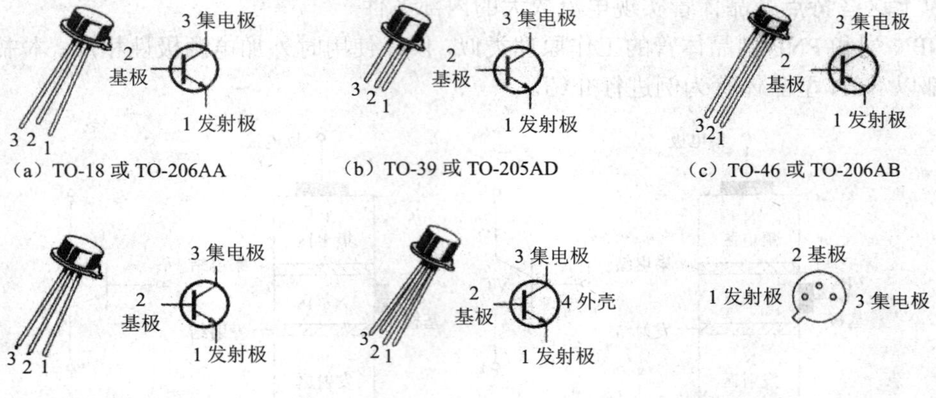

（a）TO-18 或 TO-206AA （b）TO-39 或 TO-205AD （c）TO-46 或 TO-206AB

（d）TO-52 或 TO-206AC （e）TO-72 或 TO-206AF （f）引脚配置（从底部看），发射极最接近突起

图 2.1.3 通用/小信号晶体管的金属封装

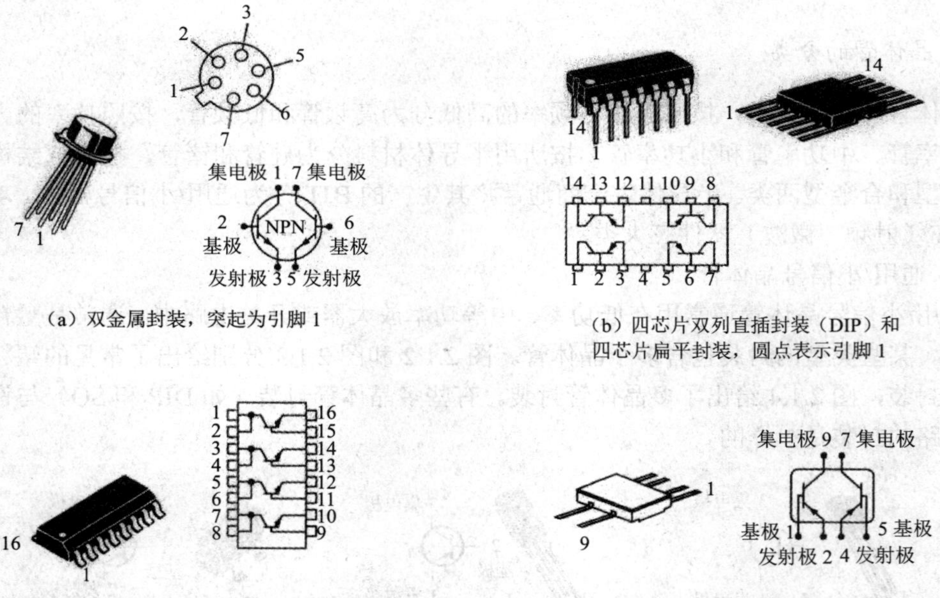

（a）双金属封装，突起为引脚 1

（b）四芯片双列直插封装（DIP）和四芯片扁平封装，圆点表示引脚 1

（c）针对平面安装技术的四侧小尺寸（SO）封装

（d）双陶瓷扁平封装

图 2.1.4 典型的多晶体管封装

3）射频晶体管

射频晶体管用于频率非常高的工作情况中，通常用在通信系统和其他高频应用中。为优化某些高频参数，它们的形状和引脚都经过特殊设计，如图 2.1.6 所示。

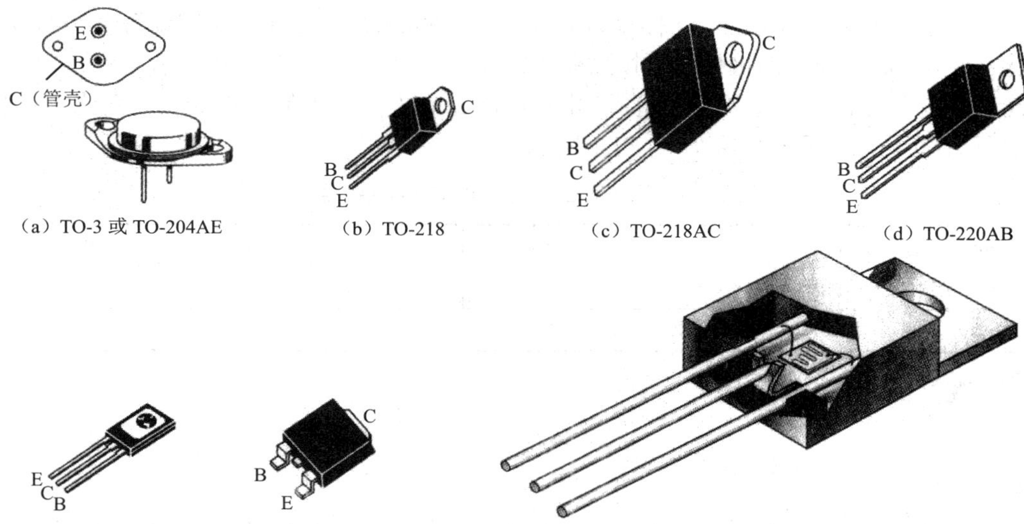

（a）TO-3 或 TO-204AE　（b）TO-218　（c）TO-218AC　（d）TO-220AB

（e）TO-225AA　（f）表面贴装技术　（g）安装在封装中的小型芯片剖视图

图 2.1.5　典型的功率晶体管

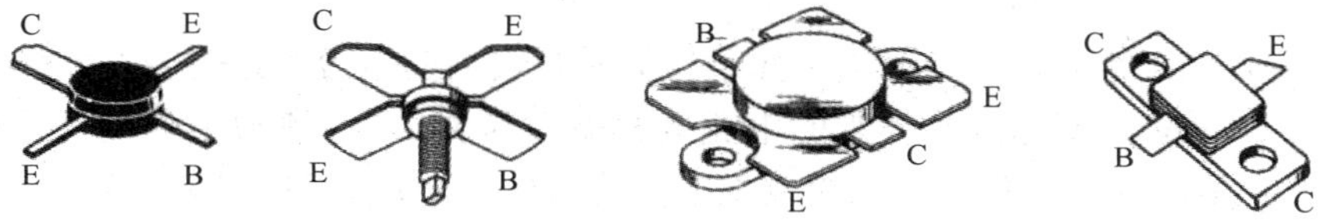

（a）　（b）　（c）　（d）

图 2.1.6　射频晶体管

2.1.2　晶体管的电流放大作用

为了了解晶体管的电流放大作用和流过三个电极电流之间的关系，下面做一个实验。实验电路如图 2.1.7 所示，图中把晶体管接成两个回路（基极电路和集电极电路），发射极是两个回路的公共端，这种接法称为晶体管的共发射极接法，该电路也称为共射极放大电路。

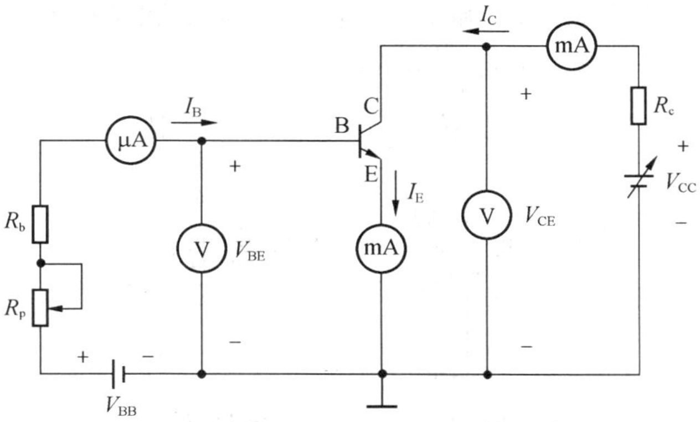

图 2.1.7　晶体管电流放大作用的实验电路

晶体管要能实现电流放大，除内部结构具备上述特点之外，还必须满足一定的外部条件。即发射结必须加正向电压（正向偏置），集电结必须加反向电压（反向偏置）。为此，两个直流电源 V_{BB} 和 V_{CC} 的极性必须按照图 2.1.7 所示，并且 V_{CC} 要大于 V_{BB}。

改变可调电阻 R_p，则基极电流 I_B、集电极电流 I_C 和发射极电流 I_E 都会发生变化。电流方向如图 2.1.7 所示。测量结果如表 2.1.1 所示。

表 2.1.1 晶体管三个电极电流的测量数据

I_B/mA	0	0.02	0.04	0.06	0.08	0.10
I_C/mA	<0.001	0.70	1.50	2.30	3.10	3.95
I_E/mA	<0.001	0.72	1.54	2.36	3.18	4.05

（1）观察表中每一列，可得

$$I_E=I_B+I_C$$

此结果符合基尔霍夫电流定律。

（2）I_C 和 I_E 近似相等，且比 I_B 大得多。从第三列和第四列的数据可知，I_C 与 I_B 的比值分别为

$$\frac{I_C}{I_B}=\frac{1.50}{0.04}=37.5，\quad \frac{I_C}{I_B}=\frac{2.30}{0.06}=38.3$$

这就是晶体管的电流放大作用，也就是当基极有较小的电流流过时，在集电极会得到较大的电流，二者的比值称为晶体管的电流放大系数（$\bar{\beta}$）。电流放大作用还体现在基极电流的较小变化 ΔI_B 可引起集电极电流较大的变化 ΔI_C。比较第三列和第四列的数据，可得

$$\frac{\Delta I_C}{\Delta I_B}=\frac{2.30-1.50}{0.06-0.04}=40$$

（3）当 I_B=0（将基极开路）时，I_C<0.001mA=1μA。该电流称为穿透电流，一般用 I_{CEO} 表示。

从该实验还知道，在双极型晶体管中，不仅 I_C 比 I_B 大得多，而且当调节可调电阻 R_p 使 I_B 有一个微小变化时，将会引起 I_C 大得多的变化，这就是 I_B 对 I_C 的控制作用。

图 2.1.8 给出了在放大状态时 NPN 管和 PNP 管中电流的实际方向和发射结与集电结电压的实际极性（图 2.1.7 中如换成 PNP 型管，电源 V_{BB} 和 V_{CC} 的极性要反过来）。由图 2.1.8 可知，对 NPN 管而言，V_{CE} 和 V_{BE} 都是正值；而对 PNP 管而言，它们都是负值。为了使集电结反偏，必须满足：$|V_{CE}|>|V_{BE}|$。

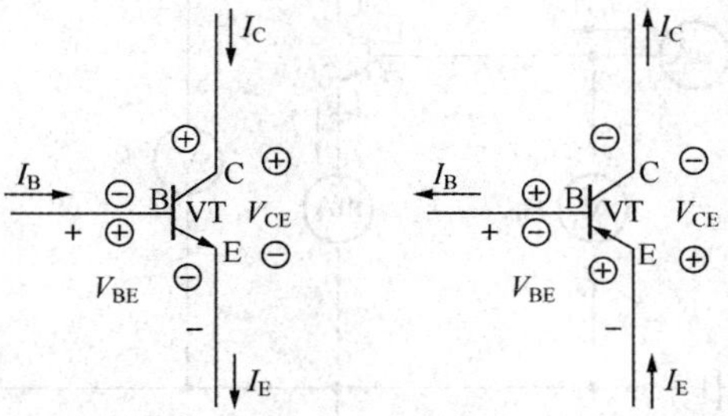

(a) NPN型管 (b) PNP型管

图 2.1.8 各电极电流方向和发射结与集电结电压极性

2.1.3　晶体管的特性曲线

晶体管的特性曲线是表示晶体管各电极间电压和电流之间的关系曲线，图 2.1.9 所示是 NPN 型晶体管在共射极接法时的输入特性曲线和输出特性曲线。

1．输入特性

输入特性是指在晶体管的集射极电压 v_{CE} 一定的条件下，基极电流 i_B 与基–射极电压 v_{BE} 之间的函数关系，即

$$i_B = f(v_{BE})\Big|_{v_{CE}=\text{常数}} \tag{2.1.1}$$

输入特性曲线如图 2.1.9（b）所示，由图 2.1.9（b）可知：

（1）当 v_{CE}=0V 时，发射结和集电结并联，相当于在基极和发射极之间并联了两个 PN 结，所以此时的输入特性曲线与二极管的正向伏安特性曲线类似。

晶体管的输入特性曲线也有一段死区，硅管的死区电压约为 0.5V，锗管的死区电压约为 0.1V。只有在发射结外加电压大于死区电压时，晶体管才会导通，产生基极电流 i_B。在正常工作情况下，导通时，硅管的发射结电压约为 0.7V，锗管的发射结电压约为 0.2V。

（2）当 $v_{CE}\geqslant$1V 时，晶体管工作在放大区，输入特性曲线右移，即在一定的 v_{BE} 下，i_B 将随着 v_{CE} 的增加而减小。

从理论上讲，输入特性曲线应该有无穷多条，但实际上，当 $v_{CE}\geqslant$1V 以后的输入特性曲线几乎是重合的，所以通常只用 $v_{CE}\geqslant$1V 的一条输入特性曲线来表示。

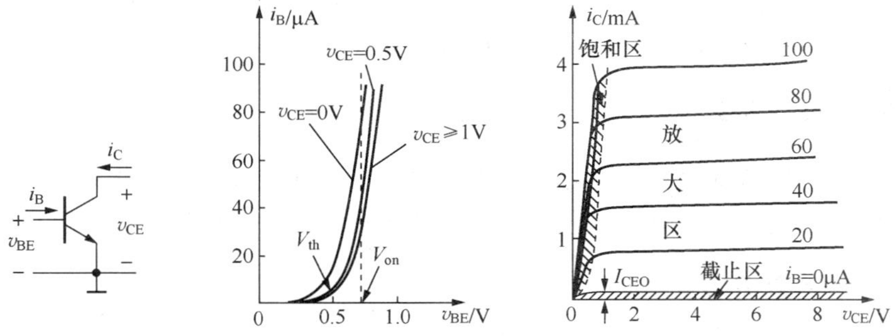

(a) 共射极接法　(b) 输入特性曲线　(c) 输出特性曲线

图 2.1.9　NPN 型晶体管的共射极特性曲线

2．输出特性

输出特性是指在基极电流 i_B 一定的条件下，集电极电流 i_C 与集–射极电压 v_{CE} 之间的函数关系，即

$$i_C = f(v_{CE})\Big|_{i_B=\text{常数}} \tag{2.1.2}$$

输出特性曲线如图 2.1.9（c）所示，通常把晶体管的输出特性曲线分为三个工作区。

1）放大区

曲线近似于水平的区域是放大区。放大区呈现如下特点：

(1) 发射结正向偏置，集电结反向偏置。对 NPN 型管而言，应使 $v_{BE}\geqslant V_{on}$（开启电压），

且 $v_{CE} \geqslant v_{BE}$。

（2）$i_C = \beta i_B$，体现晶体管的电流放大作用。因为 i_C 与 i_B 成正比的线性关系，所以，放大区也称为线性区。

（3）v_{CE} 增加时，i_C 基本不变，呈恒流特性。因此，放大区也称为恒流区。

当晶体管工作在放大区时，发射极电流 i_E 与发射结电压 v_{BE} 满足如下关系

$$i_E = I_{ES}(e^{\frac{v_{BE}}{V_T}} - 1) \approx I_{ES}e^{\frac{v_{BE}}{V_T}} \tag{2.1.3}$$

式中，I_{ES} 为发射结的反向饱和电流，其值与温度、发射区及基区的掺杂浓度有关，还与发射结的面积成比例。I_{ES} 的典型值在 $10^{-12} \sim 10^{-15}$A。

2）截止区

i_B=0 的曲线以下的区域称为截止区。截止区的特点是：

（1）发射结和集电结均反向偏置。

（2）i_B=0 时，$i_C \approx 0$。这时，晶体管的集-射极之间可近似看成开路（相当于开关的断开）。对 NPN 型硅管而言，当 $v_{BE} < 0.5$V 时，即已开始截止，但为了可靠截止，常使 $v_{BE} \leqslant 0$。

3）饱和区

一般称晶体管的发射结和集电结均处于正向偏置的区域为饱和区。当 $v_{CE}=v_{BE}$ 时，晶体管处于临界饱和状态，图中放大区和饱和区的分界线称为临界饱和线。饱和区的特点如下。

（1）发射结和集电结均正向偏置。

（2）i_C 不再受 i_B 控制（$i_C \neq \beta i_B$），晶体管失去电流放大作用。饱和时的 v_{CE} 称为饱和压降，一般用 V_{CES} 表示，小功率硅管的 V_{CES} 约为 0.3V，锗管约为 0.1V，可忽略不计，晶体管的集-射极之间可近似看成短路（相当于开关导通）。

2.1.4 晶体管的主要参数

晶体管的特性除用特性曲线描述外，还可用一些数据来说明，这些数据就是晶体管的参数。晶体管的参数是设计电路、合理选用晶体管的依据。主要参数有下面几个。

1. 电流放大系数 β 与 $\overline{\beta}$

电流放大系数是衡量晶体管放大能力的重要指标。在放大区，晶体管的交流（$\beta = \Delta i_C / \Delta i_B$）、直流（$\overline{\beta}=I_C/I_B$）电流放大系数比较接近，一般认为 $\beta \approx \overline{\beta}$。晶体管的 β 一般为 20～200。选择使用晶体管时不是 β 越大越好，β 过大会使工作不稳定。

2. 穿透电流 I_{CEO}

I_{CEO} 是基极开路时的集电极电流。I_{CEO} 受温度影响比较大，所以 I_{CEO} 大的管子温度稳定性差，选管子时 I_{CEO} 越小越好。此项参数硅管比锗管小 2～3 个数量级，因此硅管的温度稳定性比锗管好。

3. 集电极最大允许电流 I_{CM}

集电极电流超过一定值时，晶体管的 β 值要下降。当 β 值下降到正常数值的 2/3 时的集电极电流，称为集电极最大允许电流 I_{CM}。因此，在使用晶体管时，当 I_C 超过 I_{CM} 时，

管子不一定损坏，但放大性能会下降。

4. 集–射极反向击穿电压 $V_{(BR)CEO}$

$V_{(BR)CEO}$是基极开路时，集电极与发射极间所允许施加的最大反向电压。当 $V_{CE}>V_{(BR)CEO}$ 时，I_{CEO} 大幅度上升，晶体管击穿。

5. 集电极最大允许耗散功率 P_{CM}

集电极电流和集射极电压乘积的最大值称为集电极最大允许耗散功率，其大小取决于管子所允许的温升及散热条件。如果集电极耗散功率超过 P_{CM}，将使晶体管性能变差，甚至烧坏。

β 和 I_{CEO} 是晶体管的性能指标，它表明了晶体管的优劣。I_{CM}、$V_{(BR)CEO}$ 和 P_{CM} 是晶体管的极限参数，使用时不能超过。

2.1.5　温度对晶体管参数及特性的影响

由于晶体管中多数载流子和少数载流子都参与导电，少数载流子的浓度随温度的增加而增加，因而温度的变化对晶体管的性能会造成很大的影响。在实际应用中，不能忽视温度稳定性问题。

1. 温度对 I_{CBO} 的影响

I_{CBO}是发射极开路时，集电极与基极间的反向饱和电流。它是由集电区和基区的少数载流子漂移运动形成的。当温度升高时，少数载流子的浓度增加，使参与漂移运动的少数载流子数目增加，因而 I_{CBO} 增加。温度每升高 10℃，I_{CBO} 约增加一倍。硅管的 I_{CBO} 比锗管的要小两个数量级，在要求温度稳定性高的场合，宜采用硅管。穿透电流 I_{CEO} 随温度变化的规律与 I_{CBO} 类似。

2. 温度对 v_{BE} 的影响

由于 v_{BE} 随温度变化的规律与二极管正向导通时的伏安特性类似，温度升高时，在 i_B 相同的条件下，v_{BE} 将减小，温度每升高 1℃，v_{BE} 减小 2～2.5mV。表现为输入特性曲线向左移动，如图 2.1.10 所示。

3. 温度对 β 的影响

温度升高时，由于热能使晶体管内部载流子的能量有所增加，扩散能力增强，使到达集电区的载流子数目有所增加。因而，电流放大系数 β 随温度升高而增大。温度每升高 1℃，β 值增大 0.5%～1%。

温度升高时，I_{CBO}、I_{CEO} 及 β 都增大，表现为输出特性曲线上移，且各条曲线之间的间距增大，如图 2.1.11 中的虚线所示。

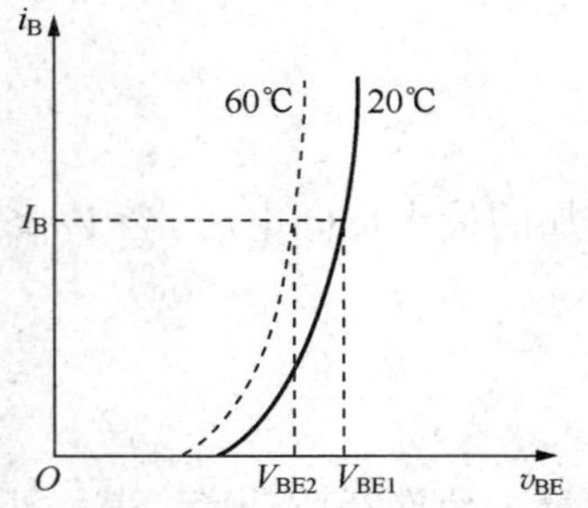

图 2.1.10　温度对晶体管输入特性的影响

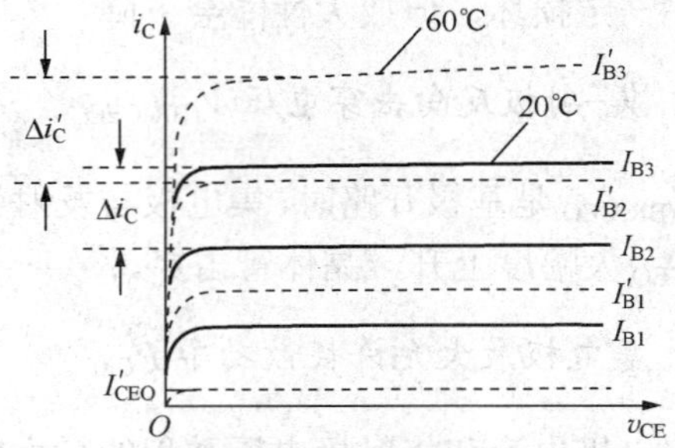

图 2.1.11　温度对晶体管输出特性的影响

2.2　单管共射极放大电路

2.2.1　放大的概念及放大电路的性能指标

在大多数电子设备中，需要用到各种各样的放大器（放大电路）。其作用是将微弱的电信号（电压、电流、功率）不失真地放大到所需要的数值。放大器通常由多级放大电路组成，如图 2.2.1 所示。传感器将各种物理量（如温度、压力、声音、光等）转换成电信号。这种电信号一般较弱，需要先经过几级电压放大电路放大，得到足够大的信号电压，再经末级功率放大器得到足够的信号功率去驱动执行机构（负载），使负载（如继电器、扬声器、仪表、电机等）有所动作或指示。

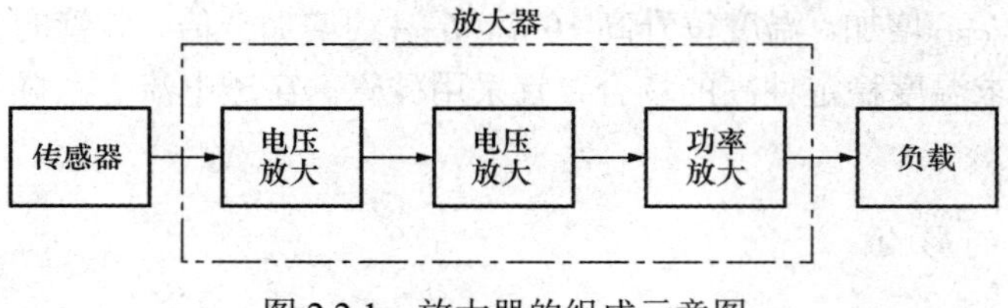

图 2.2.1　放大器的组成示意图

此外，在放大器中还要有直流电源来供电，它是电路中能量的来源。输入信号的功率一般是很小的，经过放大后可得到较大的输出功率，这些多出来的能量就是由直流电源提供的。放大的实质实际上是能量的控制和转换，在放大器件（晶体管、场效应管等）的控制下，将直流电源提供的功率转换成较大的输出功率。

放大器的质量好坏可用一些性能指标来描述，主要有电压放大倍数（增益）、输入电阻、输出电阻等。

为了方便描述上述指标，可把放大器看成一个二端口有源网络，其输入端和输出端各为一个端口，如图 2.2.2 所示。从输入端看进去可等效为一个电阻，从输出端看进去可等效为一个有内阻的电压源，如图中虚线框所示。

在图 2.2.2 中，$\dot{V}_s$ 为（正弦）信号源电压，R_S 为信号源内阻，信号源是放大的对象；$\dot{V}_i$ 称为输入电压，是在 $\dot{V}_s$ 作用下放大器输入端实际获得的电压；$\dot{I}_i$ 是在信号源作用下流入放大器的电流，称为输入电流；R_L 为放大器的负载电阻，是放大器的驱动对象；$\dot{V}_o$ 是负载上得到的电压，称为输出电压；$\dot{I}_o$是从输出端流出的电流，称为输出电流。

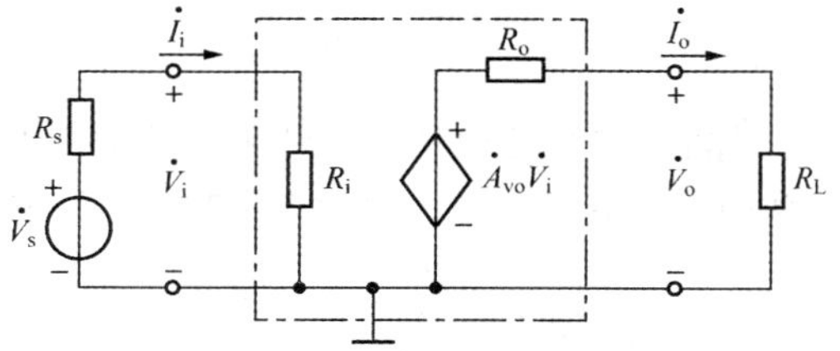

图 2.2.2　放大器的框图表示

1. 电压放大倍数（增益）

电压放大倍数（增益）是衡量放大电路放大能力的重要指标，定义为输出电压与输入电压之比：

$$\dot{A}_v = \frac{\dot{V}_o}{\dot{V}_i} \tag{2.2.1}$$

在工程上，电压放大倍数常称为增益，并以分贝（dB）为单位，其定义为

$$\text{电压增益}=20\lg\left|\dot{A}_v\right| \ (\text{dB}) \tag{2.2.2}$$

例如，当放大倍数为 10^4 时，用分贝表示相当于 80 分贝（dB）。

2. 输入电阻

放大电路工作时一定会从信号源汲取电流，汲取电流的大小反映了放大电路对信号源的影响程度，其影响程度可用输入电阻 R_i 来衡量。

输入电阻 R_i 是从放大电路输入端看进去的等效电阻，定义为输入电压与输入电流之比，即

$$R_i = \frac{\dot{V}_i}{\dot{I}_i} \tag{2.2.3}$$

由图 2.2.2 可得

$$\dot{V}_i = \frac{R_i}{R_i + R_s}\dot{V}_s \tag{2.2.4}$$

由此可知，R_i 越大，放大电路从信号源汲取的电流越小，实际加到放大器输入端的电压 $\dot{V}_i$ 越接近信号源电压 $\dot{V}_s$，放大器对信号源的影响程度就越小。

3. 输出电阻

放大电路的输出端都可等效为一个有内阻的电压源，该电压源的内阻（从放大电路输出端看进去的等效电阻）称为输出电阻 R_o，如图 2.2.2 所示。

求输出电阻有两种方法。

1）近似估算

根据图 2.2.2，将信号源短路，负载开路，在输出端外加一个交流电压 $\dot{V}_o$，求出产生的电流 $\dot{I}_o$，两者的比值即为输出电阻：

$$R_o = -\frac{\dot{V}_o}{\dot{I}_o}\bigg|_{\dot{V}_S=0,\ R_L\to\infty} \tag{2.2.5}$$

2）实验测量

在电路输入端加一个合适的正弦交流电压，分别测出负载开路（空载）时的输出电压$\dot{V}_o'$（$=\dot{A}_{vo}\dot{V}_i$）和带上负载时的输出电压$\dot{V}_o$。根据图 2.2.2，可得$\dot{V}_o$与$\dot{V}_o'$的关系为

$$\dot{V}_o = \frac{R_L}{R_L + R_o}\dot{V}_o' \tag{2.2.6}$$

由此可求出放大电路的输出电阻为

$$R_o = \left(\frac{\dot{V}_o'}{\dot{V}_o} - 1\right)R_L \tag{2.2.7}$$

由式（2.2.7）可知，输出电阻R_o越小，放大器带负载时的输出电压$\dot{V}_o$越接近于负载开路时的输出电压$\dot{V}_o'$，表明放大器受负载的影响越小，称放大器带负载能力越强。因此，输出电阻是衡量放大器带负载能力大小的参数。

由上述分析可见，为了减小信号源内阻R_s对放大倍数的影响，应尽可能提高输入电阻R_i；为了减小负载电阻R_L对放大倍数的影响，应尽可能减小输出电阻R_o。

4. 最大不失真输出电压

最大不失真输出电压是指在不失真的前提下，电路能够输出的最大电压。一般用有效值V_{om}表示，也可用峰-峰值V_{opp}表示。正弦信号的$V_{opp}=2\sqrt{2}\,V_{om}$。

5. 最大输出功率和效率

在输出信号不失真的情况下，负载上能够获得的最大功率称为最大输出功率P_{om}。此时，输出电压达到最大不失真输出电压。

所谓效率就是最大输出功率P_{om}与直流电源提供的功率P_V之比，即

$$\eta = \frac{P_{om}}{P_V} \tag{2.2.8}$$

2.2.2 单管共射极放大电路的组成及工作原理

1. 电路组成

单管共射极放大电路是最基本的放大电路，电路如图 2.2.3 所示。在图 2.2.3 中，因发射极是输入信号和输出信号的公共端，所以此电路称为共发射极放大电路，简称共射极放大电路。电路中各元器件的作用如下。

（1）晶体管 VT 是放大电路的核心，起放大作用。

（2）直流电源 V_{CC} 一方面为放大电路提供能量，另一方面 V_{CC} 分别通过电阻 R_b 和 R_c 使晶体管的发射结正向偏置，集电结反向偏置，并产生大小合适的基极电流 I_B 和集电极电流 I_C（直流），确保晶体管工作在放大区。一般 V_{CC} 取几伏至几十伏。

（3）R_b 称为基极偏置电阻，其阻值一般取几十千欧至几百千欧，其作用是提供大小合适的基极偏置电流 I_B，为电路提供合适的静态工作点。

（4）R_c 是集电极负载电阻，它的作用是将集电极电流的变化转化为电压的变化，再送到放大电路的输出端，从而实现对输入电压 v_i 的放大作用。R_c 一般为几千欧至几十千欧。

（5）电容 C_1 和 C_2 称为隔直电容或者耦合电容，其作用是“隔直流、通交流”。对于直流信号，电容相当于开路，C_1、C_2 分别用来隔断放大电路与信号源以及负载之间的直流通路，使三者之间无直流联系，互不影响。对交流信号，起交流耦合作用，沟通信号源、放大电路和负载三者之间的交流通路，保证交流信号畅通无阻地经过放大电路到达负载。通常要求耦合电容上的交流压降小到可以忽略不计，即对交流信号可视为短路。因此电容值要取得较大，对交流信号其容抗近似为 0。C_1 和 C_2 的容量一般取几微法到几十微法，并使用电解电容器，连接时应注意电解电容的极性。

（6）v_s 和 R_s 分别是信号源电压和信号源内阻，R_L 是电路的负载。

2. 工作原理

v_i 是实际加到放大器输入端的交流信号电压，是待放大的对象，v_i 经电容 C_1 耦合到晶体管的基射极两端。v_i 的变化必将引起基极电流 i_B 的变化，i_C（$i_C=\beta i_B$）也将随之变化。集电极电阻 R_c 将电流 i_C 的变化转换成电压 v_{CE} 的变化，v_{CE} 的变化经电容 C_2 耦合（传送）到输出端，即输出电压 v_o。因为电流放大倍数 β 一般在几十倍以上，所以，只要电路参数选择合适，输出电压 v_o 一般远大于输入电压 v_i，从而实现对输入电压的放大作用。

图 2.2.3 所示电路在正常工作时，电路中的电流和电压既包含有直流量，又包含交流量，是这两种电量的叠加。在分析和设计电路时，常将直流和交流分开进行，并且在符号上加以区别。常用 I_B、I_C、V_{BE}、V_{CE} 表示直流量，i_b、i_c、v_{be}、v_{ce} 表示交流量，i_B、i_C、v_{BE}、v_{CE} 表示总瞬时值，即直流与交流的混合量。

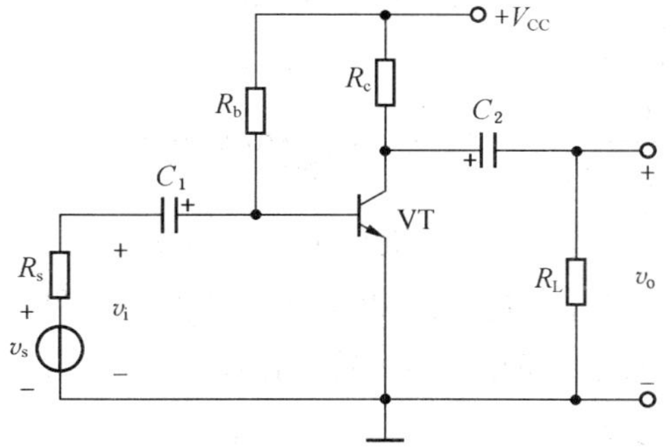

图 2.2.3　单管共射极放大电路

2.2.3　放大电路的静态分析

当输入（交流）信号 v_i=0 时，放大电路中的电压和电流都是直流量，称电路处于静态或直流工作状态。

电路的静态分析就是确定放大电路的静态值（直流量），即确定电路中的基极电流 I_B、集电极电流 I_C、基射极电压 V_{BE} 和集射极电压 V_{CE}。这组数据在晶体管的输入、输出特性曲线上对应一个坐标点（一般用 Q 表示），习惯上称为静态工作点或直流工作点。通常将上述四个电量写成 I_{BQ}、I_{CQ}、V_{BEQ}、V_{CEQ}。其中 V_{BEQ} 在晶体管导通时可近似为常数，硅管为 0.6～0.7V，锗管为 0.2～0.3V。

放大电路设置静态工作点的主要目的，是保证晶体管始终工作在放大区，能够对输入信号进行不失真地放大。静态工作点一般可通过估算法和图解法两种方法来确定。

1. 估算法

估算法是根据放大电路的直流通路进行近似计算的一种方法。所谓直流通路，就是当输入信号（交流）v_i=0 时，在直流电源作用下，直流电流流过的通路。画直流通路时，电容 C_1 和 C_2 可视为开路。

例 2.2.1 设如图 2.2.3 所示电路中的 V_{CC}=15V，R_c=3kΩ，晶体管的电流放大系数 β=150，V_{BEQ}=0.7V。试确定 R_b=750kΩ 和 R_b=300kΩ 两种情况下电路的静态工作点，并说明晶体管的工作状态。

解： 把图 2.2.3 中的 C_1 和 C_2 开路，画出其直流通路，如图 2.2.4 所示。

由图 2.2.4 可知，R_b 两端的电压为 $V_{CC}-V_{BEQ}$，所以基极电流为

$$I_{BQ}=\frac{V_{CC}-V_{BEQ}}{R_b} \tag{2.2.9}$$

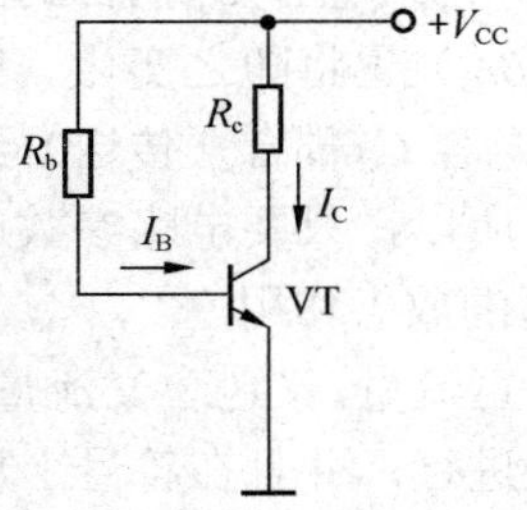

图 2.2.4 图 2.2.3 的直流通路

当 $V_{CC} \gg V_{BEQ}$ 时，上式可简化为

$$I_{BQ}\approx\frac{V_{CC}}{R_b} \tag{2.2.10}$$

根据晶体管的电流放大作用可求出集电极电流为

$$I_{CQ}=\beta I_{BQ} \tag{2.2.11}$$

由图 2.2.4 可求出

$$V_{CEQ}=V_{CC}-I_{CQ}R_c \tag{2.2.12}$$

（1）当 R_b=750kΩ 时，有

$$I_{BQ}=\frac{V_{CC}-V_{BEQ}}{R_b}\approx\frac{V_{CC}}{R_b}=\frac{15}{750}\text{mA}=0.02\text{mA}=20\mu\text{A}$$

$$I_{CQ}=\beta I_{BQ}=150\times0.02\text{mA}=3\text{ mA}$$

$$V_{CEQ}=V_{CC}-I_{CQ}R_c=(15-3\times3)\text{V}=6\text{V}$$

由于 V_{BEQ}=0.7V，V_{CEQ}=6V，所以，晶体管工作在发射结正偏、集电结反偏的放大状态。

（2）当 R_b=300kΩ 时，有

$$I_{BQ}=\frac{V_{CC}-V_{BEQ}}{R_b}\approx\frac{V_{CC}}{R_b}=\frac{15}{300}\text{mA}=0.05\text{mA}=50\mu\text{A}$$

$$I_{CQ}=\beta I_{BQ}=150\times0.05\text{mA}=7.5\text{ mA}$$

$$V_{CEQ}=V_{CC}-I_{CQ}R_c=(15-3\times7.5)\text{V}=-7.5\text{V}$$

由于 V_{CEQ}=−7.5V，可求出集电结的偏置电压 $V_{BCQ}=V_{BEQ}-V_{CEQ}$=0.7V−（−7.5）V=8.2V，这说明，此时集电结也处于正向偏置。因此，晶体管工作在饱和区，不可能工作在放大区，$I_{CQ}=\beta I_{BQ}$ 不再成立。

由于晶体管处于饱和状态，此时 $V_{CEQ}=V_{CES}\approx$0.3V，由如图 2.2.4 所示电路可得此时集电极电流为

$$I_{CQ}=I_{CS}=\frac{V_{CC}-V_{CES}}{R_c}=\frac{15-0.3}{3}\text{mA}\approx 5\text{mA}$$

由此可知，如果偏置电阻选得不合适，就会导致静态工作点不在放大区，晶体管就起不到放大作用。

2. 图解法

图解法是基于晶体管的伏安特性曲线，利用作图来确定静态工作点的一种方法。

根据图 2.2.4，可列出输入回路中电压 V_{BE} 与电流 I_B 之间的关系方程为

$$V_{BE}=V_{CC}-I_BR_b \tag{2.2.13}$$

将该方程画在输入特性曲线的坐标系中，它是一条斜率为$-1/R_b$的直线，该直线称为输入回路的直流负载线。它与横轴的交点为（V_{CC}，0），与纵轴的交点为（0，V_{CC}/R_b），如图 2.2.5（a）所示。

放大电路静态时的 V_{BE} 和 I_B 既要满足晶体管的输入特性曲线，又要满足式（2.2.13）对应的直流负载线，二者的交点 Q 即为静态工作点，其横坐标即为 V_{BEQ}，纵坐标为 I_{BQ}。

同样，在输出回路中，V_{CE} 和 I_C 既要满足 $i_B=I_{BQ}$ 的那条输出特性曲线，又要满足输出回路中电压 V_{CE} 与电流 I_C 之间的关系方程，即

$$V_{CE}=V_{CC}-I_CR_c \tag{2.2.14}$$

将该方程画在输出特性曲线的坐标系中，它是一条斜率为$-1/R_c$ 的直线，该直线称为输出回路的直流负载线。它与横轴的交点为（V_{CC}，0），与纵轴的交点为（0，V_{CC}/R_c），如图 2.2.5（b）所示。

该直线与 $i_B=I_{BQ}$ 的那条输出特性曲线的交点 Q 即为静态工作点，其横坐标即为 V_{CEQ}，纵坐标为 I_{CQ}。

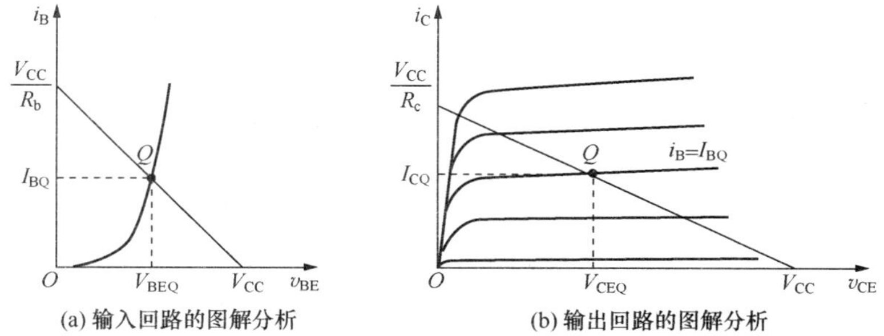

图 2.2.5　静态工作点的图解分析

2.2.4　放大电路的动态分析

当放大电路有输入信号（$v_i\neq0$）时，电路的工作状态称为动态或交流工作状态。这时电路中的电流和电压在静态（直流）量的基础上又叠加了一个交流量，是交、直流两种量的叠加。

放大电路的动态分析就是在已设置合适静态工作点的前提下，分析放大电路中各电流、电压的交流分量之间的关系及波形的失真情况。主要分析、计算电路的电压放大倍数 A_v、输入电阻 R_i 和输出电阻 R_o 等参数。

动态分析要根据放大电路的交流通路进行，交流通路是只考虑交流信号作用时所形成的电流通路。画交流通路的原则如下。

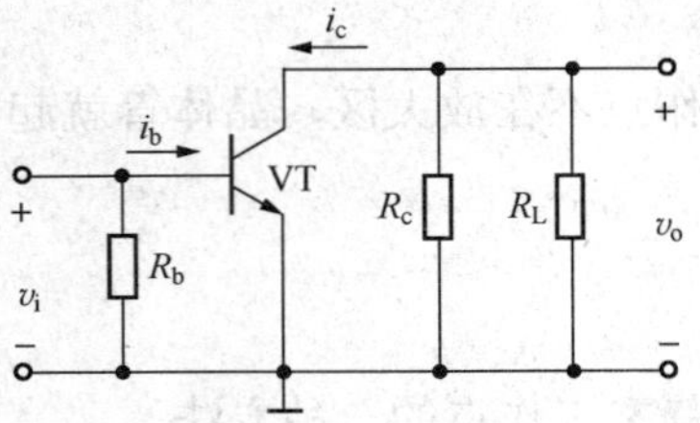

图 2.2.6　图 2.2.3 的交流通路

（1）隔直（耦合）电容可视为短路。

（2）直流电压源内阻很小，可视为短路。

由此，可画出如图 2.2.3 所示电路的交流通路，如图 2.2.6 所示（没画信号源）。

微变等效电路法和图解法是动态分析的两种基本方法。

1. 微变等效电路法

由于晶体管的输入与输出特性曲线都是非线性的，所以晶体管放大电路是一个非线性电路。所谓放大电路的微变等效电路，就是把非线性的晶体管在一定条件下等效为一个线性模型，这样，非线性的放大电路即可等效为一个线性电路，这样，就可像分析线性电路那样来分析晶体管放大电路。线性化的条件，就是晶体管在小信号（微变量）条件下工作。这样才能在静态工作点附近的小范围内用直线段近似地代替晶体管的特性曲线。

1）晶体管的简化微变等效模型

晶体管的输入回路可近似用其输入电阻 r_{be} 来等效，如图 2.2.7 所示。低频小功率晶体管的输入电阻常用式（2.2.15）来近似估算：

$$r_{be} \approx r_{bb'} + (1+\beta)\frac{V_T}{I_{EQ}} \tag{2.2.15}$$

式中，I_{EQ} 是发射极电流的静态值，$r_{bb'}$ 称为晶体管的基区体电阻，一般取 100～300Ω，V_T 是温度的电压当量，常温下 V_T≈26mV。r_{be} 一般为几百欧到几千欧，对交流信号而言它是一个动态电阻，在手册中常用 h_{ie} 表示。

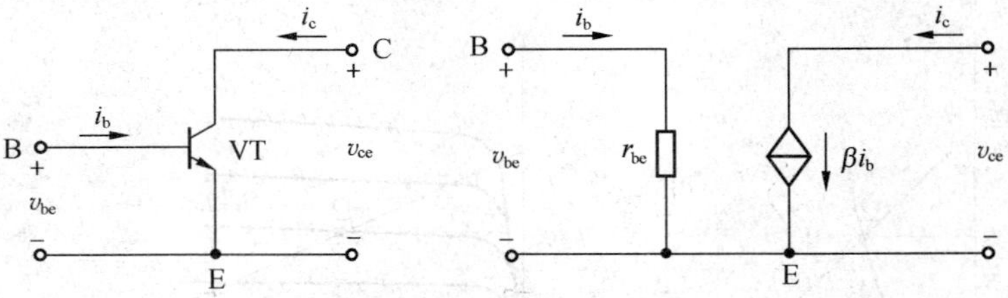

图 2.2.7　晶体管及其微变等效模型

在放大区，晶体管的输出电路可近似用一大小等于 βi_b 的受控电流源来等效，以表示晶体管的集电极电流 i_c 受基极电流 i_b 的控制作用。β 一般为 20～200，在产品手册中常用 h_{fe} 表示。

2）用微变等效电路法分析共射极放大电路

下面以如图 2.2.3 所示的共射极放大电路为例，用微变等效电路法分析其动态性能指标。

首先画出图 2.2.3 的交流通路，如图 2.2.6 所示。再把交流通路中的晶体管用其微变等效模型表示出来，即为放大电路的微变等效电路，如图 2.2.8 所示。由于分析和测试时常用正弦电压作为输入信号，所以电路中的电压和电流均用向量表示。

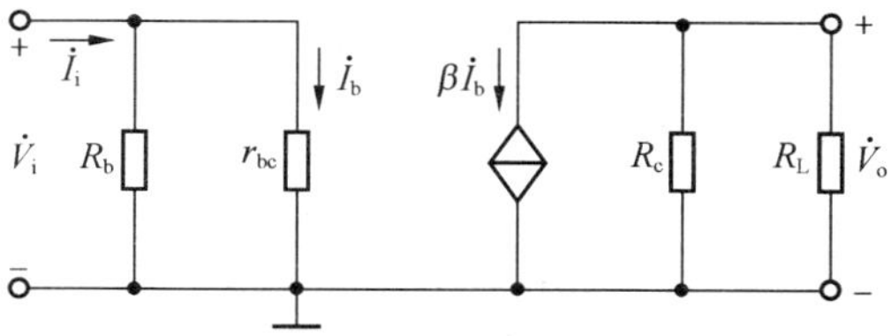

图 2.2.8　图 2.2.3 的微变等效电路

（1）电压放大倍数 $\dot{A}_v$。由图 2.2.8 可求出输入电压和输出电压为

$$\dot{V}_i = \dot{I}_b r_{be}$$

$$\dot{V}_o = -\beta \dot{I}_b (R_c // R_L) = -\beta \dot{I}_b R'_L$$

根据电压放大倍数的定义，有

$$\dot{A}_v = \frac{\dot{V}_o}{\dot{V}_i} = \frac{-\beta \dot{I}_b R'_L}{\dot{I}_b r_{be}} = \frac{-\beta R'_L}{r_{be}} \tag{2.2.16}$$

式中，负号表示输出电压与输入电压相位相反，$R'_L = R_c // R_L$。

（2）输入电阻 R_i。由图 2.2.8 可求出输入电流为

$$\dot{I}_i = \frac{\dot{V}_i}{R_b} + \frac{\dot{V}_i}{r_{be}} = \left(\frac{1}{R_b} + \frac{1}{r_{be}}\right)\dot{V}_i$$

根据输入电阻的定义，有

$$R_i = \frac{\dot{V}_i}{\dot{I}_i} = \frac{\dot{V}_i}{\left(\frac{1}{R_b} + \frac{1}{r_{be}}\right)\dot{V}_i} = R_b // r_{be} \tag{2.2.17}$$

（3）输出电阻 R_o。根据 2.2.1 节介绍的计算 R_o 的方法，将信号源短路（即令 $\dot{V}_i$=0），负载开路（$R_L \to \infty$），在输出端外加一电压 $\dot{V}_o$，求出电流 $\dot{I}_o$，按照式 $R_o = \frac{\dot{V}_o}{\dot{I}_o}$，计算输出电阻。

由图 2.2.8 可知，当 $\dot{V}_i$=0 时，$\dot{I}_b$=0，输出回路的受控电流源 $\beta\dot{I}_b$ 也等于零。所以，输出电阻为

$$R_o = \frac{\dot{V}_o}{\dot{I}_o} = R_c \tag{2.2.18}$$

应当特别指出，根据输入、输出电阻的物理意义，R_i 和 R_o 是放大电路自身的参数。因此，R_i 中不应含有 R_s，因为 R_s 可能是前级电路的输出电阻或实际信号源内阻。而 R_o 中不应包含 R_L，因为 R_L 可能是实际的负载或后级电路的输入电阻。

例 2.2.2　根据例 2.2.1 给出的参数，试计算 R_b=750kΩ，R_L=3kΩ 时，如图 2.2.3 所示放大电路的电压放大倍数、输入电阻和输出电阻。

解：根据例 2.2.1 的计算结果，电路的静态集电极电流 $I_{EQ} \approx I_{CQ}$=3mA，所以有

$$r_{be} \approx 200\Omega + (1+\beta)\frac{26\text{mV}}{I_{EQ}} = 200\Omega + (1+150)\frac{26}{3}\Omega \approx 1.5\text{k}\Omega$$

$$\dot{A}_v = \frac{\dot{V}_o}{\dot{V}_i} = \frac{-\beta R'_L}{r_{be}} = \frac{-150 \times \frac{3}{2}}{1.5} = -150$$

$$R_i=\frac{\dot{V}_i}{\dot{I}_i}=R_b\,//\,r_{be}\approx r_{be}=1.5\text{k}\Omega$$

$$R_o=\frac{\dot{V}_o}{\dot{I}_o}=R_c=3\text{k}\Omega$$

例 2.2.3 在如图 2.2.3 所示电路中，已知 V_{CC}=15V，R_b=1.5MΩ，R_c=R_L=10kΩ，信号源内阻 R_s=2kΩ，晶体管的电流放大系数 β=100，r_{be}=2.8kΩ，V_{BEQ}=0.7V。试计算：

（1）电路的静态工作点 Q。

（2）电路的电压放大倍数 $\dot{A}_v$、源电压放大倍数 $\dot{A}_{vs}$ $\left(\dot{A}_{vs}=\dfrac{\dot{V}_o}{\dot{V}_s}\right)$、输入电阻和输出电阻。

解：（1）根据式（2.2.9）、式（2.2.11）、式（2.2.12）求静态工作点 Q。

$$I_{BQ}=\frac{V_{CC}-V_{BEQ}}{R_b}\approx\frac{V_{CC}}{R_b}=\frac{15}{1.5\times10^3}\text{mA}=0.01\text{mA}=10\mu\text{A}$$

$$I_{CQ}=\beta I_{BQ}=100\times0.01\text{mA}=1\text{mA}$$

$$V_{CEQ}=V_{CC}-I_{CQ}R_c=(15-1\times10)\text{V}=5\text{V}$$

因为，$V_{CEQ}>V_{BEQ}$，说明晶体管工作在放大区。

（2）画出图 2.2.3 的微变等效电路，如图 2.2.9 所示。

由图 2.2.9 可得

$$\dot{A}_v=\frac{\dot{V}_o}{\dot{V}_i}=\frac{-\beta R'_L}{r_{be}}=\frac{-100\times\dfrac{10}{2}}{2.8}=-179$$

因为 R_b>>r_{be}，所以有

$$R_i=R_b//r_{be}\approx r_{be}=2.8\text{k}\Omega$$

$$R_o=R_c=10\text{k}\Omega$$

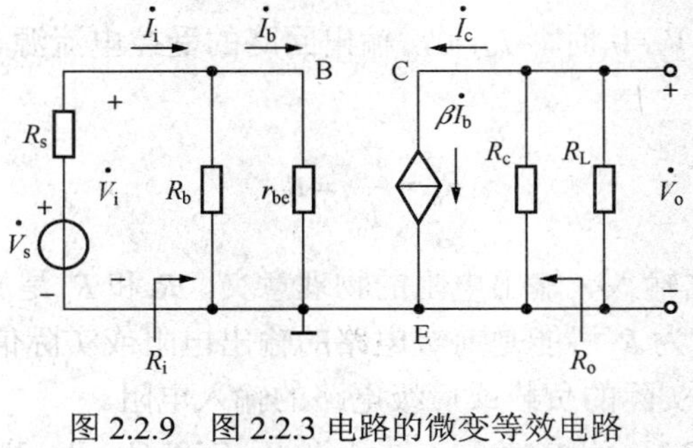

图 2.2.9 图 2.2.3 电路的微变等效电路

根据图 2.2.9，有

$$\dot{V}_i=\frac{R_i}{R_s+R_i}\dot{V}_s\approx\frac{r_{be}}{R_s+r_{be}}\dot{V}_s$$

所以有

$$\frac{\dot{V}_i}{\dot{V}_s}=\frac{r_{be}}{R_s+r_{be}}$$

$$\dot{A}_{vs}=\frac{\dot{V}_o}{\dot{V}_s}=\frac{\dot{V}_o}{\dot{V}_i}\frac{\dot{V}_i}{\dot{V}_s}=\dot{A}_v\frac{r_{be}}{R_s+r_{be}}=-179\times\frac{2.8}{2+2.8}=-104$$

由此可见，$|\dot{A}_{vs}|<|\dot{A}_v|$，输入电阻 R_i 越大，$|\dot{V}_i|$ 越接近 $|\dot{V}_s|$，$|\dot{A}_{vs}|$ 越接近 $|\dot{A}_v|$。

由以上分析可知，对放大电路的分析应遵循“先静态，后动态”的原则，静态分析时应根据直流通路，动态分析时应根据交流通路和微变等效电路。只有在静态工作点合适的情况下，动态分析才有意义。

用微变等效电路法分析放大电路的基本步骤如下。

（1）分析静态工作点，确定其是否合适，如不合适应进行调整。

（2）画出放大电路的交流通路以及微变等效电路，并根据式（2.2.15）求出 r_{be}。

（3）根据要求求解电路的电压放大倍数、输入电阻和输出电阻等动态参数。

2. 图解法

1）动态工作情况的图解分析

利用晶体管的输入、输出特性曲线，通过做图的方法来分析放大电路的动态工作情况，可以直观地看到电路中各个电压、电流的幅值及相位关系，而且还可确定电压放大倍数。动态图解分析是在静态分析的基础上进行的，分析方法如下。

（1）分析输入回路中电压 v_{BE} 和电流 i_B 的波形。

设图 2.2.3 中输入信号 $v_i=V_{im}\sin\omega t$，与直流电源 V_{CC} 共同作用产生发射结电压 $v_{BE}=V_{BEQ}+v_{be}$。由于电容 C_1 对交流信号可视为短路，v_{BE} 中的交流量 v_{be} 就是输入信号 v_i。当输入信号 v_i 变化时，将引起 v_{BE} 围绕着静态工作点 Q 沿着输入特性曲线在 Q_1 和 Q_2 之间移动，由此便可画出 v_{BE} 和 i_B 的波形，如图 2.2.10（a）所示。

（2）分析输出回路中电流 i_C 和电压 v_{CE} 的波形。

由图 2.2.3 电路的交流通路（见图 2.2.6），可得

$$v_o=v_{ce}=-i_c(R_c//R_L)=-i_cR_L'$$

其中，$R_L'=R_c//R_L$，称为等效负载。

因为

$$v_{CE}=V_{CEQ}+v_{ce}=V_{CEQ}-i_cR_L'=V_{CEQ}-(i_C-I_{CQ})R_L'=V_{CEQ}+I_{CQ}R_L'-i_CR_L'$$

这是一条斜率为 $-1/R_L'$ 的直线，称为交流负载线，是动态时工作点移动的轨迹。

交流负载线有两个特点：一是它通过静态工作点 Q，因为当正弦输入信号 v_i 的瞬时值为零时，电路处于静态。另一个特点是其斜率为 $-1/R_L'$。

根据方程 $v_{CE}=V_{CEQ}+I_{CQ}R_L'-i_CR_L'$ 可知，交流负载线与横轴的交点为（$V_{CEQ}+I_{CQ}R_L'$，0），通过该点和 Q 点，便可做出交流负载线。

由 i_B 的变化范围和交流负载线，就可确定 i_C 和 v_{CE} 的变化范围，即动态时的工作点沿着交流负载线在 Q_1 和 Q_2 之间移动，由此便可画出 i_C 和 v_{CE} 的波形，如图 2.2.10（b）所示。

（3）确定电压放大倍数。由上述图解分析可知，i_B 和 i_C 与 v_i 的变化方向相同。当 v_i 增加时，i_B 和 i_C 也增加；而 v_{CE} 与 v_i 的变化方向相反，当 v_i 增加时，v_{CE} 减小。这是由于 v_i 增加时，i_C 增加，使 R_c 上的压降也增加，导致 v_{CE} 减小。v_{CE} 中的交流量 v_{ce} 就是输出电压 v_o，它是与 v_i 同频率的正弦波，但二者的相位相反。

由图 2.2.10（b）可知，v_{ce} 的峰值即为输出电压的幅值 V_{om}，根据电压放大倍数的定义

可得

$$A_v = \frac{v_o}{v_i} = -\frac{V_{om}}{V_{im}} \tag{2.2.19}$$

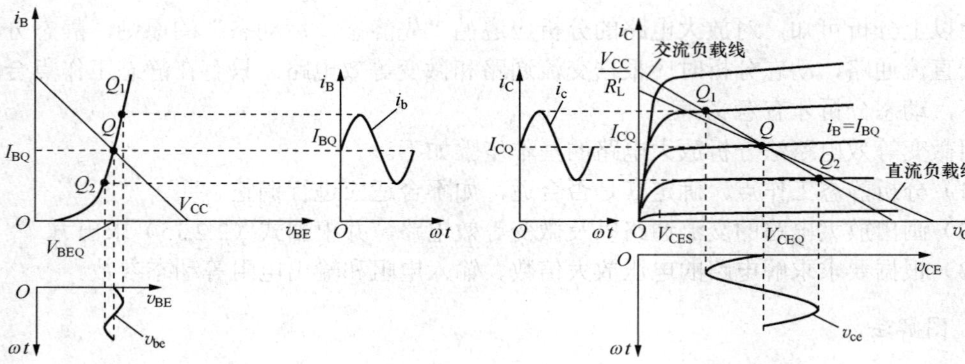

(a) 输入回路的波形　　(b) 输出回路的波形

图 2.2.10　动态工作情况的图解分析

式中的负号说明输出电压与输入电压相位相反，这是共射极放大电路的一个重要特点。如果把电路中的电压、电流波形画在对应的 ωt 轴上，可得到如图 2.2.11 所示的波形图。

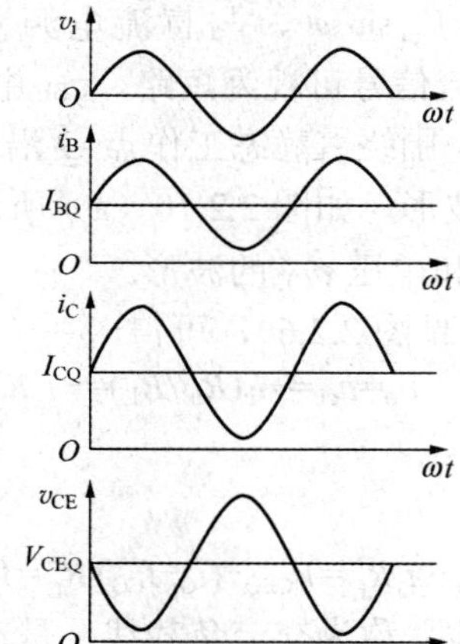

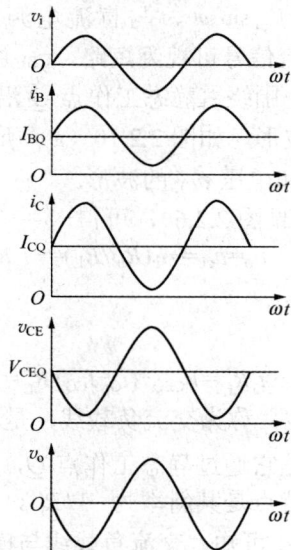

图 2.2.11　共射放大电路中电流、电压的波形图

2）波形非线性失真的图解分析

晶体管有放大、截止、饱和三种工作状态，只有静态工作点合适，并且输入信号幅值较小，才能保证在交流信号的整个周期内，晶体管都工作在放大区，电路中的电压、电流波形才不会出现失真现象。如果 Q 点设置不当，就会使晶体管工作在截止区或饱和区，从而产生波形失真。

（1）截止失真。当 Q 点设置过低，在输入信号负半周的峰值附近的一段时间内，晶体管发射结电压小于它的开启电压而截止，从而使 i_B、i_C 及 v_{CE} 的波形失真，使输出电压 v_o。

波形产生顶部失真，如图 2.2.12 所示。这种因晶体管截止而产生的失真称为截止失真。

在如图 2.2.3 所示电路中，减小偏置电阻 R_b，使基极静态电流 I_{BQ} 增加，静态工作点上移，即可消除截止失真。

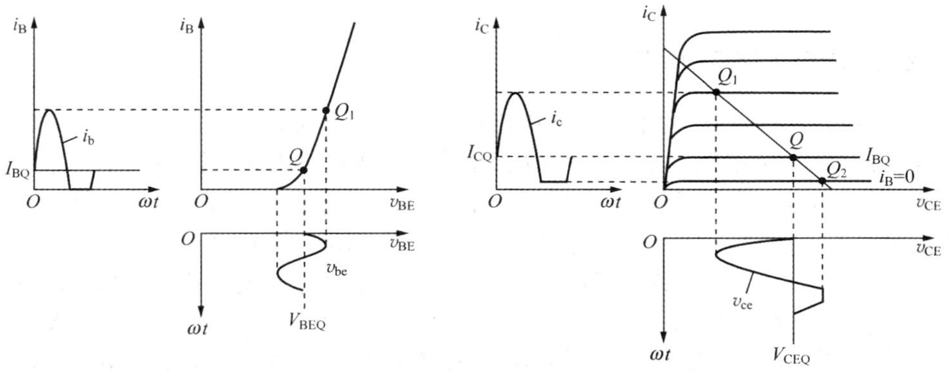

(a) 输入回路的失真波形　　(b) 输出回路的失真波形

图 2.2.12　共射极放大电路的截止失真

（2）饱和失真。如果静态工作点 Q 设置过高，虽然基极电流没有出现失真，但在输入信号正半周的峰值附近的一段时间内，晶体管进入饱和区，引起 i_C、v_{CE} 的波形失真，使输出电压 v_o 波形产生底部失真，如图 2.2.13 所示。这种因晶体管饱和而产生的失真称为饱和失真。增加偏置电阻 R_b 使静态基极电流 I_{BQ} 减小，静态工作点下移，即可消除饱和失真。

为避免截止失真或饱和失真的出现，应把 Q 点设置在放大区中间的位置，以获得输出电压的最大动态范围。另外，即使 Q 点设置合理，如果输入信号幅度过大，使输出电压幅值超出其最大动态范围，也会导致输出电压波形同时出现截止失真和饱和失真。

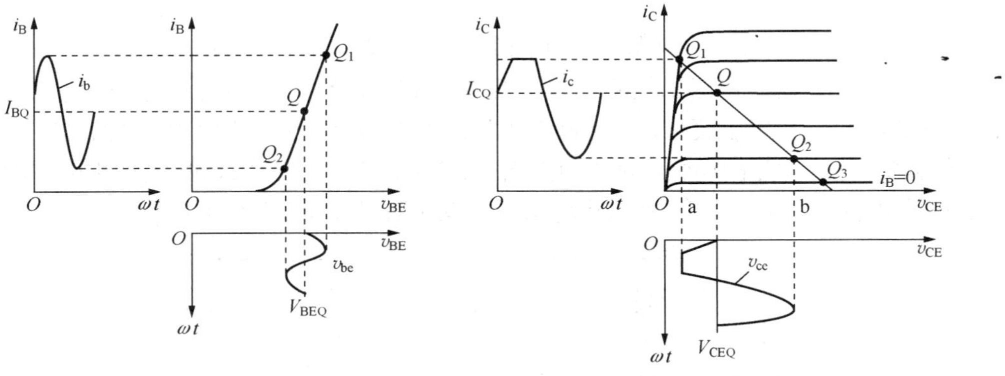

(a) 输入回路的失真波形　　(b) 输出回路的失真波形

图 2.2.13　饱和失真的波形

3）图解分析法的适用范围

图解法直观、形象，适用于对 Q 点的分析和失真的判断，特别是输入信号幅值较大时，电路的工作情况分析。借助图解法可以合理地选择电路参数，设置静态工作点的位置，以及确定输出电压的最大动态范围。另外，由于晶体管的特性曲线只反映了信号频率较低时的电压与电流关系，因此不能用于分析工作频率较高时电路的工作状态。

2.3 放大电路静态工作点的稳定

2.3.1 温度对静态工作点的影响

由上一节的分析可知，为了使放大电路对输入信号不失真地放大并具备良好的放大性能，必须设置合适的静态工作点，使晶体管工作在放大区。但在实际应用中，电源电压的波动、元器件的老化、环境温度的变化等，都会引起静态工作点的不稳定，从而影响放大电路的正常工作。在影响 Q 点不稳定的诸因素中，尤以环境温度变化的影响最大。

在 2.1.5 节介绍过，晶体管的反向电流 I_{CBO}、I_{CEO} 及电流放大系数 β 都将随温度升高而增大，而发射结正向压降 V_{BE} 随温度升高而减小。由式（2.2.9）～式（2.2.12）可知，这些参数的变化，都会使放大电路的静态集电极电流 I_{CQ} 随温度升高而增加，V_{CEQ} 随温度升高而减小，从而使 Q 点随温度升高沿直流负载线向左上方移动，接近饱和区，如图 2.3.1 所示。同样，当环境温度降低时，静态工作点 Q 将沿直流负载线向右下方移动，接近截止区。因此，为保证放大电路稳定正常地工作，必须采取措施，稳定放大器的静态工作点。具体方法是改进偏置电路的形式，使放大电路的静态工作点基本不受温度变化的影响。

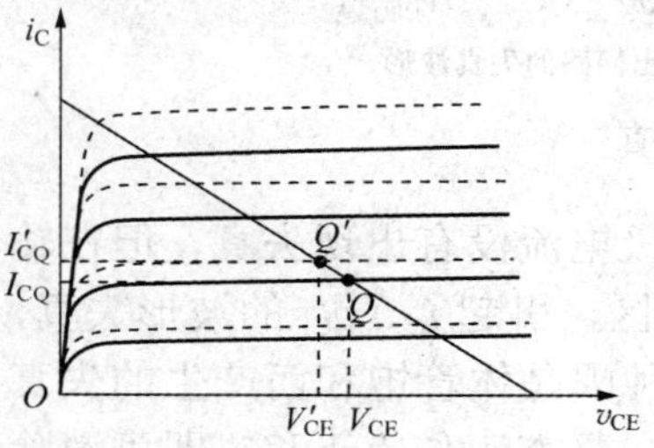

图 2.3.1 温度对静态工作点的影响

2.3.2 分压式偏置静态工作点稳定电路

1. 电路组成

图 2.2.3 所示的共射放大电路，在电路参数一定时，偏置电流 I_{BQ} 是固定的，故称为固定偏置放大电路。这种电路虽然简单，但当环境温度变化时，晶体管的 β 和 I_{CEO} 会随之变化，致使 I_{CQ} 和 V_{CEQ} 发生变化，引起静态工作点的不稳定，从而影响放大电路的正常工作。在要求静态工作点稳定的场合，常采用如图 2.3.2（a）所示的分压式偏置共射放大电路，它的偏置电路由 R_{b1}、R_{b2} 和发射极电阻 R_e 组成，直流通路如图 2.3.2（b）所示。

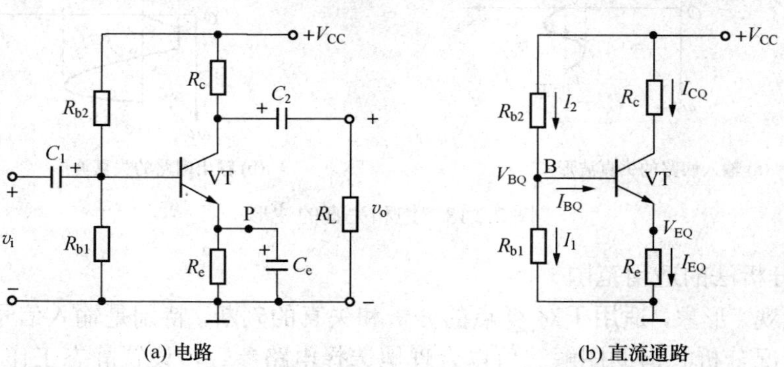

图 2.3.2 基极分压式偏置静态工作点稳定电路

为了稳定静态工作点，要合理选择 R_{b1} 和 R_{b2} 的阻值，使得 $I_1 \gg I_{BQ}$，则 $I_1 \approx I_2$，基极直流电位为

$$V_{BQ} \approx \frac{R_{b1}}{R_{b1}+R_{b2}} \cdot V_{CC} \tag{2.3.1}$$

可以认为，当温度变化时，V_{BQ} 基本不变。

这种电路在温度变化时，β 和 I_{CEO} 同样会发生变化。但是，当由于温度变化使 I_{CQ}（I_{EQ}）增加时，发射极直流电位 $V_{EQ}=I_{EQ}R_e$ 也随之增加，从而使 V_{BEQ}（$=V_{BQ}-V_{EQ}$）减小，I_{BQ} 随之减小，I_{CQ} 也减小。结果，由于温度变化使 I_{CQ} 增加的部分基本可以由 I_{CQ} 减小的部分抵消，使 I_{CQ} 基本维持不变，从而达到稳定静态工作点的目的。

由上述分析可知，该电路静态工作点稳定的条件是 $I_1 \gg I_{BQ}$ 和 $V_{BQ} \gg V_{BEQ}$，在实际设计电路时，在保证静态工作点稳定的前提下，还要兼顾其他指标，因此，一般可按下述取值。

硅管：$I_1=$（5～10）I_{BQ}，$V_{BQ}=$（3～5）V_{BEQ}。

锗管：$I_1=$（10～20）I_{BQ}，$V_{BQ}=$（1～3）V_{BEQ}。

2. 静态分析

根据图 2.3.2（b）所示的直流通路，在 $I_1 \gg I_{BQ}$ 的条件下有

$$V_{BQ} \approx \frac{R_{b1}}{R_{b1}+R_{b2}} \cdot V_{CC}$$

$$I_{CQ} \approx I_{EQ} = \frac{V_{BQ}-V_{BEQ}}{R_e} \tag{2.3.2}$$

$$V_{CEQ} = V_{CC} - I_{CQ}R_c - I_{EQ}R_e \approx V_{CC} - I_{CQ}(R_c + R_e) \tag{2.3.3}$$

$$I_{BQ} = \frac{I_{CQ}}{\beta} \tag{2.3.4}$$

3. 动态分析

图 2.3.2（a）中的电容 C_e 为发射极旁路电容，其取值应足够大，对交流信号可视为短路。由此，可画出其微变等效电路如图 2.3.3 所示。

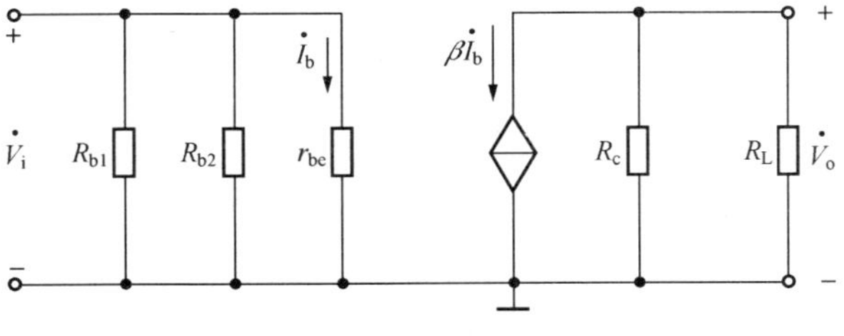

图 2.3.3　图 2.3.2（a）所示电路的微变等效电路

（1）电压放大倍数 $\dot{A}_v$。

由图 2.3.3 可得

$$\dot{V}_i = \dot{I}_b r_{be}$$

$$\dot{V}_o = -\beta \dot{I}_b (R_c // R_L) = -\beta \dot{I}_b R'_L$$

由此可求出电压放大倍数为

$$\dot{A}_v = \frac{\dot{V}_o}{\dot{V}_i} = \frac{-\beta R'_L}{r_{be}}$$

（2）输入电阻 R_i。

输入电阻为

$$R_i = R_{b1} // R_{b2} // r_{be} \tag{2.3.5}$$

（3）输出电阻 R_o。

输出电阻为

$$R_o = R_c$$

若去掉发射极旁路电容 C_e，在交流通路中，发射极电阻 R_e 就不能被旁路（短路）掉，这时的微变等效电路如图 2.3.4 所示。由图可知

$$\begin{cases} \dot{V}_i = \dot{I}_b r_{be} + \dot{I}_e R_e = \dot{I}_b r_{be} + (1+\beta)\dot{I}_b R_e \\ \dot{V}_o = -\beta \dot{I}_b (R_c // R_L) = -\beta \dot{I}_b R'_L \end{cases} \tag{2.3.6}$$

电压放大倍数为

$$\dot{A}_v = \frac{\dot{V}_o}{\dot{V}_i} = \frac{-\beta \dot{I}_b R'_L}{\dot{I}_b r_{be} + (1+\beta)\dot{I}_b R_e} = -\frac{\beta R'_L}{r_{be} + (1+\beta) R_e} \tag{2.3.7}$$

由此可知，若去掉发射极旁路电容 C_e，会使电压放大倍数下降。

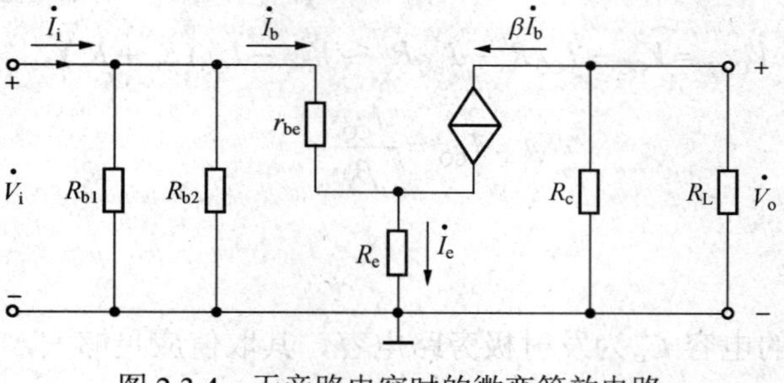

图 2.3.4 无旁路电容时的微变等效电路

由图 2.3.4 可得

$$\dot{I}_i = \frac{\dot{V}_i}{R_{b1}} + \frac{\dot{V}_i}{R_{b2}} + \dot{I}_b \tag{2.3.8}$$

由式（2.3.6）得

$$\dot{I}_b = \frac{\dot{V}_i}{r_{be} + (1+\beta) R_e} \tag{2.3.9}$$

把式（2.3.9）代入式（2.3.8），得

$$\dot{I}_i = \frac{\dot{V}_i}{R_{b1}} + \frac{\dot{V}_i}{R_{b2}} + \frac{\dot{V}_i}{r_{be} + (1+\beta) R_e} = \left[\frac{1}{R_{b1}} + \frac{1}{R_{b2}} + \frac{1}{r_{be} + (1+\beta) R_e}\right]\dot{V}_i$$

所以，输入电阻为

$$R_i = \frac{\dot{V}_i}{\dot{I}_i} = R_{b1} // R_{b2} //[r_{be} + (1+\beta)R_e] \tag{2.3.10}$$

输出电阻为

$$R_o = R_c$$

在式（2.3.7）中，若（1+β）$R_e \gg r_{be}$，且 $\beta \gg 1$，则有

$$\dot{A}_v \approx -\frac{R'_L}{R_e} \tag{2.3.11}$$

可见，虽然 R_e 使放大倍数减小了，但由于 $\dot{A}_v$ 仅取决于电阻取值，不受环境温度影响，所以温度稳定性提高了。

例 2.3.1　在如图 2.3.2（a）所示电路中，已知 V_{CC}=12V，R_{b1}=2.5kΩ，R_{b2}=7.5kΩ，R_c=R_L=2kΩ，R_e=1kΩ，晶体管的电流放大系数 β=30，V_{BEQ}=0.7V，$r_{bb'}$=200Ω。

（1）试估算电路的静态工作点 Q。

（2）计算电路的电压放大倍数 $\dot{A}_v$、输入电阻 R_i 和输出电阻 R_o。

（3）如果在输入端加一个信号源，其内阻 R_s=10kΩ，计算此时的源电压放大倍数 $\dot{A}_{vs}$。

（4）计算去掉电容 C_e 时电路的电压放大倍数和输入电阻。

（5）如果换上 β=50 的晶体管，电路其他参数不变，静态工作点有何变化？

解：（1）根据式（2.3.1）～式（2.3.4）可得

$$V_{BQ} \approx \frac{R_{b1}}{R_{b1}+R_{b2}} \bullet V_{CC} = \frac{2.5}{2.5+7.5} \times 12\text{V} = 3\,\text{V}$$

$$I_{CQ} \approx I_{EQ} = \frac{V_{BQ}-V_{BEQ}}{R_e} = \frac{3-0.7}{1}\text{mA} = 2.3\,\text{mA}$$

$$V_{CEQ} \approx V_{CC} - I_{CQ}(R_c + R_e) = [12-2.3\times(2+1)]\text{V} = 5.1\,\text{V}$$

$$I_{BQ} = \frac{I_{CQ}}{\beta} = \frac{2.3}{30}\text{mA} = 0.077\text{mA} = 77\mu\text{A}$$

（2）电压放大倍数 $\dot{A}_v$、输入电阻 R_i 和输出电阻 R_o 分别为

$$r_{be} \approx 200\Omega + (1+\beta)\frac{26\text{mV}}{I_{EQ}} = 200\Omega + (1+30)\frac{26\text{mV}}{2.3\text{mA}} = 550\Omega$$

$$\dot{A}_v = \frac{-\beta R'_L}{r_{be}} = -\frac{30\times 1}{0.55} = -54.5$$

$$R_i = R_{b1} // R_{b2} // r_{be} = 7.5 // 2.5 // 0.55\text{k}\Omega = 426\Omega$$

$$R_o = R_c = 2\text{k}\Omega$$

（3）源电压放大倍数为

$$\dot{A}_{vs} = \frac{\dot{V}_o}{\dot{V}_s} = \dot{A}_v \frac{R_i}{R_s + R_i} = -54.5 \times \frac{0.426}{10+0.426} = -2.23$$

可见，当 $R_i \ll R_s$ 时，电压放大倍数会下降很多。

（4）去掉 C_e 时电路的电压放大倍数和输入电阻为

$$\dot{A}_v = -\frac{\beta R_L'}{r_{be}+(1+\beta)R_e} = -\frac{30\times 1}{0.55+(1+30)\times 1} = -0.95$$

$$R_i = R_{b1}//R_{b2}//[r_{be}+(1+\beta)R_e] = 2.5//7.5//[0.55+(1+30)\times 1]\text{k}\Omega = 1.77\text{ k}\Omega$$

可见，去掉电容 C_e，电路的电压放大倍数会下降很多，输入电阻有所增加。

（5）根据上面的分析可知，换上 β=50 的晶体管，V_{BQ}、I_{CQ}、I_{EQ}、V_{CEQ} 的数值基本保持不变。

$$I_{BQ} = \frac{I_{CQ}}{\beta} = \frac{2.3}{50}\text{mA} = 0.046\text{mA} = 46\mu\text{A}$$

I_{BQ} 比原来减小了。

2.3.3 应用实例——温度自动控制系统

如图 2.3.5 所示是温度自动控制系统的示意图，其作用是保持容器中液体的温度为特定值。水箱中的温度由一个热敏电阻（传感器）进行监测，该热敏电阻采用正温度系数，其阻值与容器中液体的温度成正比。热敏电阻的阻值，通过温度—电压转换电路转化为与该阻值成比例的电压值。该电压加到一个阀门接口电路中，该电路可以通过调节阀门控制流入燃烧器的燃料。如果容器中的温度超过了规定值，进入燃烧器的燃料就会减少，从而使温度降低。如果容器中的温度降低到了规定值以下，进入燃烧器的燃料就会增加，从而使温度上升。

温度到电压的转换电路如图 2.3.6（a）所示，热敏电阻作为分压式偏置电路中的一个电阻。因此，当温度降低时，热敏电阻的阻值减小，晶体管的基极电压减小。由于晶体管的集电极电压变化与基极电压相反，因此，输出电压增大，通过调节阀门使得更多燃料进入燃烧器。

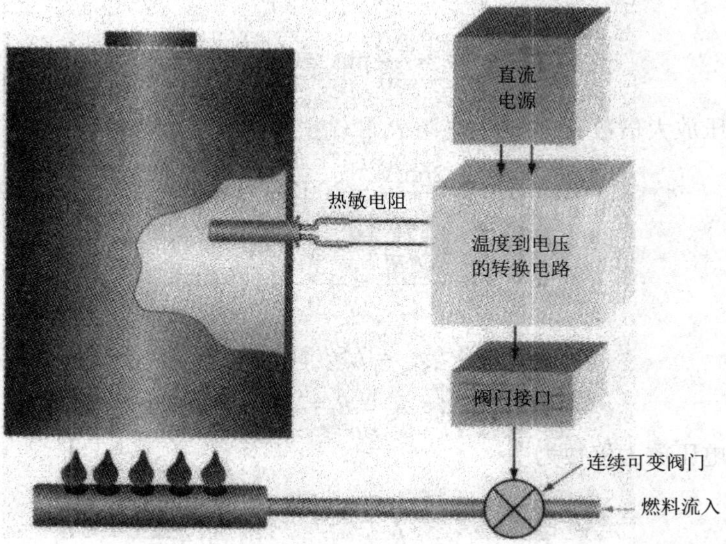

图 2.3.5 温度自动控制系统

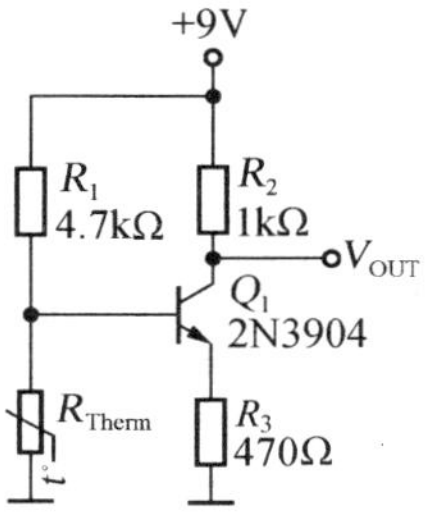

（a）转换电路

温度值/℃	热敏电阻阻值/kΩ
60	1.256
65	1.481
70	1.753
75	2.084
80	2.490

（b）给定范围内热敏电阻的温度特性

图 2.3.6　温度电压转换电路

为了说明该电路，假设温度保持在（70±5）℃。图 2.3.6（b）给出了在给定范围内热敏电阻阻值的变化情况。表 2.3.1 给出了温度—电压转换电路的输出电压与温度及热敏电阻之间的变化关系的仿真结果。

表 2.3.1　转换电路的输出电压与温度及热敏电阻之间的变化关系

T/℃	60	65	70	75	80
R_{Therm}/kΩ	1.256	1.481	1.753	2.084	2.490
V_{OUT}/V	6.478	5.954	5.371	4.726	4.017

2.4　单管共集电极放大电路和共基极放大电路

2.4.1　单管共集电极放大电路

单管共集电极放大电路的原理电路如图 2.4.1（a）所示，图 2.4.1（b）和（c）所示分别是它的直流通路和交流通路。由交流通路可见，输入信号 $\dot{V}_i$ 从基极输入，输出信号 $\dot{V}_o$ 从发射极输出，集电极是输入、输出信号的公共端，所以该电路称为共集电极电路。由于 $\dot{V}_o$ 从发射极输出，该电路又称为射极输出器。

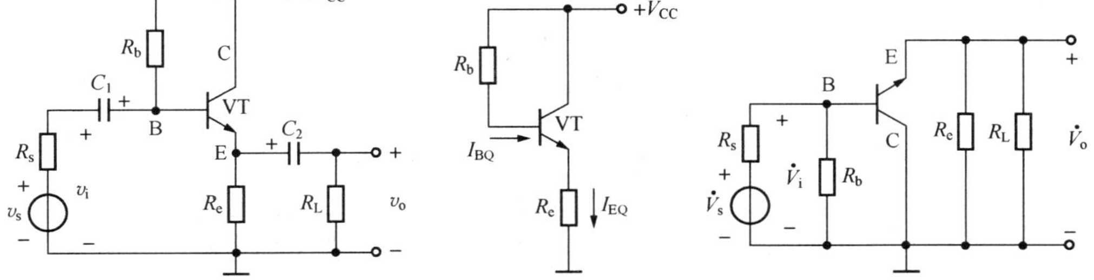

(a) 原理电路　(b) 直流通路　(c) 交流通路

图 2.4.1　共集电极放大电路

1. 静态分析

根据直流通路，列出输入回路的电压方程为

$$V_{CC}=I_{BQ}R_b+V_{BEQ}+I_{EQ}R_e=I_{BQ}R_b+V_{BEQ}+(1+\beta)I_{BQ}R_e$$

由上式可得

$$\begin{cases}I_{BQ}=\dfrac{V_{CC}-V_{BEQ}}{R_b+(1+\beta)R_e}\\ I_{CQ}=\beta I_{BQ}\approx I_{EQ}\end{cases} \tag{2.4.1}$$

$$V_{CEQ}=V_{CC}-I_{EQ}R_e\approx V_{CC}-I_{CQ}R_e \tag{2.4.2}$$

2. 动态分析

根据交流通路，画出其微变等效电路，如图 2.4.2 所示。

1）求电压放大倍数 $\dot{A}_v$

由微变等效电路，得

$$\begin{cases}\dot{V}_i=\dot{I}_b r_{be}+\dot{I}_e(R_e//R_L)=\dot{I}_b r_{be}+(1+\beta)\dot{I}_b(R_e//R_L)\\ \dot{V}_o=(1+\beta)\dot{I}_b(R_e//R_L)\end{cases} \tag{2.4.3}$$

所以，电压放大倍数为

$$\dot{A}_v=\frac{\dot{V}_o}{\dot{V}_i}=\frac{(1+\beta)\dot{I}_b(R_e//R_L)}{\dot{I}_b r_{be}+(1+\beta)\dot{I}_b(R_e//R_L)}=\frac{(1+\beta)(R_e//R_L)}{r_{be}+(1+\beta)(R_e//R_L)} \tag{2.4.4}$$

上式表明，$\dot{A}_v<1$。当$(1+\beta)(R_e//R_L)\gg r_{be}$时，$\dot{A}_v\approx 1$，即$\dot{V}_o\approx\dot{V}_i$，且输出与输入同相位，$\dot{V}_o$跟随$\dot{V}_i$的变化而变化。因而，该电路又称为射极跟随器。由于$\dot{A}_v<1$，电路没有电压放大作用，但输出电流$\dot{I}_e$比输入电流$\dot{I}_b$大很多，因此，电路有电流放大作用和功率放大作用。

2）求输入电阻 R_i

由图 2.4.2 可得

$$\dot{I}_i=\frac{\dot{V}_i}{R_b}+\dot{I}_b \tag{2.4.5}$$

由式（2.4.3）得

$$\dot{I}_b=\frac{\dot{V}_i}{r_{be}+(1+\beta)(R_e//R_L)} \tag{2.4.6}$$

将式（2.4.6）代入式（2.4.5）得

$$\dot{I}_i=\frac{\dot{V}_i}{R_b}+\frac{\dot{V}_i}{r_{be}+(1+\beta)(R_e//R_L)}=\left(\frac{1}{R_b}+\frac{1}{r_{be}+(1+\beta)(R_e//R_L)}\right)\dot{V}_i$$

所以，输入电阻为

$$R_i=\frac{\dot{V}_i}{\dot{I}_i}=R_b//[r_{be}+(1+\beta)(R_e//R_L)] \tag{2.4.7}$$

共集电极放大电路的输入电阻比共射极电路的大得多，可达 100kΩ 以上。

3）求输出电阻 R_o

根据输出电阻的定义，画出求输出电阻的等效电路，如图 2.4.3 所示。列出发射极 e

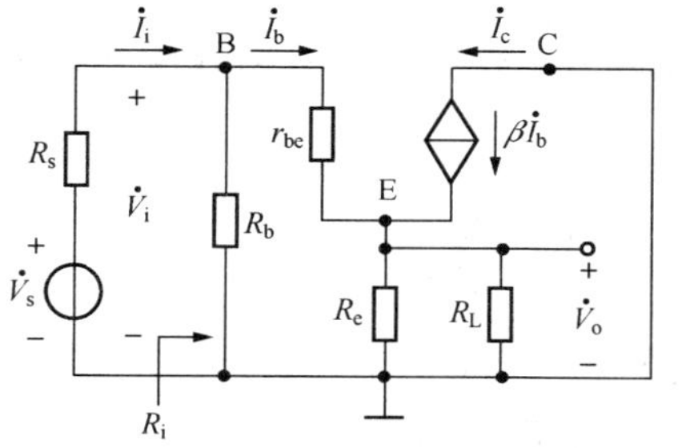

图 2.4.2　共集电极放大电路的微变等效电路

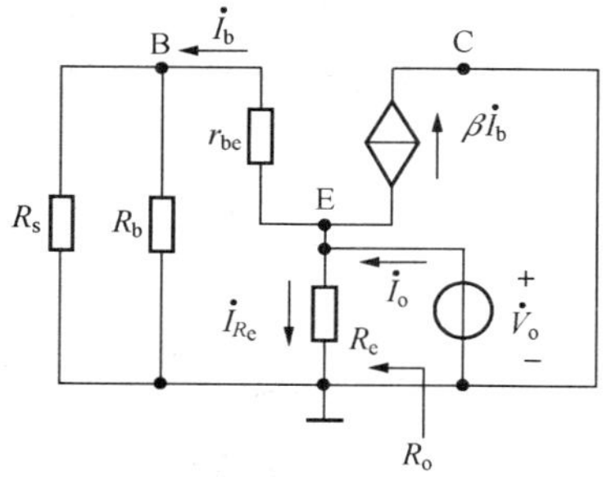

图 2.4.3　计算共集电极放大电路的输出电阻

点的节点电流方程为

$$\dot{I}_o = \dot{I}_b + \beta\dot{I}_b + \dot{I}_{R_e} = (1+\beta)\frac{\dot{V}_o}{R_s // R_b + r_{be}} + \frac{\dot{V}_o}{R_e} = \left(\frac{1}{\dfrac{R_s // R_b + r_{be}}{1+\beta}} + \frac{1}{R_e}\right)\dot{V}_o$$

所以，输出电阻为

$$R_o = \frac{\dot{V}_o}{\dot{I}_o} = R_e // \frac{R_s // R_b + r_{be}}{1+\beta} \tag{2.4.8}$$

共集电极放大电路的输出电阻比共射极电路的小得多，可小到几十欧。

综上所述，单管共集电极放大电路有以下三个显著特点。

（1）一般 $(1+\beta)(R_e // R_L) \gg r_{be}$，电压放大倍数 $\dot{A}_v \leqslant 1$，即 $\dot{V}_o \approx \dot{V}_i$，具有电压跟随作用。

（2）输入电阻大，可达几十千欧，甚至几百千欧，电路对信号源影响小。

（3）输出电阻小，可小到几十欧，电路带负载能力强。

由于共集电极放大电路的输入电阻大，因而，常作为多级放大电路的输入级，以减小从信号源索取的电流量；又因输出电阻小，常作为多级放大电路的输出级，以提高带负载能力；除了输入电阻大、输出电阻小以外，还具有输出电压与输入电压同相位、大小近似相等的特点，因此，还可作为多级放大电路的中间级以隔离前后级之间的相互影响。此时，它在电路中起阻抗变换的作用，称为缓冲级。因此，共集电极放大电路在电子电路中有着非常广泛的应用。

例 2.4.1　电路如图 2.4.4 所示，已知晶体管的电流放大系数 β=50，V_{BEQ}=−0.7V。试求该电路的静态工作点、电压放大倍数、输入电阻和输出电阻，并说明它属于什么组态。

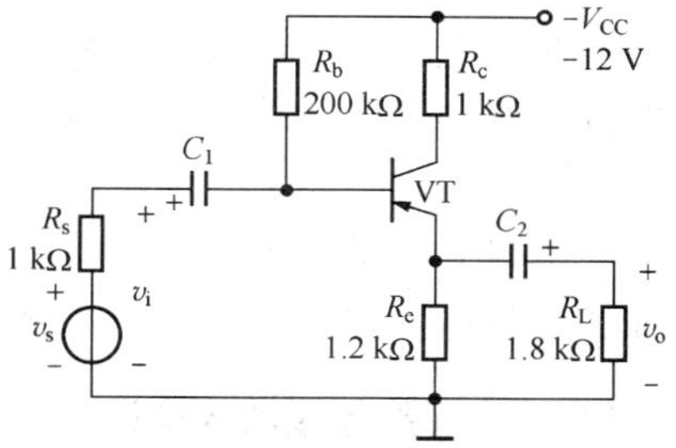

图 2.4.4　例 2.4.1 的电路图

解： 该电路的直流通路和微变等效电路分别如图 2.4.5（a）和（b）所示。由直流通路可得

$$I_{BQ} = \frac{V_{CC} + V_{BEQ}}{R_b + (1+\beta)R_e} \approx \frac{12}{200 + (1+50) \times 1.2}\text{mA} = 0.046\text{mA} = 46\mu\text{A}$$

$$I_{CQ} = \beta I_{BQ} = 50 \times 0.046\text{mA} = 2.30\text{mA}$$

$$V_{ECQ} = -V_{CEQ} = V_{CC} - I_{CQ}(R_e + R_c) = (12 - 2.30 \times 2.2)\text{V} = 6.94\text{V}$$

注意：对 PNP 型管来说，直流电源的极性及直流电流的方向均与 NPN 型管相反。

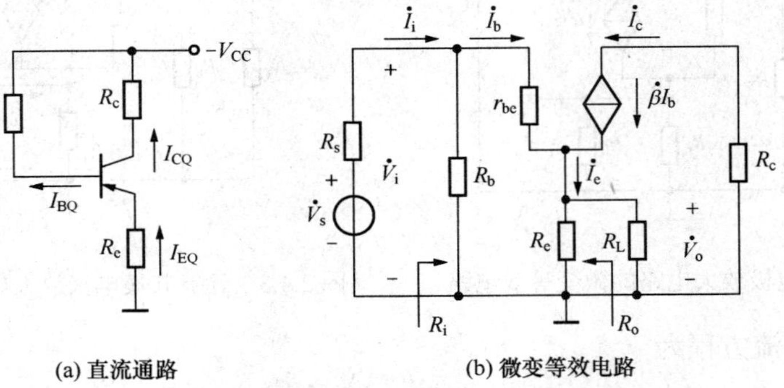

图 2.4.5 例 2.4.1 的直流通路和微变等效电路

晶体管的输入电阻为

$$r_{be} \approx 200\Omega + (1+\beta)\frac{26\text{mV}}{I_{EQ}} = 200\Omega + (1+50)\frac{26\text{mV}}{2.30\text{mA}} = 776\Omega$$

由图 2.4.5（b）可得

$$\dot{V}_i = \dot{I}_b r_{be} + (1+\beta)\dot{I}_b(R_e // R_L)$$

$$\dot{V}_o = (1+\beta)\dot{I}_b(R_e // R_L)$$

所以，电压放大倍数、输入电阻和输出电阻分别为

$$\dot{A}_v = \frac{\dot{V}_o}{\dot{V}_i} = \frac{(1+\beta)(R_e//R_L)}{r_{be} + (1+\beta)(R_e//R_L)} \approx 0.98$$

$$R_i = \frac{\dot{V}_i}{\dot{I}_i} = R_b//[r_{be} + (1+\beta)(R_e//R_L)] \approx 31.57\text{k}\Omega$$

$$R_o = \frac{\dot{V}_o}{\dot{I}_o} = R_e // \frac{R_s//R_b + r_{be}}{1+\beta} = 1.2// \frac{(1//200 + 0.776)}{1+50}\text{k}\Omega \approx 34\Omega$$

在此电路中，输入电压 $\dot{V}_i$ 由晶体管的基极输入，输出电压 $\dot{V}_o$ 由发射极输出，集电极虽然没有直接与公共端连接，但它与 R_c 既在输入回路中，又在输出回路中，所以仍然是共集电极组态。

电阻 R_c（阻值较小）主要是为了防止调试电路时不慎将 R_e 短路，造成电源电压 V_{CC} 全部加到晶体管的集射极之间，使集电结和发射结过载被烧坏而接入的，称为限流电阻。

2.4.2 单管共基极放大电路

单管共基极放大电路如图 2.4.6（a）所示，图 2.4.6（b）所示是它的交流通路。由交流通路可知，输入信号 $\dot{V}_i$ 从发射极和基极之间输入，输出信号 $\dot{V}_o$ 从集电极和基极之间输出，基极是输入、输出信号的公共端，所以该电路称为共基极放大电路。

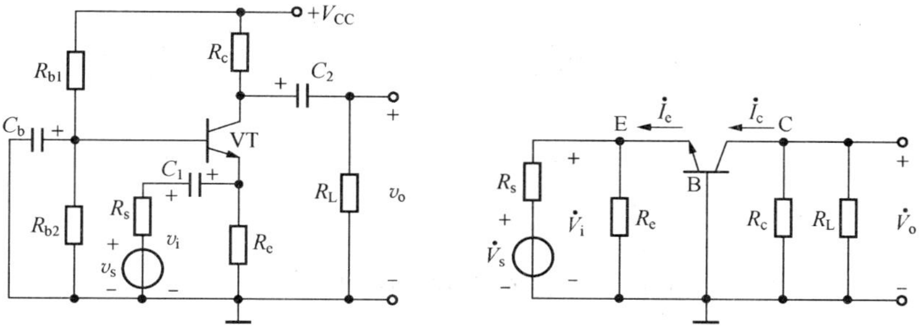

(a) 电路原理图　　　(b) 交流通路

图 2.4.6　共基极放大电路

1. 静态分析

共基极放大电路的直流通路如图 2.4.7 所示。它与基极分压式偏置静态工作点稳定电路的直流通路完全一样，因此计算 Q 点的方法也相同，根据式（2.3.1）～式（2.3.4）求解即可。

2. 动态分析

根据交流通路，画出其微变等效电路，如图 2.4.8 所示。

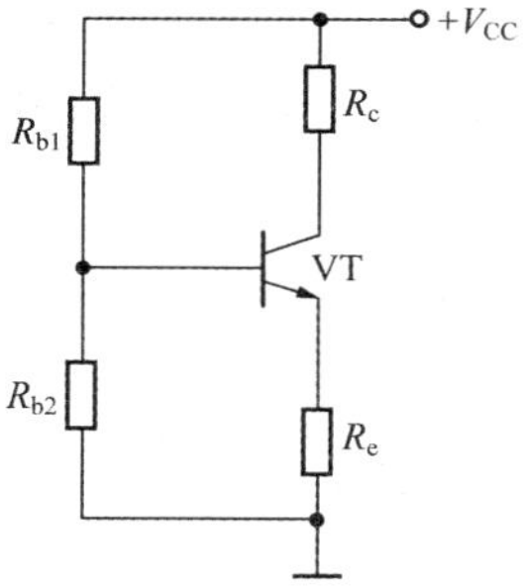

图 2.4.7　共基极放大电路的直流通路

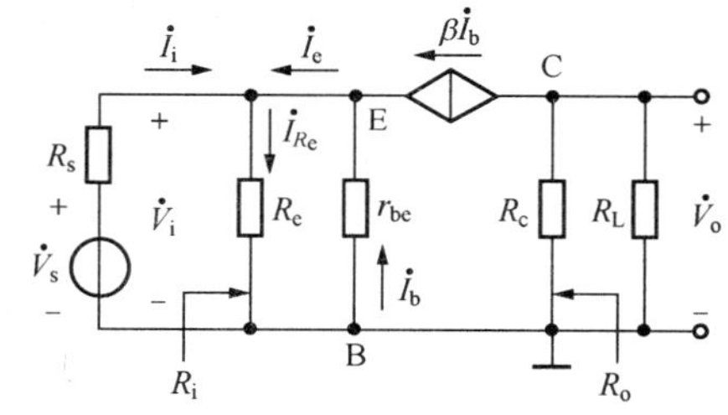

图 2.4.8　共基极放大电路的微变等效电路

1）求电压放大倍数 $\dot{A}_v$

由微变等效电路，可得

$$\dot{V}_i = -\dot{I}_b r_{be}$$

$$\dot{V}_o = -\beta\dot{I}_b(R_c // R_L)$$

所以，电压放大倍数为

$$\dot{A}_v = \frac{\dot{V}_o}{\dot{V}_i} = \frac{-\beta\dot{I}_b(R_c // R_L)}{-\dot{I}_b r_{be}} = \frac{\beta(R_c // R_L)}{r_{be}} \tag{2.4.9}$$

式（2.4.9）说明，共基极放大电路的电压放大倍数与单管共射极放大电路的电压放大倍数大小相同，也具有电压放大作用，但与共射极电路不同的是，输出电压与输入电压同相位。

2）求输入电阻 R_i

由图 2.4.8 可得

$$\dot{I}_i = \dot{I}_{R_e} - \dot{I}_e = \dot{I}_{R_e} - (1+\beta)\dot{I}_b = \frac{\dot{V}_i}{R_e} - (1+\beta)\frac{(-\dot{V}_i)}{r_{be}} = \left[\frac{1}{R_e} + (1+\beta)\frac{1}{r_{be}}\right]\dot{V}_i$$

所以，输入电阻为

$$R_i = \frac{\dot{V}_i}{\dot{I}_i} = R_e // \frac{r_{be}}{1+\beta} \tag{2.4.10}$$

由式（2.4.10）可见，共基极放大电路的输入电阻远小于共射极放大电路的输入电阻，一般为几欧至几十欧。

3）求输出电阻 R_o

根据输出电阻的定义可得输出电阻为

$$R_o = R_c \tag{2.4.11}$$

由此可知，共基极放大电路的输出电阻与共射极放大电路的输出电阻相同，均为 R_c。

综上所述，共基极放大电路有如下特点。

（1）电压放大倍数与单管共射放大电路的电压放大倍数大小相同，也具有电压放大作用。但与共射电路不同的是，输出电压与输入电压同相位。

（2）输入电阻小，一般在几欧姆至几十欧姆。该电路通频带宽，高频特性好。

（3）输出电阻与共射放大电路的输出电阻相同，均为 R_c

例 2.4.2 在如图 2.4.6（a）所示电路中，已知 V_{CC}=15V，R_{b1}=30kΩ，R_{b2}=20kΩ，R_c=2kΩ，R_L=1kΩ，R_e=2.65kΩ，晶体管的电流放大系数 β=100，V_{BEQ}=0.7V。各电容对交流信号可视为短路。试估算电路的静态工作点 Q 和电路的电压放大倍数 $\dot{A}_v$、输入电阻 R_i 和输出电阻 R_o。

解： 根据图 2.4.7 可求出静态工作点 Q 的参数为

$$V_{BQ} \approx \frac{R_{b2}}{R_{b1}+R_{b2}} \cdot V_{CC} = \frac{20}{30+20} \times 15\text{V} = 6\text{V}$$

$$I_{CQ} \approx I_{EQ} = \frac{V_{BQ} - V_{BEQ}}{R_e} = \frac{6-0.7}{2.65}\text{mA} = 2\text{mA}$$

$$V_{CEQ} = V_{CC} - I_{CQ}(R_c + R_e) = [15 - 2\times(2+2.65)]\text{V} = 5.7\text{V}$$

$$I_{BQ} = \frac{I_{CQ}}{\beta} = \frac{2}{100}\text{mA} = 0.02\text{mA} = 20\mu\text{A}$$

$$r_{be} \approx 200\Omega + (1+\beta)\frac{26\text{mV}}{I_{EQ}} = 200\Omega + (1+100)\frac{26\text{mV}}{2\text{mA}} \approx 1.5\text{k}\Omega$$

所以有

$$\dot{A}_v = \frac{\dot{V}_o}{\dot{V}_i} = \frac{\beta(R_c // R_L)}{r_{be}} = \frac{100\times(2//1)}{1.5} \approx 44.4$$

$$R_i = \frac{\dot{V}_i}{\dot{I}_i} = R_e // \frac{r_{be}}{1+\beta} = \left(2.65 // \frac{1.5}{101}\right)\text{k}\Omega \approx 14.8\Omega$$

$$R_o = R_c = 2\text{k}\Omega$$

2.4.3　三种基本组态放大电路的性能比较

1. 三种组态放大电路的判别

以输入、输出信号的位置为判断依据。信号由基极输入，集电极输出则为共射极放大电路；信号由基极输入，发射极输出则为共集电极放大电路；信号由发射极输入，集电极输出则为共基极放大电路。

2. 三种组态放大电路的比较

三种组态放大电路的主要性能比较，如表 2.4.1 所示。

表 2.4.1　三种基本组态放大电路的性能比较

接法	共射极电路	共集电极电路	共基极电路
电路图	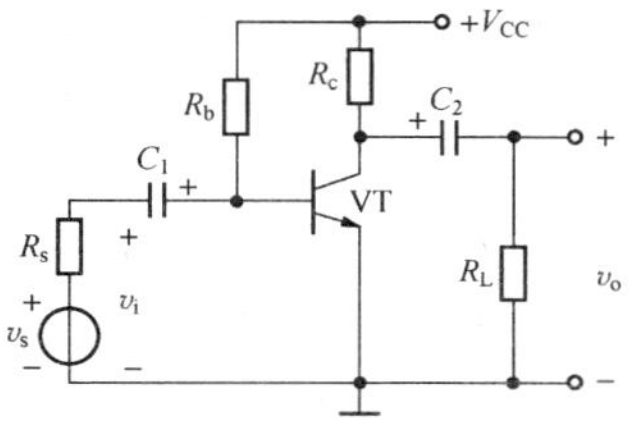	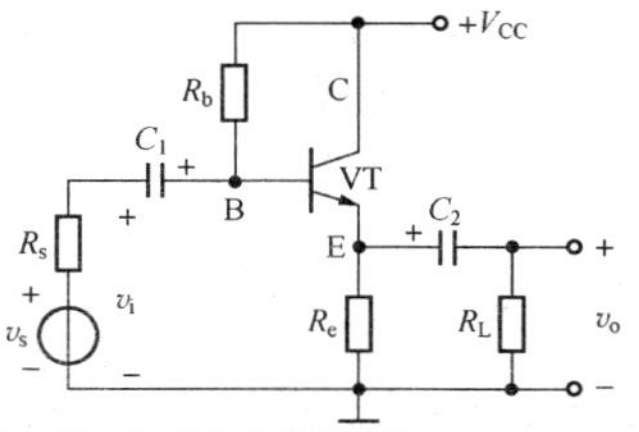	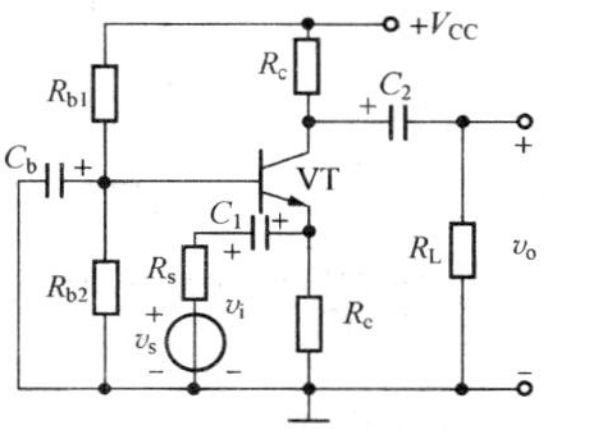
$\dot{A}_v$	$\dot{A}_v = -\dfrac{\beta R'_L}{r_{be}}$（$R'_L = R_c // R_L$） （大，几十至一百以上）	$\dot{A}_v = \dfrac{(1+\beta)R'_L}{r_{be}+(1+\beta)R'_L}$（$R'_L = R_e // R_L$） （小于 1）	$\dot{A}_v = \dfrac{\beta R'_L}{r_{be}}$（$R'_L = R_c // R_L$） （大，几十至一百以上）
v_o 与 v_i 的相位关系	反相	同相	同相
$\dot{A}_i$	β（远大于 1）	$1+\beta$（远大于 1）	α（小于 1）
R_i	$R_b // r_{be}$（适中，几百欧至几千欧）	$R_b //[r_{be}+(1+\beta)(R_e // R_L)]$ （大，可大于一千欧）	$R_e // \dfrac{r_{be}}{1+\beta}$（小，可小于一百欧）
R_o	R_c（大，几百欧至十几千欧）	$R_e // \dfrac{R_s // R_b + r_{be}}{1+\beta}$ （小，可小于一百欧）	R_c（大，几百欧至十几千欧）
通频带	窄（频率响应差）	较宽（频率响应较好）	宽（频率响应好）
用途	最广（主要用作中、低频电压放大，作为放大电路的中间级）	广泛（主要用作输入级、中间缓冲级、输出级）	较少（主要用作高频或宽带放大器）

3. 三种组态放大电路的特点及用途

1）共射极放大电路

共射极电路既有电压放大作用又有电流放大作用，输出电压与输入电压反相位。输入电阻在三种组态中居中，输出电阻较大。它的用途最广，常用作低频情况下的电压放大以及多级放大电路的中间级。

2）共集电极放大电路

没有电压放大作用，但有电流和功率放大作用。输出电压与输入电压近似相等并且相位相同，有电压跟随作用。在三种组态中，输入电阻最大，输出电阻最小，常用作放大电路的输入级、输出级和中间缓冲级。

3）共基极放大电路

只有电压放大作用，没有电流放大作用，输出电压与输入电压同相位。在三种组态中，其输入电阻最小，输出电阻与共射极电路相同，但它的通频带最宽，常用作宽带放大器。

2.5 多级放大电路

前面介绍的单管放大电路，其电压放大倍数一般只有几十倍。而实际放大电路往往需要放大非常微弱的信号，上述放大倍数是远远不够的。此外，实际的放大电路还要求输入电阻大，以减小放大电路从信号源索取的电流，使电路获得尽可能大的输入电压；输出电阻要小，使电路有足够强的带负载能力。任何一种单管放大电路都很难同时满足上述性能要求。这时，就需要把若干不同的单管放大电路连接起来，组成多级放大电路。本节重点介绍多级放大电路的耦合方式和分析方法。

2.5.1 多级放大电路的耦合方式

在多级放大电路中，每两个单级放大电路之间的连接方式称为耦合。常见的耦合方式有阻容耦合、直接耦合和变压器耦合三种。由于变压器耦合在放大电路中的应用已逐渐减少，所以本节只讨论另外两种耦合方式。

1. 阻容耦合

阻容耦合或称电容耦合，是用电容作为耦合元件，如图 2.5.1 所示就是一个两级阻容耦合放大电路，第一级为共射极放大电路，第二级为共集电极放大电路。利用 C_2 将前后两级连接起来，故名阻容耦合。实际上，在前面各节介绍的放大电路中，放大电路与信号源或负载之间就是采用阻容耦合将它们连接起来的。

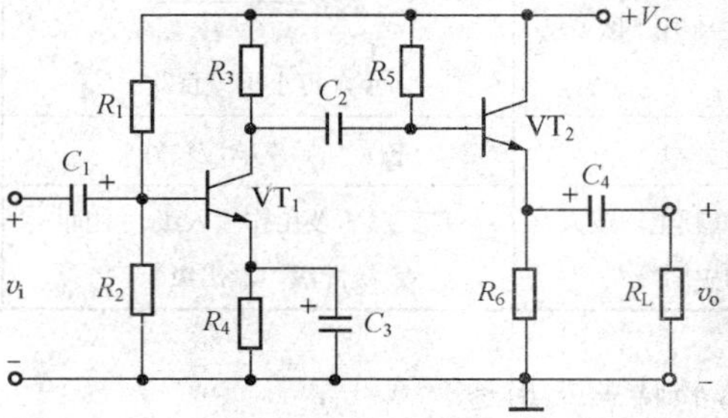

图 2.5.1 两级阻容耦合放大电路

由于耦合电容对直流量相当于开路，因而阻容耦合放大电路各级的直流通路之间是断开的，各级的静态工作点相互独立，在求解或实际调试 Q 点时可将各级单独处理。

对交流输入信号，只要耦合电容容量足够大（一般为几微法到几十微法），即可使前级的输出信号在一定的频率范围内几乎没有衰减地传递到后级的输入端。因此，在分立元件电路中阻容耦合方式得到了非常广泛的应用。

阻容耦合放大电路的缺点如下。

（1）在集成电路工艺中，制造大容量电容很困难，因而，阻容耦合方式不便于集成化。

（2）当信号频率太低时，耦合电容的容抗很大，信号很难通过。所以，阻容耦合电路不能放大变化缓慢的信号或直流信号。

2. 直接耦合

如果把前级放大电路的输出直接（或通过电阻）接到后级放大电路的输入端，则称为直接耦合，如图 2.5.2 所示。

由于去掉了耦合电容，直接耦合放大电路既能放大交流信号，又能放大变化缓慢的信号或直流信号。更重要的是，直接耦合电路便于集成化。所以，实际的集成运算放大电路，一般都是直接耦合多级放大电路。但是，采用直接耦合也带来了新问题，一是前、后级静态工作点相互影响，二是零点漂移。

1）前、后级静态工作点的相互影响

由于前后级直接相连，各级静态工作点相互影响，当调整某一级的电路参数时，其他各级参数会跟着发生变化，使多级放大电路的分析、设计和调试工作非常麻烦。

由图 2.5.2 可知，如果晶体管是硅管，则静态时，就有 $V_{CE1Q}=V_{BE2Q}\approx 0.7V$，使 VT_1 管的 Q 点接近饱和区，动态时容易引起饱和失真，使放大电路不能正常工作。因此，在实际的直接耦合多级放大电路中需要采用电平移动电路，比如常利用 NPN 管和 PNP 管混合使用的方法，使放大电路各级都获得合适的静态工作点，如图 2.5.3 所示。由于 PNP 管的 $V_{C2}<V_{B2}$（V_{C1}），使得 $V_{C1}>V_{C2}$，可使两个管子都工作在放大区。

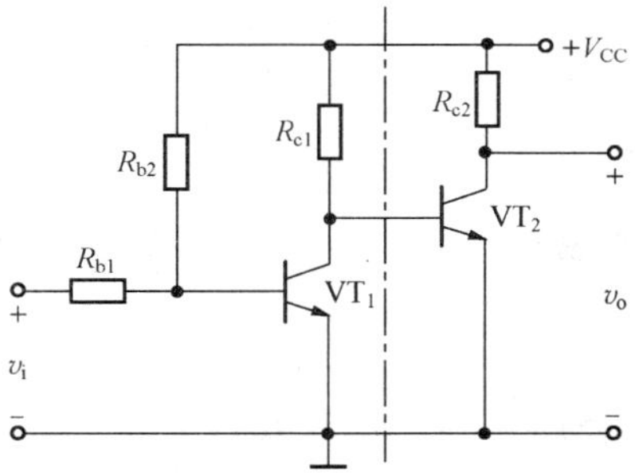

图 2.5.2　两级直接耦合放大电路

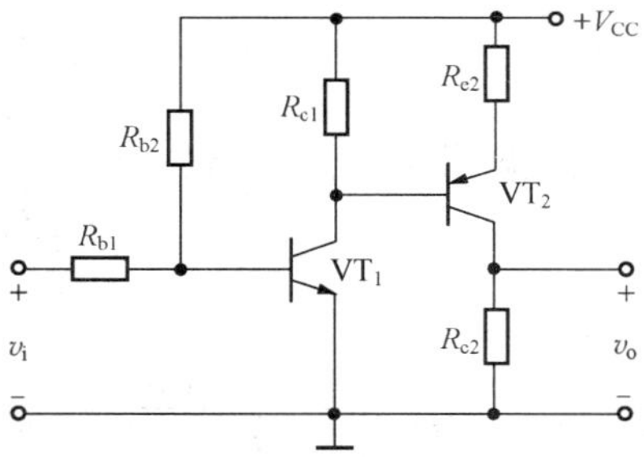

图 2.5.3　常用的直流电平移动电路

由于直接耦合放大电路前、后级工作点相互影响，其 Q 点的计算要比阻容耦合电路复杂得多。在求解直接耦合放大电路的静态工作点时，一般从第一级入手，逐级写出直流通路中各个回路方程，然后联立求解。如果电路中有特殊电位点，则以此为突破口，以简化计算过程。

例 2.5.1　在如图 2.5.4 所示电路中，各元器件参数如图所示，两只晶体管都是硅管，电流放大系数相等，$\beta_1=\beta_2=50$，稳压管的工作电压 $V_Z=4V$。

（1）试计算各级电路的静态工作点 Q。

（2）若由于温度的升高使 I_{CQ1} 增加 1%，试计算静态输出电压的变化是多少？

解：（1）先确定 VT_1 的静态工作点。

由图 2.5.4，可知

$$V_{C1Q}=V_{BE2Q}+V_Z=4.7V$$

$$I_{B1Q}=\frac{V_{CC}-V_{BE1Q}}{R_{b1}}-\frac{V_{BE1Q}}{R_{b2}}=\left(\frac{12-0.7}{49}-\frac{0.7}{3.5}\right)mA\approx 0.03mA$$

$$I_{C1Q}=\beta_1 I_{B1Q}=50\times 0.03mA=1.5mA$$

$$V_{CE1Q}=V_{C1Q}=4.7V$$

再确定 VT_2 的静态工作点：

$$I_{B2Q}=\frac{V_{CC}-V_{C1Q}}{R_{c1}}-I_{C1Q}=\left(\frac{12-4.7}{4.7}-1.5\right)mA=0.05mA$$

$$I_{C2Q}=\beta_2 I_{B2Q}=50\times 0.05mA=2.5mA$$

所以，静态时的输出电压为

$$V_o=V_{C2Q}=V_{CC}-I_{C2Q}R_{c2}=(12-2.5\times 2.8)V=5V$$

$$V_{CE2Q}=V_{C2Q}-V_Z=(5-4)V=1V$$

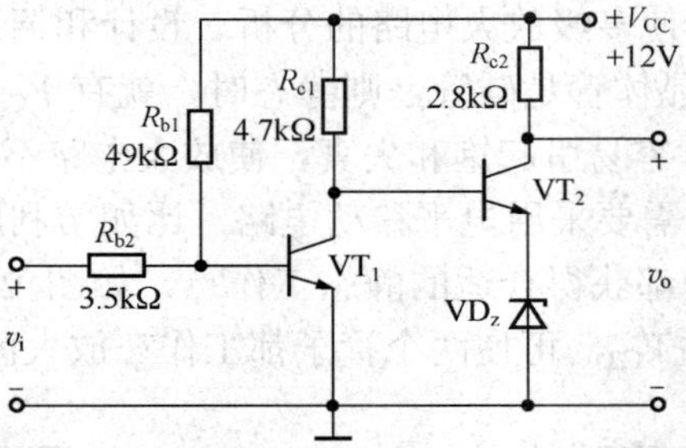

图 2.5.4 例 2.5.1 电路

（2）当温度升高使 I_{C1Q} 增加 1%时，有

$$I_{C1Q}=1.5mA\times 1.01=1.515mA$$

则

$$I_{B2Q}=\frac{V_{CC}-V_{CE1Q}}{R_{c1}}-I_{C1Q}=\left(\frac{12-4.7}{4.7}-1.515\right)mA=0.038mA$$

$$I_{C2Q}=\beta_2 I_{B2Q}=50\times 0.038mA=1.91mA$$

此时输出电压变为

$$V_o=V_{C2Q}=V_{CC}-I_{C2Q}R_{c2}=(12-1.91\times 2.8)V=6.65V$$

比原来增加了 1.65V，约变化了 33%。

由此可以看出，即使输入电压等于零（保持不变），直流输出电压也会由于温度的变化而上下波动，这是直接耦合放大电路的主要缺点。

2）零点漂移

一个理想的直接耦合放大电路，当输入信号为零时，其输出电压应为一固定的直流电压，即静态输出电压。但实际上，把一个多级直接耦合放大电路的输入端短路（v_I=0），测其输出电压时，如图 2.5.5 所示，它并不保持恒定值不变，而是在缓慢、无规则地变化着，这种现象称为零点漂移，简称零漂。

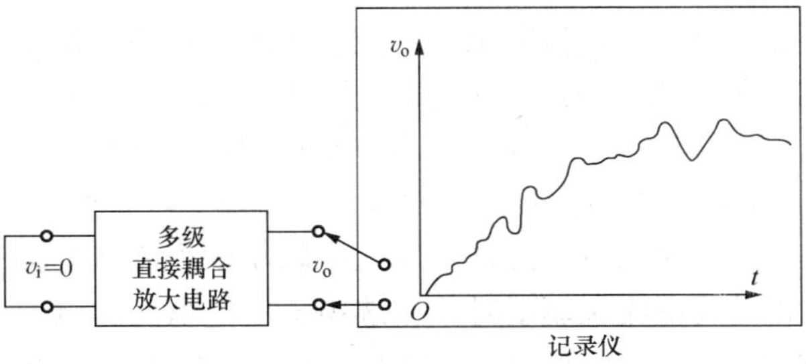

图 2.5.5　零点漂移现象

由例 2.5.1 可以看出，产生零点漂移的主要原因，是放大电路的静态工作点受温度影响而上下波动。在多级放大电路各级的漂移当中，第一级的漂移影响最为严重。由于直接耦合电路可以放大缓慢变化的信号，因此，第一级的漂移被后级当作信号逐级放大，当输出端的漂移量大到足以和有用信号相比时，它可能会将有用信号“淹没”掉，严重时甚至使后级电路进入饱和或截止状态，无法正常工作。而且直接耦合电路的级数越多，增益越高，零点漂移越严重。所以控制输入级的漂移至关重要，应尽量选择漂移小的单元电路作为输入级。

零点漂移的技术指标通常用折合到放大电路输入端的零漂来衡量（将输出端的漂移电压除以电压增益）。对于高质量的直接耦合放大电路，要求它既有较高的电压增益，又有很低的零点漂移。

在放大电路中可以采取多种措施抑制零点漂移，如 2.3 节中介绍的基极分压式偏置工作点稳定电路，通过引入直流负反馈以稳定静态工作点来减小零点漂移；还可以利用热敏元件补偿放大管的零漂以及采用差分放大电路作为输入级来抑制零点漂移，详见 4.2 节。

2.5.2　多级放大电路的动态分析

1. 电压放大倍数

在多级放大电路中，由于各级是前后串联起来的，前一级的输出就是相邻后一级的输入，所以多级放大电路总的电压放大倍数等于各级电压放大倍数的乘积，即

$$\dot{A}_v = \dot{A}_{v1}\dot{A}_{v2}\cdots\dot{A}_{vn} \tag{2.5.1}$$

其中，n 为多级放大电路的级数。

但是，在计算每一级的电压放大倍数时，必须考虑前后级之间的相互影响，一般要把后一级的输入电阻当作前一级的负载电阻考虑进去。

2. 输入、输出电阻

多级放大电路的输入电阻就是输入级（第一级）的输入电阻；而输出电阻就是输出级（最后一级）的输出电阻。

但在计算某些具体电路的输入、输出电阻时，有时它们不仅仅取决于本级的参数，还可能与后级或前级的参数有关。例如，射极输出器作为输入级时，它的输入电阻就与输入级的负载电阻，也就是后一级的输入电阻有关。而射极输出器作为输出级时，它的输出电阻又与信号源内阻，也即前一级的输出电阻有关。

在实际应用中，可根据对输入电阻、输出电阻和电压放大倍数等性能的要求，选择几

个基本放大电路，并把它们合理连接起来，组成多级放大电路。例如，在构成电压放大电路时，应根据信号源内阻 R_s 的大小，选择输入电阻比 R_s 大得多的放大电路作为输入级，以便在 v_s 一定时获得尽可能大的输入电压 v_i；选择输出电阻小的放大电路作为输出级，以提高电路的带负载能力；选择放大能力强的电路作为中间级，以获得足够大的电压放大倍数。又如，当输入信号为近似电流源时，应选用输入电阻小的电路作为输入级，以获得尽可能大的输入电流；当负载需要电流源驱动时，应选用输出电阻大的电路作为输出级等。

例 2.5.2 在如图 2.5.1 所示电路中，已知 V_{CC}=12V，R_1=15kΩ，R_2=R_3=5kΩ，R_4=2.3kΩ，R_5=100kΩ，R_6=R_L=5kΩ；晶体管的电流放大系数 β 均为 50，r_{be1}=1.2kΩ，r_{be2}=1kΩ，V_{BE1Q}=V_{BE2Q}=0.7V。

（1）试估算电路的静态工作点 Q。

（2）计算电路的电压放大倍数 $\dot{A}_v$、输入电阻 R_i 和输出电阻 R_o。

解：（1）求静态工作点。

由于电路采用阻容耦合，两级电路的静态工作点相互独立，所以每一级的 Q 点都可以按单管放大电路来求解。

第一级是典型的基极分压式偏置静态工作点稳定电路，其 Q 点可按 2.3.2 节的方法求解为

$$V_{B1Q} \approx \frac{R_2}{R_1 + R_2} \cdot V_{CC} = \left(\frac{5}{15+5} \times 12\right)\text{V} = 3\text{V}$$

$$I_{C1Q} \approx I_{E1Q} = \frac{V_{B1Q} - V_{BE1Q}}{R_4} = \frac{3-0.7}{2.3}\text{mA} = 1\text{mA}$$

$$I_{B1Q} = \frac{I_{C1Q}}{\beta} = \frac{1}{50}\text{mA} = 0.02\text{mA} = 20\mu\text{A}$$

$$V_{CE1Q} \approx V_{CC} - I_{C1Q}(R_3 + R_4) = [12 - 1\times(5+2.3)\ ]\text{V} = 4.7\text{V}$$

第二级是共集电极放大电路，其 Q 点可按 2.4.1 节的方法求解为

$$I_{B2Q} = \frac{V_{CC} - V_{BE2Q}}{R_5 + (1+\beta_2)R_6} \approx \frac{12-0.7}{100+(1+50)\times 5}\text{mA} = 0.032\text{mA} = 32\mu\text{A}$$

$$I_{C2Q} = \beta_2 I_{B2Q} = 50 \times 0.032\text{mA} = 1.6\text{mA}$$

$$V_{CE2Q} \approx V_{CC} - I_{C2Q}R_6 = (12 - 1.6\times 5)\text{V} = 4\text{V}$$

（2）计算电路的电压放大倍数 $\dot{A}_v$、输入电阻 R_i 和输出电阻 R_o。

画出如图 2.5.1 所示电路的微变等效电路，如图 2.5.6 所示。为求第一级的电压放大倍数 $\dot{A}_{v1}$，要先求出其负载电阻，即第二级的输入电阻为

$$R_{i2} = R_5 // [r_{be2} + (1+\beta_2)(R_6 // R_L)] \approx 56\text{k}\Omega$$

所以有

$$\dot{A}_{v1} = \frac{-\beta_1(R_3 // R_{i2})}{r_{be1}} = -\frac{50 \times \dfrac{5\times 56}{5+56}}{1.2} \approx -191$$

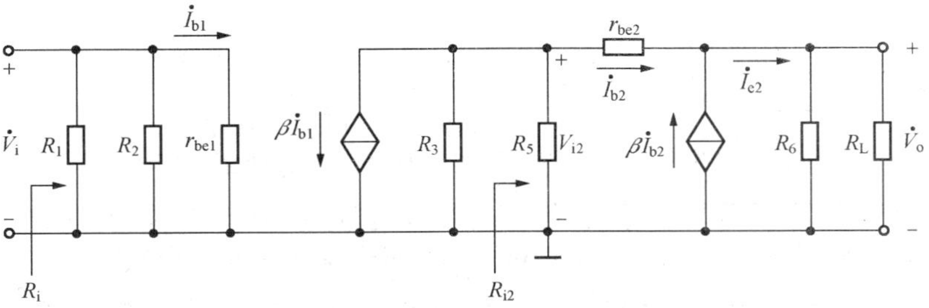

图 2.5.6　图 2.5.1 电路的微变等效电路

第二级的电压放大倍数 $\dot{A}_{v2}$ 为

$$\dot{A}_{v2}=\frac{\dot{V}_o}{\dot{V}_{i2}}=\frac{(1+\beta_2)(R_6//R_L)}{r_{be2}+(1+\beta_2)(R_6//R_L)}\approx 0.992$$

所以，整个电路的电压放大倍数为

$$\dot{A}_v=\dot{A}_{v1}\dot{A}_{v2}\approx -191\times 0.992\approx -189$$

根据图 2.5.6 及输入电阻的定义，得输入电阻为

$$R_i=R_1//R_2//r_{be1}=(15//5//1.2)\mathrm{k\Omega}\approx 1.1\mathrm{k\Omega}$$

根据输出电阻的定义，由图 2.5.6 可得输出电阻为

$$R_o=\frac{\dot{V}_o}{\dot{I}_o}=R_6//\frac{R_3//R_5+r_{be2}}{1+\beta_2}\approx\frac{R_3+r_{be2}}{1+\beta_2}=\frac{1+5}{1+50}\mathrm{k\Omega}\approx 0.118\mathrm{k\Omega}=118\Omega$$

2.6　放大电路的频率响应

2.6.1　频率响应的一般概念

由于放大电路中一般都存在电抗性元件（主要是电容），如耦合电容、发射极旁路电容以及晶体管的极间电容和连线分布电容等，它们对不同频率的信号所呈现的容抗值不同，因此，当输入不同频率的正弦信号时，放大电路对不同频率信号的放大效果就不一样（在幅值和相位上），这时电路的电压放大倍数将是频率的函数，这种函数关系称为放大电路的频率响应或频率特性。

1. 幅频特性和相频特性

由于电抗性元件的作用，使正弦信号通过放大电路时，不仅信号的幅值得到放大，而且还将产生相移。此时，电压放大倍数可表示为

$$\dot{A}_v=\left|\dot{A}_v(f)\right|\angle\varphi(f) \tag{2.6.1}$$

上式表明，电压放大倍数的幅值 $\left|\dot{A}_v(f)\right|$ 和相角 $\varphi(f)$ 均是频率的函数。其中，$\left|\dot{A}_v(f)\right|$ 称为幅频特性，$\varphi(f)$ 称为相频特性。

图 2.6.1 所示是一个典型的单管共射极放大电路的幅频特性和相频特性。

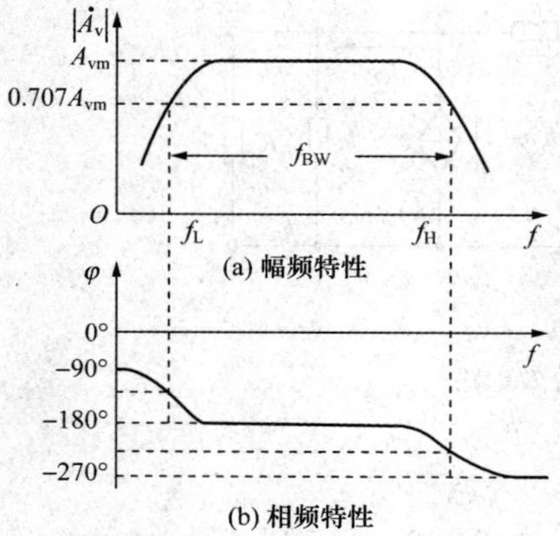

图 2.6.1 单管共射极放大电路的频率特性

2. 上限频率、下限频率和通频带

由图 2.6.1 可见，在很宽的频率（中频）范围内，电压放大倍数的幅值基本不变，相角 $\varphi(f)$ 大致等于−180°，这时的放大倍数称为中频电压放大倍数，记做 A_{vm}。而当频率很低或很高时，电压放大倍数的幅值都将减小，同时产生超前或滞后的附加相移。通常将放大倍数在高频段或低频段分别下降到 $\frac{1}{\sqrt{2}}A_{vm}$（大约 $0.707A_{vm}$）时，所对应的信号频率称为上限截止频率 f_H 和下限截止频率 f_L，二者之间的频率范围称为通频带 f_{BW}，即

$$f_{BW}=f_H-f_L \tag{2.6.2}$$

如图 2.6.1 所示，通频带的宽度表征了放大电路对不同频率输入信号的响应能力，是放大电路的重要技术指标之一。

3. 频率失真

由于放大电路的通频带有一定限制，因此对不同频率的输入信号，放大电路在信号的幅值和相位上放大的效果不完全一样，输出信号不能重现输入信号的波形，这就产生了幅度失真和相位失真，统称为频率失真。

频率失真与本书 2.2 节介绍过的非线性失真相比，虽然从现象上看，同样表现为输出信号不能如实反映输入信号的波形，但是这两种失真产生的原因是不同的。频率失真是由于放大电路的通频带不够宽，因而对不同频率信号的响应不同而产生的；而非线性失真是由于放大器件（晶体管）的非线性特性而产生的。

4. 波特图

根据放大电路频率特性的表达式，可以画出其频率特性曲线。在实际工作中，应用比较广泛的是对数频率特性，称为波特图（由 H.W.Bode 提出）。

波特图由对数幅频特性和对数相频特性两部分组成，它们的横轴是频率轴，均采用对数刻度 $\lg f$，但常标注为 f。幅频特性的纵轴采用 $20\lg|\dot{A}_v|$ 表示，称为增益，单位是分贝（dB）。相频特性的纵轴是相角 φ，不取对数。

对数频率特性的主要优点是可以拓宽视野，在较小的坐标范围内表示宽广频率范围内的变化情况，同时将低频段和高频段的特性都表示得很清楚，而且作图方便，尤其对于多级放大电路更是如此。因为多级放大电路的放大倍数是各级放大倍数的乘积，故表示对数幅频特性时，只需将各级对数增益相加即可。多级放大电路总的相移等于各级相移之和，故对数相频特性的纵坐标不再取对数。

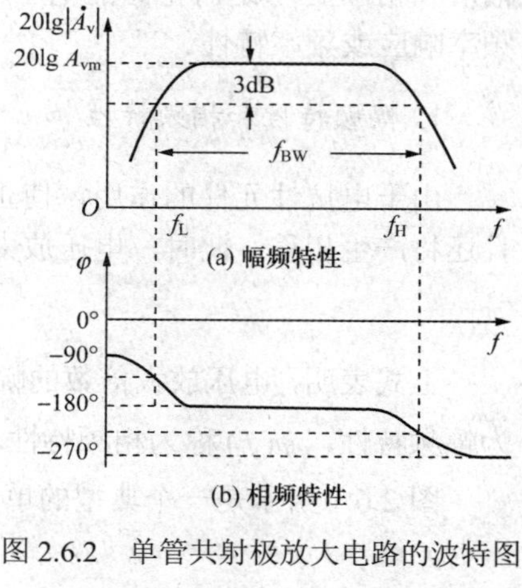

图 2.6.2 单管共射极放大电路的波特图

图 2.6.2 所示是图 2.6.1 所示频率特性的波特图表

示。因为 $20\lg 0.707 \approx -3\text{dB}$，所以，在 f_H 和 f_L 处增益下降 3dB。

下面以 *RC* 低通电路和高通电路为例，说明波特图的画法。

1）*RC* 低通电路的波特图

图 2.6.3 所示是 *RC* 低通电路。由图可得

$$\dot{A}_v = \frac{\dot{V}_o}{\dot{V}_i} = \frac{\dfrac{1}{j\omega C}}{R + \dfrac{1}{j\omega C}} = \frac{1}{1 + j\omega RC} \tag{2.6.3}$$

该电路的时间常数为 $\tau_H = RC$，令

$$f_H = \frac{1}{2\pi\tau_H} = \frac{1}{2\pi RC} \tag{2.6.4}$$

代入式（2.6.3），可得

$$\dot{A}_v = \frac{1}{1 + j\dfrac{\omega}{\omega_H}} = \frac{1}{1 + j\dfrac{f}{f_H}} \tag{2.6.5}$$

上式的模和相角分别为

$$\left|\dot{A}_v\right| = \frac{1}{\sqrt{1 + \left(f/f_H\right)^2}} \tag{2.6.6}$$

$$\varphi = -\arctan\left(f/f_H\right) \tag{2.6.7}$$

将式（2.6.6）取对数，得

$$20\lg\left|\dot{A}_v\right| = -20\lg\sqrt{1 + \left(f/f_H\right)^2} \tag{2.6.8}$$

由式（2.6.7）和式（2.6.8）即可画出 *RC* 低通电路的波特图，如图 2.6.4 所示。

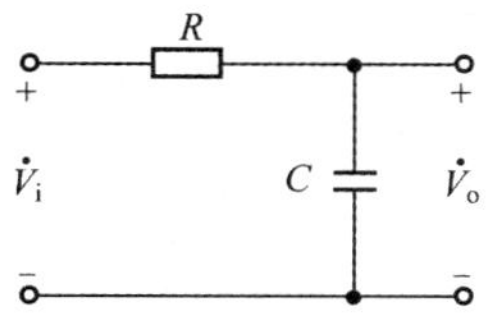

图 2.6.3　*RC* 低通电路

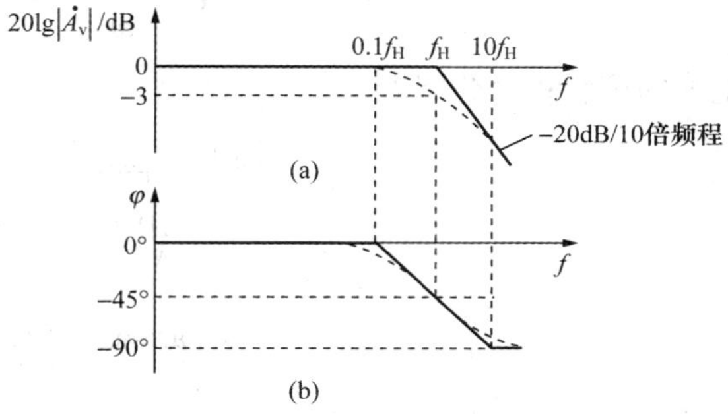

图 2.6.4　*RC* 低通电路的波特图

由式（2.6.8）可知，当 $f \ll f_H$ 时，$20\lg\left|\dot{A}_v\right| \approx 0\text{dB}$，这是一条与横轴重合的零分贝线；当 $f \gg f_H$ 时，$20\lg\left|\dot{A}_v\right| \approx -20\lg\dfrac{f}{f_H}$，这是一条斜率为−20dB/10 倍频程的直线，与零分贝线在 $f = f_H$ 处相交。由以上两条直线构成的折线，就是近似的幅频特性曲线，如图 2.6.4（a）

所示。可以证明，由于折线近似产生的最大误差为3dB，发生在 $f = f_H$ 处。

由式（2.6.7）可知，当 $f \ll f_H$ 时，$\varphi \approx 0°$，得到一条 $\varphi \approx 0°$ 的直线；当 $f \gg f_H$ 时，$\varphi \approx -90°$，可得到一条 $\varphi \approx -90°$ 的直线；当 $f = f_H$ 时，$\varphi \approx -45°$。

由于当 $f = 0.1f_H$ 和 $f = 10f_H$ 时，可相应得到 $\varphi \approx 0°$ 和 $\varphi \approx -90°$，因此，当 $f < 0.1f_H$ 时，可近似认为 $\varphi=0°$；当 $f > 10f_H$ 时，可近似认为 $\varphi=-90°$；当 $0.1f_H < f < 10f_H$ 时，可用一条斜率等于$-45°$/10 倍频程的直线来近似，在此直线上，当 $f = f_H$ 时，$\varphi \approx -45°$。因此，*RC* 低通电路的对数相频特性可用三条直线构成的折线来近似，如图 2.6.4（b）中实线所示。图中也用虚线画出了实际的相频特性，由图可见，折线近似带来的最大误差为 $\pm 5.71°$，分别发生在 $f = 0.1f_H$ 和 $f = 10f_H$ 处。作为一种工程近似方法，存在一定的相位误差是允许的。

由上述分析可知，当输入信号的频率 $f < f_H$ 时，$|\dot{A}_v|$（=1）最大，$\varphi \approx 0°$，说明电路的输出电压等于输入电压且不产生相位移，即低频信号能够无衰减地传输到输出端；当 $f = f_H$ 时，$|\dot{A}_v|$ 下降 3dB，且产生$-45°$的相位移；当 $f > f_H$ 后，随着 f 的增加，$|\dot{A}_v|$ 按一定的规律衰减，且相移 φ 增大，最终趋于$-90°$（负号表示输出电压滞后于输入电压），由此可见，如图 2.6.3 所示的 *RC* 电路具有低通特性，f_H 称为低通电路的上限（-3dB）截止频率。

2）*RC* 高通电路的波特图

图 2.6.5 所示是 *RC* 高通电路。由图可得

$$\dot{A}_v = \frac{\dot{V}_o}{\dot{V}_i} = \frac{R}{R + \dfrac{1}{j\omega C}} = \frac{j\omega RC}{1 + j\omega RC} \tag{2.6.9}$$

该电路的时间常数为 $\tau_L = RC$，令

$$f_L = \frac{1}{2\pi\tau_L} = \frac{1}{2\pi RC} \tag{2.6.10}$$

代入式（2.6.9），可得

$$\dot{A}_v = \frac{1}{1 - j\dfrac{\omega_L}{\omega}} = \frac{1}{1 - j\dfrac{f_L}{f}} \tag{2.6.11}$$

上式的模和相角分别为

$$|\dot{A}_v| = \frac{1}{\sqrt{1 + \left(f_L/f\right)^2}} \tag{2.6.12}$$

$$\varphi = \arctan\left(f_L/f\right) \tag{2.6.13}$$

将式（2.6.12）取对数，得

$$20\lg|\dot{A}_v| = -20\lg\sqrt{1 + \left(f_L/f\right)^2} \tag{2.6.14}$$

由式（2.6.14）可知，当 $f \gg f_L$ 时，$20\lg|\dot{A}_v| \approx 0\text{dB}$，这是一条与横轴重合的零分贝线；当 $f \ll f_L$ 时，$20\lg|\dot{A}_v| \approx -20\lg\dfrac{f_L}{f}$，这是一条斜率为 20dB/10 倍频程的直线，与零分贝线

在 $f = f_L$ 处相交。由以上两条直线构成的折线，就是近似的幅频特性曲线，如图 2.6.6（a）所示。同样可以证明，由于折线近似产生的最大误差为 3dB，发生在 $f = f_L$ 处。

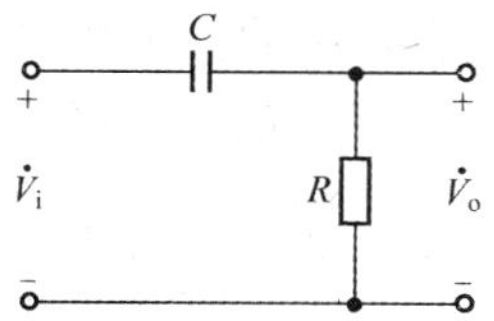

图 2.6.5 *RC* 高通电路

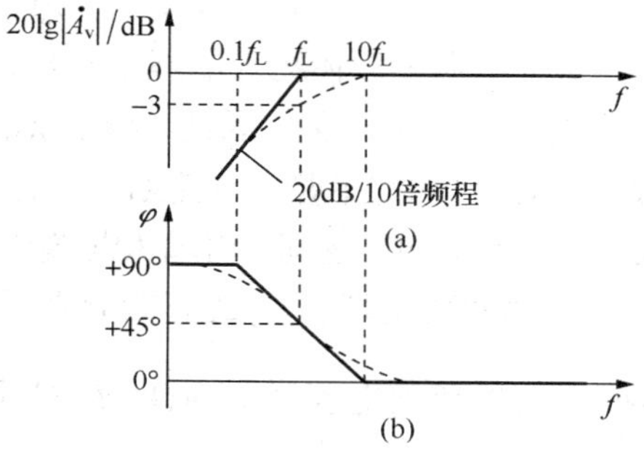

图 2.6.6 *RC* 高通电路的波特图

由式(2.6.13)可知，当 $f \gg f_L$ 时，$\varphi \approx 0°$；当 $f \ll f_L$ 时，$\varphi \approx 90°$；当 $f = f_L$ 时，$\varphi \approx 45°$。因此，*RC* 高通电路的相频特性也可用三条直线构成的折线来近似。当 $f > 10f_L$ 时，可用 $\varphi \approx 0°$ 的直线近似；当 $f < 0.1f_L$ 时，用 $\varphi \approx 90°$ 的直线近似；当 $0.1f_L < f < 10f_L$ 时，用一条斜率等于 45°/10 倍频程的直线来近似，在此直线上，当 $f = f_L$ 时，$\varphi \approx 45°$。由此，可画出 *RC* 高通电路的对数相频特性曲线如图 2.6.6（b）中实线所示。图中虚线表示实际的相频特性。由图可见，折线近似带来的最大误差也是 ±5.71°，分别发生在 $f = 0.1f_L$ 和 $f = 10f_L$ 处。

由波特图可知，当输入信号的频率 $f > f_L$ 时，$|\dot{A}_v|$（=1）最大，$\varphi \approx 0°$，说明电路的输出电压等于输入电压且不产生相位移，即高频信号能够无衰减地传输到输出端。当 $f = f_L$ 时，$|\dot{A}_v|$ 下降 3 dB，且产生 45° 的相位移（正号表示输出电压超前于输入电压）。当 $f < f_L$ 时，随着 f 的下降，$|\dot{A}_v|$ 按一定规律衰减，且相移 φ 增大，最终趋于+90°。由此可见，如图 2.6.5 所示的 *RC* 电路具有高通特性，f_L 称为高通电路的下限（−3dB）截止频率。

必须指出，以上对于简单 *RC* 高通电路和低通电路的波特图的分析方法具有普遍意义，实际上，对于其他含有一个时间常数的高通或低通电路，只需要根据电路参数计算出中频时的电压放大倍数以及下限频率 f_L 和上限频率 f_H，即可简单方便地画出其折线化的对数幅频特性曲线和相频特性曲线。

2.6.2 晶体管的高频等效模型

1. 晶体管的混合 π 模型

根据晶体管的物理结构，考虑到发射结和集电结电容的影响，忽略掉对电路分析影响小的因素，可得晶体管在高频信号作用下的物理模型，如图 2.6.7（a）所示。图中 $r_{bb'}$、$r_{b'e}$

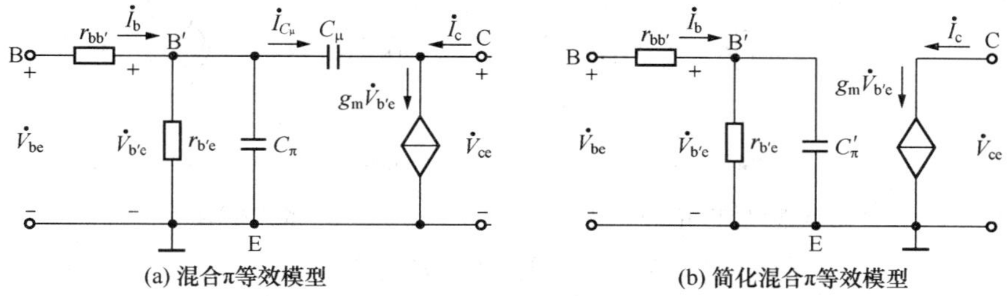

图 2.6.7 晶体管的高频等效模型

分别为晶体管的基区体电阻和发射结等效电阻；C_π、C_μ 分别为发射结和集电结等效电容。由于模型形似于“π”，又因电路参数的量纲有多个，故称为混合 π 模型。

由图 2.6.7（a）可知，由于 C_π 和 C_μ 的存在，使 $\dot{I}_c$ 和 $\dot{I}_b$ 的大小、相角均与频率有关，即 β 是频率的函数。根据半导体物理的理论分析，晶体管的集电极电流 $\dot{I}_c$ 与发射结电压 $\dot{V}_{b'e}$ 成线性关系，且与信号频率无关。因此，混合 π 模型中引入了一个新参数 g_m，称为跨导。它在 Q 点一定、小信号作用下是一个常数，体现了 $\dot{V}_{b'e}$ 对 $\dot{I}_c$ 的控制作用。

由于 C_μ 跨接在 b′ 和 c 之间，将输入与输出回路联系起来，使得电路的分析变得十分复杂。为此，可利用密勒定理将 C_μ 的影响分别折合（等效）到输入回路和输出回路，折合到 b′−e 间和 c−e 间的等效电容分别为 $(1-\dot{K})C_\mu$ 和 $\dfrac{\dot{K}-1}{\dot{K}}C_\mu$，其中，$\dot{K}=\dfrac{\dot{V}_{ce}}{\dot{V}_{b'e}}$。由于 $\dfrac{\dot{K}-1}{\dot{K}}C_\mu$ 的容抗一般比输出端的等效负载大得多，近似分析时可忽略不计。折合后，发射结总的等效电容用 C'_π 表示，即

$$C'_\pi = C_\pi + (1-\dot{K})C_\mu \tag{2.6.15}$$

由此，得到简化后的单向化等效模型，如图 2.6.7（b）所示。

2. 混合 π 模型的主要参数

低频条件下，混合 π 模型中的等效电容 C'_π 可看成开路，如图 2.6.8（a）所示。该模型应和 2.2.4 节介绍的微变等效模型完全等效，如图 2.6.8（b）所示。对比两个模型，可得

$$r_{bb'} + r_{b'e} = r_{be} = r_{bb'} + (1+\beta)\frac{26}{I_{EQ}}$$

$$g_m \dot{V}_{b'e} = g_m \dot{I}_b r_{b'e} = \beta \dot{I}_b$$

由以上两式可得混合 π 参数 $r_{bb'}$、$r_{b'e}$ 和 g_m 分别为

$$r_{b'e} = (1+\beta)\frac{26}{I_{EQ}} \tag{2.6.16}$$

$$r_{bb'} = r_{be} - r_{b'e} \tag{2.6.17}$$

$$g_m = \frac{\beta}{r_{b'e}} = \frac{\beta}{(1+\beta)\dfrac{26}{I_{EQ}}} \approx \frac{I_{EQ}}{26\text{mV}} \tag{2.6.18}$$

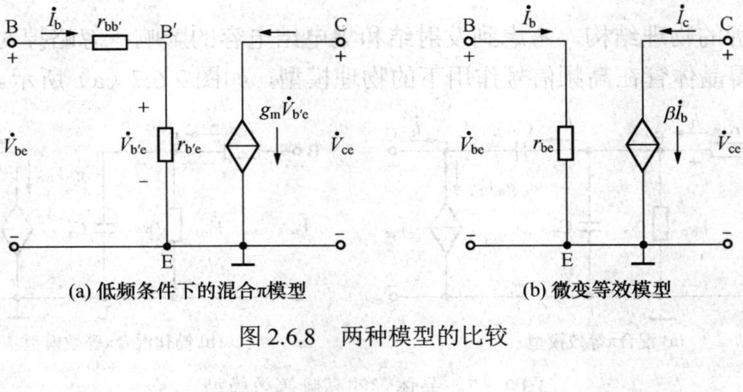

图 2.6.8 两种模型的比较

通常 C_μ 可从半导体器件手册上查到，C_π 的数值可通过手册上给出的特征频率 f_T 求出，即

$$C_\pi \approx \frac{I_{EQ}}{2\pi V_T f_T} \tag{2.6.19}$$

$\dot{K}=\frac{\dot{V}_{ce}}{\dot{V}_{b'e}}$，可通过电路计算得到。

3. 晶体管电流放大系数的频率响应

根据电流放大系数的定义，有

$$\dot{\beta}=\frac{\dot{I}_c}{\dot{I}_b}\bigg|_{\dot{V}_{ce}=0}$$

将图 2.6.7（b）电路的 c、e 输出端短路，可得

$$\dot{\beta}=\frac{\dot{I}_c}{\dot{I}_b}=\frac{g_m\dot{V}_{b'e}}{\dot{V}_{b'e}\left(\frac{1}{r_{b'e}}+j\omega C'_\pi\right)}=\frac{g_m r_{b'e}}{1+j\omega r_{b'e}C'_\pi}=\frac{\beta_0}{1+j\omega r_{b'e}C'_\pi} \tag{2.6.20}$$

其中，$\beta_0=g_m r_{b'e}$，是晶体管的低频电流放大系数；$C'_\pi=C_\pi+(1-\dot{K})C_\mu=C_\pi+C_\mu$（因为 $\dot{K}=0$）。

令

$$f_\beta=\frac{1}{2\pi\tau}=\frac{1}{2\pi r_{b'e}C'_\pi} \tag{2.6.21}$$

代入式（2.6.20）可得

$$\dot{\beta}=\frac{\beta_0}{1+j\frac{f}{f_\beta}} \tag{2.6.22}$$

f_β 是 $\dot{\beta}$ 的截止频率，称为共射极截止频率。

由式（2.6.22）可写出 $\dot{\beta}$ 的对数幅频特性和相频特性分别为

$$20\lg\left|\dot{\beta}\right|=20\lg\beta_0-20\lg\sqrt{1+\left(f/f_\beta\right)^2} \tag{2.6.23}$$

$$\varphi=-\arctan\left(f/f_\beta\right) \tag{2.6.24}$$

把以上两式与 RC 低通电路的对数相频特性和幅频特性表达式（2.6.7）、式（2.6.8）对比可知，除了幅频特性表达式（2.6.23）比式（2.6.8）多了一个常数项 $20\lg\beta_0$ 以外，其他完全相同，因此，只需把 RC 低通电路的幅频特性曲线向上平移 $20\lg\beta_0$ 即可。由此可画出 $\dot{\beta}$ 的波特图，如图 2.6.9 所示。

从图 2.6.9 中可以看出，信号的频率较低时，$\dot{\beta}=\beta_0$，是一个实数（即前面各节计算中用到的 β）；信号频率 $f>f_\beta$ 后，$\dot{\beta}$ 的幅值以−20dB/10 倍频程的速率减小，同时相移也增大。共射极截止频率 f_β 就是 $\dot{\beta}$ 频率响应的上限截止频率。

在图 2.6.9 中，当$\dot{\beta}$的幅值下降到 0dB 时的频率，称为晶体管的特征频率f_T，此时$20\lg|\dot{\beta}|=0$。令式（2.6.23）等于 0，其中的$f=f_T$，可求出特征频率f_T。

$$20\lg\beta_0-20\lg\sqrt{1+\left(f_T/f_\beta\right)^2}=0\text{，或}\sqrt{1+\left(f_T/f_\beta\right)^2}=\beta_0$$

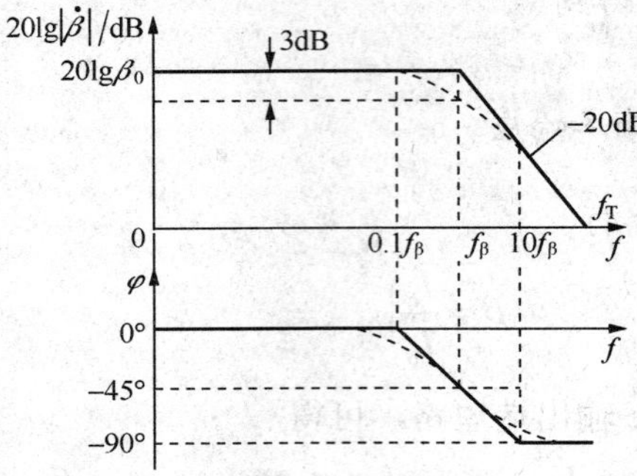

图 2.6.9　$\dot{\beta}$的波特图

因为$f_T \gg f_\beta$，所以有

$$f_T\approx\beta_0 f_\beta \tag{2.6.25}$$

2.6.3　单管共射极放大电路的频率响应

单管共射极放大电路如图 2.6.10 所示，把晶体管用简化的混合 π 模型代替，即可画出其完整的交流等效电路，如图 2.6.11 所示（该电路适用于信号频率从 0 到无穷大）。

为了简化分析，下面分别介绍输入信号为中频、低频和高频时的频率响应，然后再综合得到完整的波特图。

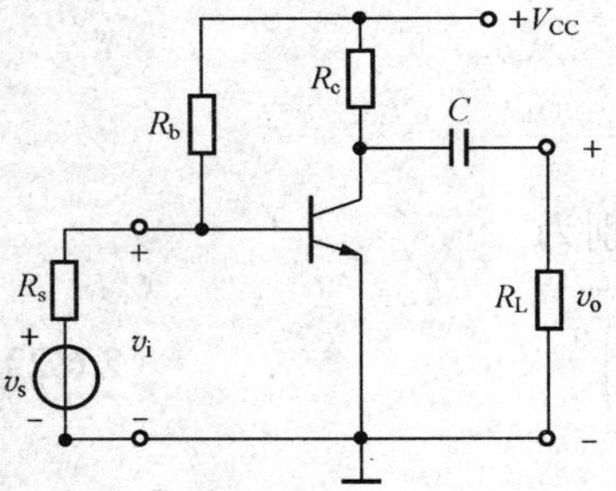

图 2.6.10　单管共射放大电路

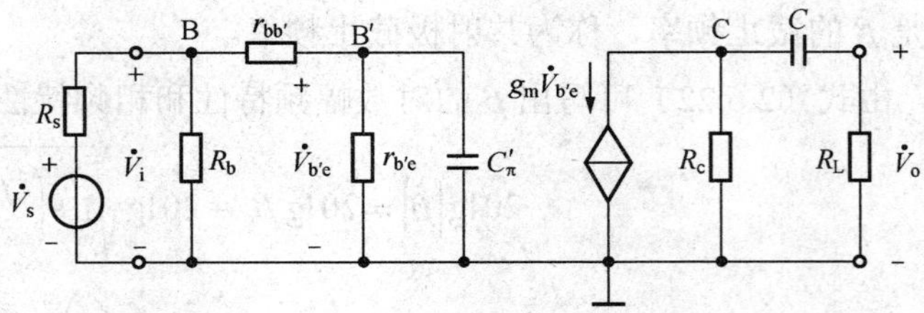

图 2.6.11　图 2.6.10 电路的交流等效电路

1. 中频电压放大倍数

在中频段，由于$\dfrac{1}{\omega C'_\pi}\gg r_{b'e}$，$C'_\pi$可看成开路；由于耦合电容 C 的容量比较大，所以$\dfrac{1}{\omega C}\ll R_L$，因此，$C$ 可看成短路。由此，可画出中频段的交流等效电路如图 2.6.12 所示。

由图可得中频电压放大倍数为

$$\dot{A}_{vsm}=\frac{\dot{V}_o}{\dot{V}_s}=\frac{\dot{V}_o}{\dot{V}_{b'e}}\bullet\frac{\dot{V}_{b'e}}{\dot{V}_i}\bullet\frac{\dot{V}_i}{\dot{V}_s}=(-g_m R_L')\frac{r_{b'e}}{r_{bb'}+r_{b'e}}\bullet\frac{R_b//(r_{bb'}+r_{b'e})}{R_s+R_b//(r_{bb'}+r_{b'e})}=(-g_m R_L')\frac{r_{b'e}}{r_{be}}\bullet\frac{R_i}{R_s+R_i}$$

把 $\beta=g_m r_{b'e}$ 代入上式可得

$$\dot{A}_{vsm}=-\frac{R_i}{R_s+R_i}\bullet\frac{\beta R_L'}{r_{be}} \tag{2.6.26}$$

由式（2.6.26）可见，中频电压放大倍数与 2.2.4 节介绍的微变等效电路分析的结果是一致的。在中频区，电压放大倍数与信号频率无关。

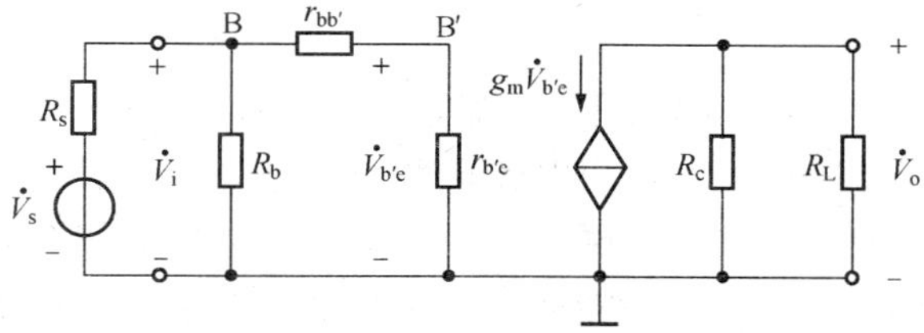

图 2.6.12　单管共射极放大电路的中频等效电路

2. 低频电压放大倍数

因为电容的容抗随着信号频率的降低而增大，所以在低频段，极间电容 C_π' 的容抗进一步增大，仍可视为开路；但耦合电容等大电容的容抗增加，使信号在电容上的压降也增大，造成放大倍数减小。所以耦合电容是影响放大电路低频响应的主要因素，不能视为交流短路。由此得到低频段的交流等效电路如图 2.6.13 所示。

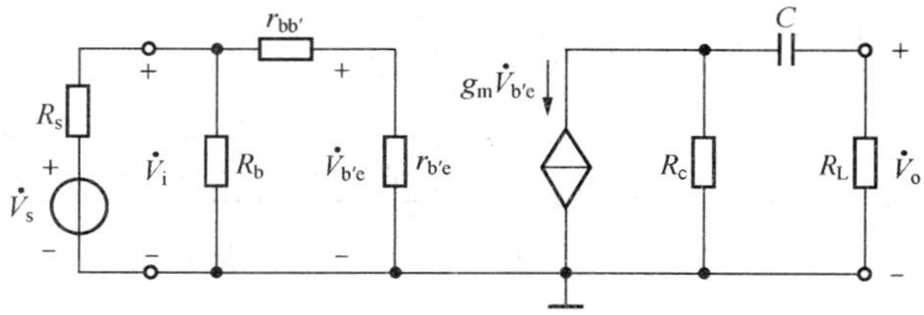

图 2.6.13　单管共射极放大电路的低频等效电路

由图 2.6.13 可得低频段电路的电压放大倍数为

$$\dot{A}_{vsl}=\frac{\dot{V}_o}{\dot{V}_s}=\frac{\dot{V}_o}{\dot{V}_{b'e}}\frac{\dot{V}_{b'e}}{\dot{V}_i}\frac{\dot{V}_i}{\dot{V}_s}=(-g_m\frac{R_c\times(R_L+\frac{1}{j\omega C})}{R_c+R_L+\frac{1}{j\omega C}})\frac{R_L}{R_L+\frac{1}{j\omega C}}\frac{r_{b'e}}{r_{be}}\frac{R_i}{R_s+R_i}$$

$$=\frac{R_i}{R_s+R_i}\frac{r_{b'e}}{r_{be}}(-g_m R_L')\frac{j\omega(R_c+R_L)C}{1+j\omega(R_c+R_L)C}=\dot{A}_{vsm}\frac{j\omega(R_c+R_L)C}{1+j\omega(R_c+R_L)C}$$

$$\dot{A}_{vsl}=\dot{A}_{vsm}\frac{j\frac{f}{f_L}}{1+j\frac{f}{f_L}}=\dot{A}_{vsm}\frac{1}{1-j\frac{f_L}{f}} \tag{2.6.27}$$

其中，f_L 称为下限截止频率（当 $f=f_L$ 时，放大倍数下降为中频放大倍数的 $1/\sqrt{2}$），其表

达式为

$$f_L = \frac{1}{2\pi(R_c + R_L)C} \tag{2.6.28}$$

式（2.6.28）中的 $(R_c + R_L)C$ 是电容 C 所在回路的时间常数。

式（2.6.27）与前面介绍的 RC 高通电路的频率响应表达式类似，因此，求出中频电压放大倍数 $\dot{A}_{vsm}$ 和下限频率 f_L，运用 2.6.1 节介绍的方法即可很容易地画出低频段折线化的幅频特性曲线和相频特性曲线。

3. 高频电压放大倍数

因为电容的容抗随着信号频率的升高而减小，所以在高频段，耦合电容 C 的容抗比中频区更小，仍可视为交流短路；但极间电容 C'_π 的容抗也减小，使得 $\dot{V}_{b'e}$ 减小、受控电流源的电流减小、输出电压减小、放大倍数减小。所以，极间电容是影响放大电路高频响应的主要因素。因此，在高频段，C'_π 已不能视为交流开路，这时必须考虑其影响。由此得到高频段的交流等效电路如图 2.6.14 所示。

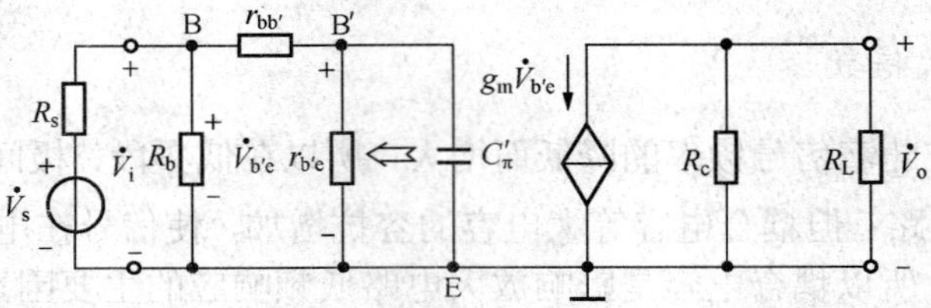

图 2.6.14　单管共射极放大电路的高频等效电路

由图 2.6.14 可得高频段电路的电压放大倍数为

$$\dot{A}_{vsh} = \frac{\dot{V}_o}{\dot{V}_s} = \frac{\dot{V}_o}{\dot{V}_{b'e}} \cdot \frac{\dot{V}_{b'e}}{\dot{V}_i} \cdot \frac{\dot{V}_i}{\dot{V}_s} = (-g_m R'_L) \frac{r_{b'e} // \dfrac{1}{j\omega C'_\pi}}{r_{bb'} + r_{b'e} // \dfrac{1}{j\omega C'_\pi}} \cdot \frac{R_b // \left(r_{bb'} + r_{b'e} // \dfrac{1}{j\omega C'_\pi}\right)}{R_s + R_b // \left(r_{bb'} + r_{b'e} // \dfrac{1}{j\omega C'_\pi}\right)}$$

化简上式，并令 $R = r_{b'e} // (r_{bb'} + R_s // R_b)$，得

$$\dot{A}_{vsh} = \dot{A}_{vsm} \frac{1}{1 + j\omega RC'_\pi} = \dot{A}_{vsm} \frac{1}{1 + j\dfrac{f}{f_H}} \tag{2.6.29}$$

其中，f_H 称为上限频率（当 $f = f_H$ 时，放大倍数下降为中频放大倍数的 $1/\sqrt{2}$），其表达式为

$$f_H = \frac{1}{2\pi RC'_\pi} \tag{2.6.30}$$

式（2.6.30）中的 RC'_π 是电容 C'_π 所在回路的时间常数。

这是只含一个 RC 回路的低通电路的频率响应，可按照 2.6.1 节所述 RC 低通电路波特图的画法，画出高频段折线化的幅频特性曲线和相频特性曲线。

4. 完整的波特图

把以上在中频段、低频段和高频段分别得到的电压放大倍数表达式综合起来，即可得

到单管共射极放大电路在全部频率范围内电压放大倍数的近似表达式为

$$\dot{A}_{vs} \approx \frac{\dot{A}_{vsm}}{\left(1-j\frac{f_L}{f}\right)\left(1+j\frac{f}{f_H}\right)} \tag{2.6.31}$$

根据式（2.6.31），可写出对数幅频特性和相频特性的表达式为

$$20\lg\left|\dot{A}_{vs}\right| \approx 20\lg\left|\dot{A}_{vsm}\right| + 20\lg\frac{1}{\sqrt{1+\left(\frac{f_L}{f}\right)^2}} + 20\lg\frac{1}{\sqrt{1+\left(\frac{f}{f_H}\right)^2}} \tag{2.6.32}$$

$$\varphi = -180^\circ + \arctan\frac{f_L}{f} - \arctan\frac{f}{f_H} \tag{2.6.33}$$

式（2.6.31）可以全面表示任何频段的电压放大倍数，而且上、下限截止频率均可表示为 $f=\frac{1}{2\pi RC}$ 的形式。因此，找到各频段起主要作用的电容，并确定该电容所在回路的等效电阻，是求解上、下限截止频率的关键。

根据以上在中频段、低频段和高频段的分析结果，并利用 2.6.1 节介绍的高通和低通电路的波特图的画法，即可画出单管共射极放大电路完整的波特图。作图步骤如下。

（1）根据电路参数求出中频电压放大倍数 $\dot{A}_{vsm}$ 和上、下限截止频率 f_H 和 f_L。

（2）画幅频特性。在中频区，在 f_L 到 f_H 之间，画一条高度等于 $20\lg\left|\dot{A}_{vsm}\right|$ 的水平直线；在低频区，从 $f=f_L$ 开始，向左下方做一条斜率为 20dB/10 倍频程的直线；在高频区，从 f_H 开始，向右下方做一条斜率为−20dB/10 倍频程的直线。以上三段直线构成的折线就是放大电路的对数幅频特性曲线，如图 2.6.15 所示。

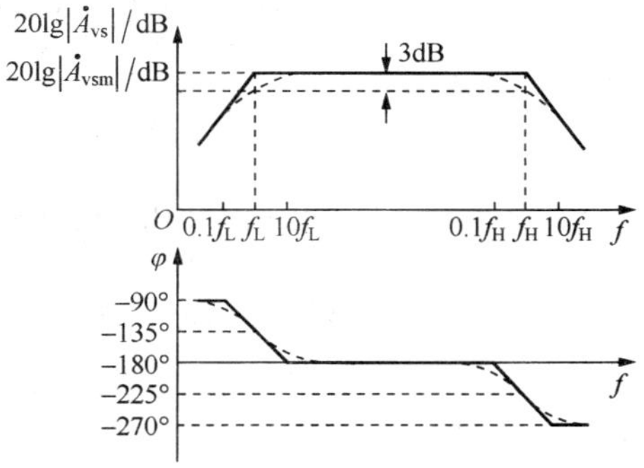

图 2.6.15　单管共射极放大电路的波特图

（3）画相频特性。在中频区，由于单管共射极放大电路的倒相作用，在 $10f_L \sim 0.1f_H$ 之间画一条 $\varphi=-180^\circ$ 的水平直线；在低频区，当 $f<0.1f_L$ 时，$\varphi=-180^\circ+90^\circ=-90^\circ$；在 $0.1f_L \sim 10f_L$ 之间，画一条斜率为 -45°/10 倍频程的直线，在此直线上，当 $f=f_L$ 时，$\varphi=-180^\circ+45^\circ=-135^\circ$；在高频区，当 $f>10f_H$ 时，$\varphi=-180^\circ-90^\circ=-270^\circ$；在 $0.1f_H \sim 10f_H$ 之间，也是一条斜率为 -45°/10 倍频程的直线，在此直线上，当 $f=f_H$ 时，$\varphi=-180^\circ-45^\circ=-225^\circ$。以上五段直线构成的折线就是放大电路的对数相频特性曲线，如图 2.6.15 所示。

5. *频率响应的改善和增益带宽积*

所谓增益带宽积是指中频电压放大倍数与通频带的乘积，通常以此乘积来衡量放大电路综合性能的好坏。

由以上分析可知，如图 2.6.10 所示单管共射极放大电路的中频电压放大倍数和通频带分别为

$$\dot{A}_{vsm} = (-g_m R'_L)\frac{r_{b'e}}{r_{be}} \cdot \frac{R_i}{R_s + R_i}$$

$$f_{BW} = f_H - f_L \approx f_H = \frac{1}{2\pi R C'_\pi}$$

其中，$R = r_{b'e} // (r_{bb'} + R_s // R_b)$，$C'_\pi = C_\pi + (1 - \dot{K}) C_\mu = C_\pi + (1 + g_m R'_L)\ C_\mu$。

为使问题分析简单，假设 $R_i \approx r_{be}$，$R_b \gg R_s$，$R_b \gg r_{be}$，$(1 + g_m R'_L)\ C_\mu \gg C_\pi$，且 $g_m R'_L \gg 1$，则单管共射极放大电路的增益带宽积为

$$\left|\dot{A}_{vsm} f_H\right| = (g_m R'_L)\frac{r_{b'e}}{r_{be}} \cdot \frac{R_i}{R_s + R_i} \cdot \frac{1}{2\pi R C'_\pi} \approx \frac{1}{2\pi (r_{bb'} + R_s) C_\mu} \tag{2.6.34}$$

式（2.6.34）说明，晶体管一旦选定，$r_{bb'}$ 和 C_μ 的值即被确定，于是放大电路的增益带宽积也就基本上确定了。此时，若将电压放大倍数提高若干倍，则通频带必将变窄同样的倍数。

由此得出结论，要想改善放大电路的高频特性，展宽通频带，又要提高电压放大倍数，首先应选用 $r_{bb'}$ 和 C_μ 均小的高频晶体管，与此同时，还要尽量减小 C'_π 所在回路的等效电阻。

2.6.4 多级放大电路的频率响应

1. 多级放大电路的幅频特性和相频特性

已知多级放大电路总的电压放大倍数是各级电压放大倍数的乘积，即

$$\dot{A}_v = \dot{A}_{v1} \dot{A}_{v2} \cdots \dot{A}_{vn}$$

将上式取绝对值后再求对数，可得多级放大电路的对数幅频特性，即

$$20\lg\left|\dot{A}_v\right| = 20\lg\left|\dot{A}_{v1}\right| + 20\lg\left|\dot{A}_{v2}\right| + \cdots + 20\lg\left|\dot{A}_{vn}\right| = \sum_{i=1}^{n} 20\lg\left|\dot{A}_{vi}\right| \tag{2.6.35}$$

多级放大电路的总相位移为

$$\varphi = \varphi_1 + \varphi_2 + \cdots + \varphi_n = \sum_{i=1}^{n} \varphi_i \tag{2.6.36}$$

以上表达式中的 $\dot{A}_{vi}$ 和 φ_i 分别是第 i 级放大电路的电压放大倍数和相位移。

式（2.6.35）和式（2.6.36）说明，多级放大电路的对数增益等于各级对数增益的代数和；而多级放大电路总的相位移也等于各级相位移的代数和。因此，只要把各放大级的对数增益和相位移在同一横坐标下分别叠加起来就得到多级放大电路总的幅频特性和相频特性。

例如，已知单级放大电路的幅频特性和相频特性如图 2.6.16 所示。若把以上完全相同的两个放大电路串联组成一个两级放大电路，则只需分别将原来单级放大电路的幅频特性和相频特性上每点的纵坐标增大一倍，即可得到两级放大电路总的幅频特性和相频特性，如图 2.6.16 所示。

由图 2.6.16 可见，对应于单级放大电路的幅频特性曲线上原来下降 3dB 的频率（f_{L1} 和 f_{H1}），在两级放大电路的幅频特性曲线上将下降 6dB。将两级放大电路的下限频率 f_L 和上限频率 f_H，分别与单级电路的 f_{L1} 和 f_{H1} 进行比较，可以看出，$f_L > f_{L1}$，而 $f_H < f_{H1}$，由此可知，多级放大电路的通频带，要比组成它的每一级的通频带都要窄。

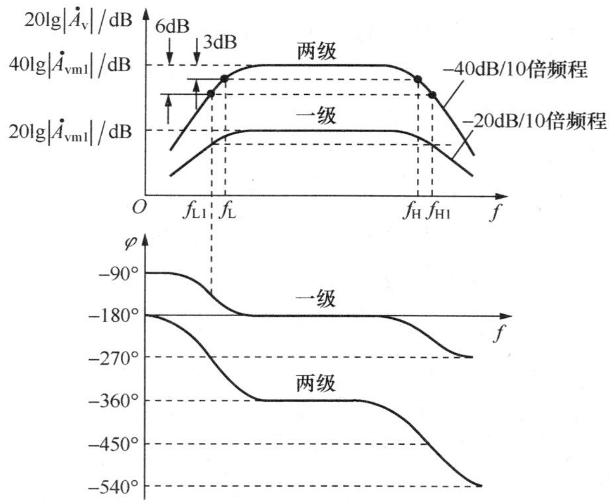

图 2.6.16　两级放大电路的波特图

2. 多级放大电路的上限频率和下限频率

可以证明，多级放大电路的上、下限频率与组成它的各级放大电路的上、下限频率之间，存在以下近似关系：

$$\frac{1}{f_{\mathrm{H}}} \approx 1.1\sqrt{\frac{1}{f_{\mathrm{H1}}^2}+\frac{1}{f_{\mathrm{H2}}^2}+\cdots+\frac{1}{f_{\mathrm{H}n}^2}} \tag{2.6.37}$$

$$f_{\mathrm{L}} \approx 1.1\sqrt{f_{\mathrm{L1}}^2+f_{\mathrm{L2}}^2+\cdots+f_{\mathrm{L}n}^2} \tag{2.6.38}$$

在实际的多级放大电路中，当各级放大电路的时间常数相差悬殊时，可取起主要作用的那一级作为估算的依据。例如，若其中第 i 级的上限频率 $f_{\mathrm{H}i}$ 比其他各级小得多，可近似认为多级放大电路的上限频率 $f_{\mathrm{H}} \approx f_{\mathrm{H}i}$。同理，若其中第 j 级的下限频率 $f_{\mathrm{L}j}$ 比其他各级大得多时，则可近似认为多级放大电路的下限频率 $f_{\mathrm{L}} \approx f_{\mathrm{L}j}$。

小　结

本章主要介绍了双极型晶体管的基本结构和工作原理，单管共射极、共集电极和共基极放大电路，基极分压式偏置静态工作点稳定电路，多级放大电路的工作原理和分析方法以及放大电路的频率响应等内容。

（1）双极型晶体管是一种具有电流控制作用的半导体器件，它的内部有两个 PN 结。按结构划分，有 NPN 和 PNP 两种类型。NPN 管和 PNP 管工作原理相似，但由于它们形成电流的载流子性质不同，结果导致各极电流方向相反，加在各极上的电压极性相反。

（2）双极型晶体管在放大状态下才具有电流控制作用。保证晶体管处于放大状态的外部条件是发射结正偏，集电结反偏。

（3）双极型晶体管的性能可由伏安特性曲线来描述，常用的伏安特性曲线有输入特性曲线和输出特性曲线。由于双极型晶体管是非线性器件，所以伏安特性是非线性的。输出特性可划分为三个工作区，即放大区、饱和区和截止区。

（4）利用双极型晶体管的电流控制作用可以组成放大电路。用偏置电路设置合适的静态工作点，并尽量保证静态工作点稳定。通过适当的耦合方式保证交流信号的正常传输。

（5）放大电路的工作状态分为静态和动态。无信号输入时，晶体管各极电压、电流为直流，它们的数值称为静态工作点，静态工作点可根据直流通路来确定。有信号输入时，晶体管的各极电流、基间电压在静态工作点的基础上变动，晶体管的各极电流、基间电压的交流成分之间的关系由交流通路来确定。

（6）放大电路的分析包括定性分析（读图）和定量分析。定性分析主要分析电路的组成、元器件的作用、偏置方式和耦合方式。定量分析主要是确定静态工作点，计算放大电路的性能指标，如电压放大倍数、输入电阻和输出电阻、频率特性等。

（7）放大电路的基本分析方法有图解法和微变等效电路法。图解法直观、形象，常用来分析放大电路的工作情况（有无失真），帮助合理设置静态工作点和动态范围。微变等效电路法，是在小信号条件下，把双极型晶体管各极电流、基间电压交流量之间的关系用线性模型（小信号模型）表示，用线性电路的分析方法确定放大电路的性能。

（8）温度对双极型晶体管的特性和参数影响较大，这是半导体器件的缺点。因此，放大电路的静态工作点容易受温度的影响而发生变动。基极分压式偏置工作点稳定电路能为放大电路提供稳定的静态工作点。

（9）晶体管放大电路有共射、共集和共基三种组态。其中共射极电路能放大电压和电流，输出与输入反相，应用较广泛；共集电极电路无电压放大能力，能放大电流，因为其输入电阻大，输出电阻小，常用作多级放大电路的输入级、输出级或缓冲级；共基极电路能放大电压，无电流放大能力，且其输入电阻小，输出电阻大，一般用作宽带放大器。

（10）多级放大电路的耦合方式有直接耦合、阻容耦合和变压器耦合等类型。直接耦合放大电路存在温度漂移问题，但因其低频特性好，能够放大变化缓慢的信号，便于集成化，而得到越来越广泛的应用。由于耦合电容具有“通交流、隔直流”的性质，所以阻容耦合放大电路的各级静态工作点相互独立，互不影响，但低频特性差，不便于集成化，故仅在非用分立元件电路不可的情况才采用。变压器耦合放大电路低频特性差，但能够实现阻抗变换，常用作调谐放大电路或输出功率很大的功率放大电路。

多级放大电路的电压放大倍数等于组成它的各级电路电压放大倍数之积。其输入电阻是第一级的输入电阻，输出电阻是最后一级的输出电阻。在求解某一级的电压放大倍数时应将后级的输入电阻作为负载考虑进去。

（11）频率响应是放大电路的一项重要性能指标，它反映放大电路增益与频率的关系。波特图是研究频率响应的常用方法。在低频区由于电路中耦合电容和旁路电容的影响，使放大倍数下降；在高频区由于晶体管极间电容的影响，使放大倍数下降。多级放大电路的级数越多，通频带越窄。研究高频响应时，应采用晶体管的高频等效模型。

习　题

2.1　填空题。

（1）双极型晶体管从结构上可分为________和________两种类型，它们工作时有________

和________两种载流子参与导电。

（2）双极型晶体管具有电流放大作用的外部条件是：发射结________，集电结________。

（3）当发射结和集电结都加正向电压时，双极型晶体管工作在__________状态；都加反向电压时，工作在________状态；当发射结加正向电压，集电结加反向电压时，工作在________状态。

（4）环境温度升高时，双极型晶体管的电流放大系数 β________，发射结电压 V_{BE}________，反向饱和电流 I_{CBO}________。

（5）由 NPN 管组成的共射极放大电路，当输出电压顶部截顶时，为__________失真，此时工作点设置偏__________；当输出电压底部截顶时，则为________失真，此时工作点设置偏________。

（6）共发射极放大电路的输出电压与输入电压相位________，共集电极和共基极放大电路的输出电压与输入电压相位________。共集电极放大电路的输入电阻________，输出电阻________。

（7）放大电路的输入电阻越大，从信号源索取的电流________；输出电阻越小，带负载能力________。

（8）对于共射极、共集电极和共基极三种放大电路，若希望电压放大倍数大，应选用________放大电路；若希望带负载能力强，应选用________放大电路；若希望从信号源索取的电流小，应选用________放大电路；若希望高频性能好，应选用________放大电路。

（9）一个放大电路在负载开路时的输出电压为 4V，接入 3kΩ 的负载电阻后输出电压为 3V。该电路的输出电阻为________。

（10）多级放大电路常见的级间耦合方式有________、________和________。

（11）阻容耦合的优点是各级________相互独立，因此电路调整方便，缺点是__________较差。

（12）直接耦合放大电路既能放大________信号，又能放大________；阻容耦合放大电路只能放大________信号。

（13）当放大电路的电压放大倍数下降到中频放大倍数的 0.7 倍时，所对应的信号频率称为放大电路的________。

2.2　选择正确答案填入空中。

（1）双极型晶体管是一种（　　）控制器件。

A. 电流　　　　B. 电压

（2）双极型晶体管工作在放大区时，其各极电位关系应为（　　）。

A. 对于 NPN 型管，$V_E>V_B>V_C$　　　　B. 对于 NPN 型管，$V_C>V_B>V_E$

C. 对于 PNP 型管，$V_C>V_B>V_E$　　　　D. 对于 PNP 型管，$V_E>V_C>V_B$

（3）在某放大电路中，测得晶体管处于放大状态时三个电极的电位分别为 0V、-10V 和-9.3V，则该管是（　　）。

A. NPN 型锗管　　B. NPN 型硅管　　C. PNP 型硅管　　D. PNP 型锗管

（4）工作在放大区的某双极型晶体管，当 I_B 从 20μA 增大到 60μA 时，I_C 从 1mA 变为 3mA，则它的 β 约为（　　）。

A. 50　　B. 100　　C. 150　　D. 200

（5）两个晶体管，其中 A 管的 β=200，I_{CEO}=200μA；B 管的 β=50，I_{CEO}=10μA，其它参数基本相同。相比之下，（ ）管的性能较好。

A. A 管　　B. B 管　　C. 两管相同

（6）在放大电路的共射极、共基极和共集电极三种组态中，（ ）。

A. 都有电压放大作用　　B. 都有功率放大作用

C. 都有电流放大作用　　D. 只有共射极电路有功率放大作用

（7）共集电极放大电路的主要特点是（ ）。

A. 电压放大倍数近似等于 1（但小于 1），输入电阻小，输出电阻大

B. 电压放大倍数大于 1，输入电阻小，输出电阻小

C. 电压放大倍数大于 1，输入电阻大，输出电阻小

D. 电压放大倍数近似等于 1（但小于 1），输入电阻大，输出电阻小

（8）有两个放大倍数相同、输入和输出电阻不同的放大电路 A 和 B，对同一个具有内阻的信号源电压进行放大。在负载开路的条件下测得电路 A 的输出电压小，这说明 A 的（ ）。

A. 输入电阻大　　B. 输入电阻小　　C. 输出电阻大　　D. 输出电阻小

（9）当信号频率等于放大电路的上限截止频率 f_H 或下限截止频率 f_L 时，电压放大倍数约下降到中频时的（ ）。

A. 0.5 倍　　B. 0.7 倍　　C. 0.9 倍　　D. 3dB

（10）放大电路在高频信号作用下电压放大倍数下降的主要原因是（ ），而在低频信号作用下电压放大倍数下降的主要原因是（ ）。

A. 耦合电容和旁路电容的存在

B. 晶体管极间电容和分布电容的存在

C. 晶体管的非线性特性

D. 放大电路的静态工作点不合适

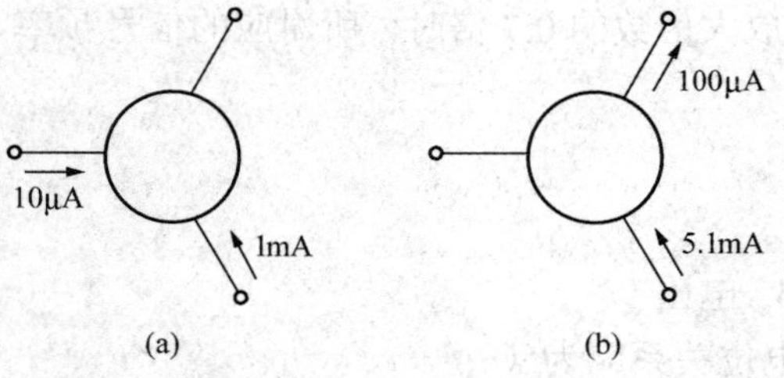

图 T2.1　习题 2.3 电路

2.3　已知两只晶体管的电流放大系数 β 分别为 100 和 50，现测得放大电路中晶体管两个电极的电流如图 T2.1 所示。分别求出另一电极的电流，标出其实际方向，并在圆圈中画出管子的符号。

2.4　测得放大电路中处于放大状态的四只晶体管三个电极的直流电位分别如图 T2.2 所示。试判断各晶体管的类型（NPN 型或 PNP 型）及三个电极各是什么极（基极、集电极

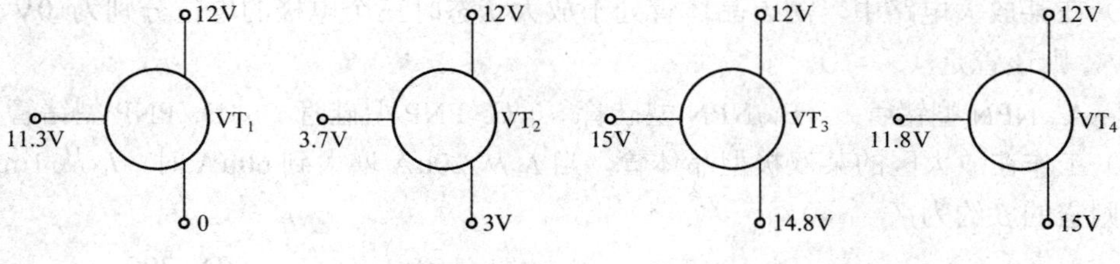

图 T2.2　习题 2.4 电路

或发射极），并分别说明它们是硅管还是锗管。

2.5 画出如图 T2.3 所示各电路的直流通路和交流通路。设电路中各电容对交流信号可视为短路。

2.6 试分析如图 T2.4 所示各电路是否有可能放大正弦交流信号，简述理由。设电路中各电容对交流信号可视为短路。

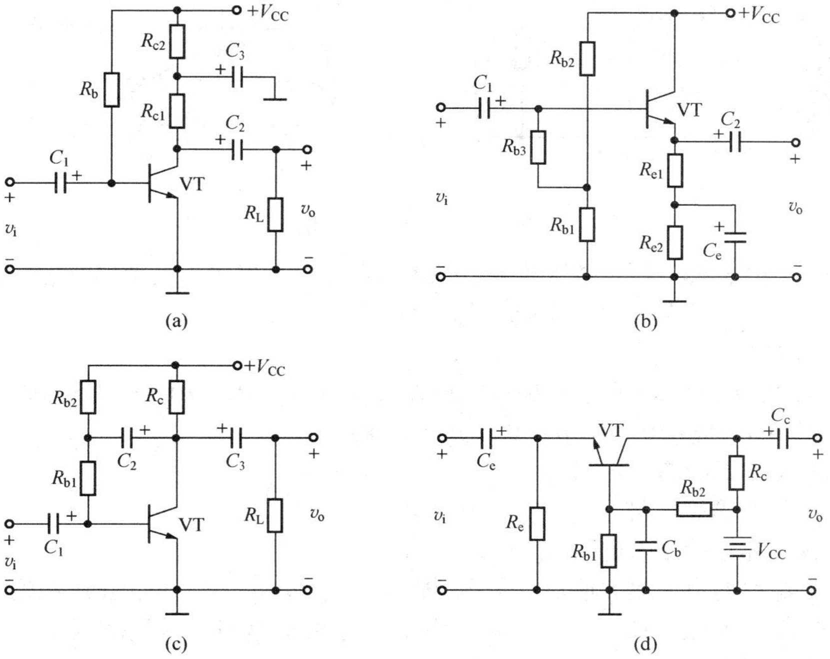

图 T2.3 习题 2.5 电路

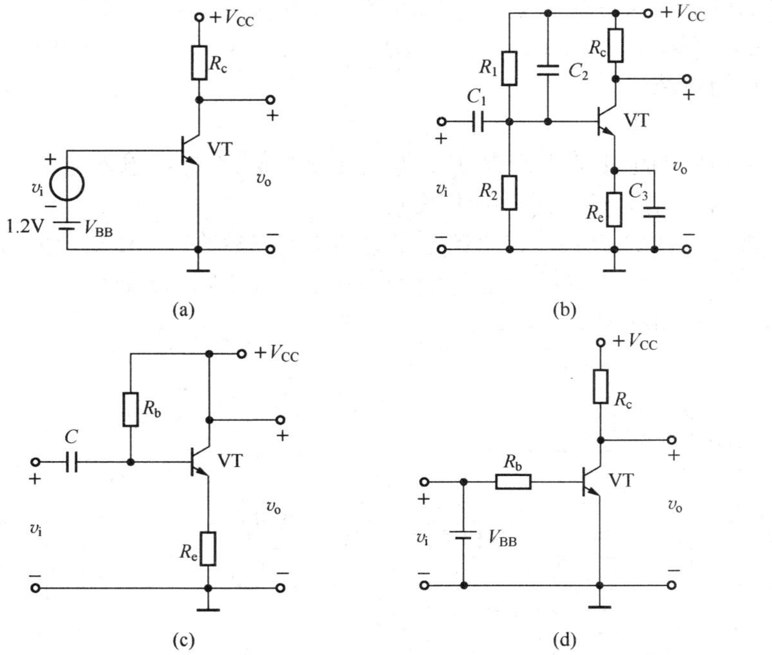

图 T2.4 习题 2.6 电路

2.7　放大电路如图 T2.5（a）所示，晶体管的输出特性曲线和交、直流负载线如图 T2.5（b）所示，设晶体管的 V_{BEQ}=0.7V，试确定电阻 R_b 和 R_c 的阻值。

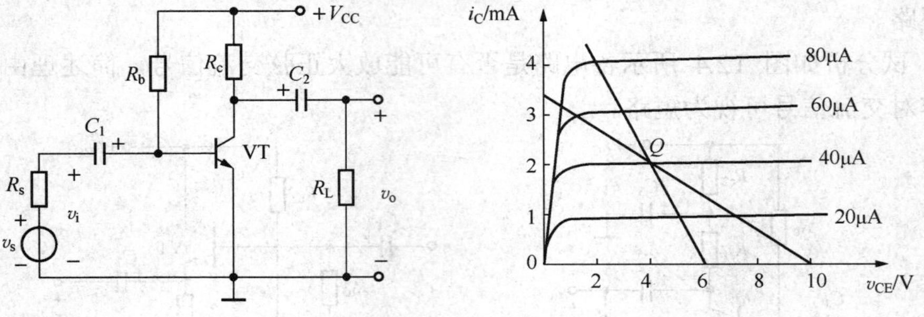

(a)　(b)

图 T2.5　习题 2.7 电路

2.8　如图 T2.5（a）所示放大电路，当电路参数分别发生下列变化时，试分析直流负载线和静态工作点 Q 会发生什么变化，并在输出特性曲线上画出示意图。①R_b 减小；②R_c 减小；③V_{CC} 增加。

2.9　在如图 T2.5（a）所示电路中，已知 V_{CC}=12V，R_b=510kΩ，R_s=2kΩ，R_L=3kΩ，R_c=3kΩ，晶体管的 V_{BEQ}=0.7V，β=80，$r_{bb'}$=150Ω。

（1）估算电路的静态工作点 Q。

（2）画出微变等效电路。

（3）估算晶体管的输入电阻 r_{be}。

（4）计算电路的电压放大倍数 $\dot{A}_v$、源电压放大倍数 $\dot{A}_{vs}$、输入电阻 R_i 和输出电阻 R_o。

2.10　放大电路如图 T2.3（a）所示，电路中电容对交流信号可视为短路。

（1）试写出静态集电极电流 I_{CQ} 和管压降 V_{CEQ} 的表达式。

（2）写出电压放大倍数 $\dot{A}_v$、输入电阻 R_i 和输出电阻 R_o 的表达式。

2.11　电路如图 T2.6 所示，晶体管的β=60，V_{BEQ}=0.7V，$r_{bb'}$=200Ω。电路中各电容对交流信号可视为短路。

（1）估算静态工作点。

（2）估算电路的电压放大倍数 $\dot{A}_v$、源电压放大倍数 $\dot{A}_{vs}$、输入电阻 R_i 和输出电阻 R_o。

（3）分析当 R_e 增大时，$\dot{A}_v$ 将如何变化。

（4）分析若电容 C_e 开路，将引起电路的哪些动态参数发生变化及如何变化。

2.12　电路如图 T2.7 所示，晶体管的β=80，V_{BEQ}=0.7V，r_{be}=1kΩ。

（1）估算电路的静态工作点。

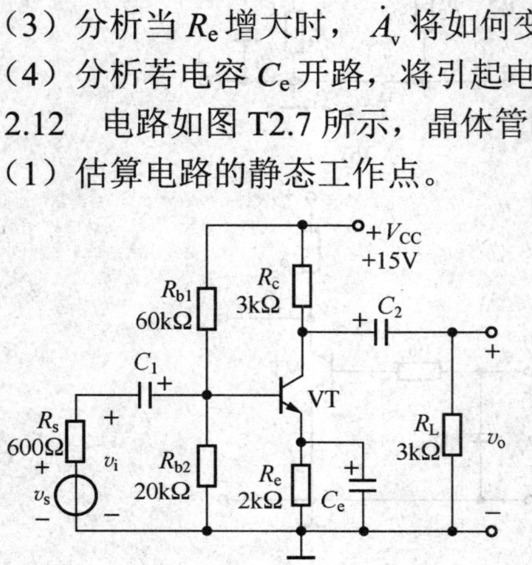

图 T2.6　习题 2.11 电路

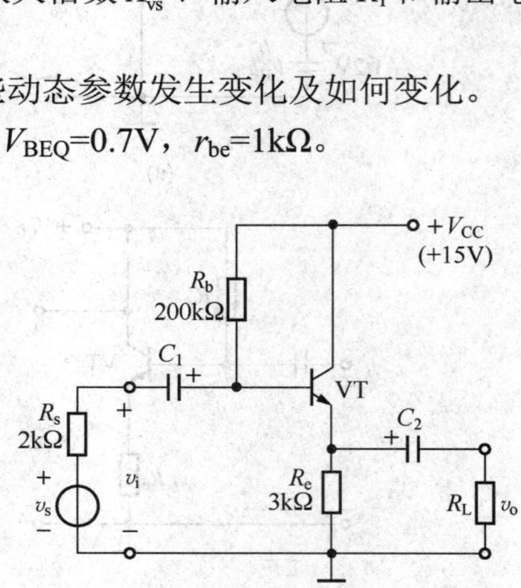

图 T2.7　习题 2.12 电路

（2）分别求出 $R_L=\infty$和 $R_L=3k\Omega$ 时电路的电压放大倍数 $\dot{A}_v$ 和输入电阻 R_i。

（3）求输出电阻 R_o。

2.13　电路如图 T2.8 所示，设晶体管的β=50，V_{BE} 近似等于 0.7V，$r_{bb'}$=200Ω，电路中各电容对交流信号可视为短路。

（1）分析电路属于何种组态。

（2）画出电路的直流通路、交流通路和微变等效电路。

（3）计算电路的电压放大倍数 $\dot{A}_v$ 、输入电阻 R_i 和输出电阻 R_o。

2.14　电路如图 T2.9 所示，设晶体管的β=50，电路中各电容对交流信号可视为短路。

（1）估算电路的静态工作点。

（2）计算电路的电压放大倍数 $\dot{A}_v$ 、输入电阻 R_i 和输出电阻 R_o。

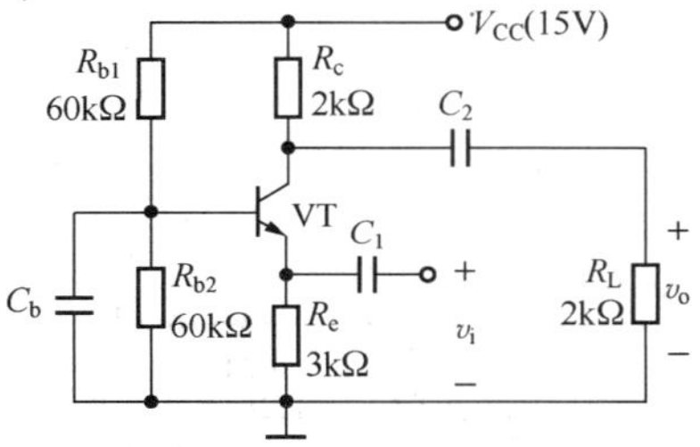

图 T2.8　习题 2.13 电路

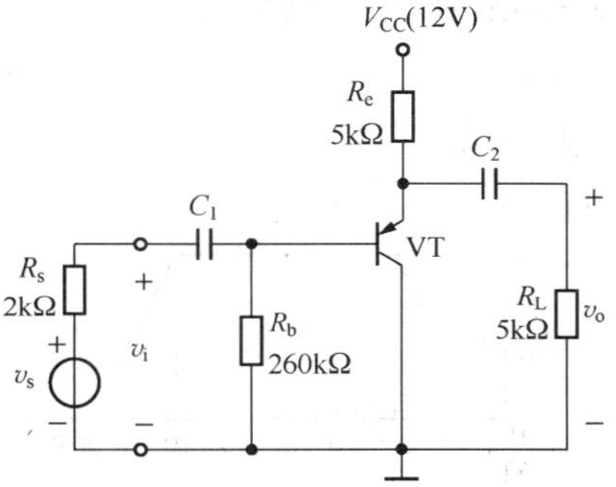

图 T2.9　习题 2.14 电路

2.15　判断如图 T2.10 所示各放大电路中，VT_1 和 VT_2 管分别组成哪种基本接法的放大电路。设图中所有电容对于交流信号均可视为短路。

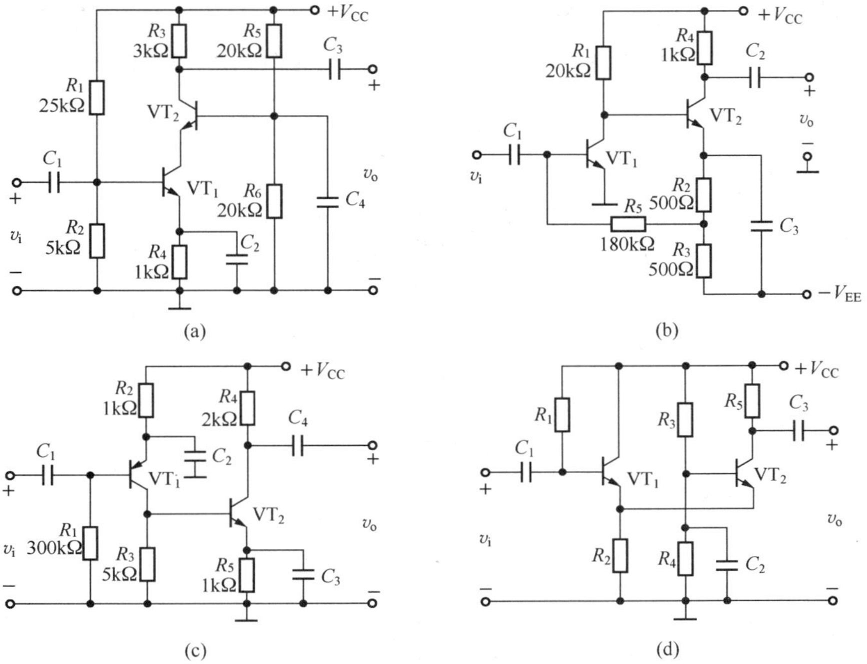

图 T2.10　习题 2.15 电路

2.16* 写出如图 T2.10 所示各电路的电压放大倍数、输入电阻和输出电阻的表达式。设电路中各电容对交流信号可视为短路。

2.17* 已知某放大电路的电压放大倍数为 $\dot{A}_{\mathrm{v}}=\dfrac{-10\times \mathrm{j}f}{\left(1+\mathrm{j}\dfrac{f}{10}\right)\left(1+\mathrm{j}\dfrac{f}{10^5}\right)}$，试求解：

（1）$\dot{A}_{\mathrm{vm}}$、f_{L}、f_{H}的值。

（2）画出波特图。

2.18 已知某放大电路的波特图如图 T2.11 所示，试写出 $\dot{A}_{\mathrm{v}}$ 的表达式。

2.19* 电路如图 T2.12 所示。已知 V_{CC}=12V，晶体管的 C_{μ}=4pF，f_{T}=50MHz，$r_{\mathrm{bb'}}$=100Ω，β_0=80。试求解：

（1）中频电压放大倍数 $\dot{A}_{\mathrm{vsm}}$。

（2）C'_{π}。

（3）f_{H}和 f_{L}。

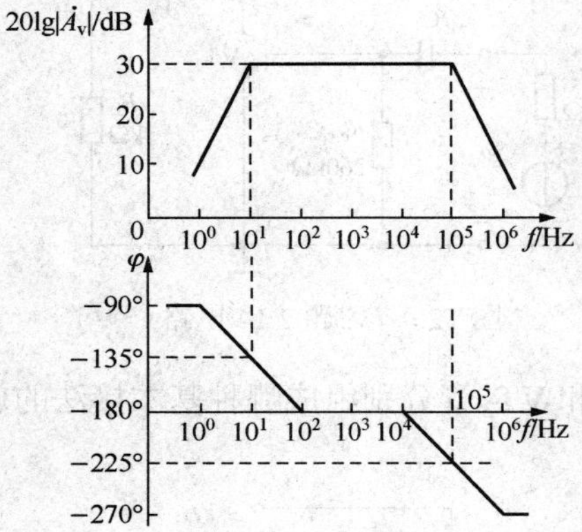

图 T2.11 习题 2.18 电路

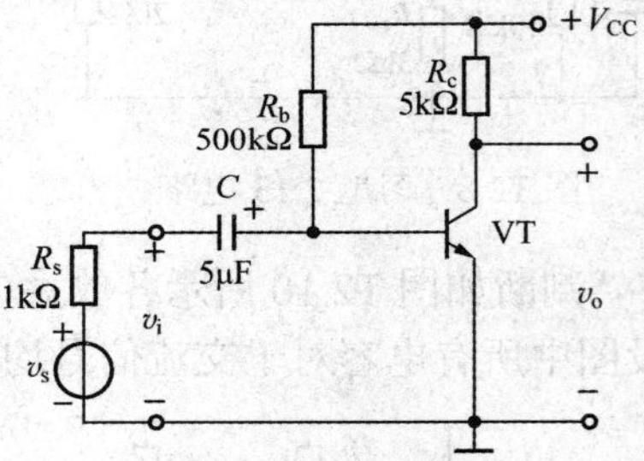

图 T2.12 习题 2.19 电路

第 3 章　场效应管及应用

本章学习目的和要求：

1. 理解场效应管的工作原理，掌握它的外特性和主要参数。
2. 理解场效应管基本放大电路的组成、工作原理及性能特点。

3.1　场效应管

双极型晶体管是用基极电流去控制集电极电流的器件，称为电流控制器件。工作时需要从信号源获取一定的电流，输入电阻较小，约几百欧到几千欧。而本节介绍的场效应管（field effect transistor，FET）则是一种电压控制器件，它是用输入电压控制输出电流的半导体器件，工作时基本上不需要信号源提供电流，输入电阻很高，可高达 10^7～$10^{12}\Omega$。此外，场效应管工作时，只有一种载流子（电子或空穴）参与导电，因此，也称为单极型器件。

场效应管不仅具有双极型晶体管的体积小、重量轻、耗电少、寿命长等优点，而且还具有输入阻抗高、热稳定性好、抗辐射能力强、制造工艺简单而便于集成的特点，因而在大规模和超大规模集成电路中得到了广泛应用。

根据内部结构和工作原理的不同，场效应管分为结型场效应管（junction field effect transistor，JFET）和绝缘栅型场效应管（insulated gate field effect transistor，IGFET）两大类。

3.1.1　结型场效应管

结型场效应管有 N 沟道和 P 沟道两种类型，图 3.1.1（a）所示为 N 沟道结型场效应管的结构示意图。它在一块 N 型半导体的两边制作两个高掺杂浓度的 P 型区，并将它们连接在一起，引出一个电极，称为栅极 G。在 N 型半导体的两端各引出一个电极，分别称为源极 S 和漏极 D。P 区与 N 区的交界面形成耗尽层（图中阴影部分），左右两个耗尽层之间的 N 型区域称为导电沟道。图 3.1.1（b）所示是 N 沟道结型场效应管的电路符号，其中箭头的方向表示栅源之间 PN 结正向偏置时，栅极电流的方向，由 P 区指向 N 区。

按照类似的方法，在一块 P 型半导体两边制作两个高掺杂浓度的 N 型区，就可制成 P 沟道结型场效应管。图 3.1.2 所示分别是 P 沟道结型场效应管的结构示意图和电路符号。

1. 工作原理

N 沟道结型场效应管工作时，需要在栅极和源极之间加一负电压（$v_{GS}<0$），此时栅极和沟道间的 PN 结反偏，栅极电流 $i_G\approx 0$，因此场效应管的输入电阻高达 $10^7\Omega$ 以上。在

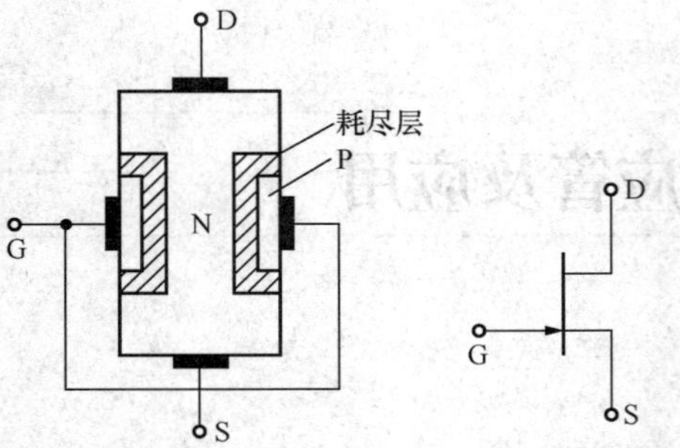

(a) 结构示意图 (b) 电路符号

图 3.1.1 N 沟道结型场效应管的结构示意图和电路符号

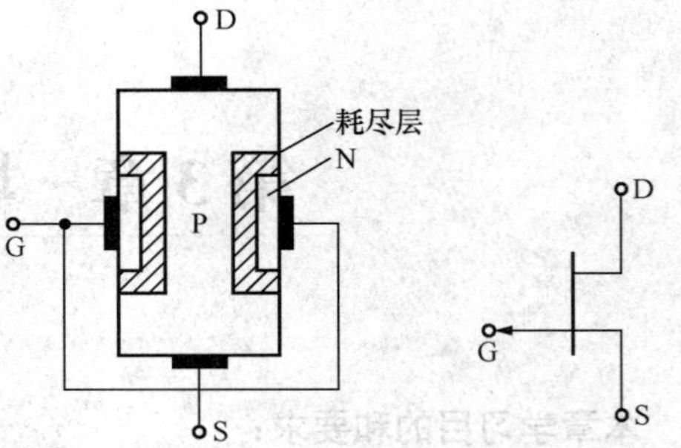

(a) 结构示意图 (b) 电路符号

图 3.1.2 P 沟道结型场效应管的结构示意图和电路符号

漏极与源极间加一正电压（$v_{DS}>0$），使 N 沟道中的多数载流子（电子）在电场作用下形成电流 i_D。i_D 的大小受 v_{GS} 的控制，同时也受 v_{DS} 的影响。

1）v_{GS} 对导电沟道及 i_D 的控制作用

当 $v_{GS}=v_{DS}=0$ 时，PN 结耗尽层最窄，导电沟道最宽，漏源间的沟道电阻最小，如图 3.1.3（a）所示。

当 $v_{DS}=0$、$v_{GS}<0$ 时，栅源之间的 PN 结反向偏置，在反偏电压 v_{GS} 的作用下，两个 PN 结的耗尽层变宽，使得中间的 N 型导电沟道变窄，漏源间的沟道电阻增大，如图 3.1.3（b）所示。当反偏电压 v_{GS} 足够大时，沟道两侧的耗尽层合拢，导电沟道消失，如图 3.1.3（c）所示。对应于导电沟道刚刚消失的栅源电压称为夹断电压，用 V_P 表示。此时，漏源间的沟道电阻最大，趋于无穷大。

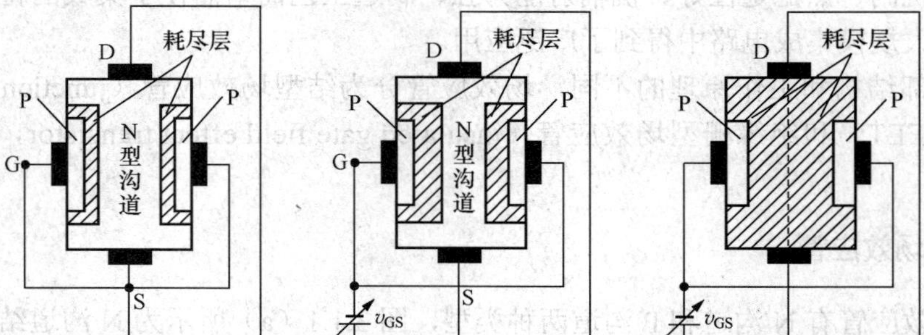

(a) v_{GS}=0V (b) $V_P<v_{GS}<0$V (c) $v_{GS}\leqslant V_P$

图 3.1.3 $v_{DS}=0$V 时 v_{GS} 对导电沟道的控制作用

由此可见，改变 v_{GS} 的大小，可以控制导电沟道的宽窄，使沟道电阻发生变化。如果在漏源之间加上正电压 v_{DS}，则在 v_{GS} 由 0 至 V_P 的变化过程中，沟道电阻逐渐增大，漏极电流 i_D 逐渐减小，实现了栅源电压对漏极电流的控制作用。

2）v_{DS} 对 i_D 的影响

设 v_{GS} 为固定值，且 $V_P<v_{GS}<0$。当 $v_{DS}=0$ 时，$i_D=0$。当 v_{DS} 由零逐渐增加时，则有电流 i_D 从漏极流向源极，在沟道内产生电位梯度。沟道内的电位差从源极到漏极逐渐升高。从而使得栅极与沟道之间从漏极到源极的电位差也不相等，栅极与漏极间的电位差最大，

与源极间的电位差最小，使靠近漏极处的导电沟道比靠近源极要窄，导电沟道呈楔形，如图 3.1.4（a）所示。

当 v_{DS} 继续增加，使 PN 结漏极端的反向电压等于夹断电压，即 $v_{GD}=v_{GS}-v_{DS}=V_P$（$v_{DS}=v_{GS}-V_P$）时，靠近漏极的两个 PN 结合拢，如图 3.1.4（b）所示，称为预夹断。随着 v_{DS} 继续增加，则夹断区向源极方向延伸，如图 3.1.4（c）所示。v_{DS} 增加的部分主要降落在夹断区，在夹断区形成较强的电场，该电场仍能将电子拉过夹断区形成漏极电流。此时沟道内电场基本上不随 v_{DS} 的改变而变化，所以 i_D 趋于饱和，几乎不随 v_{DS} 变化而变化，其大小仅取决于 v_{GS}。

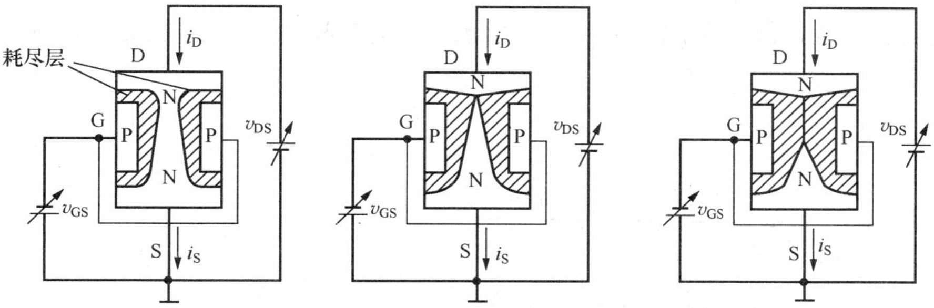

(a) $v_{DS}<v_{GS}-V_P$　(b) $v_{DS}=v_{GS}-V_P$　(c) $v_{DS}>v_{GS}-V_P$

图 3.1.4　v_{GS} 为固定值时 v_{DS} 对 i_D 的影响

2. 结型场效应管的特性曲线及电流方程

场效应管有输出特性和转移特性两组曲线。

1）输出特性

输出特性是指在栅源电压 v_{GS} 一定的条件下，漏极电流 i_D 与漏源电压 v_{DS} 之间的函数关系，即

$$i_D=f(v_{DS})\big|_{v_{GS}=\text{常数}} \tag{3.1.1}$$

对应于一个 v_{GS}，就有一条曲线，因此输出特性为一簇曲线。图 3.1.5（a）所示为 N 沟道结型场效应管的输出特性曲线。

根据 N 沟道结型场效应管的工作状态，可将输出特性曲线分为三个区域。

（1）夹断区（截止区）。图中靠近横轴、$i_D\approx 0$ 的区域为夹断区。由图可知，当 $v_{GS}=0$ 时，i_D 最大（这时管子内部导电沟道最宽），i_D 随着栅源电压 v_{GS} 的减小而减小，当 $v_{GS}\leqslant -4\text{V}$ 时，$i_D\approx 0$，这时导电沟道被夹断，夹断时的 v_{GS} 称为夹断电压，本书用 V_P 表示。

（2）恒流区。图中曲线近似水平的区域。各曲线近似为一簇与横轴平行的直线，漏极电流 i_D 基本不随 v_{DS} 的增加而变化，具有恒流特性，因此称该区域为恒流区。在恒流区内，可将 i_D 近似看成受栅源电压 v_{GS} 控制的电流源。在放大电路中，场效应管应工作在恒流区。

（3）可变电阻区。图中靠近纵轴的区域。该区域中曲线近似为不同斜率的直线，当 v_{GS} 确定时，直线的斜率也被唯一地确定，直线斜率的倒数为漏源间的等效电阻。因而，在该区域中，可通过改变 v_{GS} 来改变漏源间的等效电阻，故称为可变电阻区。

2）转移特性

转移特性是描述当漏源电压 v_{DS} 为常量时，漏极电流 i_D 与栅源电压 v_{GS} 之间的函数关系，即

$$i_D = f(v_{GS})\Big|_{v_{DS}=常数} \tag{3.1.2}$$

当管子工作在恒流区时，i_D 基本上不受 v_{DS} 的影响。因此，在恒流区内不同 v_{DS} 下的转移特性曲线基本重合，可以用一条曲线代替恒流区的所有转移特性曲线。

在输出特性曲线的恒流区，作一条垂直于横轴的直线（v_{DS}=常数），读出垂线与各曲线交点的坐标值，将上述各点的坐标值描绘在 $i_D - v_{GS}$ 的直角坐标系中，连接各点所得到的曲线就是转移特性曲线，如图 3.1.5（b）所示。可见转移特性曲线与输出特性曲线有严格的对应关系。

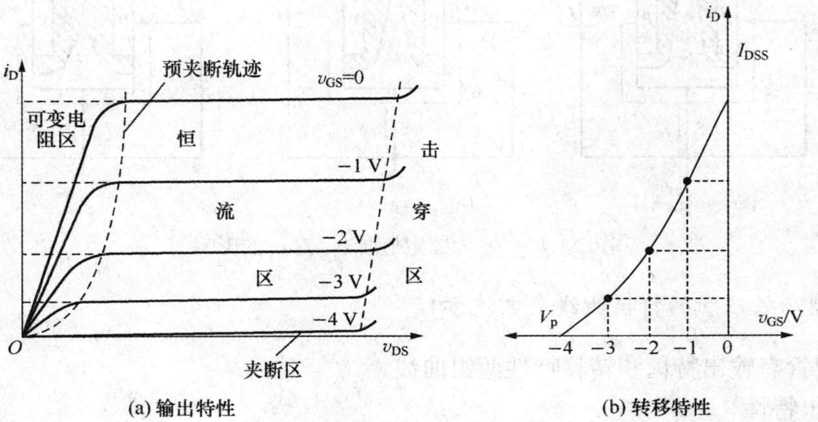

图 3.1.5 N 沟道结型场效应管的特性曲线

根据半导体物理中对场效应管内部载流子运动规律的分析，可得 N 沟道结型场效应管工作在恒流区时，漏极电流 i_D 和栅源电压 v_{GS} 的函数关系近似为

$$i_D \approx I_{DSS}\left(1-\frac{v_{GS}}{V_P}\right)^2 \quad （V_P < v_{GS} < 0） \tag{3.1.3}$$

式中，I_{DSS} 为栅源电压 v_{GS}=0 时的漏极电流 i_D，称为漏极饱和电流。应当指出，为保证结型场效应管栅源间的 PN 结反偏，工作时必须满足：N 沟道管的 $v_{GS} \leqslant 0V$，P 沟道管的 $v_{GS} \geqslant 0V$。

3.1.2 绝缘栅场效应管

绝缘栅型场效应管的栅极与源极、栅极与漏极之间均采用 SiO_2 绝缘层隔离，因此而得名。又因为绝缘栅型场效应管中各电极为金属铝，绝缘层为氧化物，导电沟道为半导体，故又称为金属-氧化物-半导体场效应管，简称为 MOS 管（metal oxide semiconductor field effect transistor）。

与结型场效应管相同，MOS 管也有 N 沟道和 P 沟道两大类，每一类又有增强型和耗尽型两种。所谓增强型是指栅源电压 v_{GS}=0 时，漏极与源极之间没有导电沟道，即使在漏极与源极之间加有电压，也没有漏极电流；而耗尽型是指 v_{GS}=0 时，漏极与源极之间已经存在导电沟道。下面分别介绍它们的工作原理、特性及主要参数。

1. N 沟道增强型 MOS 管

图 3.1.6（a）所示是 N 沟道增强型 MOS 管的结构示意图。它以一块 P 型半导体作为衬底，在衬底上面的左右两侧制成两个高掺杂浓度的 N^+型区，并引出两个电极分别作为源极 S 和漏极 D，再在两个 N^+型区中间的硅片表面制作一层薄的二氧化硅（SiO_2）绝缘层，通过一定的工艺再在上面生成一层金属铝，作为栅极 G。MOS 管的衬底 B 通常在管内与源极相连接（但也有的 MOS 管将 B 单独引出电极）。

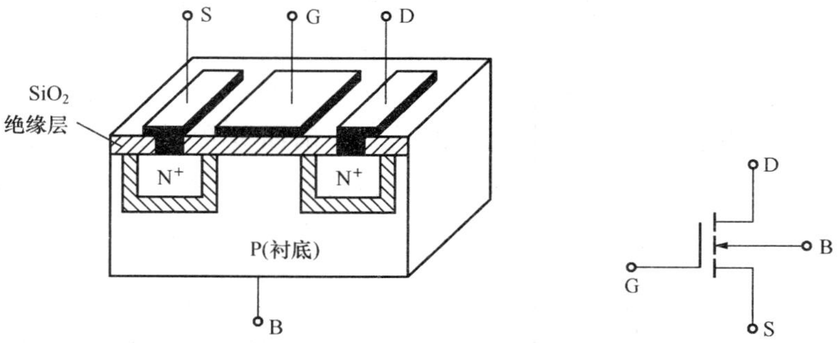

(a) 结构示意图　(b) 电路符号

图 3.1.6　N 沟道增强型 MOS 管的结构示意图及电路符号

1）工作原理

（1）v_{GS} 对导电沟道及 i_D 的控制作用。

当栅源电压 $v_{GS}=0$ 时，增强型 MOS 管的漏极 d 和源极 s 之间是两个背靠背的 PN 结，即使加上漏源电压 v_{DS}，不论 v_{DS} 的极性如何，总有一个 PN 结处于反向偏置状态，漏源之间没有导电沟道，漏极电流 $i_D=0$。

当 $v_{DS}=0$，且 $v_{GS}>0$ 时，由于栅源之间、栅漏之间均被 SiO_2 绝缘层隔开，所以栅极电流为零。同时栅极与衬底之间产生一个垂直于半导体表面、由栅极指向衬底的电场。在这个电场的作用下，栅极下方 P 型半导体中的多数载流子（空穴）被排斥，留下不能移动的负离子，从而形成耗尽层。同时，电场将 P 型衬底中的少数载流子（电子）吸引到栅极下的衬底表面，形成一个 N 型薄层，称为反型层。反型层把左右两个 N^+区连接起来，构成了漏极与源极之间的导电沟道，如图 3.1.7（b）所示。v_{GS} 越大，电场强度越强，吸引到衬底表面的自由电子越多，反型层（导电沟道）就越厚，沟道电阻就越小。使导电沟道刚刚形

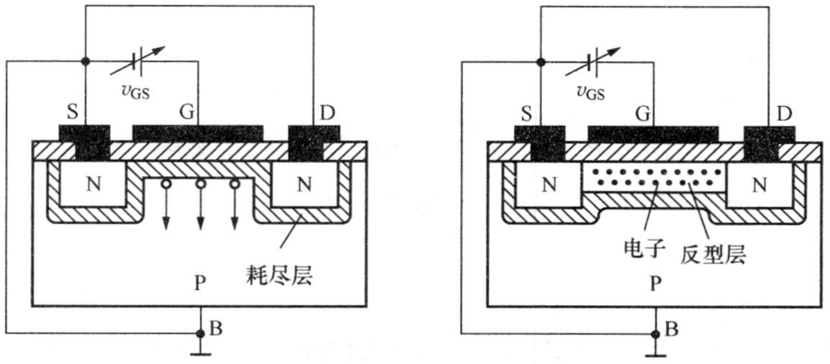

(a) 耗尽层的形成　(b) 导电沟道(反型层)的形成

图 3.1.7　$v_{DS}=0$ 时 v_{GS} 对导电沟道的影响

成的栅源电压 v_{GS} 称为开启电压，用 V_T 表示，有时也用 $V_{GS(th)}$ 表示。

导电沟道形成以后，在漏源极间加上正电压 v_{DS}，就会产生漏极电流 i_D。栅源电压增加，沟道电阻减小，漏极电流增大，实现了栅源电压对漏极电流的控制作用。

（2）v_{DS} 对导电沟道和漏极电流 i_D 的影响。

设 $v_{GS} > V_T$，且为定值。若 $v_{DS}=0$，此时，尽管有导电沟道，漏极还是没有电流，$i_D = 0$，如图 3.1.8（a）所示。若在漏源之间加上正向电压，则将产生一定的漏极电流。由于沟道存在一定的电阻，因此，i_D 沿沟道形成从源极到漏极由低变高的电位分布，沟道厚度亦从源极到漏极由宽变窄，如图 3.1.8（b）所示。此时，v_{DS} 的变化对导电沟道的影响与结型场效应管类似。一旦 v_{DS} 增大到使 $v_{GD} = V_T$（即 $v_{DS} = v_{GS} - V_T$）时，沟道在漏极一侧出现夹断点，称为预夹断，如图 3.1.8（c）所示。如果 v_{DS} 继续增大，夹断区随之延长，如图 3.1.8（d）所示。而且 v_{DS} 增大的部分几乎全部用于克服夹断区对漏极电流的阻力。从外部看，i_D 几乎不因 v_{DS} 的增大而变化，管子进入恒流区，i_D 的大小几乎仅取决于栅源电压 v_{GS}。

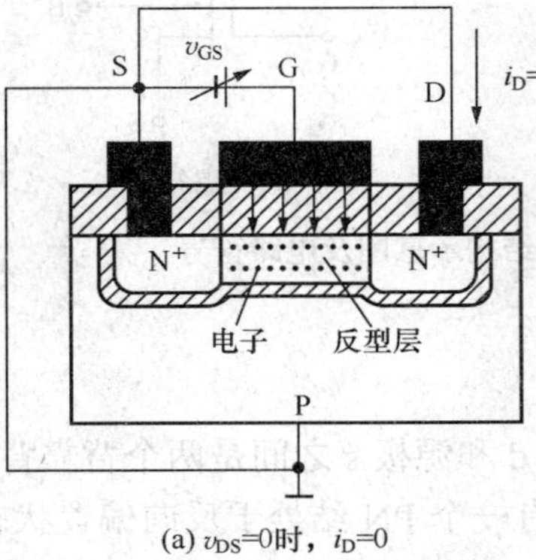

(a) v_{DS}=0时，i_D=0

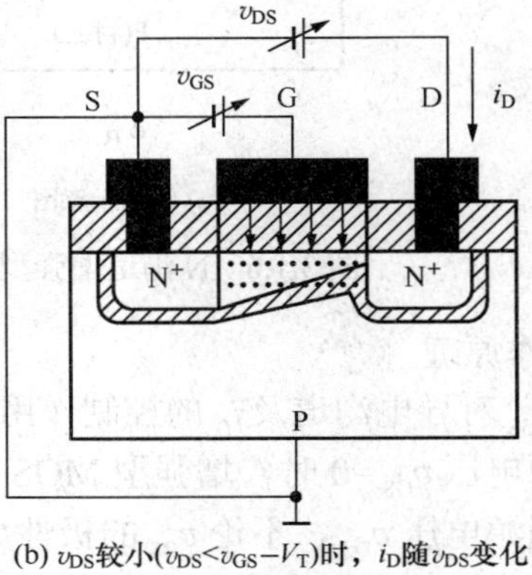

(b) v_{DS}较小($v_{DS}<v_{GS}-V_T$)时，i_D随v_{DS}变化

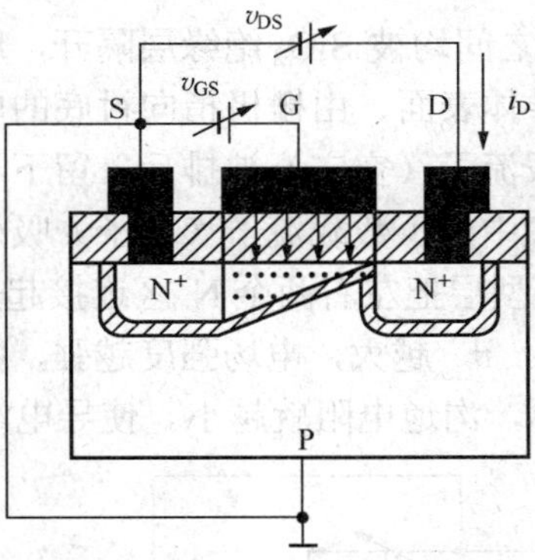

(c) v_{DS}增大到$v_{DS}=v_{GS}-V_T$时，预夹断

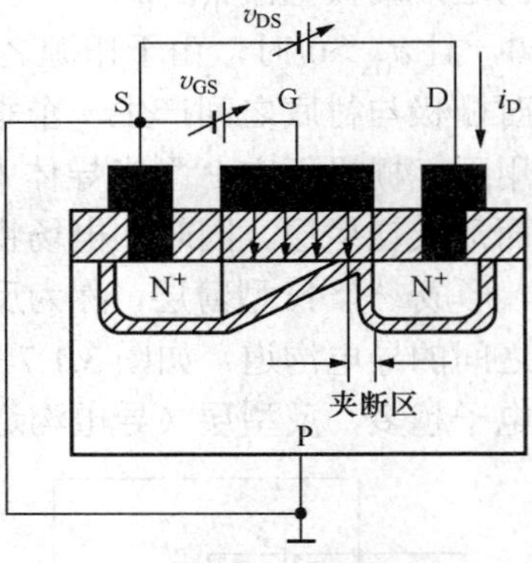

(d) $v_{DS}>v_{GS}-V_T$时，i_D饱和

图 3.1.8 $v_{GS}>V_T$ 时，v_{DS} 对导电沟道的影响

在 $v_{DS} > v_{GS} - V_T$ 时，对应于每一个 v_{GS} 就有一个确定的 i_D。此时，可将 i_D 视为由栅源电压 v_{GS} 控制的电流源。

2）特性曲线和电流方程

图 3.1.9 所示为 N 沟道增强型 MOS 管的转移特性曲线和输出特性曲线，它们之间的关系如图所示。与结型场效应管一样，MOS 管也有三个工作区：截止区、可变电阻区和恒流区。

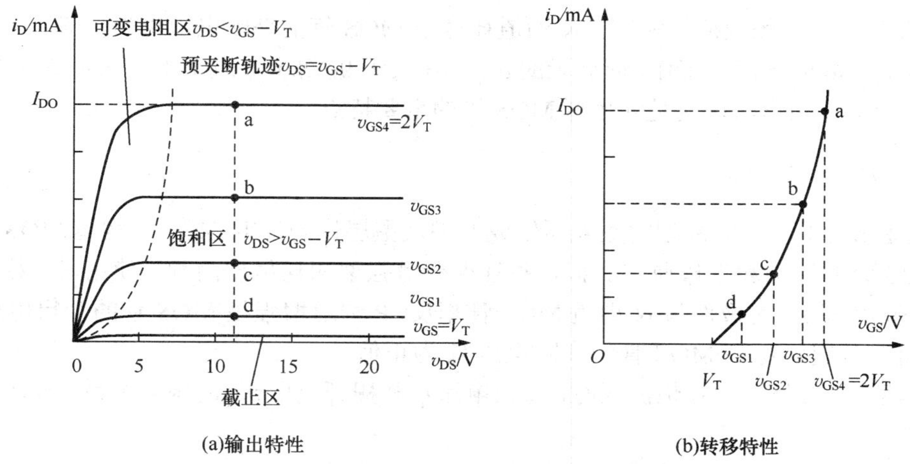

图 3.1.9　N 沟道增强型 MOS 管的特性曲线

与结型场效应管类似，当增强型 MOS 管工作在恒流区时，漏极电流 i_D 和栅源电压 v_{GS} 的函数关系近似为

$$i_D \approx I_{DO}\left(\frac{v_{GS}}{V_T}-1\right)^2 \tag{3.1.4}$$

其中，I_{DO} 是 $v_{GS}=2V_T$ 时的漏极电流 i_D。

2. N 沟道耗尽型 MOS 管

N 沟道耗尽型 MOS 管的结构与增强型基本相同，区别在于制造耗尽型 MOS 管时，在 SiO_2 绝缘层中掺入了大量正离子，如图 3.1.10（a）所示。在正离子的作用下，即使 v_{GS}=0，也会在 P 型衬底表层感应出电子，形成 N 型导电沟道，此时只要加上正的 v_{DS}，就会产生漏极电流 i_D。

当 v_{GS}>0 时，栅极与沟道间的电场将在沟道中感应出更多的电子，使沟道变宽，沟道电阻减小，i_D 增加。

当 v_{GS}<0 时，沟道中感应的电子减少，沟道变窄，从而使 i_D 减小。当 v_{GS} 向负方向减小到一定值时，反型层消失，漏源之间的导电沟道消失，i_D=0。此时的栅源电压 v_{GS} 称为夹断电压 V_P。N 沟道耗尽型 MOS 管的结构示意图及电路符号如图 3.1.10（b）所示。

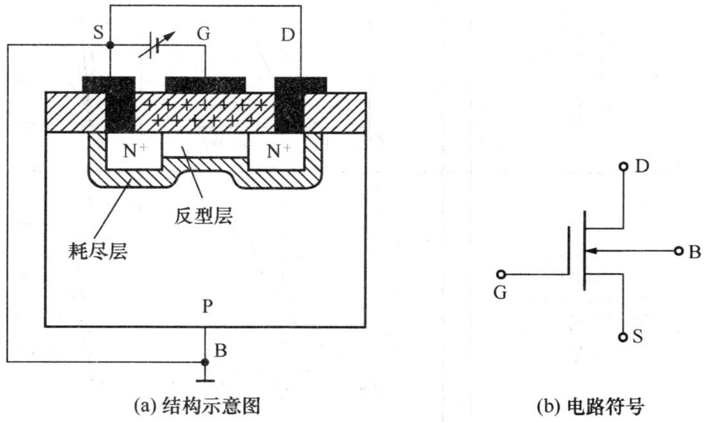

图 3.1.10　N 沟道耗尽型 MOS 管的结构示意图及电路符号

与 N 沟道结型场效应管相同，N 沟道耗尽型 MOS 管的夹断电压也为负值。但是，前者只能在 $v_{GS}<0$ 的情况下工作，而后者的 v_{GS} 可在大于 0、等于 0 或小于 0 三种情况下工作，并且基本上无栅极电流，这是耗尽型 MOS 管的重要特点。

3. P 沟道 MOS 管

P 沟道 MOS 管是在 N 型衬底表面生成 P 型反型层作为导电沟道。P 沟道 MOS 管与 N 沟道 MOS 管的结构和工作原理类似，并且也有增强型和耗尽型两种。使用时，栅源电压 v_{GS} 和漏源电压 v_{DS} 的极性与 N 沟道 MOS 管相反。P 沟道增强型 MOS 管的开启电压 V_T 是负值，而 P 沟道耗尽型 MOS 管的夹断电压 V_P 为正值。

耗尽型 MOS 管工作在恒流区时，漏极电流 i_D 和栅源电压 v_{GS} 的函数关系与结型场效应管的相同。

各种场效应管的电路符号和特性曲线如表 3.1.1 所示。

表 3.1.1　场效应管的电路符号和特性曲线

分类			电路符号	转移特性	输出特性
结型场效应管	N 沟道		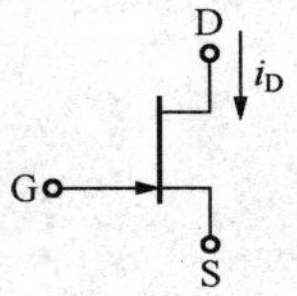	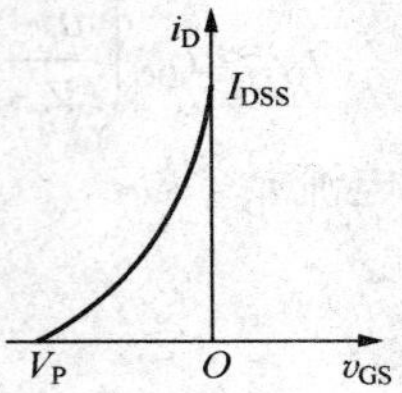	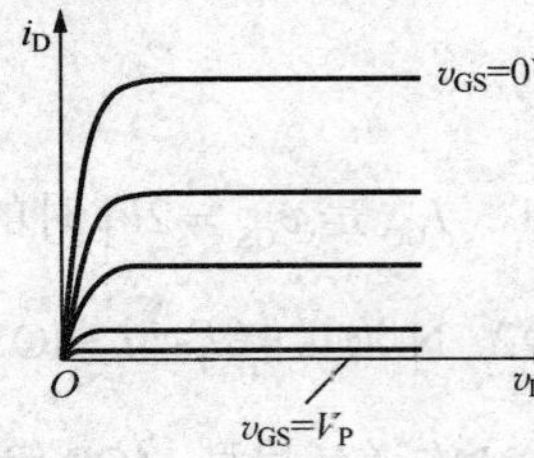
	P 沟道		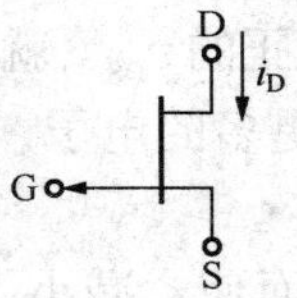	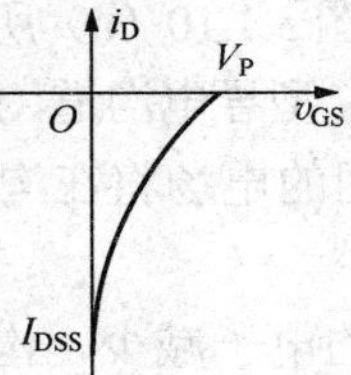	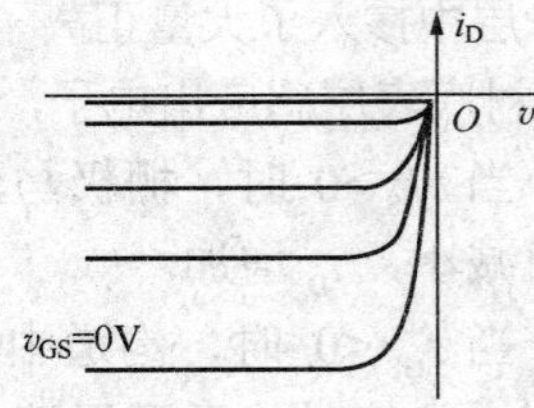
绝缘栅场效应管	N 沟道	增强型	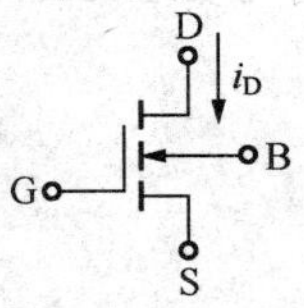	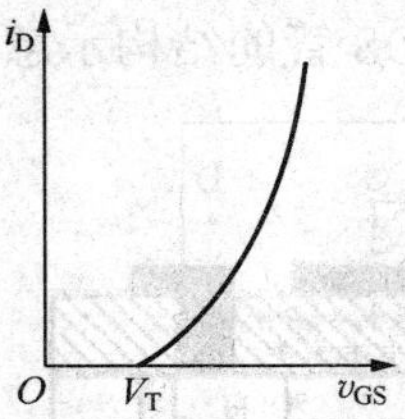	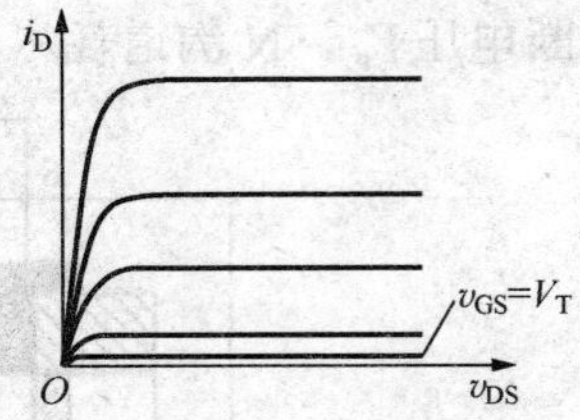
		耗尽型	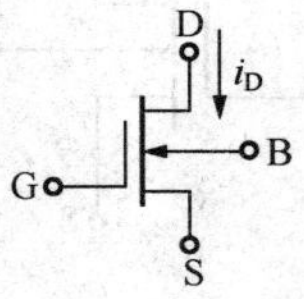	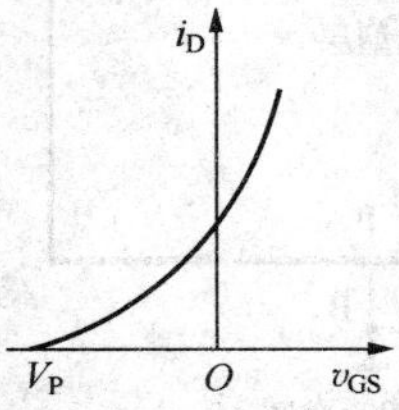	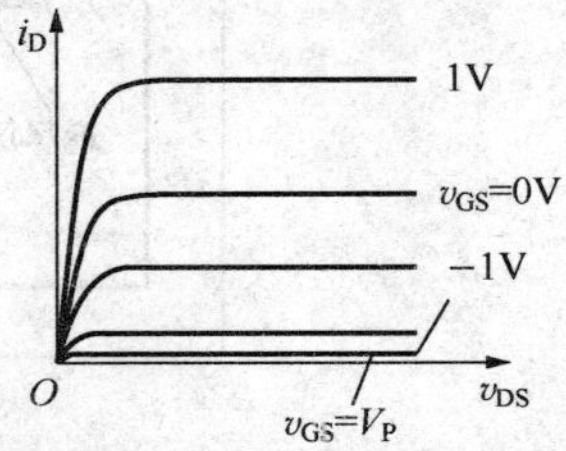

续表

分类			电路符号	转移特性	输出特性
绝缘栅场效应管	P沟道	增强型	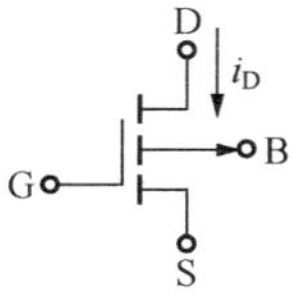	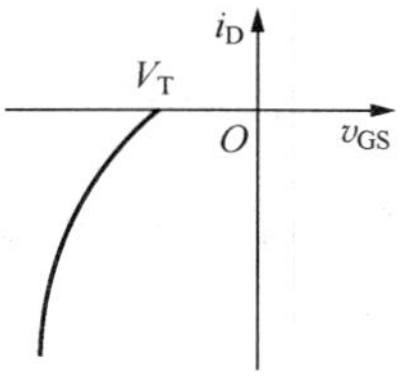	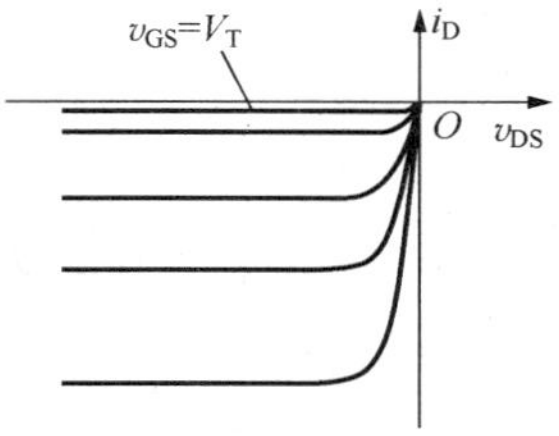
		耗尽型	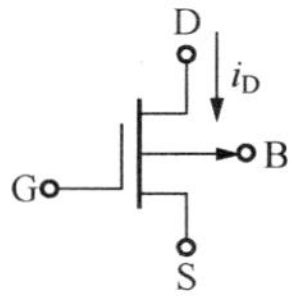	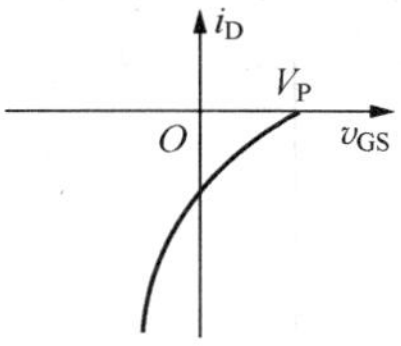	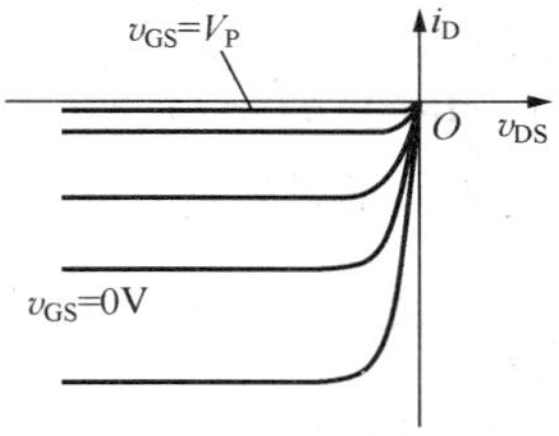

3.1.3　场效应管的主要参数

1. 直流参数

1）开启电压 V_T

V_T 是增强型 MOS 管的参数。V_T 是在 v_{DS} 为一个常量时，使漏极电流 i_D 大于零所需要的最小栅源电压。手册中给出的是在 i_D 为规定的微小电流（如 5μA）时的 v_{GS} 值。

2）夹断电压 V_P

V_P 是结型场效应管和耗尽型 MOS 管的参数。与 V_T 相类似，V_P 是令 v_{DS} 为某一常量（例如 10V），使 i_D 等于一个微小电流（如 5μA）时，栅源所加的电压 v_{GS}。

3）饱和漏极电流 I_{DSS}

I_{DSS} 也是结型场效应管和耗尽型 MOS 管的一个重要参数。当栅源电压 v_{GS} 等于零，而漏源电压 v_{DS} 大于夹断电压 V_P 时的漏极电流，称为饱和漏极电流 I_{DSS}。通常当栅源电压 v_{GS}=0V，而漏源电压 v_{DS}=10V 时测出的 i_D 就是 I_{DSS}。

4）直流输入电阻 $R_{GS(DC)}$

$R_{GS(DC)}$ 是在漏源之间短路的条件下，栅源电压与栅极电流之比。

结型场效应管的 $R_{GS(DC)}$ 大于 $10^7\Omega$，而 MOS 管的 $R_{GS(DC)}$ 大于 $10^9\Omega$。

2. 交流参数

1）低频跨导 g_m

当 v_{DS} 为某一常量时，漏极电流的微小变化量 Δi_D 和引起这个变化的栅源电压的微变量 Δv_{GS} 之比称为低频跨导，即

$$g_m = \left.\frac{\Delta i_D}{\Delta v_{GS}}\right|_{v_{DS}=\text{常量}} \tag{3.1.5}$$

g_m 反映了栅源电压 v_{GS} 对漏极电流 i_D 的控制能力，是表征场效应管放大能力的重要参数，单位为 S（西门子）或 mS，g_m 一般为几个 mS。g_m 是转移特性曲线上某一点切线的

斜率，可通过对式（3.1.3）或式（3.1.4）求导得到。g_m 与切点的位置有关，由于转移特性曲线是非线性的，各点切线的斜率不一样，i_D 越大，g_m 也越大。

2）输出电阻 r_{ds}

$$r_{ds}=\frac{\Delta v_{DS}}{\Delta i_D}\bigg|_{v_{GS}=\text{常量}} \tag{3.1.6}$$

输出电阻 r_{ds} 说明了 v_{DS} 对 i_D 的影响，它是输出特性曲线上某一点切线斜率的倒数，r_{ds} 一般为几十千欧到几百千欧。

3）极间电容

场效应管的三个电极之间均存在极间电容。通常栅源极间电容 C_{gs} 和栅漏极间电容 C_{gd} 为 1～3pF，漏源电容为 0.1～lpF。在低频情况下，它们的影响可以忽略不计，在高频情况下，必须予以考虑。

3. 极限参数

1）最大漏极电流 I_{DM}

I_{DM} 是管子正常工作时允许的最大漏极电流。

2）最大耗散功率 P_{DM}

场效应管的耗散功率等于 v_{DS} 与 i_D 的乘积。这些耗散功率将变成热能，使管子的温度升高。为了限制管子的温度不要升得太高，就要限制它的耗散功率不能超过所允许的最大值 P_{DM}，即 $v_{DS}\,i_D \leqslant P_{DM}$。显然，$P_{DM}$ 受管子最高工作温度的限制。

3）最大漏源电压 $V_{(BR)DS}$

$V_{(BR)DS}$ 是指漏源间能承受的最大电压。当 v_{DS} 超过 $V_{(BR)DS}$ 时，栅漏间发生击穿，i_D 开始急剧增加。

4）最大栅源电压 $V_{(BR)GS}$

$V_{(BR)GS}$ 是栅源间所能承受的最大反向电压。当 v_{GS} 超过 $V_{(BR)GS}$ 时，栅源间发生击穿，栅极电流 i_G 由零开始急剧增加。

3.1.4 场效应管与晶体三极管的比较

场效应管的栅极 G、源极 S 和漏极 D 与双极型晶体管的基极 B、发射极 E 和集电极 C 相对应，它们的作用类似。

（1）场效应管是电压控制器件，用栅源电压 v_{GS} 控制漏极电流 i_D。栅极基本不取电流，输入电阻很高。而晶体三极管工作时需要信号源为基极提供一定的电流，输入电阻较小。因此，要求输入电阻高的电路应选用场效应管，如果信号源可以提供一定的电流，可选用晶体三极管。

（2）场效应管只有多子参与导电，晶体三极管内既有多子又有少子参与导电，而少子受温度、辐射等因素影响较大，因而场效应管比晶体三极管的温度稳定性好、抗辐射能力强。所以在环境条件变化很大的情况下应选用场效应管。

（3）场效应管的噪声系数很小，所以低噪声放大器的输入级及要求信噪比较高的电路应选用场效应管。当然也可选用特制的低噪声晶体三极管。

（4）场效应管的漏极与源极可以互换使用，互换后特性变化不大。而晶体三极管的发射极与集电极互换后特性差异很大，因此只在特殊需要时才互换。

（5）场效应管比晶体三极管的种类多，特别是耗尽型 MOS 管，栅源电压 v_{GS} 可正、可负、可为零，均能控制漏极电流。因而在组成放大电路时比晶体三极管有更大的灵活性。

（6）场效应管和晶体三极管均可用于放大电路和开关电路，它们均可构成品种繁多的集成电路。但由于场效应管集成工艺更简单，且具有功耗小、工作电源电压范围宽等优点，因此更加广泛地应用于大规模和超大规模集成电路之中。

3.2　场效应管放大电路

与双极型晶体管类似，用场效应管也可以组成放大电路，它们是共源极和共漏极放大电路，分别与共射极和共集电极放大电路相对应。由场效应管组成的放大电路和双极型晶体管电路一样，要设置合适的静态工作点，使其工作在输出特性曲线的恒流区（放大区），才能实现放大作用。

3.2.1　场效应管放大电路的直流偏置和静态分析

场效应管放大电路常用的直流偏置电路有自给偏压和分压式偏置两种形式，分别如图 3.2.1（a）和（b）所示。

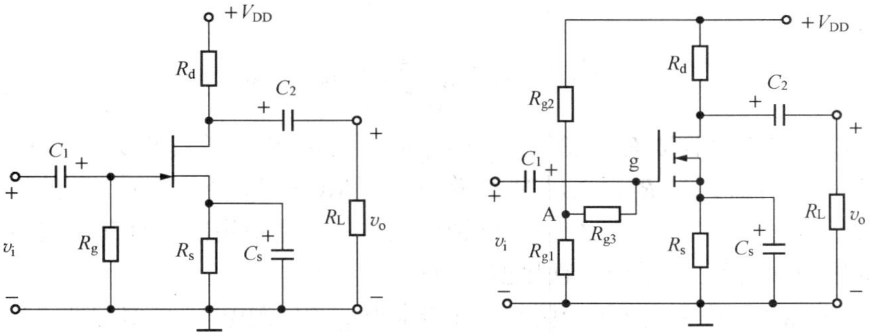

(a) 自给偏压电路　　(b) 分压式偏置电路

图 3.2.1　场效应管的两种直流偏置电路

1. 自给偏压电路

图 3.2.1（a）所示为由 N 沟道结型场效应管构成的自给偏压电路。它只适用于结型场效应管或耗尽型 MOS 管组成的电路。由于这两种管子在栅源电压 $v_{GS}=0$ 时，也有漏极电流 i_D 流过管子。所以，静态时，I_D 流过源极电阻 R_S 将产生一个大小等于 $I_{DQ}R_S$ 的电压降。由于 $I_{GQ}\approx 0$，R_g 上没有电流，也没有电压降。因此，栅极的直流电位等于 0，所以有

$$V_{GSQ}=V_{GQ}-V_{SQ}=-I_{DQ}R_S \tag{3.2.1}$$

这样一来，电路自行产生了一个负的偏置电压 V_{GSQ}，正好可以满足电路中 N 沟道结型场效应管工作于恒流区（放大区）时对栅源电压 V_{GSQ} 的要求。

需要说明的是，自给偏压方式不能用于由 N 沟道增强型 MOS 管组成的放大电路，因为 N 沟道增强型 MOS 管要求栅源电压大于开启电压（大于零）时才有漏极电流。

场效应管放大电路的静态分析同样可以采用图解法或近似估算法，图解法的分析过程

与晶体三极管放大电路类似。下面主要介绍用近似估算法估算放大电路的静态工作点。

由于N沟道结型场效应管工作在恒流区时，漏极电流 i_D 和栅源电压 v_{GS} 满足式（3.1.3），故有

$$I_{DQ}=I_{DSS}\left(1-\frac{V_{GSQ}}{V_P}\right)^2 \tag{3.2.2}$$

由图3.2.1（a）可得

$$V_{DSQ}=V_{DD}-I_{DQ}(R_s+R_d) \tag{3.2.3}$$

联立式（3.2.1）～式（3.2.3）求解，可得静态工作点 I_{DQ}、V_{GSQ} 和 V_{DSQ}。

当求得的 Q 点值满足 $V_{DSQ}>V_{GSQ}-V_P$ 时，表明场效应管工作在放大区，式（3.2.2）适用，所求得的 Q 点值为电路的静态工作点；否则，表明电路中的场效应管没有工作在放大区，所求的 Q 点值没有意义。

2. 分压式偏置电路

分压式偏置电路如图 3.2.1（b）所示。静态时，由于栅极电流为零，所以栅极电位和栅源电压分别为

$$V_{GQ}=V_A=\frac{R_{g1}}{R_{g1}+R_{g2}}V_{DD} \tag{3.2.4}$$

$$V_{GSQ}=V_{GQ}-V_{SQ}=\frac{R_{g1}}{R_{g1}+R_{g2}}V_{DD}-I_{DQ}R_s \tag{3.2.5}$$

因为，$V_{GQ}>0$，这样既有可能使 $V_{GQ}<I_{DQ}R_s$，满足N沟道结型场效应管对 $V_{GSQ}<0$ 的要求，也有可能使 $V_{GQ}>I_{DQ}R_s$，满足N沟道增强型MOS管对 $V_{GSQ}>V_T>0$ 的要求。由于耗尽型MOS管的 V_{GSQ} 可“正”可“负”，这种偏置电路总是适用的。因此，这种偏置方式既适用于增强型MOS管，也适用于耗尽型MOS管。

由于增强型MOS管工作在恒流区时，漏极电流 i_D 和栅源电压 v_{GS} 满足式（3.1.4），故有

$$I_{DQ}=I_{DO}\left(\frac{V_{GSQ}}{V_T}-1\right)^2 \tag{3.2.6}$$

由图3.2.1（b）可得

$$V_{DSQ}=V_{DD}-I_{DQ}(R_s+R_d) \tag{3.2.7}$$

联立式（3.2.5）～式（3.2.7）求解，可得静态工作点 I_{DQ}、V_{GSQ} 和 V_{DSQ}。

对于N沟道增强型MOS管，如果计算出的 $V_{DSQ}>V_{GSQ}-V_T$，说明场效应管工作在恒流区。

3.2.2 场效应管放大电路的动态分析

1. 场效应管的交流等效模型

由于场效应管的输入电阻极高，所以可认为栅源间近似开路。漏源间等效电阻 r_{ds} 为几十千欧到几百千欧，它一般比外电路的电阻大很多，可近似看成开路。当场效应管工作在恒流区时，漏极电流仅仅决定于栅源电压，因而可认为输出回路是一个受栅源电压控制的电流源，如图3.2.2所示。

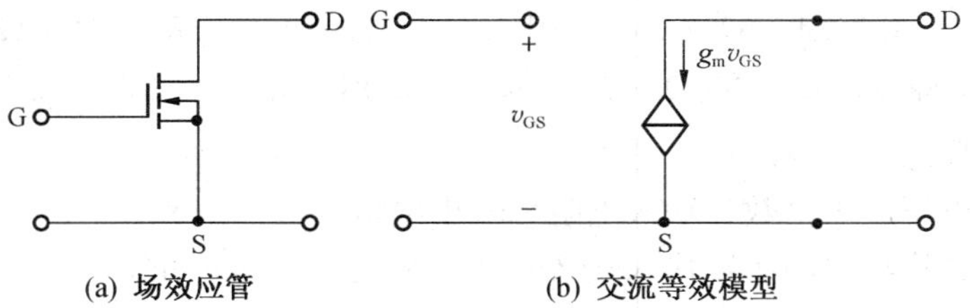

图 3.2.2　场效应管的交流等效模型

低频跨导 g_m 反映了场效应管的栅源电压对漏极电流控制作用的大小。根据场效应管的电流方程可求出低频跨导 g_m 。对于增强型 MOS 管有

$$g_m=\frac{\partial i_D}{\partial v_{GS}}\Big|_{V_{DS}}=\frac{\partial\left(I_{DO}\left(\frac{v_{GS}}{V_T}-1\right)^2\right)}{\partial v_{GS}}=\frac{2I_{DO}}{V_T}\left(\frac{v_{GS}}{V_T}-1\right)$$

$$=\frac{2}{V_T}\sqrt{I_{DO}^2\left(\frac{v_{GS}}{V_T}-1\right)^2}=\frac{2}{V_T}\sqrt{I_{DO}i_D}$$

在静态工作点附近， $i_D\approx I_{DQ}$ ，所以有

$$g_m\approx\frac{2}{V_T}\sqrt{I_{DO}I_{DQ}} \tag{3.2.8}$$

按同样方法，可求出结型场效应管的低频跨导为

$$g_m\approx-\frac{2}{V_P}\sqrt{I_{DSS}I_{DQ}} \tag{3.2.9}$$

可见， g_m 除了取决于所用管子的自身参数外，还与电路的静态工作点密切相关。

2. 共源极放大电路的动态分析

图 3.2.1（a）所示电路是由结型场效应管组成的共源极放大电路，其交流等效电路如图 3.2.3 所示。由图可得电路的电压放大倍数为

$$\dot{A}_v=\frac{\dot{V}_o}{\dot{V}_i}=\frac{-g_m\dot{V}_{gs}(R_d\,//\,R_L)}{\dot{V}_{gs}}=-g_mR'_L \tag{3.2.10}$$

输入、输出电阻分别为

$$R_i=R_g \tag{3.2.11}$$

$$R_o=R_d \tag{3.2.12}$$

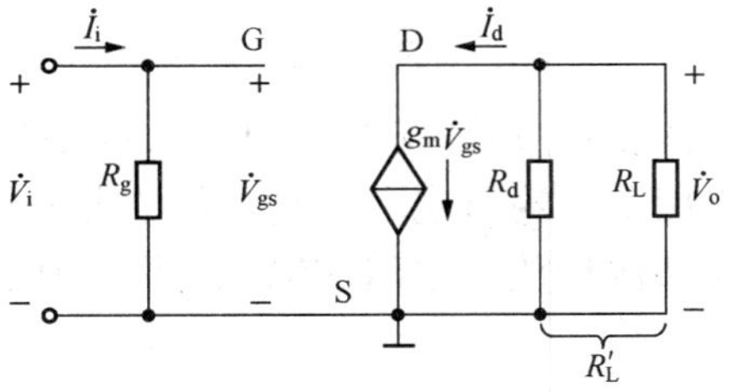

图 3.2.3　图 3.2.1（a）所示共源极放大电路的交流等效电路

例 3.2.1 在如图 3.2.1（b）所示电路中，已知$V_{DD}=15V$，$R_{g1}=150k\Omega$，$R_{g2}=300k\Omega$，$R_{g3}=2M\Omega$，$R_d=5k\Omega$，$R_s=500\Omega$，$R_L=5k\Omega$；MOS 管的$V_T=2V$，$I_{DO}=2mA$。试求解：

（1）电路的静态工作点。

（2）电路的电压放大倍数、输入电阻和输出电阻。

解：（1）把题目给出的参数代入式（3.2.5）和式（3.2.6）可得

$$V_{GSQ}=\frac{R_{g1}}{R_{g1}+R_{g2}}V_{DD}-I_{DQ}R_s=\frac{150}{150+300}\times 15V-I_{DQ}\times 0.5=5V-0.5I_{DQ}$$

$$I_{DQ}=I_{DO}\left(\frac{V_{GSQ}}{V_T}-1\right)^2=2\times\left(\frac{V_{GSQ}}{2}-1\right)^2$$

联立以上两式求解可得V_{GSQ}=4V，I_{DQ}=2mA。

把I_{DQ}=2mA 代入式（3.2.7），得

$$V_{DSQ}=V_{DD}-I_{DQ}(R_s+R_d)=(15-2\times 5.5)V=4V$$

（2）画出图 3.2.1（b）所示电路的交流等效电路，如图 3.2.4 所示。

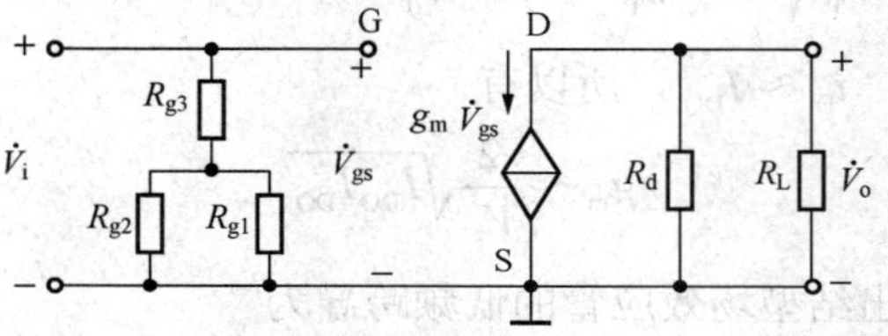

图 3.2.4 图 3.2.1（b）所示共源极放大电路的交流等效电路

先根据式（3.2.8）求出低频跨导

$$g_m\approx\frac{2}{V_T}\sqrt{I_{DO}I_{DQ}}=\left(\frac{2}{2}\sqrt{2\times 2}\right)mA/V=2mS$$

由图 3.2.4 可知

$$\dot{V}_i=\dot{V}_{gs}$$

$$\dot{V}_o=-g_m\dot{V}_{gs}(R_d\,//\,R_L)$$

根据电压放大倍数、输入和输出电阻的定义可得

$$\dot{A}_v=\frac{\dot{V}_o}{\dot{V}_i}=-g_mR'_L=-2\times\frac{5\times 5}{5+5}=-5$$

$$R_i=R_{g3}+R_{g1}\,//\,R_{g2}=\left(2+\frac{0.15\times 0.3}{0.15+0.3}\right)M\Omega=2.1M\Omega$$

$$R_o=R_d=5k\Omega$$

从本例可见，共源极放大电路与共射极放大电路的性能相似。二者都有电压放大作用，输出电压与输入电压的相位相反，输出电阻较高。但共源极放大电路的电压放大能力通常小于共射极放大电路，而共源极放大电路的输入电阻要比共射极放大电路的输入电阻高得多。

3. 共漏极放大电路的动态分析

图 3.2.5（a）所示为共漏极放大电路，先求电路的静态工作点。

根据其直流通路可列出下列方程为

$$V_{GG} = V_{GSQ} + I_{DQ}R_s \tag{3.2.13}$$

$$V_{DSQ} = V_{DD} - I_{DQ}R_s \tag{3.2.14}$$

根据 N 沟道增强型 MOS 管的电流方程式（3.2.6），可得

$$I_{DQ} = I_{DO}\left(\frac{V_{GSQ}}{V_T} - 1\right)^2 \tag{3.2.15}$$

联立式（3.2.13）～式（3.2.15）求解，可求出共漏极放大电路的静态工作点。

由图 3.2.5（b）所示的交流等效电路可得

$$\dot{V}_i = \dot{V}_{gs} + g_m\dot{V}_{gs}R_s$$

$$\dot{V}_o = g_m\dot{V}_{gs}R_s$$

所以，电压放大倍数为

$$\dot{A}_v = \frac{\dot{V}_o}{\dot{V}_i} = \frac{g_m R_s}{1 + g_m R_s} \tag{3.2.16}$$

根据输入电阻的定义可得

$$R_i = \infty \tag{3.2.17}$$

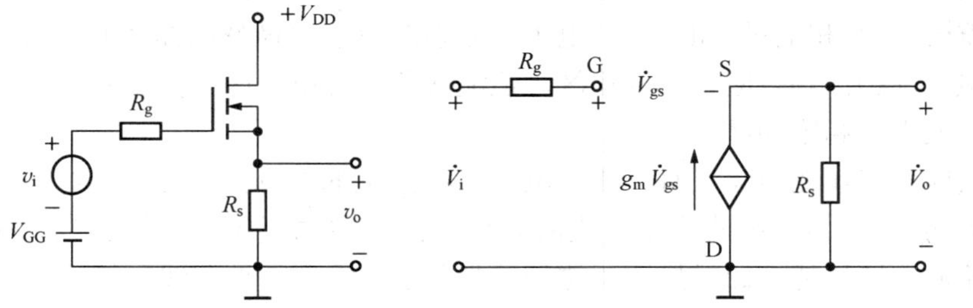

图 3.2.5　共漏极放大电路及其交流等效电路

根据输出电阻的定义，将输入端短路，在输出端加一个交流电压 $\dot{V}_o$，如图 3.2.6 所示。

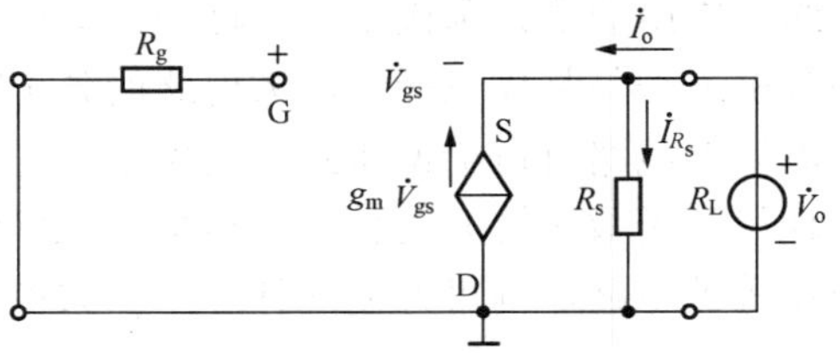

图 3.2.6　求解共漏极放大电路的输出电阻

由图 3.2.6 可知，$\dot{V}_o = -\dot{V}_{gs}$，输出电流为

$$I_o = \frac{\dot{V}_o}{R_s} - g_m \dot{V}_{gs} = \frac{\dot{V}_o}{R_s} + g_m \dot{V}_o$$

所以输出电阻为

$$R_o = \frac{\dot{V}_o}{\dot{I}_o} = \frac{\dot{V}_o}{\dfrac{\dot{V}_o}{R_s} + g_m \dot{V}_o} = \frac{1}{\dfrac{1}{R_s} + g_m} = R_s \,//\, \frac{1}{g_m} \tag{3.2.18}$$

由式（3.2.16）～式（3.2.18）可见，共漏极放大电路与共集电极放大电路类似。由于 $\dot{A}_v < 1$，所以共漏极放大电路没有电压放大作用，其输出与输入电压的相位相同，输入电阻高（高于共集电极放大电路的输入电阻），输出电阻低。共漏极放大电路常用作多级放大电路的输入级。

小　结

本章主要介绍了结型场效应管和 MOS 管的结构和工作原理，场效应管放大电路的组成、工作原理和分析方法。

（1）场效应管按结构分为结型场效应管和绝缘栅场效应管。按导电沟道又分为 N 沟道和 P 沟道两种，而同一种沟道的场效应管又有增强型和耗尽型之分。场效应管具有输入阻抗高、受温度和辐射影响小、体积小、便于集成化等优点。因此，它广泛应用于各种电子电路中。

（2）场效应管和晶体三极管都是放大电路的核心器件，其结构也类似。场效应管有源极（s）、栅极（g）和漏极（d）三个电极，分别对应于双极型晶体管的发射极（e）、基极（b）和集电极（c）；场效应管有截止区、恒流区和可变电阻区，分别对应于双极型晶体管的截止区、放大区和饱和区。

当场效应管工作在恒流区时，栅源电压 V_{GS} 产生的电场控制导电沟道的宽窄，从而控制沟道电阻的大小，进而控制沟道电流的大小。可以将漏极电流 i_D 看成一个受栅源电压 v_{GS} 控制的电流源，转移特性曲线描述了这种控制关系。输出特性曲线则描述了 v_{GS}、v_{DS} 和 i_D 之间的关系。

（3）场效应管的主要参数为 I_{DSS}、V_P、V_T 和 g_m。需要注意的是场效应管类型不同，其电流方程也不同，故静态工作点的计算以及 g_m 的计算方法也略有不同。

（4）与晶体三极管类似，场效应管放大电路也有三种组态：共源极放大电路、共漏极放大电路和共栅极放大电路，常用的是共源极放大电路和共漏极放大电路。

场效应管放大电路的分析方法与晶体三极管放大电路的分析方法类似。根据选用的场效应管型号的不同，其直流偏置电路有自给偏压式（适用于耗尽型场效应管）和分压式偏置电路（适用于增强型和耗尽型场效应管）两种。根据场效应管的微变等效电路模型，画出场效应管放大电路的交流等效电路，则可方便地计算出放大电路的电压放大倍数、输入电阻和输出电阻。

场效应管的共源极和共漏极放大电路分别对应于晶体三极管的共射极和共集电极放大电路，但与晶体三极管相比，场效应管放大电路具有输入阻抗高、噪声系数小、电压放大倍数低的特点，适用于电压放大电路的输入级。

习　题

3.1　选择正确答案填空。

（1）场效应管 g、s 之间的电阻比双极型晶体管 b、e 之间的电阻（　　）。

A. 大　　B. 小　　C. 差不多

（2）场效应管是通过改变（　　）来控制漏极电流的。

A. 栅极电流　　B. 栅源电压　　C. 漏源电压

（3）场效应管一种（　　）控制器件。

A. 电流　　B. 电压　　C. 电阻

（4）场效应管的漏极电流 I_{DQ} 增加，相应的低频跨导 g_m（　　）。

A. 增加　　B. 减小　　C. 不变

（5）当栅源电压 $v_{GS}=0\,V$ 时，能够工作在恒流区的场效应管有（　　）。

A. 耗尽型 MOS 管　　B. 增强型 MOS 管　　C. 结型场效应管

（6）可以采用自给偏压方式组成放大电路的有（　　）。

A. 耗尽型 MOS 管　　B. 增强型 MOS 管　　C. 结型场效应管

（7）N 沟道增强型 MOS 管的开启电压为（　　），N 沟道结型场效应管的夹断电压为（　　）。

A. 大于零　　B. 小于零　　C. 等于零

（8）耗尽型 MOS 管工作在放大状态时，其栅源电压（　　）。

A. 大于零　　B. 小于零　　C. 可大于或小于零

（9）某场效应管的转移特性如图 T3.1 所示，则该管为（　　）。

A. N 沟道耗尽型 MOS 管

B. N 沟道增强型 MOS 管

C. N 沟道结型场效应管

（10）用于放大电路中，场效应管工作在特性曲线的（　　）。

A. 可变电阻区　　B. 截止区　　C. 恒流区

3.2　某场效应管的输出特性如图 T3.2 所示。

（1）说明该管子是什么类型。

（2）它的夹断电压和饱和漏极电流各是多少？

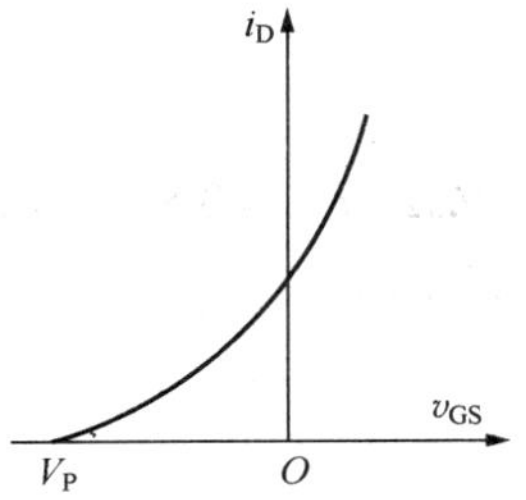

图 T3.1　习题 3.1 图

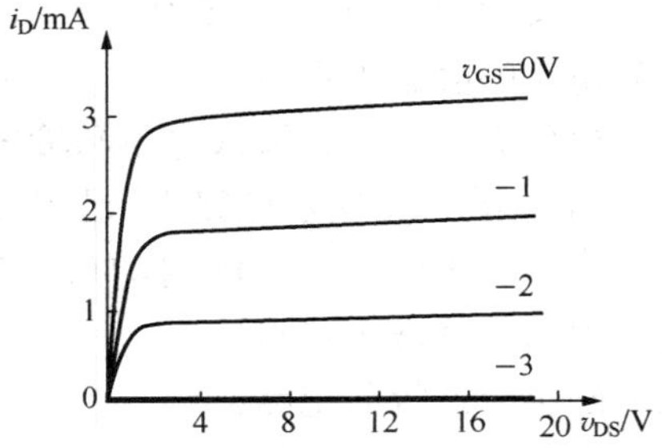

图 T3.2　习题 3.2 图

3.3 电路如图 T3.3（a）所示，场效应管的输出特性如图 T3.3（b）所示，试分析当 v_i=3V、9V 和 12V 三种情况下场效应管分别工作在什么区域。

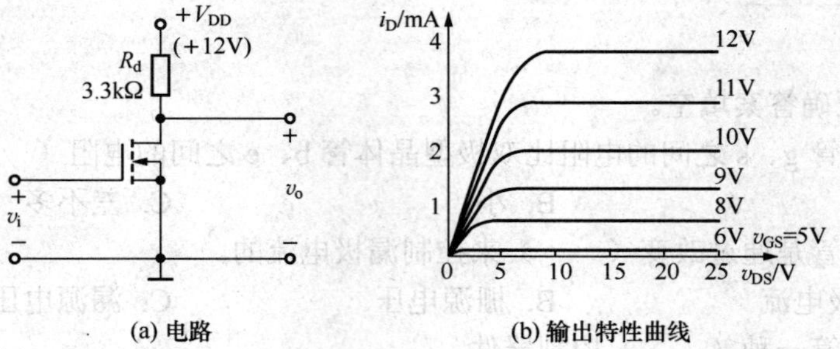

图 T3.3 习题 3.3 图

3.4 场效应管组成的放大电路如图 T3.4 所示，试判断各电路是否可能对正弦输入信号进行正常放大，并说明原因。如果不能，应如何改正？

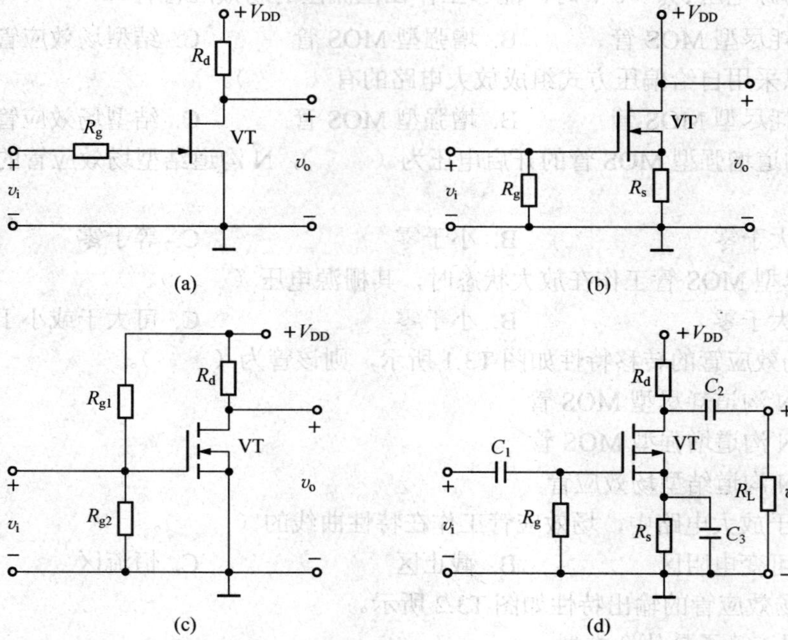

图 T3.4 习题 3.4 电路

3.5 在如图 T3.5 所示电路中，已知 I_{DSS}=6mA，V_P=−4V。试求：

（1）电路的静态工作点。

（2）电压放大倍数、输入电阻和输出电阻。

3.6 在如图 T3.6 所示电路中，已知 $V_{DD}=20V$，$R_{g1}=1.2M\Omega$，$R_{g2}=0.8M\Omega$，$R_d=10k\Omega$，$R_s=4k\Omega$，$R_L=10k\Omega$；MOS 管的 $V_T=2V$，$I_{DO}=1mA$。试求解：

（1）电路的静态工作点。

（2）画出交流等效电路。

（3）电路的电压放大倍数、输入电阻和输出电阻。

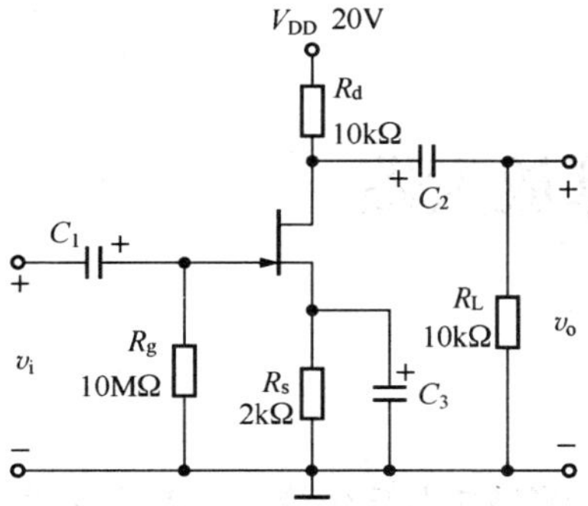

图 T3.5　习题 3.5 电路

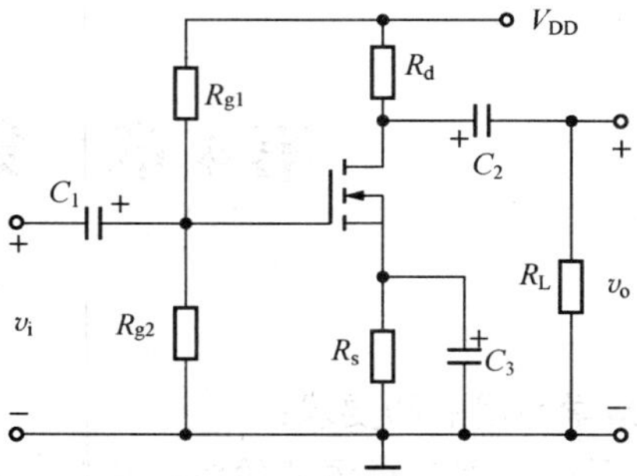

图 T3.6　习题 3.6 电路

3.7　电路如图 T3.7 所示，已知 MOS 管的 $V_T = -1.5\,V$，$I_{DO} = 0.18mA$。试求解：

（1）电路的静态工作点。

（2）电路的电压放大倍数、输入电阻和输出电阻。

3.8　电路如图 T3.8 所示，已知场效应管在工作点处的低频跨导 $g_m = 0.9\ mA/V$。试求电路的电压放大倍数、输入电阻和输出电阻。

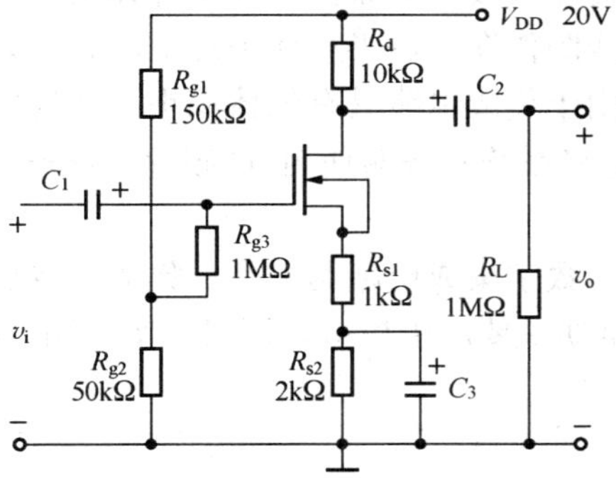

图 T3.7　习题 3.7 电路

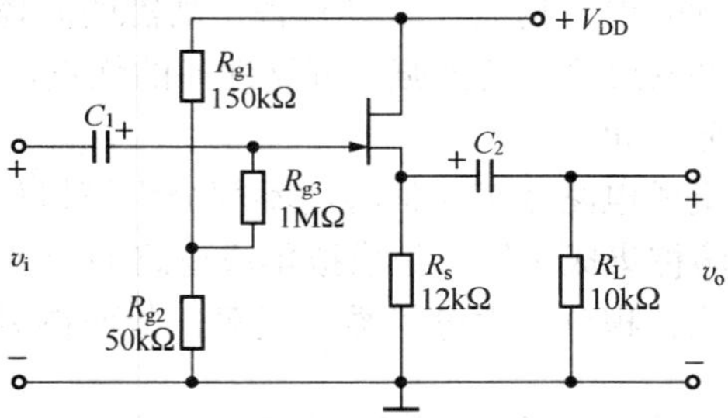

图 T3.8　习题 3.8 电路

第 4 章　集成运算放大器

本章学习目的和要求：

1. 了解典型集成运放的组成及其各部分的特点，掌握其电压传输特性和主要参数。
2. 理解差分放大电路的组成和工作原理，掌握静态和动态参数的分析方法。
3. 了解电流源、有源负载及复合管的概念。
4. 了解集成运算放大器的主要技术指标。
5. 了解集成运算放大器的理想化模型及分析方法。
6. 了解集成运算放大器的种类和使用注意事项。

集成电路（integrated circuit，IC）是 20 世纪 60 年代发展起来的一种半导体器件，它采用一定的生产工艺，将整个电路中的元器件及连线制作在一块半导体基片上，并封装在一个管壳内，构成一个具有特定功能的固体组件。由于集成电路具有的体积小、功耗低、元器件密度高、功能强、可靠性高的优点，在构成电路系统时普遍使用 IC 芯片，越来越少使用分立元件。

集成电路按工作信号的不同分为模拟集成电路和数字集成电路两大类。集成运算放大器（简称集成运算）是模拟集成电路的一种，由于早期主要用于模拟计算机，实现加、减、乘、除、积分、微分等数学运算，故而得名。

4.1　集成运放的组成及特点

集成运放是一种高增益、高输入电阻、低输出电阻的直接耦合多级放大器。

集成运放的组成框图如图 4.1.1 所示，主要由输入级、中间级、输出级和偏置电路四部分组成。

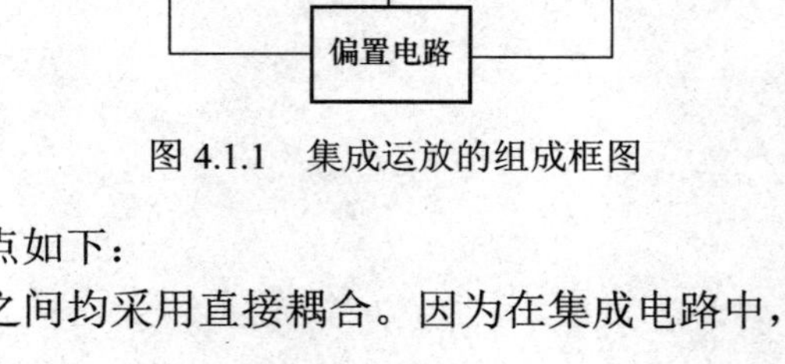

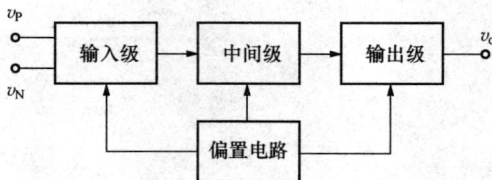

图 4.1.1　集成运放的组成框图

各部分的组成及特点如下：

（1）集成运放各级之间均采用直接耦合。因为在集成电路中，制作大容量的电容不太方便。

（2）输入级是提高运算放大器性能的关键部分，要求其输入电阻高，能减小零点漂移和抑制干扰信号，一般采用差分放大电路。

（3）中间级主要进行电压放大，要求其具有足够大的电压放大倍数，一般多采用带有源负载（电流源）的共射极（或共源极）放大电路。

（4）输出级与负载相接，又称功放级，要求其输出电阻小，带负载能力强，能输出足够大的电流和电压，一般采用互补输出电路。

（5）偏置电路为各级提供稳定、合适的静态工作电流，一般由各种电流源构成。

集成运放有同相和反相两个输入端，一个输出端（对地），一般还有正负电源端$+V_{CC}$和$-V_{EE}$。图 4.1.2（a）所示是其电路符号。为了方便，有时略去正负电源端，如图 4.1.2（b）所示。

从同相端输入信号时，输出与输入同相位；从反相端输入时，输出与输入反相位。

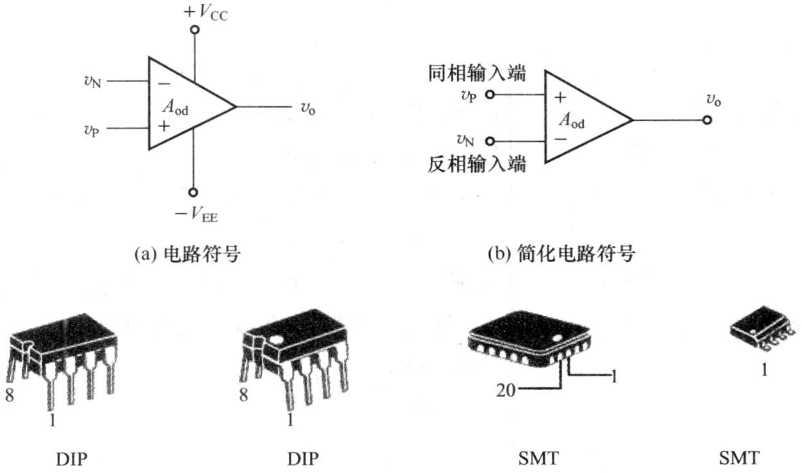

(a) 电路符号　(b) 简化电路符号

（c）典型封装（在 DIP 封装和 SMT 上由缺口或圆点指示的是引脚 1）

图 4.1.2　集成运放的电路符号与封装

4.2　差分放大电路

4.2.1　双端输入、双端输出差分放大电路

1. 电路组成

如图 4.2.1（a）所示为典型的双端输入、双端输出差分放大电路。它的电路结构和电路参数具有对称性，即 $R_{b1}=R_{b2}=R_b$，$R_{c1}=R_{c2}=R_c$，晶体管 VT_1 和 VT_2 的特性完全相同。为使电路有合适的静态工作点，电路采用$+V_{CC}$和$-V_{EE}$两路电源供电。

差分放大电路有两个输入端和两个输出端。当两个输入端都有信号输入时，称为双端输入；当一个输入端有信号输入，另一个输入端接地时，称为单端输入。与此类似，当输出取之于两个输出端（两个晶体管集电极）之间时，称为双端输出；当输出取之于一个输出端与地之间时，称为单端输出。差分放大电路又称差动放大电路，所谓“差动”就是输入有“差别”，输出才有“变动”的意思。即电路仅对两个输入信号的差值（$v_{i1}-v_{i2}$）有放大作用。

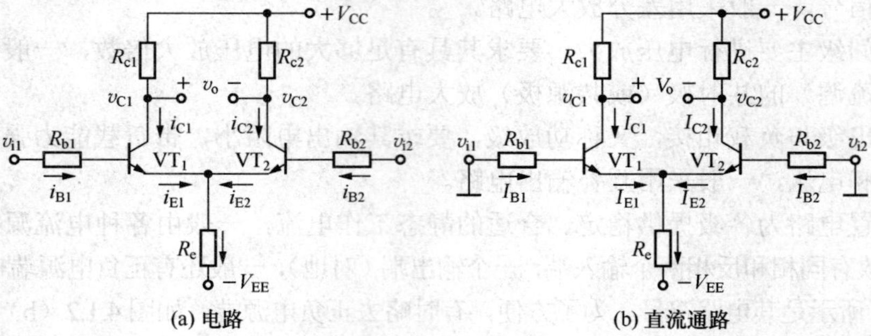

图 4.2.1 双端输入、双端输出差分放大电路

2. 静态分析

直流通路如图 4.2.1（b）所示。由于电路对称，静态时（$v_{i1}=v_{i2}=0$），两管的 Q 点相同，各电流、电压对应相等。所以，静态时 $V_o=V_{C1Q}-V_{C2Q}=0$。

由于电阻 R_e 中的电流为 $2I_{EQ}$，由图 4.2.1（b），可列出其半边输入回路的电压方程为

$$V_{EE}=I_{BQ}R_b+V_{BEQ}+2I_{EQ}R_e \tag{4.2.1}$$

通常，电路中的 R_b 数值较小，而基极电流 I_{BQ} 也很小，因此，R_b 两端的电压可忽略不计，所以基极的静态电位 V_{BQ} 近似为 0，静态发射极电流和基极电流分别为

$$I_{EQ}\approx\frac{V_{EE}-V_{BEQ}}{2R_e}\approx I_{CQ} \tag{4.2.2}$$

$$I_{BQ}\approx\frac{I_{EQ}}{1+\beta} \tag{4.2.3}$$

由于 $V_{EQ}\approx -V_{BEQ}$，所以，管压降为

$$V_{CEQ}=V_{CQ}-V_{EQ}=V_{CC}-I_{CQ}R_C+V_{BEQ} \tag{4.2.4}$$

3. 对共模信号的抑制作用

在如图 4.2.1（a）所示电路中，如果两个输入端所加信号大小相等、极性相同，即 $v_{i1}=v_{i2}$，这样一对输入信号称为共模信号，用 v_{ic} 表示，如图 4.2.2 所示。

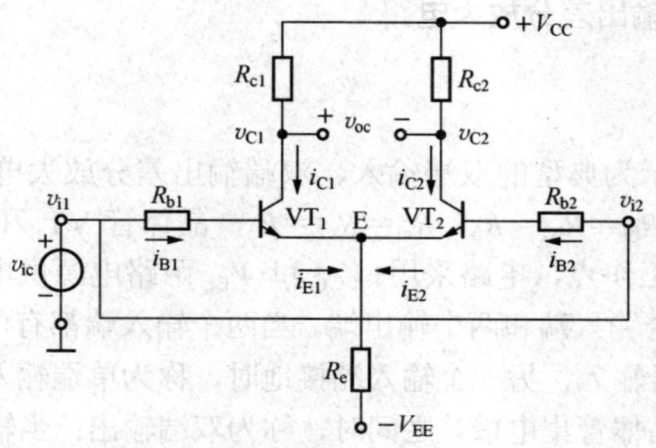

图 4.2.2 差分放大电路加共模信号

在共模输入信号作用下，对于完全对称的差分放大电路来说，显然两只晶体管的集电极电位变化量大小相等、方向相同，因而其双端输出电压等于零，所以它对共模信号没有放大作用。

由于环境温度变化对电路左右两边的影响是相同的，在电路对称的条件下，电路两边输出端产生的漂移量相等，双端输出时的漂移量 v_{oc} 等于零。因此，差分放大电路双端输出时能很好地抑制零点漂移。此外，外部干扰也是同时作用于电路的两个输入端，相当于输入了共模信号，根据上述分析，双端输出时也可以很好地抑制掉干扰。

实际上，任何差分放大电路都不可能真正理想对称。为了衡量电路对共模信号的抑制作用，一般引入共模电压放大倍数 A_c，其定义为

$$A_c = \frac{\Delta v_{oc}}{\Delta v_{ic}} \tag{4.2.5}$$

$|A_c|$越小，说明电路的对称性越好，抑制温度漂移的效果就越好。差分放大电路理想对称情况下，$A_c = 0$。

4. 对差模信号的放大作用

如图 4.2.3 所示，电路两个输入端的差模输入信号定义为

$$v_{id} = v_{i1} - v_{i2} \tag{4.2.6}$$

由于电路对称，$v_{i1} = -v_{i2} = \frac{v_{id}}{2}$，信号源的中点相当于公共端。这时加在两输入端的差模电压大小相等、极性相反。放大电路输入差模信号时的电压放大倍数称为差模电压放大倍数，用 A_d 表示为

$$A_d = \frac{v_{od}}{v_{id}} \tag{4.2.7}$$

电路输入差模信号时，$v_{i1}=-v_{i2}$，两管发射极电流大小相等、方向相反，流过电阻 R_e 的电流变化量等于零，R_e 对差模信号相当于短路。因此，晶体管发射极交流电位可视为“地”电位。由于电路对称，负载电阻 R_L 的中点电位恒定不变，也可视为“地”电位。因此，输入差模信号时半边的交流通路如图 4.2.4 所示。

根据 2.2.4 节的分析方法，可得该电路（图 4.2.3 每半边电路）的电压放大倍数为

$$A_{v1} = A_{v2} = A_v = -\frac{\beta\left(R_c // \frac{R_L}{2}\right)}{R_b + r_{be}} \tag{4.2.8}$$

差分放大电路的输出电压为

$$v_{od}=v_{c1}-v_{c2}=A_{v1}v_{i1}-A_{v2}v_{i2}=A_v（v_{i1}-v_{i2}）=A_v v_{id}$$

所以，差模电压放大倍数为

$$A_d = \frac{v_{od}}{v_{id}} = A_v = -\frac{\beta R'_L}{R_b + r_{be}} \qquad \left(R'_L = R_c // \frac{R_L}{2}\right) \tag{4.2.9}$$

输入电阻是从两个输入端看进去的等效电阻，相当于半边电路输入电阻的两倍，即

$$R_i = 2(R_b + r_{be}) \tag{4.2.10}$$

输出电阻是从两个输出端看进去的等效电阻，相当于半边电路输出电阻的两倍

$$R_o = 2R_c \tag{4.2.11}$$

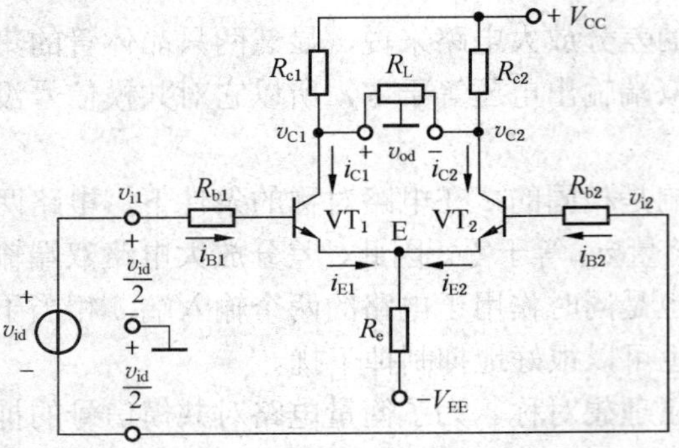

图 4.2.3 差分放大电路加差模信号

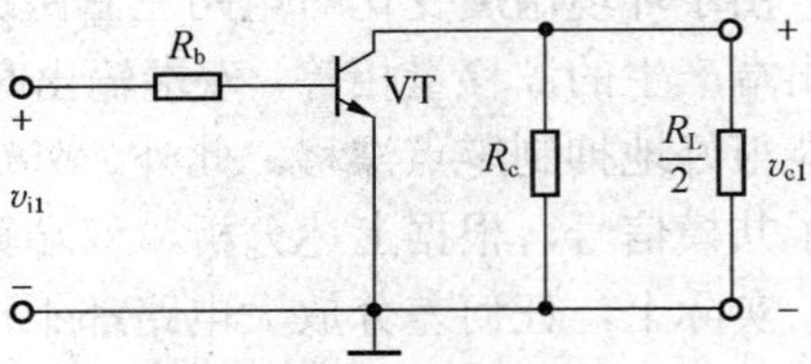

图 4.2.4 半边交流通路

由式（4.2.9）可见，双端输出差分放大电路的差模电压放大倍数与单管共射极放大电路的放大倍数相同。差分电路主要是用来抑制温度漂移，它相当于牺牲一个管子的放大倍数，换取低温度漂移的效果。

对差分放大电路而言，差模信号是放大的对象，希望差模放大倍数 A_d 越大越好；而共模信号是抑制的对象，共模放大倍数 A_c 越小越好。但实际的差分放大电路，往往 A_d 增大，A_c 也会增大。为了综合衡量差分电路的性能，通常用差模放大倍数 A_d 与共模放大倍数 A_c 的比值作为评价其性能优劣的主要指标，称为共模抑制比。

$$K_{CMR}=\left|\frac{A_d}{A_c}\right| \tag{4.2.12}$$

显然，K_{CMR} 越大，电路的综合性能越好，在电路完全对称的情况下，双端输入、双端输出差分电路的 $K_{CMR}\to\infty$。

但实际上，电路完全对称是做不到的，K_{CMR} 不可能为无穷大。

4.2.2 双端输入、单端输出差分放大电路

图 4.2.5（a）所示为双端输入、单端输出差分放大电路。与双端输入、双端输出电路相比，只是输出方式不同，其中负载电阻 R_L 接在晶体三极管 VT$_1$ 的集电极和地之间。

1. 静态分析

直流通路如图 4.2.5（b）所示。由图 4.2.5（b）可知，静态时左右两侧的输入回路对称，与双端输入、双端输出时一样。因此，电流 I_{EQ}、I_{CQ} 和 I_{BQ} 的求解方法与双端输入、双端输

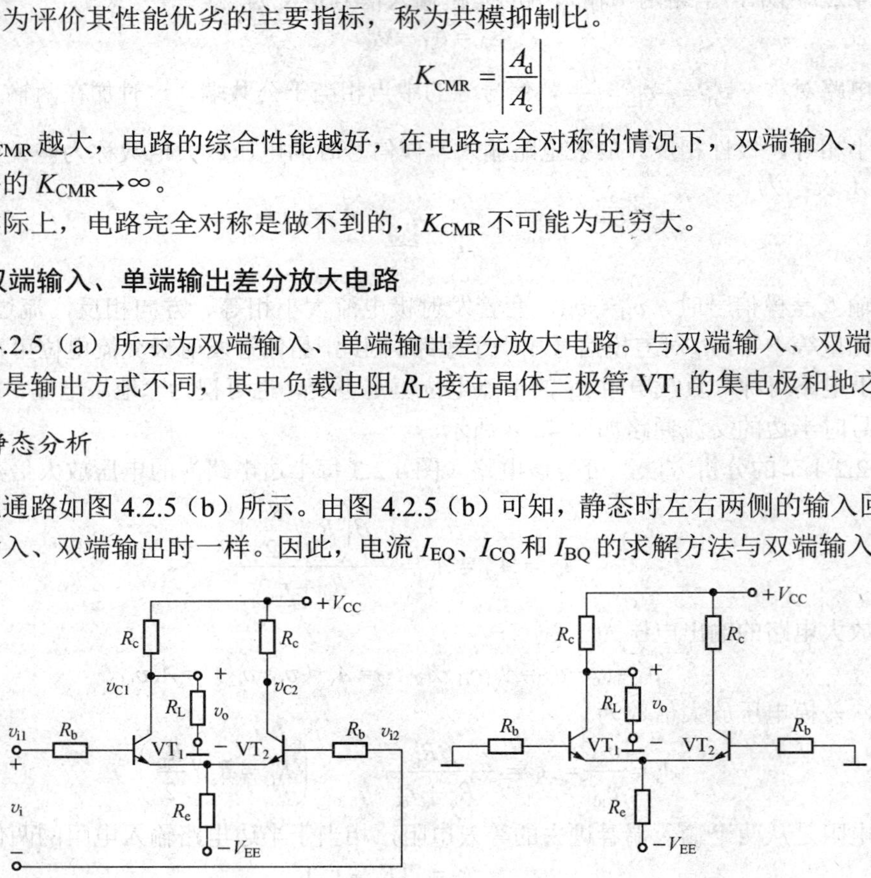

(a) 电路　　(b) 直流通路

图 4.2.5 双端输入、单端输出差分放大电路

出时完全相同，由式（4.2.1）～式（4.2.3）即可求得。

由于输出回路不对称，两管的集电极电位 V_{C1Q} 和 V_{C2Q} 不再相等。列出晶体三极管 VT_1 的集电极 c_1 点的节点电流方程为

$$\frac{V_{CC}-V_{C1Q}}{R_c}=\frac{V_{C1Q}}{R_L}+I_{CQ}$$

由此可得

$$V_{C1Q}=\frac{R_L}{R_c+R_L}V_{CC}-\frac{R_L R_c}{R_c+R_L}I_{CQ} \tag{4.2.13}$$

由于 $V_{EQ}\approx -V_{BEQ}$，所以，管压降为

$$V_{CE1Q}=V_{C1Q}-V_{E1Q}\approx\frac{R_L}{R_c+R_L}V_{CC}-\frac{R_L R_c}{R_c+R_L}I_{CQ}+V_{BEQ} \tag{4.2.14}$$

$$V_{CE2Q}=V_{C2Q}-V_{E2Q}=V_{CC}-I_{CQ}R_C+V_{BEQ} \tag{4.2.15}$$

2. 差模电压放大倍数

电路输入差模信号时，与双端输出一样，两管发射极电流大小相等、方向相反，R_e 对差模信号相当于短路，晶体管发射极可视为“地”电位。单端输出时，左半边的交流通路如图 4.2.6 所示。

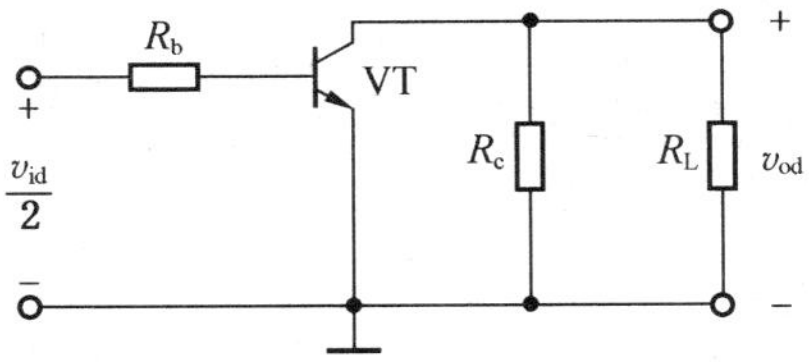

图 4.2.6　单端输出时的交流通路

由图 4.2.6 可得

$$v_{od}=A_{v1}\cdot\frac{v_{id}}{2}=-\frac{\beta(R_c//R_L)}{R_b+r_{be}}\cdot\frac{v_{id}}{2}$$

所以，差模电压放大倍数为

$$A_d=\frac{v_{od}}{v_{id}}=\frac{A_{v1}}{2}=-\frac{\beta R_L'}{2(R_b+r_{be})}\qquad (R_L'=R_c//R_L) \tag{4.2.16}$$

可见，单端输出电路的差模放大倍数大约是双端输出电路的一半。

输入电阻和输出电阻分别为

$$R_i=2(R_b+r_{be}) \tag{4.2.17}$$

$$R_o=R_c \tag{4.2.18}$$

在如图 4.2.5（a）所示电路输入不变的情况下，如果把负载电阻 R_L 接在晶体三极管 VT_2 的集电极和地之间，输出电压从 c_2 端输出，可得差模放大倍数为

$$A_d=\frac{1}{2}\cdot\frac{\beta R_L'}{R_b+r_{be}} \tag{4.2.19}$$

与式（4.2.16）相比，差一负号，说明这时的输出电压与输入电压同相位。

3. 共模放大倍数

当输入共模信号时，由于电路两边的输入信号大小相等、极性相同，所以发射极电阻 R_e 上的电流变化量为 $2\Delta i_E$，发射极电位的变化量 $\Delta v_E = 2\Delta i_E R_e$。对于每只管子而言，发射极电位的变化量也可看成是一个管子的发射极电流 Δi_E 流过阻值为 $2R_e$ 所造成的，如图 4.2.7（a）所示。由此，可画出与输出电压相关的 VT_1 管一边电路对共模信号的等效电路，如图 4.2.7（b）所示。由图可求出

$$A_c = \frac{\Delta v_{oc}}{\Delta v_{ic}} = -\frac{\beta R_L'}{R_b + r_{be} + 2(1+\beta)R_e} \tag{4.2.20}$$

共模抑制比为

$$K_{CMR} = \left|\frac{A_d}{A_c}\right| = \frac{R_b + r_{be} + 2(1+\beta)R_e}{2(R_b + r_{be})} \tag{4.2.21}$$

由式（4.2.20）和式（4.2.21）可知，R_e 越大，A_c 越小，K_{CMR} 越大，电路的性能越好。因此，增大 R_e 是改善共模抑制比的有效措施之一。实际电路中，常用电流源取代 R_e 来改善电路的共模抑制比。

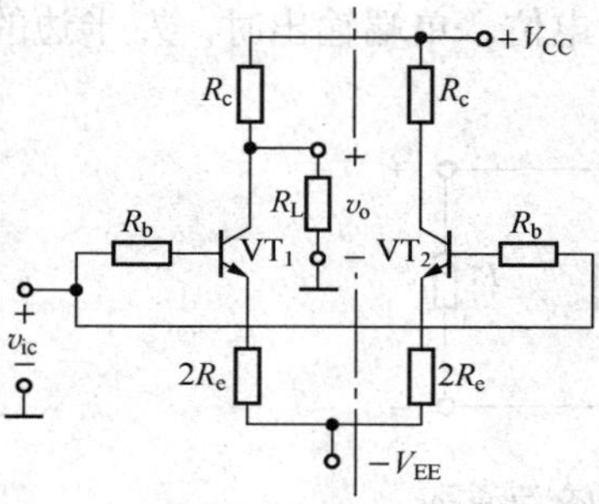

(a) 将发射极电阻R_e进行等效变换

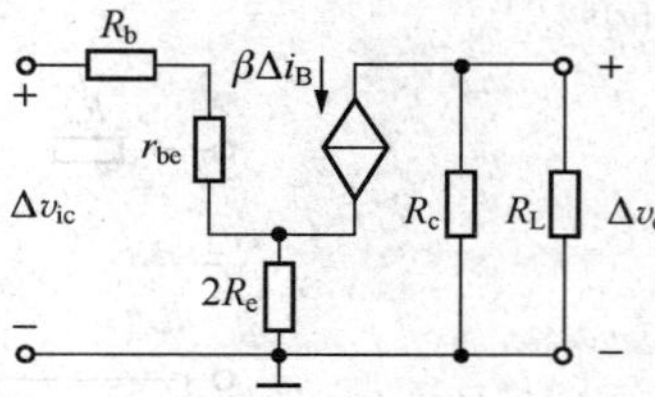

(b) 交流等效电路

图 4.2.7　图 4.2.5（a）电路输入共模信号时的等效电路

4.2.3　单端输入差分放大电路

当一个输入端接地，输入信号从另一个输入端输入时，称为单端输入，如图 4.2.8（a）所示。这时，在左端，输入信号可看成是两个大小为 $\frac{\Delta v_i}{2}$，极性相同的信号源的串联；右端（接地端）可看成是两个大小为 $\frac{\Delta v_i}{2}$，极性相反的信号源的串联，如图 4.2.8（b）所示。

这样进行等效变换以后，单端输入可等效为双端输入的情况。不过，这时电路两边的输入端既有差模输入信号 $\pm\frac{\Delta v_i}{2}$，又有共模输入信号 $\frac{\Delta v_i}{2}$。因此，在共模放大倍数 A_c 不为零时，输出端不仅有差模信号作用得到的差模输出电压，而且还有共模信号作用得到的共模输出电压。因此，总的输出电压为

$$\Delta v_o = A_d \Delta v_i + A_c \frac{\Delta v_i}{2} \tag{4.2.22}$$

差模电压放大倍数和输出电阻仅决定于输出的形式（双端输出还是单端输出），输入电阻和双端输入时一样。抑制共模信号的特性也仅受输出形式的影响。

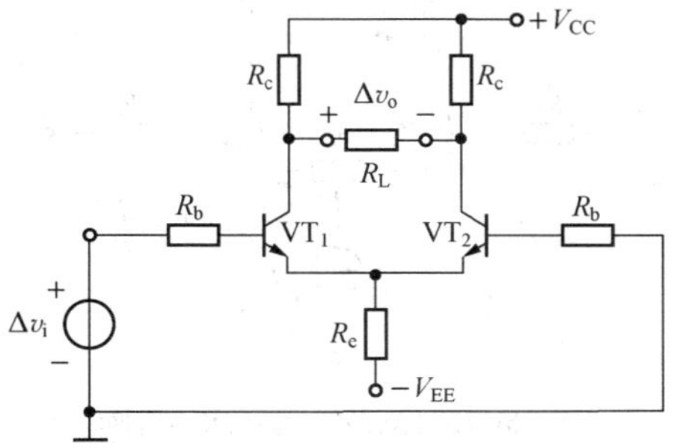

(a) 电路

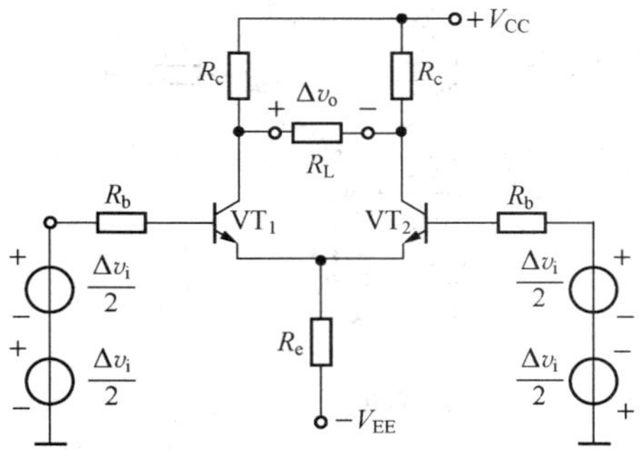

(b) 等效电路

图 4.2.8 单端输入的差分放大电路

4.2.4 具有恒流源的差分放大电路

由前面分析已知，R_e 越大，抑制共模信号的能力就越强。但 R_e 的增大有一定限度，一方面，大阻值的电阻不便于集成化；另一方面，R_e 太大，会使 V_{EE} 很大，这在实际中不现实。由于恒流源具有动态电阻大的特点，用恒流源取代 R_e 可解决上述问题。

图 4.2.9（a）所示为具有恒流源的差分放大电路。图中 R_1、R_2、R_3 和 VT_3 组成工作点稳定电路。电路参数应满足 $I_2 \gg I_{B3}$，这样，$I_1 \approx I_2$。所以，R_2 上的电压为

$$V_{R2} \approx \frac{R_2}{R_1 + R_2} \cdot V_{EE} \tag{4.2.23}$$

VT_3 管的集电极电流为

$$I_{C3} \approx I_{E3} = \frac{V_{R2} - V_{BE3}}{R_3} \tag{4.2.24}$$

由上式可知，若 V_{BE3} 的变化可以忽略，则 I_{C3} 基本不受温度影响，可看成一恒流源。这时，两管的发射极电流为

$$I_{E1} = I_{E2} = \frac{I_{C3}}{2} \tag{4.2.25}$$

当 VT_3 管工作在放大区，且其输出特性曲线近似水平时（理想特性），恒流源的内阻为无穷大，即相当于 VT_1 管和 VT_2 管的发射极接了一个阻值为无穷大的电阻，对共模信号的负反馈作用无穷大，这时，不管是双端输出还是单端输出，都会使电路的 $A_c \approx 0$，$K_{CMR} \approx \infty$。

恒流源的具体电路有很多种，常用恒流源符号代替具体电路，如图 4.2.9（b）所示。在实际电路中，由于很难做到电路参数理想对称，常用一个阻值很小的电位器 R_P 加在两只管子的发射极之间来调节电路的平衡，如图 4.2.9（b）所示。调节电位器滑动端的位置可使电路在 $v_{i1}=v_{i2}=0$ 时，$v_o=0$，所以常称 R_P 为调零电位器。R_P 对电路的动态参数（如 A_d、R_i 等）均产生影响，读者可自行分析。

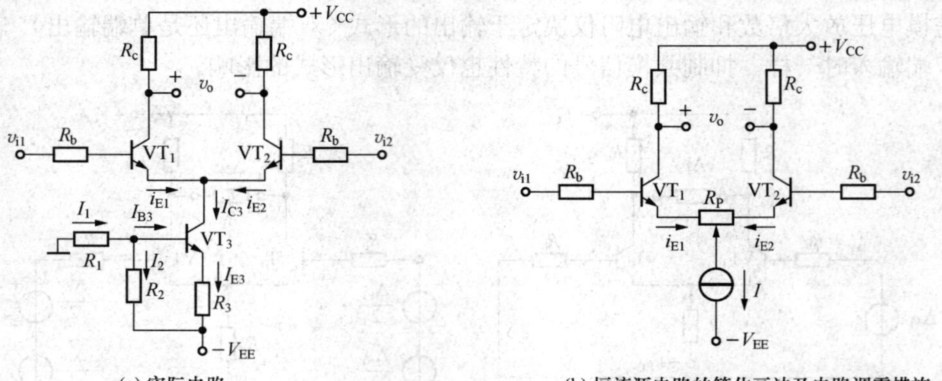

(a) 实际电路　　　　(b) 恒流源电路的简化画法及电路调零措施

图 4.2.9　具有恒流源的差分放大电路

例 4.2.1　在如图 4.2.1（a）所示电路中，已知 $R_{b1}=R_{b2}=0$，$R_{c1}=R_{c2}=15\text{k}\Omega$，$R_e=25\text{k}\Omega$，$V_{CC}=V_{EE}=15\text{V}$，$\beta_1=\beta_2=100$。试求解：

（1）电路的静态工作点。

（2）若在输出端接一个 10kΩ 的负载电阻，试求差模电压放大倍数、输入电阻和输出电阻。

（3）若在 C_2 到地之间接一个 10kΩ 的负载电阻，试求差模电压放大倍数、输入电阻、输出电阻、共模电压放大倍数和共模抑制比。

（4）如果电路两端输入的电压不相等，$v_{i1}=15\text{mV}$，$v_{i2}=25\text{mV}$。试求这时电路输入的差模信号电压和共模信号电压各为多少？

解：（1）根据式（4.2.2）～式（4.2.4）可得

$$I_{CQ}\approx I_{EQ}=\frac{V_{EE}-V_{BEQ}}{2R_e}=\frac{15-0.7}{2\times 25}\text{mA}\approx 0.286\text{mA}$$

$$I_{BQ}\approx\frac{I_{CQ}}{\beta}=\frac{0.286}{100}\text{mA}\approx 2.86\mu\text{A}$$

$$V_{CEQ}=V_{CC}-I_{CQ}R_C+V_{BEQ}=(15-0.286\times 15+0.7)\text{V}\approx 11.4\text{V}$$

（2）$r_{be}\approx r_{bb'}+(1+\beta)\dfrac{26\text{mV}}{I_{EQ}}=200\Omega+(1+100)\dfrac{26\text{mV}}{0.286\text{mA}}\approx 9.38\text{k}\Omega$

根据式（4.2.7）～式（4.2.11）可得

$$A_d=\frac{\Delta v_{od}}{\Delta v_{id}}=-\frac{\beta\left(R_c//\dfrac{R_L}{2}\right)}{R_b+r_{be}}=-\frac{100\times\left(15//\dfrac{10}{2}\right)}{0+9.38}\approx -40$$

$$R_i=2(R_b+r_{be})\approx 18.8\text{k}\Omega$$

$$R_o=2R_c=30\text{k}\Omega$$

（3）根据式（4.2.19）、式（4.2.17）、式（4.2.18）、式（4.2.20）和式（4.2.21）可得

$$A_d=\frac{1}{2}\cdot\frac{\beta R_L'}{R_b+r_{be}}=\frac{1}{2}\times\frac{100\times(15//10)}{0+9.38}\approx 32$$

$$R_i=2(R_b+r_{be})\approx 18.8\text{k}\Omega$$

$$R_o = R_c = 15\text{k}\Omega$$

$$A_c = \frac{\Delta v_{oc}}{\Delta v_{ic}} = -\frac{\beta R_L'}{R_b + r_{be} + 2(1+\beta)R_e} = -\frac{100 \times (15//10)}{0 + 9.38 + 2 \times (1+100) \times 25} \approx -0.12$$

$$K_{CMR} = \left|\frac{A_d}{A_c}\right| = \frac{R_b + r_{be} + 2(1+\beta)R_e}{2(R_b + r_{be})} = \frac{0 + 9.38 + 2 \times (1+100) \times 25}{2 \times 9.38} \approx 269.7$$

（4）当电路两输入端的电压不相等时，差模输入电压等于两输入电压的差值，共模输入电压等于两输入电压的算术平均值。因此，

$$v_{id} = v_{i1} - v_{i2} = (15-25)\text{mV} = -10\text{mV}$$

$$v_{ic} = (v_{i1} + v_{i2})/2 = \frac{15+25}{2}\text{mV} = 20\text{mV}$$

4.3 集成运放中的电流源电路

在集成运放中，广泛使用电流源为放大电路提供稳定的偏置电流，或作为放大电路的有源负载以提高电路的性能。

4.3.1 电流源电路

1. 镜像电流源

图 4.3.1 所示为镜像电流源电路，它由两个特性完全相同的晶体三极管 VT_1 和 VT_0 组成。由于 $V_{BE1}=V_{BE0}=V_{BE}$，所以，有

$$I_{C1} = I_{C0}$$

$$I_R = I_{C0} + 2I_B = I_{C1} + 2\frac{I_{C1}}{\beta}$$

$$I_{C1} = \frac{\beta}{\beta+2} \cdot I_R \qquad (4.3.1)$$

若 $\beta \gg 2$，则有

$$I_{C1} \approx I_R = \frac{V_{CC} - V_{BE}}{R} \qquad (4.3.2)$$

考虑到 $V_{CC} \gg V_{BE}$，所以，有

$$I_{C1} \approx \frac{V_{CC}}{R} \qquad (4.3.3)$$

上式表明，电流源电流 I_{C1} 与参考电流 I_R 近似相等，把 I_{C1} 看成是 I_R 的镜像，所以称如图 4.3.1 所示电路为镜像电流源电路或电流镜电路。I_{C1} 主要取决于电源电压与参考支路电阻的比值，而与对温度敏感的晶体三极管参数几乎无关。因此，该电路具有较好的温度稳定性。

当 β 不够大时，I_{C1} 和 I_R 存在一定的差异，镜像精度就不够高。此外，I_R 受电源变化的影响大，要求电源十分稳定，通常用电压十分稳定的基准电压源来提供 I_R。

镜像电流源电路适用于较大工作电流（mA 数量级）的场合。而集成运放输入级（差分放大电路）的静态电流只有几十微安，甚至更小。因此，用镜像电流源作为差分对管发射极的恒

流源时，势必要求 R 的取值很大，这在集成电路中难以实现。因此，需要改进型的电流源。

2. 微电流源

微电流源可以在电源电压不高、电阻取值不大的情况下获得微弱电流，其电路如图 4.3.2 所示。由图可知

$$\begin{cases} V_{BE0} - V_{BE1} = \Delta V_{BE} = I_{E1}R_e \approx I_{C1}R_e \\ I_{E0} \approx I_{C0} \approx I_R \approx \dfrac{V_{CC}}{R} \end{cases} \tag{4.3.4}$$

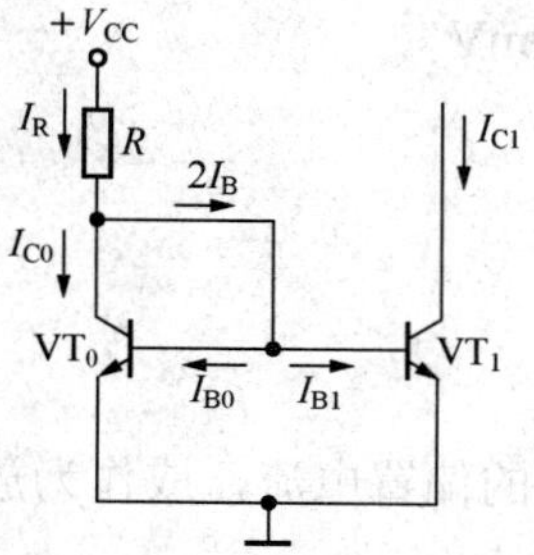

图 4.3.1 镜像电流源电路

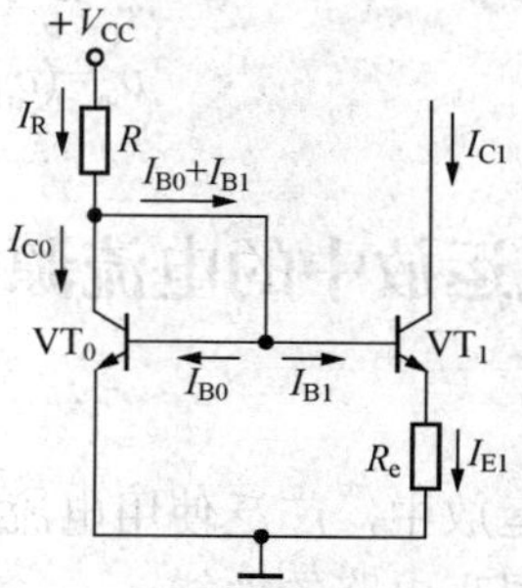

图 4.3.2 微电流源电路

根据晶体三极管的电流方程 $I_E \approx I_S e^{\frac{V_{BE}}{V_T}}$，可得

$$V_{BE0} \approx V_T \ln\frac{I_{E0}}{I_S} \approx V_T \ln\frac{I_R}{I_S} \tag{4.3.5}$$

$$V_{BE1} \approx V_T \ln\frac{I_{E1}}{I_S} \approx V_T \ln\frac{I_{C1}}{I_S} \tag{4.3.6}$$

将式（4.3.5）和式（4.3.6）代入式（4.3.4）整理，可得

$$I_{C1} \approx \frac{V_T}{R_e}\ln\frac{I_R}{I_{C1}} \tag{4.3.7}$$

在已知 R_e 的条件下，上式是有关 I_{C1} 的超越方程，可通过图解法或累试法解出 I_{C1}。在实际设计电路时，一般是先确定 I_{C1} 和 I_R 的数值，然后再根据上式求出电阻 R_e 的数值。

另外，根据式（4.3.4），可得

$$I_{C1} \approx I_{E1} = \frac{\Delta V_{BE}}{R_e} \tag{4.3.8}$$

由式（4.3.8）可知，利用两管基射极电压差 ΔV_{BE} 可以控制输出电流 I_{C1}，由于 ΔV_{BE} 的数值很小，故用阻值不大的 R_e 即可获得微小的工作电流。微电流源的电流一般在几十微安的数量级。

3. 比例电流源

实际应用中，可能会需要两个或两个以上电流值相差较大，但又有一定比例关系的电流源。在镜像电流源电路中，给 VT_0 和 VT_1 的发射极各增加一个电阻 R_{e0} 和 R_{e1}，即可构成比例电流源，如图 4.3.3 所示。比例电流源改变了镜像电流源中 $I_{C1} \approx I_R$ 的关系，使得 I_{C1}

既可大于 I_R，也可小于 I_R，二者成比例关系。

由图 4.3.3 可得

$$\begin{cases} I_R = \dfrac{V_{CC} - V_{BE0}}{R + R_{e0}} \approx \dfrac{V_{CC}}{R + R_{e0}} \\ V_{BE0} + I_{E0}R_{e0} = V_{BE1} + I_{E1}R_{e1} \end{cases} \tag{4.3.9}$$

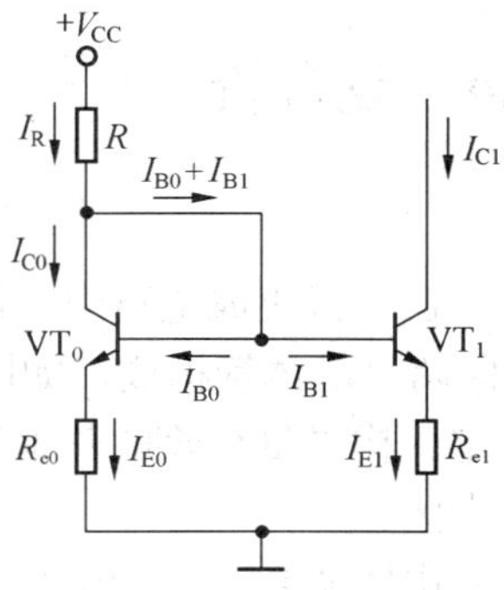

图 4.3.3　比例电流源

由于 $V_{BE0} \approx V_{BE1}$，所以，有

$$\begin{cases} I_{E0}R_{e0} \approx I_{E1}R_{e1} \\ \dfrac{I_{C1}}{I_R} \approx \dfrac{I_{E1}}{I_{E0}} = \dfrac{R_{e0}}{R_{e1}} \end{cases} \tag{4.3.10}$$

由上式可知，I_{C1} 与 I_R 之比约等于两个发射极电阻之比。

如果 $R_{e0}=R_{e1}$，则 $I_{C1}=I_R$，比例电流源就成了镜像电流源。由于比例电流源接入了发射极电阻，也具有一定程度的自动稳定 I_{C1} 的能力。因此，和镜像电流源相比，比例电流源的输出电流具有更高的温度稳定性。

4.3.2　有源负载电路

电流源电路除了能给放大电路提供稳定的工作电流以外，它还具有交流等效电阻较大的特点。因此，可以用电流源电路代替放大电路中的负载电阻来改善放大电路的放大性能。由于电流源中包含有源器件（晶体三极管或场效应管），所以，这时电流源电路称为有源负载。

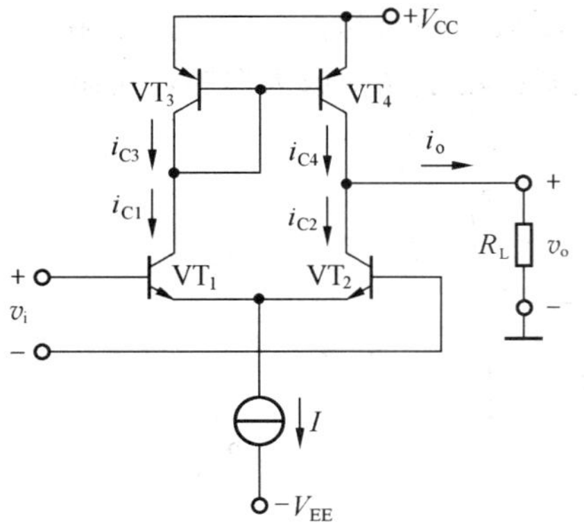

图 4.3.4　有源负载差分放大电路

图 4.3.4 所示电路是带有源负载的差分放大电路。图中，VT_1、VT_2 管是差分对管，起放大作用；VT_3、VT_4 管组成镜像电流源，取代差分放大电路中的集电极负载电阻 R_c，作为有源负载。

静态时，VT_1 管和 VT_2 管的发射极电流 $I_{E1}=I_{E2}=I/2$，$I_{C1}=I_{C2} \approx I/2$。根据式（4.3.1），若 $\beta \gg 2$，则有 $I_{C4} \approx I_{C1}=I_{C2}$。因此，输出电流 $i_o=I_{C4}-I_{C2} \approx 0$。

当有差模信号输入时，根据差分放大电路的特点，动态集电极电流 $\Delta i_{C1}=-\Delta i_{C2}$，而 $\Delta i_{C4} \approx \Delta i_{C3} \approx \Delta i_{C1}$。所以，$\Delta i_o=\Delta i_{C4}-\Delta i_{C2} \approx \Delta i_{C1}-(-\Delta i_{C1})=2\Delta i_{C1}$。

一般情况下，负载电阻 R_L 远小于晶体管 c、e 间的等效电阻 r_{ce}（可忽略），则有

$$A_d = \frac{\Delta v_o}{\Delta v_i} \approx \frac{\Delta i_o R_L}{2\Delta i_{b1} r_{be1}} = \frac{2\Delta i_{c1} R_L}{2\Delta i_{b1} r_{be1}} = \frac{\beta_1 R_L}{r_{be1}} \tag{4.3.11}$$

由此可见，这时的输出电流约为单端输出时的两倍，电压放大倍数接近于双端输出时的情况。

如果输入共模信号，动态集电极电流 $\Delta i_{C1}=\Delta i_{C2}$，而 $\Delta i_{C4} \approx \Delta i_{C3} \approx \Delta i_{C1}$。这时，流入负载电阻的电流 $\Delta i_o=\Delta i_{C4}-\Delta i_{C2} \approx \Delta i_{C1}-(\Delta i_{C1})=0$。因此，共模放大倍数近似等于零。

所以，用电流源取代差分放大电路的集电极电阻，可以使单端输出具有与双端输出相同的差模放大倍数和同等大小的共模抑制比，也就是说，它以单端输出的电路形式，达到了双端输出的效果。

4.4 复合管

在模拟集成电路中，常常采用复合管结构来改善电路的性能。常见的复合管由 VT_1 和 VT_2 两只晶体管构成，如图 4.4.1 所示。复合管的等效类型（NPN 或 PNP）由输入管 VT_1 决定。构成复合管的基本原则是两管连接处的电流方向必须一致，并且两只管子均工作在放大区。

由图 4.4.1（a）可知

$$i_C = i_{C1} + i_{C2} = \beta_1 i_{B1} + \beta_2(1+\beta_1)i_{B1} = (\beta_1 + \beta_2 + \beta_1\beta_2)i_{B1}$$

由此可得复合管的电流放大系数为

$$\beta = \frac{i_C}{i_{B1}} = (\beta_1 + \beta_2 + \beta_1\beta_2) \approx \beta_1\beta_2 \tag{4.4.1}$$

复合管的输入电阻为

$$r_{be} = r_{be1} + (1+\beta_1)r_{be2} \tag{4.4.2}$$

其中，r_{be1}、r_{be2} 分别是晶体管 VT_1 和 VT_2 的输入电阻。

由式（4.4.1）和式（4.4.2）可见，复合管有很大的电流放大系数和很高的输入电阻。用于共射极放大电路可提高电路的电压放大倍数和输入电阻；用于功率放大器中，可减小驱动级的输出电流。

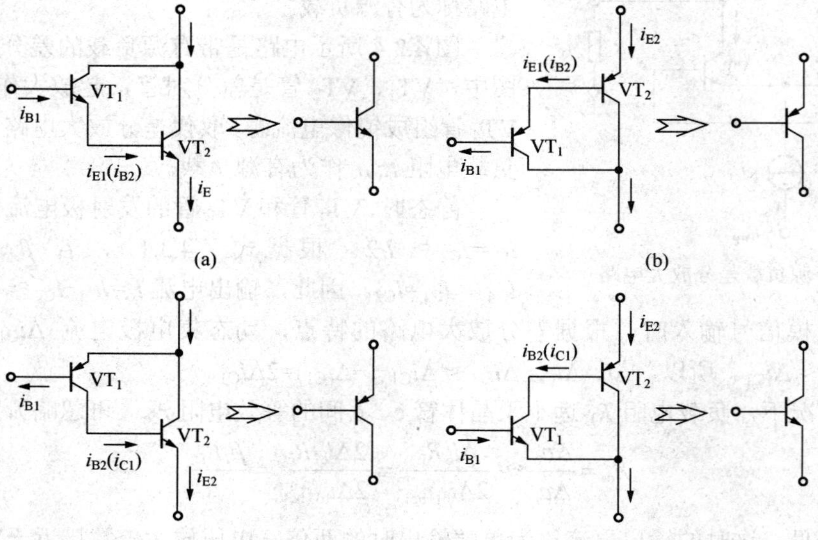

图 4.4.1　复合管及其等效类型

4.5　典型集成运放简介及主要技术指标

4.5.1　典型集成运放简介

F007 属于第二代通用型集成运放，由于其内部电路组成合理，被认为是早期发展阶段具有代表性的产品。F007 的内部原理电路如图 4.5.1 所示，它由输入级、中间级、输出级和偏置电路等组成。

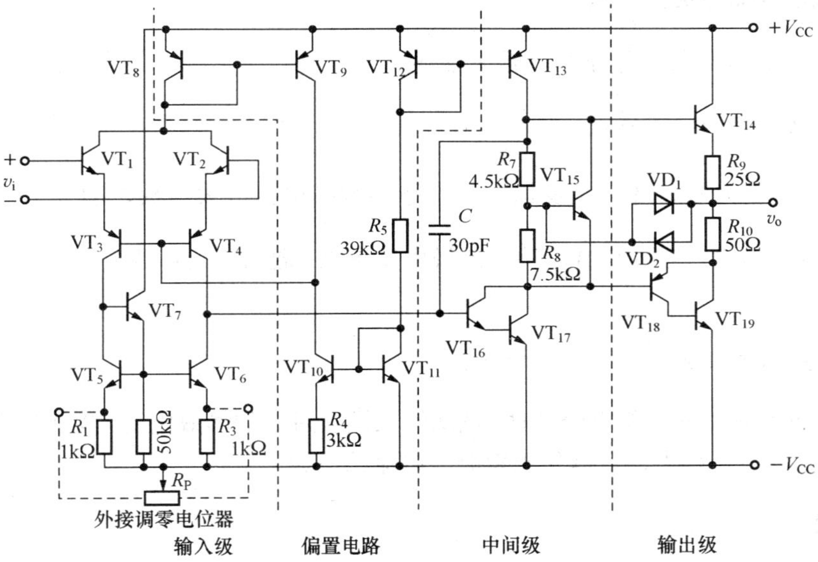

图 4.5.1　F007 内部电路原理图

1. 输入级

如图 4.5.1 所示，输入级由 VT_1～VT_7 组成。其中，VT_1～VT_4 组成共集电极-共基极组态的双端输入（VT_1、VT_2 的基极之间）、单端输出（VT_4 的集电极）差分放大电路，从而提高了电路的输入电阻。VT_5～VT_7 组成输入级的有源负载，保证了单端输出的电压增益和共模抑制比与双端输出基本相同。

2. 中间级

中间级由 VT_{16}、VT_{17}（NPN 型复合管）组成共射极放大电路，VT_{12}、VT_{13} 组成镜像电流源作为其集电极负载，可获得很高的电压放大倍数。

3. 输出级

VT_{14} 和复合管 VT_{18}、VT_{19} 组成准互补推挽功率放大电路，工作在甲乙类状态。R_7、R_8 和 VT_{15} 组成 V_{BE} 倍增电路用来克服输出级产生的交越失真。R_9、R_{10} 作为输出电流的采样电阻与 VD_1、VD_2 共同构成过流保护电路，用于保护输出级的功放管。有关互补推挽功率放大电路将在第 8 章详细讨论。

4. 偏置电路

电流源为多级放大电路的各级提供合适的偏置电流，同时还作为放大电路的有源负载。在图 4.5.1 中，VT_{11}、R_5 和 VT_{12} 为整个电路提供基准电流，VT_8、VT_9 组成镜像电流源为输入级提供静态电流，VT_{10}、VT_{11} 组成微电流源为 VT_8、VT_9 提供参考电流和 VT_3、VT_4 提供基极偏置电流，VT_{12}、VT_{13} 组成镜像电流源为中间级和输出级提供静态偏置电流，同时还作为中间级的集电极有源负载。

F007 的电压增益可达 100dB 以上，即放大倍数可达几十万倍，输入电阻可达 2MΩ。

4.5.2 集成运放的主要技术指标

集成运放的性能好坏常用下列参数来描述。

1. 开环差模电压增益 A_{od}

A_{od} 是运算放大器开环（无反馈）状态下的差模电压放大倍数，即 $A_{od}=\dfrac{\Delta v_{od}}{\Delta v_{id}}$。常用 $20\lg|A_{od}|$ 表示，单位为分贝（dB），称为差模电压增益。通用型运算放大器的 A_{od} 可达 100dB 以上。

2. 差模输入电阻 r_{id}

r_{id} 是集成运放在输入差模信号时，从两输入端看进去的等效电阻。性能好的集成运放，r_{id} 在 1MΩ 以上。r_{id} 越大，从信号源索取的电流越小。

3. 共模抑制比 K_{CMR}

共模抑制比 K_{CMR} 是差模放大倍数与共模放大倍数比值的绝对值。通常用分贝 dB 表示，即

$$K_{CMR}=20\lg\left|\frac{A_d}{A_c}\right| \tag{4.5.1}$$

共模抑制比综合反映了运算放大器对差模信号的放大能力和对共模信号的抑制能力。K_{CMR} 越大越好，性能好的运算放大器，K_{CMR} 可达 120dB 以上。

4. 输入失调电压 V_{IO}

V_{IO} 是指为使静态输出电压为零而在输入端所加的补偿电压。其大小反映了运算放大器输入级对称性的好坏。V_{IO} 越小，表明电路输入级的对称性越好。

5. 输入失调电压的温漂 $\dfrac{dV_{IO}}{dT}$

$\dfrac{dV_{IO}}{dT}$ 是输入失调电压 V_{IO} 的温度系数，是衡量运算放大器温漂的重要指标。其值越小，表明集成运放的温漂越小。

6. 输入失调电流 I_{IO}

I_{IO} 是输入为零时，运算放大器输入级差分对管基极静态偏置电流之差的绝对值，即

$$I_{IO}=\left|I_{B1}-I_{B2}\right| \tag{4.5.2}$$

I_{IO} 越小，表明电路输入级对称性越好。

7. 输入失调电流的温漂 $\dfrac{dI_{IO}}{dT}$

$\dfrac{dI_{IO}}{dT}$ 是输入失调电流 I_{IO} 的温度系数。其值越小，表明集成运放的温漂越小。

8. 输入偏置电流 I_{IB}

I_{IB} 是指运算放大器输入级差分对管的基极静态偏置电流的平均值，即

$$I_{IB}=\frac{1}{2}(I_{B1}+I_{B2}) \tag{4.5.3}$$

I_{IB} 相当于 I_{B1} 和 I_{B2} 中的共模成分，I_{IB} 太大时，将影响运算放大器的温漂和运算精度。

9. 最大共模输入电压 $v_{ic(max)}$

$v_{ic(max)}$ 是指运算放大器在正常放大差模信号的条件下，所允许输入的最大共模电压值。超过该数值，共模抑制比将明显下降，集成运放甚至不能工作。

10. 最大差模输入电压 $v_{id(max)}$

$v_{id(max)}$ 是指运算放大器两输入端之间允许加的最大（差模输入）电压，超过该电压，差分对管有可能发生反向击穿。

11. 上限截止频率 f_H 和单位增益带宽 f_c

f_H 是指使运算放大器的差模增益下降 3dB 时对应的信号频率。一般很低，通用型运算放大器只有十几到几百赫兹。

f_c 是指使 A_{od} 下降到 0dB（即 A_{od}=1，失去电压放大能力）时对应的信号频率。由于增益带宽积近似为常量，所以 f_H 与 f_c 之间的近似关系为

$$f_c=f_H A_{od} \tag{4.5.4}$$

因此，f_c 一般很大。

12. 转换速率 S_R

S_R 是指运算放大器在输入为大信号作用时输出电压对时间的最大变化率，即

$$S_R=\frac{dv_o}{dt}\Big|_{max} \tag{4.5.5}$$

这个指标反映了集成运放对于高速变化的输入信号的响应能力。也就是说，只有输入信号的变化速率小于 S_R 时，运算放大器的输出才能跟上输入的变化。S_R 愈大，表明集成运放的高频性能愈好。

表 4.5.1 给出了通用型运算放大器的主要参数的数值范围。

表 4.5.1 通用型运算放大器主要性能指标

参数/单位	数值范围	参数/单位	数值范围
A_{od}/dB	65～100	K_{CMR}/dB	70～90
r_{id}/MΩ	0.5～2	单位增益带宽/MHz	0.5～2
V_{IO}/mV	2～5	S_R/V/μs	0.5～0.7
I_{IO}/μA	0.2～2	功耗/mW	80～120
I_{IB}/μA	0.3～7		

4.6 集成运放的电路模型

4.6.1 集成运放的开环电压传输特性

集成运放的输出电压 v_o 与差模输入电压 v_i（$=v_P-v_N$）之间的关系曲线称为电压传输特性。如图 4.6.1（b）所示，它包括线性放大区（线性区）和饱和区（非线性区）两部分。

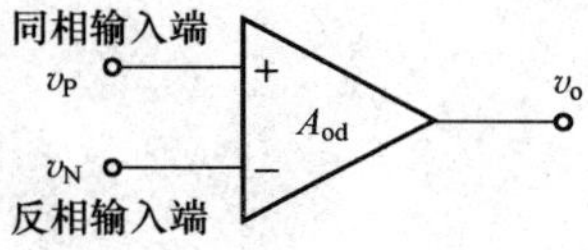

(a) 运算放大器的电路符号

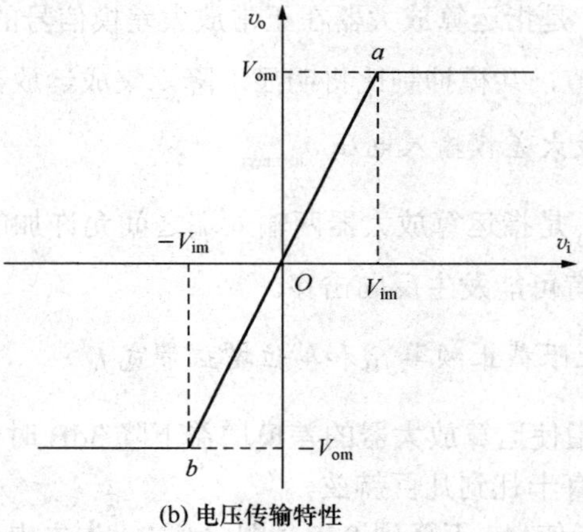

(b) 电压传输特性

图 4.6.1 集成运放的电压传输特性

当运算放大器工作在线性区时，有

$$v_o=A_{od}(v_P-v_N)=A_{od}v_i \tag{4.6.1}$$

在线性区，传输特性是一条通过坐标原点的直线，直线的斜率为开环电压放大倍数 A_{od}。由于运算放大器的 A_{od} 非常高，因此，线性区很窄。

如果输入电压的变化超出规定范围，运算放大器工作在饱和区，输出电压要么为正的最大值 V_{om}（接近 V_{CC}），要么为负的最大值 $-V_{om}$（接近 $-V_{EE}$），如图 4.6.1（b）所示。

例 4.6.1 设运算放大器的差模电压增益 $A_{od}=2\times10^5$，输入电阻 $r_{id}=1\text{M}\Omega$，电源电压 $+V_{CC}=15\text{V}$，$-V_{EE}=-15\text{V}$，且 $V_{OH}\approx V_{CC}$，$V_{OL}\approx -V_{EE}$。试求：

（1）当 $v_o=15\text{V}$ 和 $v_o=-15\text{V}$ 时对应的 v_P-v_N 分别为多少。

（2）当 $v_o=15\text{V}$ 和 $v_o=-15\text{V}$ 时对应的输入电流 i_i 为多少。

解：（1）求 v_P-v_N。

当 v_o=15V 时，$v_P-v_N=v_o/A_{od}=15V/(2\times10^5)=7.5\times10^{-5}V=75\mu V$；

当 v_o=−15V 时，$v_P-v_N=v_o/A_{od}=-15V/2\times10^5=-7.5\times10^{-5}V=-75\mu V$。

（2）求输入电流 i_i。

当 v_o=±15V 时，$v_P-v_N=\pm75\mu V$，故 $i_i=(v_P-v_N)/r_{id}=\pm75\mu V/(1\times10^6\Omega)=\pm75pA$。

显然上述输入电压和电流都很小，要使运算放大器工作在线性区，v_P-v_N 的幅值要小于 75μV。

4.6.2　集成运放的理想化模型

集成运放具有电压放大倍数高，输入电阻高，输出电阻低，共模抑制比高等特点。因此，在实际的电路设计或分析时，常常将其视为理想运放。所谓理想运放，就是将运算放大器的各项技术指标理想化，理想运放的主要技术指标如下。

（1）开环（差模）电压增益 $A_{od}\to\infty$。

（2）共模抑制比 $K_{CMR}\to\infty$。

（3）输入电阻 $r_{id}\to\infty$。

（4）输出电阻 $r_o=0$。

（5）输入偏置电流 $I_{B1}=I_{B2}=0$。

（6）输入失调电流 I_{IO}、输入失调电压 V_{IO} 及它们的温漂 $\dfrac{dI_{IO}}{dT}$、$\dfrac{dV_{IO}}{dT}$ 均为零。

（7）−3dB 带宽 $f_H=\infty$。

由此可得理想运放的电压传输特性如图 4.6.2 所示，图 4.6.3 是运算放大器的简化电路模型。

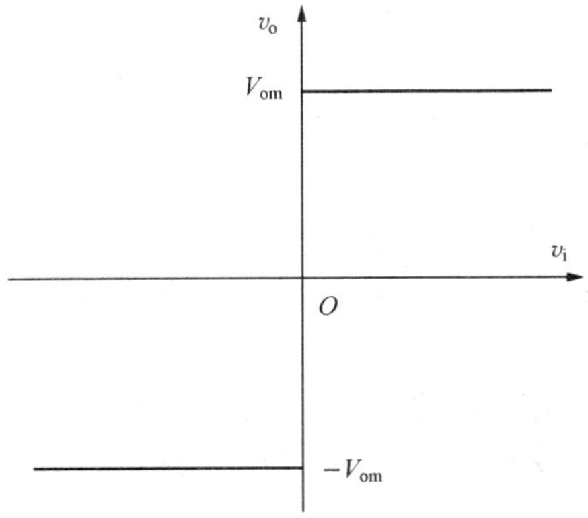

图 4.6.2　理想运放的电压传输特性曲线

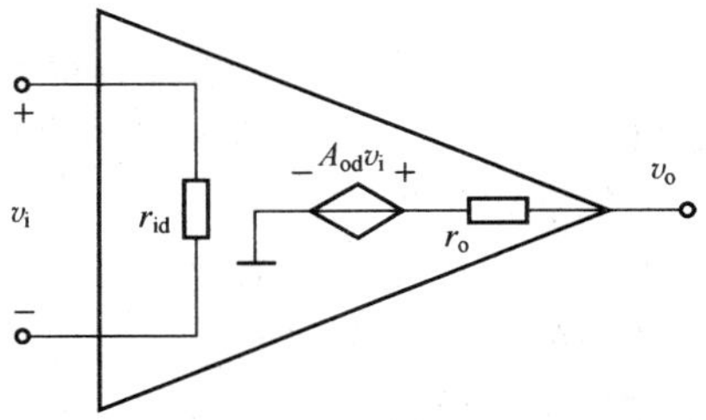

图 4.6.3　运算放大器的简化电路模型

由于实际运放与理想运放的特性比较接近，因此，在分析、计算由运算放大器组成的应用电路时，用理想运放代替实际运放所带来的误差并不算大，在一般工程计算中是允许的。

4.6.3　理想运算放大器的特点

1. 线性区的特点

1）虚短

由于在线性区，理想运算放大器的 $A_{od}=\infty$，所以，由式（4.6.1）可得

$$v_i = v_P - v_N = \frac{v_o}{A_{od}} = 0$$

即

$$v_P = v_N \tag{4.6.2}$$

式（4.6.2）表明，在线性区，理想运放的同相输入端和反相输入端等电位。这时，可把同相输入端和反相输入端之间看成“短路”，称为“虚短”。

2）虚断

由于理想运算放大器的差模输入电阻 $r_{id} = \infty$，因此，流入运放两个输入端的电流为零，即

$$I_P = I_N = 0 \tag{4.6.3}$$

所以，可认为外部电路与运算放大器输入端之间是断开的，称为“虚断”。

2. 非线性区的特点

当运放处于开环状态，或只引入了正反馈，以及输入信号幅度过大，超出线性区时，运放都工作非线性区或称饱和区。

当运放工作在非线性区时，由图 4.6.2 可知，当 $v_P > v_N$ 时，出现正饱和，$v_o \to +V_{om}$（接近$+V_{CC}$）；当 $v_P < v_N$ 时，出现负饱和，$v_o \to -V_{om}$（接近$-V_{EE}$）。

由于理想运放的输入电阻 $r_{id} = \infty$，在非线性区，运放仍存在“虚断”特点，但因这时 $v_P \neq v_N$，“虚短”特点不再存在。

4.7 集成运放的种类和使用注意事项

4.7.1 集成运放的种类

集成运放种类繁多，性能各异，有多种分类方法。按照性能不同，集成运放可分为通用型和专用型两大类。

通用型运放的各种参数指标都不算太高，但比较均衡。其价格便宜，应用范围广，通用性强，基本上能兼顾到各方面的要求。适用于量大面广、没有特殊要求的场合。μA741 是典型的通用型集成运放。

专用型运放在某一项或几项性能上特别优良，而其他参数一般。适用于对某些性能有特殊要求的场合。专用型运放的种类很多，主要有高精度型（仪用型）、高速型、高阻型、低功耗型、高电压型和大功率型等。

1. 高精度型

高精度型（仪用型）运放具有低失调、低温漂、低噪声和高增益等特点。其开环差模增益和共模抑制比均大于 100dB，失调电压和失调电流比通用型运放小两个数量级，因而也称为低漂移运放。它一般用在毫伏级或更低量级的微弱信号检测、计算及高精度自动控制仪器仪表中。因此，高精度运放又称为仪用型（即仪器仪表用）运放。

主要产品有 μA725、μPC154、μA726、μPC254、AD504、SN70288、HA2905 等，它们的失调电压温漂为 0.2～0.6μV/°C，开环差模增益大于 120dB，共模抑制比大于 110dB。

2. 高速型

高速型运放具有转换速率高、单位增益带宽宽的特点，具有快速跟踪输入信号电压的能力。产品种类很多，转换速率从每微秒几十伏到每微秒几千伏，单位增益带宽多在 10MHz 以上。主要应用在高速数据采集系统、高速 A/D 和 D/A 转换器、高速采样-保持电路、锁相环和视频放大器等电路中。

主要产品有 F715、F722、F318、4E321、μA207 等。其中，国产的 F715 的转换速率达到 100V/μs，F318 的转换速率达到 70V/μs。国外的 μA207 的转换速率达到 500V/μs，个别产品高达 1000V/μs。

3. 高输入阻抗型

高输入阻抗型运放的输入阻抗高，输入电流小，其输入阻抗一般不低于 10MΩ。它们的输入级均采用场效应管或超 β 管（其 β 值可达千倍以上），输入电阻可达 $10^{12}\Omega$ 以上。适用于小电流测量电路、高输入阻抗测量电路、光电探测器、采样-保持电路以及电荷放大器等电路。

国外的产品有 μA740、μPC1524、8007 等，其输入阻抗均在 1000GΩ 以上。国产的 F3130，输入级采用 MOS 管，输入阻抗高达 1000GΩ，I_{IB} 仅为 5pA。

4. 高电压型

高电压型运放具有输出电压高或输出功率大的特点。工作电源电压越高，输出电压的动态范围越宽。一般电源电压在±20V 以上者称为高电压型运放。采用场效应管作为输入级的集成运放，转换速率较高，其电源电压范围一般为|±15|～|±40V|。最高的电源电压可达±150V，最大输出电压可达±145V，如 BB 公司生产的 3580J 集成运放即是此类的典型产品。国内高电压运放有 F1536、BG315、F143 等。

5. 大功率型

大功率型运放的输出电流大、电源电压高、输出功率大。普通运放的输出电流为 10～20mA，而大功率型运放的输出电流则高于 50mA，有的甚至可达几十安培，电源电压高达正负几十伏，输出功率可达几十瓦。

6. 低功耗型

低功耗型运放具有静态功耗低（一般在 5mW 以下）、工作电源电压低等特点，其他方面的性能与通用型运放的相当。它们的电源电压在几伏以下，电流为几十微安，功耗只有几毫瓦，甚至更小，适用于便携式仪器、航空航天仪器中。

例如，TLC2252 是一款微功耗高性能集成运放，它的功耗仅为 180μW，工作电压为 5V。

7. 多元型

多元型运放也叫复合运放，它是在一个芯片上同时集成两个或两个以上独立的运放，主要产品有 F747、F1437、F1537、F1558、F347、F4558、XFC80、BG320、5G353 等。

8. 单电源型

一般集成运放都是采用双电源工作，若用单电源，则需在电路上采取分压的办法。双电源型运放有正负供电系统，必然增加设备的体积和重量，因此在某些场合需要单电源工作的运放，例如航空、航天及野外使用，对电源的体积、重量要求轻的电子设备。主要产品有 F3140、F124、F158、F358、7XC348、SF324 等。

除通用型和上述专用型集成运放外，还有为完成某些特定功能而设计的集成运放，如仪表用放大器、隔离放大器、缓冲放大器、对数/指数放大器等。具有可控性的集成运放，如利用外加电压控制增益的可变开环差模增益集成运放、通过选通端选择被放大信号通道的多通道集成运放等。而且随着新技术、新工艺的不断发展，还会有更多新产品出现。

4.7.2 典型集成运放芯片介绍

1. LM324

LM324（通用型四运放）是一片很受用户欢迎的通用型集成运放，其结构如图 4.7.1（a）所示。

① 它既可以双电源供电，也可以单电源供电，而且电源电压范围宽（双电源时为|±1.5|～|±15V|，单电源时 3～30V），操作比较方便。

② 差模增益高（100dB），静态功耗低，单位增益带宽（1MHz）基本能满足通常要求，功能通用。

③ 一块芯片集成了四个运放，结构紧凑，物美价廉。

2. OP07

OP07（低失调单运放）的典型特征是输入失调电压非常低（最大 25μV），这使得它无需进行外部调零。OP07 的特点还包括：低偏流（±2nA），高增益（300V/mV）。这些特点使得 OP07 在高增益仪器设备中得到广泛应用。OP07 的其他参数为：温度漂移 0.6μV/°C，最大噪声为 0.6μV，输入电压范围为−4～+4V，电源电压范围|±3|～|±18|V，共模抑制比 110dB。其缺点是速度不高，只能用于低频场合。OP07 的结构如图 4.7.1（b）所示。

3. LF353

LF353（双电路 JEFT 输入运放）是使用极为广泛的普通型双运放芯片，如图 4.7.1（c）所示。它的主要技术参数：输入失调电压为 5mV，温度漂移为 10μV/°C，偏置电流为 50pA，增益带宽积为 4MHz，转换速率为 13V/μs，最大电源电压为±18V，工作电流为 3.6mA（双电路），差模输入电压为±30V，共模输入电压为±15V，共模抑制比为 100dB。可见，其特点是工作电压高，频率响应快。

4. ICL7650

ICL7650（斩波稳零运放）的管脚排列如图 4.7.1（d）所示。它的主要特点是：输入失调电压极低（1μV），低工作电流（2mA），低偏置电流（10pA），温度漂移为 0.1μV/°C，最大噪声为 2μV，输入电压范围（−0.3～+0.3V），电源电压（$V_+ - V_- = 18V$），共模抑制比为 130dB。

ICL7650 根据温度范围和封装形式的不同有很多具体型号，它与 ICL7653 通用。由于采用了斩波稳零措施，所以它的失调电压非常低，可用于放大非常微弱的直流信号，因此常用于测试设备中。

5. AD508

AD508（高精度运放）是美国模拟器件公司生产的产品，是一种高精度运放，其运算精度高达 0.003%。

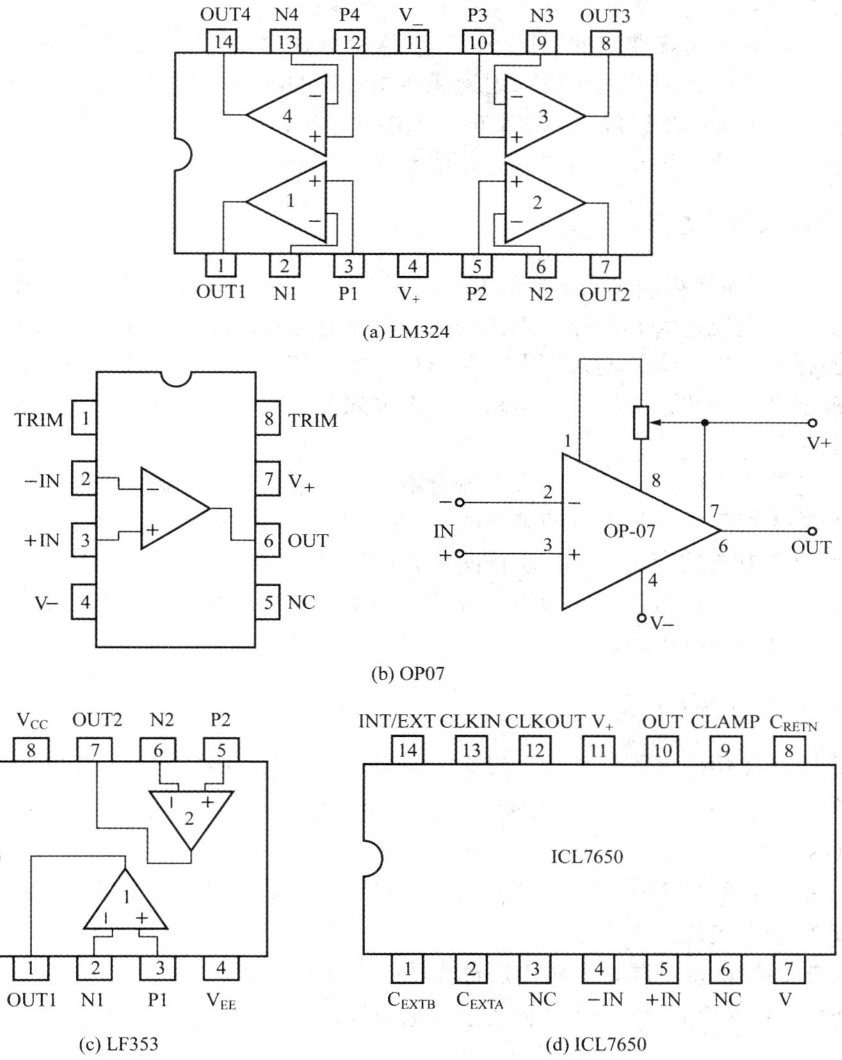

图 4.7.1 典型集成运放

4.7.3 集成运放的使用注意事项

1. 集成运放的选用

选择集成运放时，应从以下几个方面考虑。

首先，根据信号源是电压源还是电流源、信号源内阻的大小、信号的幅值及频率范围等，选择输入电阻 r_{id}、单位增益带宽、转换速率等参数符合要求的运放。

其次，根据精度和灵敏度要求，选择开环电压增益 A_{od}、失调电压 V_{IO}、失调电流 I_{IO}、转换速率 S_R；根据环境温度变化范围，选择失调电压温漂 $\frac{dV_{IO}}{dT}$、失调电流温漂 $\frac{dI_{IO}}{dT}$ 等参数；根据对电源和功耗有无限制，选择电源电压和功耗的大小。

最后，根据负载电阻的大小，确定所需运放的输出电压和输出电流的幅值。对于容性负载或感性负载，还要考虑它们对频率参数的影响。

应当指出，在无特殊要求的情况下，一般应首选通用型运放，只有当通用型运放不能满足要求时，才考虑选用专用运放。因为通用型运放的各项参数比较均衡，可获得满意的性能价格比。至于专用型运放，虽然某项技术参数很突出，但其他参数常难以兼顾，例如，低噪声运放的带宽往往较窄，而高速与高精度常常有矛盾等。

2. 集成运放的静态调试

通常，在使用前要粗测集成运放的好坏。可以用万用表的电阻中挡（“×100Ω”或“×1kΩ”挡，避免电压或电流过大）对照管脚排列图，测试有无短路或断路现象。由于失调电压和失调电流的存在，集成运放输入为零时输出往往不为零。对于内部没有自动稳零措施的运放，则需根据产品说明，外加调零电路，使之输入为零时输出为零。调零电路中的电位器应为精密电阻。

对于单电源供电的集成运放，应加偏置电路，设置合适的静态输出电压。通常，在集成运放两个输入端静态电位为电源电压的 1/2 时，使输出电压等于电源电压的 1/2，以便能放大正、负两个方向的变化信号，且使两个方向的最大输出电压基本相同。

为防止电路产生自激振荡，应在集成运放的电源端加去耦电容。有的集成运放还需根据产品说明，外加消振电容。

3. 集成运放的保护电路

集成运放在使用中常因输入信号过大、电源电压过高或极性接反、输出端直接接“地”或接电源等原因而损坏。因此，为保证运放安全工作，应从以下三个方面进行保护。

1）输入保护

一般情况下，运放工作在开环状态时，容易因差模输入电压过大而损坏；在闭环状态时，易因共模输入电压过大而损坏。

图 4.7.2（a）所示是防止差模电压过大的保护电路。由于二极管的作用，集成运放的最大差模输入电压幅值被限制在二极管的导通电压±V_D。图 4.7.2（b）所示是防止共模电压

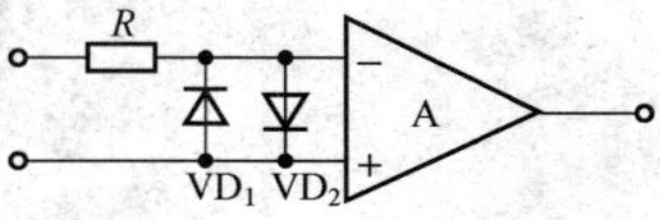

(a) 防止差模输入信号过大

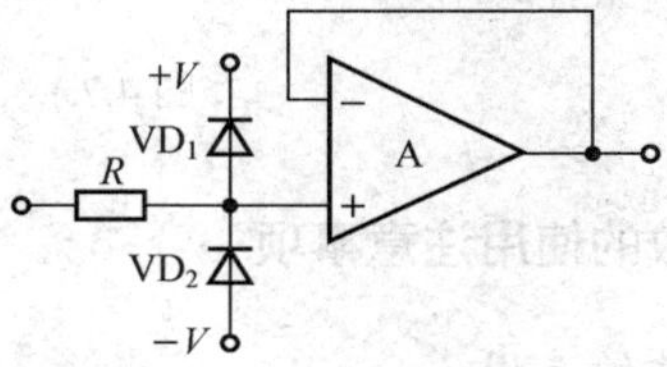

(b) 防止共模输入信号过大

图 4.7.2 输入保护措施

过大的保护电路，通过正负电源±V和二极管的作用，集成运放的最大共模输入电压被限制在±（$V+V_D$）。

2）输出保护

当集成运放输出端对地或对电源短路时，如果没有保护措施，集成运放内部输出级的管子将会因电流过大而损坏。图 4.7.3 所示为输出端保护电路，限流电阻 R 与稳压管 VD_Z 构成的限幅电路，一方面将负载与集成运放输出端隔离开来，限制了运放的输出电流；另一方面也限制了输出电压的幅值。稳压管为双向稳压管，故输出电压的最大幅值近似等于稳压管的稳定电压±V_Z。当然，任何保护措施都是有限度的，若将图示电路的输出端直接接电源，则稳压管会损坏，使电路的输出电阻大大提高，影响了电路的性能。

3）电源端保护

为防止因电源极性接反而损坏集成运放，可利用二极管的单向导电性，将其串联在电源端实现保护，如图 4.7.4 所示。

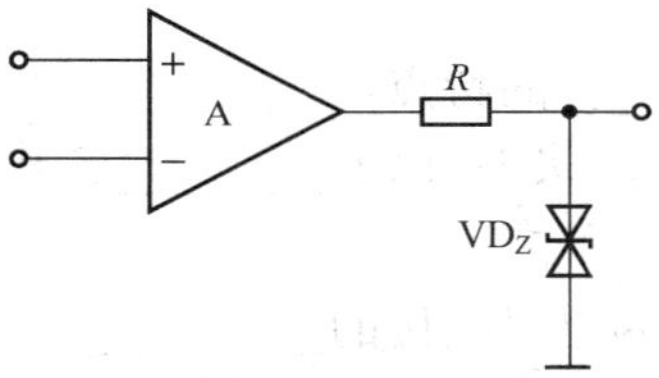

图 4.7.3　输出保护电路

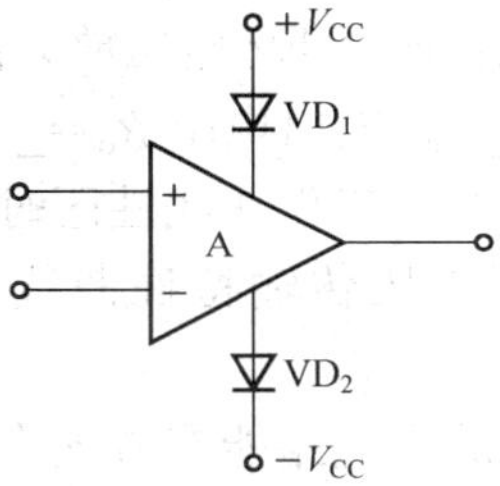

图 4.7.4　电源端保护

小　结

本章主要介绍了集成运放的电路组成、结构特点、集成运放中的电流源、差分放大电路、主要性能指标、种类及使用方法等内容。

（1）集成运算放大电路是用集成工艺制成的一种高性能直接耦合多级放大电路。集成运放内部电路通常由输入级、中间级、输出级和偏置电路四部分组成。为了抑制温漂和提高共模抑制比，输入级多采用差分放大电路；中间级为电压放大级，常采用共射极电路；输出级多采用互补对称功率放大电路；偏置电路由电流源电路构成。所以差分放大电路、电流源电路是集成运算放大电路中最常用的基本单元电路。

（2）为了抑制温漂，同时提高共模抑制比，常采用差分放大电路作为集成运放的输入级。差分放大电路对差模信号具有很强的放大能力，对共模信号（温度漂移）却具有很强的抑制能力。差分放大电路的分析主要以长尾式差分放大电路为主，包括静态分析和动态分析。根据输入、输出端的连接方式，差分放大电路分为双端输入-双端输出、双端输入-单端输出、单端输入-双端输出和单端输入-单端输出四种形式。

（3）电流源电路具有等效直流电阻小、交流电阻大的特点，并且具有温度补偿作用。作为模拟集成电路中广泛使用的一种单元电路，电流源电路不仅可以为放大电路提供稳定的偏置电流，还可以作为有源负载，从而大大提高了运放的电压增益。基本的电流源电路有镜像电流源、微电流源和比例电流源。

（4）集成运放的主要性能指标有 A_{od}、r_{id}、V_{IO} 和 dV_{IO}/dT、I_{IO} 和 dI_{IO}/dT、−3dB 带宽 f_H、单位增益带宽 f_c 和 S_R 等。通用型运放各方面参数比较均衡，适合一般应用；特殊型运放在某些方面的性能指标特别优秀，适合有特殊要求的场合。

（5）使用运放时应注意调零、频率补偿和必要的保护措施。目前多数产品内部有补偿电容，部分产品内部有稳零措施。

习 题

4.1 填空题。

（1）通用型集成运放通常由________、________、________和________等四部分组成。

（2）集成运放的两个输入端分别为________输入端和________输入端。

（3）理想运放的开环电压放大倍数 A_{od}=________、共模抑制比 K_{CMR}=________、输入电阻 R_{id}=________、输出电阻 R_{od}=________。

（4）理想运放工作在线性区时具有________和________的特点。

（5）根据电压传输特性曲线可知，理想运放的工作状态分为________工作状态和________工作状态。

（6）差分放大电路能有效地克服温漂，这主要是因为电路结构的________。

（7）双端输出的差分放大电路，若电路完全对称，则共模电压放大倍数等于________。

（8）在单端输出差分放大电路中，差模电压增益 A_{d2}=50，共模电压增益 A_c=−0.5，若输入电压 v_{i1}=80mV、v_{i2}=60mV，则输出电压 v_{c2}=________。

（9）若差分放大电路两输入端电压分别为 v_{i1}=10mV、v_{i2}=4mV，则等值差模输入信号 v_{id}=________mV，等值共模输入信号 v_{ic}=________mV。若双端输出的差模电压放大倍数 A_d=−10，则输出电压 v_o=________mV。

（10）已知某差分放大电路的差模增益 A_d=100，共模增益 A_c=0，试问：

① v_{i1}=5mV、v_{i2}=5mV 时，v_o=________。

② v_{i1}=5mV、v_{i2}=−5mV 时，v_o=________。

③ v_{i1}=10mV、v_{i2}=0mV 时，v_o=________。

④ v_{i1}=−5mV、v_{i2}=5mV 时，v_o=________。

4.2 选择题。

（1）集成运放的输入级采用差分放大电路主要是为了（ ）。

A. 提高输入电阻　　B. 减小输出电阻

C. 克服温度漂移　　D. 提高放大倍数

（2）为提高电压放大倍数，集成运放的中间级多采用（ ）。

A. 共射极放大电路　　B. 共集电极放大电路　　C. 共基极放大电路

（3）集成运放的输出级一般采用（ ）。

A. 共基极放大电路　　B. 阻容耦合电路　　C. 互补对称电路

（4）集成运放电路采用直接耦合的主要原因是（ ）。

A. 提高放大倍数　　B. 减小温漂

C. 集成电路工艺难以制造大容量的电容和电感

（5）差分放大电路的差模信号是两个输入端信号的（　　）；共模信号是两个输入端信号的（　　）。

A. 差　　B. 和　　C. 平均值

（6）用恒流源取代长尾式差分放大电路中的发射极电阻 R_e，将使电路的（　　）。

A. 差模放大倍数数值增大

B. 抑制共模信号的能力增强

C. 差模输入电阻增大

（7）由于电流源中流过的电流恒定，因此它的等效交流电阻（　　）。

A. 很大　　B. 很小　　C. 等于零

（8）集成运放用作放大器使用时，它（　　）。

A. 能放大直流信号，不能放大交流信号

B. 能放大交流信号，不能放大直流信号

C. 既能放大直流信号，也能放大交流信号

（9）通用型集成运放适用于放大（　　）。

A. 高频信号　　B. 低频信号　　C. 任何频率的信号

（10）共模抑制比是（　　）之比。

A. 差模输入信号与共模输入信号　　B. 差模增益与共模增益

C. 输出量中差模成分与共模成分

4.3　差分放大电路如图 T4.1 所示，电路参数理想对称，V_{BE} 近以等于 0.7V，$r_{bb'}=200\Omega$，$R_{c1}=R_{c2}=20\text{k}\Omega$，$R_e=20\text{k}\Omega$，$V_{CC}=V_{EE}=15\text{V}$，$\beta_1=\beta_2=50$。

（1）求电路的静态工作点。

（2）求差模电压放大倍数、共模电压放大倍数和共模抑制比。

（3）求 $v_{i1}=8\text{mV}$、$v_{i2}=2\text{mV}$ 时的输出电压 v_o。

4.4　差分放大电路如图 T4.2 所示，设 $R_{c1}=R_{c2}=5\text{k}\Omega$，$R_L=10\text{k}\Omega$，晶体三极管的电流放大倍数 $\beta_1=\beta_2=100$，V_{BE} 近以等于 0.7V，$r_{bb'}=200\Omega$，电流源的电流 $I=1.04\text{mA}$。求电路的差模电压放大倍数、差模输入电阻和差模输出电阻。

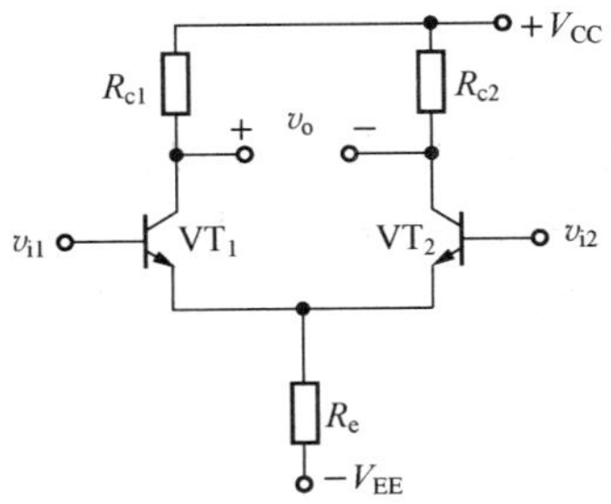

图 T4.1　习题 4.3 电路

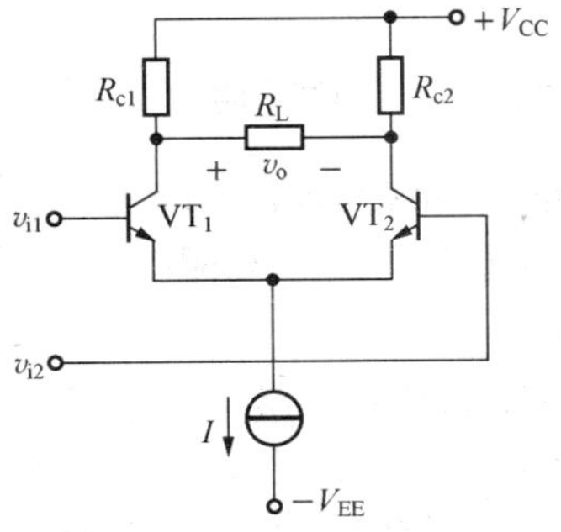

图 T4.2　习题 4.4 电路

4.5　电路如图 T4.3 所示，VT$_1$ 管和 VT$_2$ 管的 β 均为 100，r_{be} 均为 2kΩ，输入直流信号 $v_{i1}=15\text{mV}$，$v_{i2}=5\text{mV}$。分别求出电路的共模输入电压 v_{ic}，差模输入电压 v_{id} 和输出动态电压 Δv_o。

4.6　图 T4.4 所示电路是型号为 F007 的通用型集成运放的电流源部分。电路中所有晶

体三极管的 β 均为 5，V_{BE} 均为 0.7V。试求出电路中的 I_R 和 I_{C13} 的值，写出求 I_{C10} 的表达式。

4.7 电路如图 T4.5 所示，晶体三极管 VT_2 和 VT_3 的特性一致，且 β 足够大。

（1）VT_2、VT_3 和 R 组成什么电路？在电路中起什么作用？

（2）写出此电路输出电阻的表达式。

4.8 在图 T4.6 中的哪些接法可以构成复合管？如果可以构成复合管，标出它们等效管的类型（如 NPN 型、PNP 型、N 沟道结型……）及管脚（b、e、c、d、g、s）。

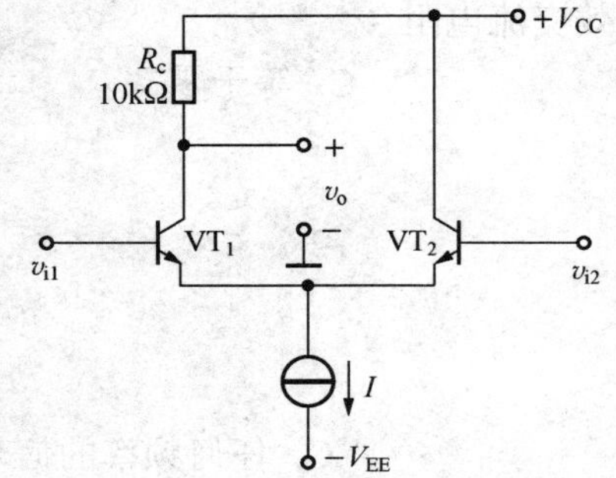

图 T4.3 习题 4.5 电路

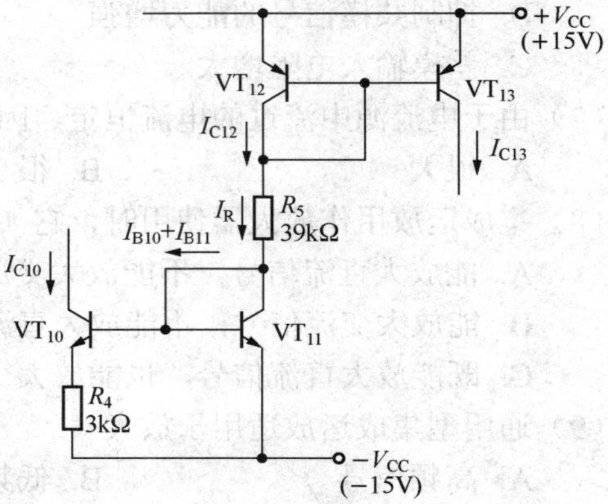

图 T4.4 习题 4.6 电路

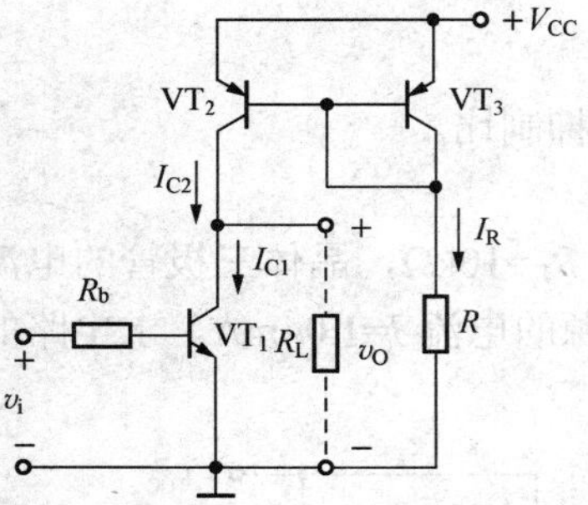

图 T4.5 习题 4.7 电路

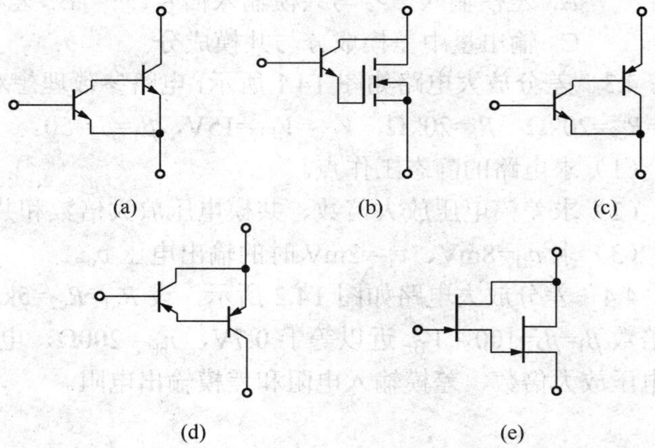

图 T4.6 习题 4.8 电路

4.9 根据下列要求，将应优先考虑使用的集成运放填入空格内。已知现有集成运放的类型是：①通用型；②高阻型；③高速型；④低功耗型；⑤高电压型；⑥大功率型；⑦高精度型。

（1）用作低频放大器，应选用________。

（2）用作宽频带放大器，应选用________。

（3）用作幅值为 1μV 以下微弱信号的量测放大器，应选用________。

（4）用作内阻为 100kΩ 信号源的放大器，应选用________。

（5）负载需要 5A 电流驱动的放大器，应选用________。

（6）要求输出电压幅值为±80V 的放大器，应选用________。

（7）航空航天仪器中所用的放大器，应选用________。

4.10　已知几个集成运放的参数如表 T4.1 所示，试分别说明它们各属于哪种类型的运放。

表 T4.1　习题 4.10 的表

特性指标	A_{od}	r_{id}	V_{IO}	I_{IO}	I_{IB}	$-3dBf_H$	K_{CMR}	S_R	单位增益带宽
单位	dB	MΩ	mV	nA	nA	Hz	dB	V/μV	MHz
A_1	100	2	5	200	600	7	86	0.5	
A_2	130	2	0.01	2	40	7	120	0.5	
A_3	100	1000	5	0.02	0.03		86	0.5	5
A_4	100	2	2	20	150		96	65	12.5

第 5 章　负反馈放大电路

本章学习目的和要求：

1. 掌握反馈的基本概念和反馈类型的判断方法。
2. 掌握深度负反馈条件下放大电路的分析方法。
3. 理解负反馈对放大电路性能的影响。
4. 初步学会根据需要在放大电路中引入反馈的方法。
5. 了解负反馈放大电路产生自激振荡的原因、稳定判据和消除自激振荡的方法。

5.1　反馈的基本概念及分类

反馈是电子技术和自动控制中一个重要概念，负反馈可以使放大电路的很多性能得到改善。实际的放大电路几乎都有负反馈。

5.1.1　反馈的基本概念

如图 5.1.1 所示为反馈放大电路的原理框图，它由基本放大电路和反馈通路两部分组成，图中箭头代表信号的传输方向。其中，$\dot{X}_f$ 是反馈量，它是把放大电路的输出量 $\dot{X}_o$ 的一部分或全部取出来，通过反馈通路反送到输入端的电量（电压或电流）；$\dot{X}'_i$ 是净输入量，它是输入量 $\dot{X}_i$ 和反馈量 $\dot{X}_f$ 在输入端叠加的结果，是基本放大电路的输入量。

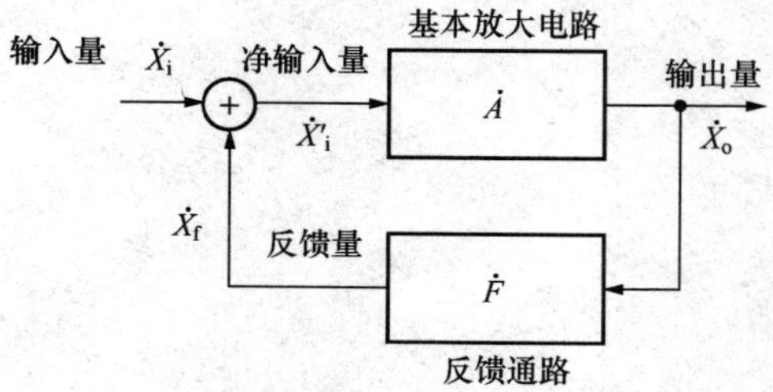

图 5.1.1　反馈放大电路的原理框图

将放大电路的输出量 $\dot{X}_o$（电压或电流）的一部分（或全部）通过某一电路或元件送回到输入端，以影响输入量的过程，称为反馈。实现反馈的电路或元件称为反馈通路或反馈元件。

引入反馈以后，基本放大电路和反馈通路构成一个闭合环路，简称闭环。未引入反馈的称为开环。

在放大电路中，如果除了放大通路（基本放大电路）以外，在输出和输入间还有反馈通路，说明电路中引入了反馈，否则没有反馈。

例 5.1.1　判断如图 5.1.2 所示各电路中是否有反馈。

解： 在如图 5.1.2（a）所示电路中，除了放大通路（运算放大器）以外，在输出与输入间没有反馈通路。因此，电路中没有反馈。运放处于开环状态。

在图 5.1.2（b）中，除了放大通路以外，在输出与输入间还有由 R_2 组成的反馈通路，因此，电路中有反馈，运放处于闭环状态。

图 5.1.2（c）电路是第 2 章介绍过的静态工作点稳定电路。对直流信号，发射极旁路电容开路，发射极电阻 R_e 既在输入回路，又在输出回路，构成了输入、输出间的反馈通路。因此，R_e 对直流信号有反馈作用。图 5.1.2（c）中，R_e 两端的直流电压 $V_f \approx I_{CQ}R_e$，由该式可知，电路是把输出电流 I_{CQ} 通过 R_e 以电压的形式送（反馈）到输入回路的。该电路正是利用 R_e 对直流信号的（负）反馈作用来稳定静态工作点的。

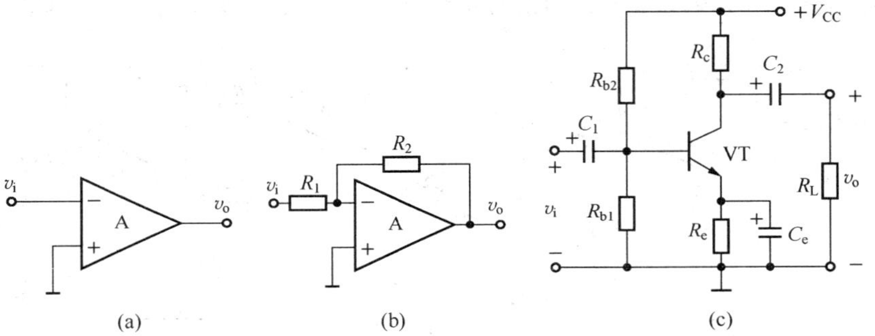

图 5.1.2　例 5.1.1 电路图

对交流信号，R_e 被发射极电容 C_e 短路（旁路），发射极接地，输入、输出间没有了反馈通路。因此，R_e 对交流信号没有反馈作用。

5.1.2　反馈的类型及判断

反馈有正反馈、负反馈，直流反馈、交流反馈，电压反馈、电流反馈，串联反馈、并联反馈等类型。

1. 正反馈与负反馈

引入反馈后使净输入量减小的反馈称为负反馈，使净输入量增大的反馈称为正反馈。

通常用瞬时极性法来判断正反馈和负反馈，具体方法如下所述。

首先，在反馈通路和输入端的连接处加一瞬时极性为“+”或“−”的信号。然后，根据放大电路输入、输出的相位关系，逐级标出该时刻有关节点电压的瞬时极性。若反馈到输入端的信号极性，与输入端所加的信号极性相同是正反馈，相反则是负反馈。

例 5.1.2　判断如图 5.1.3 所示各电路中引入的反馈极性。

解： 在图 5.1.3（a）所示电路中，反馈通路（R_2）与输入端的连接处是 A 的反相输入端。所以，假设在 A 的反相端加一瞬时极性对地为“+”的信号，则经过运放的反相放大，输出信号的瞬时极性为“−”，电阻 R_2 不产生相位移，该“−”信号通过电阻 R_2 反馈到 A 的反相输入端的信号极性仍为“−”，与所加的信号极性相反。因此，该反馈是负反馈。

按照同样方法可判断如图 5.1.3（b）所示电路中，R_2 引入的反馈是正反馈。

在如图 5.1.3（c）所示电路中，反馈通路（R_7）和输入端的连接处是 VT_1 的发射极。

所以，假设在 VT_1 的发射极加一瞬时极性对地为“+”的信号。由于晶体三极管的集电极输出与发射极输入信号相位相同，故 VT_1 的集电极的信号瞬时极性为“+”；由于耦合电容对交流信号可视为短路，不产生相位移，因此，VT_2 的基极信号瞬时极性对地也为“+”；又由于晶体三极管的发射极输出信号极性与基极输入信号相位相同，故 VT_2 的发射极为“+”；该“+”极性的信号通过电阻 R_7 反馈到 VT_1 的发射极仍为“+”，与所加的信号极性相同，因此，该反馈是正反馈。

在如图 5.1.3（d）所示电路中，反馈通路和输入端的连接处是 VT_1 的基极，所以，假设在 VT_1 的基极加一瞬时极性对地为“+”的信号，晶体管的集电极输出与基极输入信号相位相反，故 VT_1 的集电极的信号瞬时极性为“-”；即 VT_2 的基极信号瞬时极性对地为“-”，VT_2 的发射极也为“-”；该“-”信号通过电阻 R_4 反馈到 VT_1 的基极信号极性仍是“-”。这样，反馈回来的信号极性与所加的信号极性相反，因此，该反馈是负反馈。

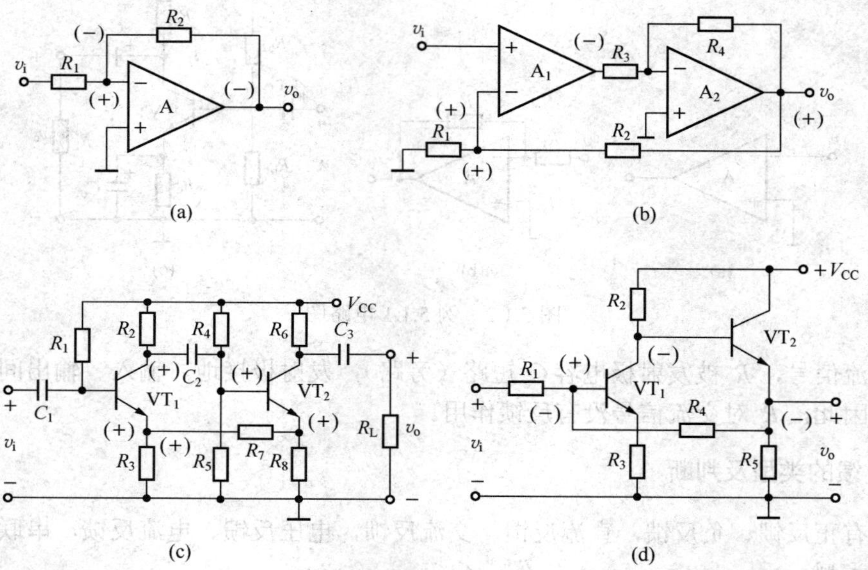

图 5.1.3 例 5.1.2 电路图

2. 直流反馈与交流反馈

对直流量有反馈作用的反馈，称为直流反馈。对交流量有反馈作用的反馈，则称为交流反馈。对交、直流量都有反馈作用的反馈，则称为交、直流反馈。

直流反馈影响放大电路的直流性能，如静态工作点。交流反馈影响放大电路的交流性能，如电压放大倍数、输入电阻和输出电阻等。

如上所述，例 5.1.3（c）中的电路，R_e 只对直流信号有负反馈作用，因此，可以通过它来稳定静态工作点（直流量）。

根据交、直流反馈的定义可知，在直流通路中存在的反馈一定是直流反馈，在交流通路中存在的反馈一定是交流反馈，在交、直流通路中都存在的反馈则为交、直流反馈。

例 5.1.3 判断如图 5.1.4 所示各电路中引入的是直流反馈还是交流反馈。

解：在如图 5.1.4（a）所示电路中，由于电容 C 对直流相当于开路，使输出与输入间没有了反馈通路。因此，电路中没有直流反馈。对交流信号，电容 C 相当于短路，R_2 成为反馈通路，因此，电路中引入了交流反馈。

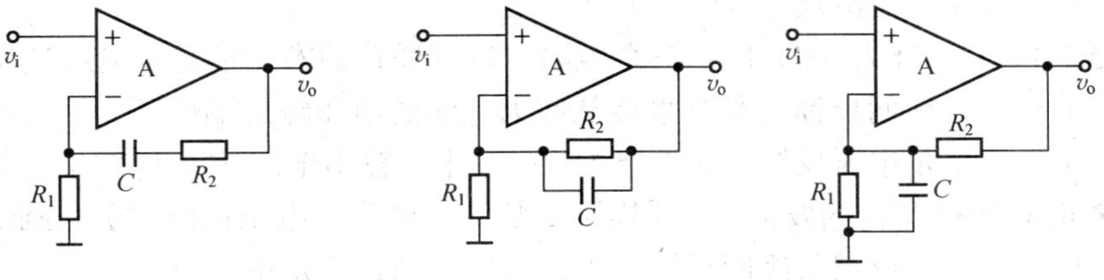

图 5.1.4　例 5.1.3 电路图

在如图 5.1.4（b）所示电路中，电容 C 对直流相当于开路，R_2 构成反馈通路。因此，电路中有直流反馈。对交流信号，电容 C 相当于短路，输出与运放的反相输入端短路形成反馈通路。因此，电路中有交流反馈。故该电路中既有直流反馈，又有交流反馈。

在如图 5.1.4（c）所示电路中，电容 C 对直流相当于开路，R_2 构成反馈通路，因此，电路中有直流反馈。对交流信号，R_1 被电容 C 短路，交流通路如图 5.1.5（a）所示，图 5.1.5（a）也可画成（等效为）图 5.1.5（b）所示。由此可见，电路中已没有反馈通路，故该电路中没有交流反馈。

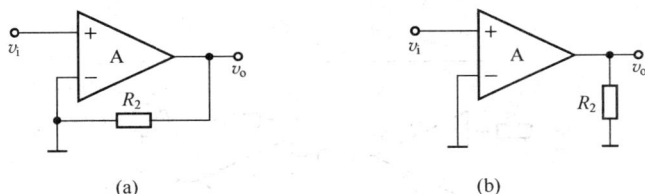

图 5.1.5　图 5.1.4（c）电路的交流通路

3. 本级反馈与级间反馈

通常，在多级放大电路中，每级电路各自的反馈称为本级反馈或局部反馈，而跨接在多级之间的反馈称为级间反馈。如图 5.1.3（b）中的 R_2 为级间反馈，R_4 为第二级 A_2 的本级反馈。图 5.1.3（c）中的 R_7 为级间反馈，R_3 和 R_8 分别为第一级和第二级的本级反馈。

本章重点介绍级间反馈。

4. 电压反馈与电流反馈

如果反馈信号取自输出电压，反馈信号与输出电压成比例，这种反馈称为电压反馈。如果反馈信号取之输出电流，反馈信号与输出电流成比例，这种反馈称为电流反馈。

判断电压、电流反馈的常用方法是“输出短路法”，即假设输出电压 $\dot{V}_o=0$（或假设负载电阻短路），看反馈信号是否存在，若反馈信号不存在了，则说明反馈信号与输出电压成比例，是电压反馈；若反馈信号还存在，则说明反馈信号不是与输出电压成比例，而是与输出电流成比例，则是电流反馈。

由于放大电路的输出电压 $\dot{V}_o$（负载电阻 R_L 两端的电压），绝大多数情况是取自电路的输出端到地之间。这时，可采用以下简单、直观的判断方法来判断是电压反馈还是电流反馈。

也就是说：如果反馈是从放大电路的电压输出端（对地输出）引回到输入端的反馈，则是电压反馈；否则是电流反馈。

如图 5.1.3（a）、（b）、（d）所示三个电路，反馈通路的右端都是接电压 $\dot{V}_o$ 输出端，这三个电路中的反馈（级间反馈）都是直接从放大电路的电压输出端引回到输入端的反馈，因此，这三个反馈都是电压反馈。在图 5.1.3（c）中，输出电压从 VT_2 的集电极输出，而反馈通路 R_7 的右端接 VT_2 的发射极，反馈不是从放大电路的电压输出端引回到输入端的反馈。因此，该电路中的反馈（级间反馈）不是电压反馈，而是电流反馈。

也有少数电路的负载电阻 R_L 是浮地接法，即输出电压 $\dot{V}_o$ 不是电路输出端到地之间的电压，如图 5.1.6 所示。这时，可根据电压反馈、电流反馈的定义，采用输出短路法来判断。根据此方法，让如图 5.1.6 所示三个电路的 $\dot{V}_o$=0（R_L 短路），反馈都依然存在，因此，都是电流反馈。

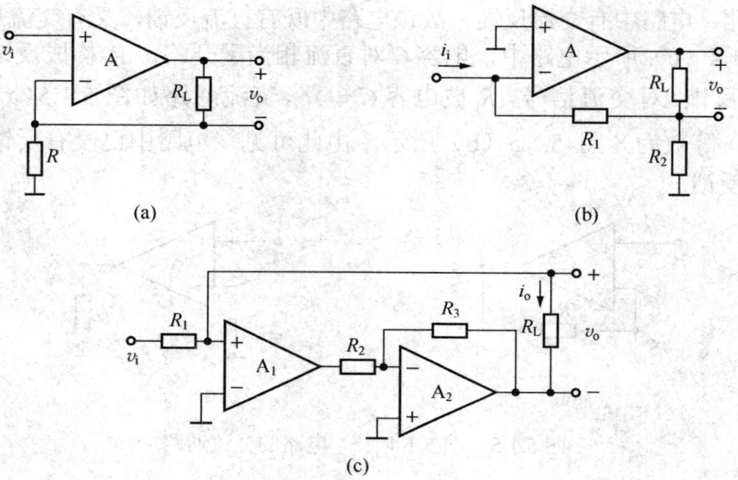

图 5.1.6　电压反馈、电流反馈的判断

5. 串联反馈与并联反馈

凡是反馈通路与基本放大电路的输入端串联连接，使反馈信号与输入信号在输入端以电压形式出现并叠加时，称为串联反馈；当反馈通路与基本放大电路的输入端并联连接，使反馈信号与输入信号在输入端以电流形式出现并叠加时，称为并联反馈。

直观地看，若反馈通路在输入端与输入信号连接到（反馈到）同一端，则是并联反馈；否则是串联反馈。

如图 5.1.3（b）和图 5.1.6（a）两电路中，输入信号 v_i 都是从运算放大器的同相端输入，而反馈通路都是连接到运算放大器的反相端，输入信号和反馈信号不在同一端，所以两者都是串联反馈。

如图 5.1.3（a）和图 5.1.6（b）两电路中，输入信号和反馈信号都是加在运算放大器的反相端，因此，二者都是并联反馈。

综上所述，负反馈放大电路有电压串联、电压并联、电流串联和电流并联四种基本组态。

5.2　负反馈放大电路放大倍数的一般表达式

在图 5.1.1 中，定义输出量与净输入量的比值为开环放大倍数 $\dot{A}$，即

$$\dot{A}=\frac{\dot{X}_o}{\dot{X}_i'} \tag{5.2.1}$$

输出量与输入量的比值为闭环放大倍数，用 $\dot{A}_f$ 表示为

$$\dot{A}_f=\frac{\dot{X}_o}{\dot{X}_i} \tag{5.2.2}$$

反馈量与输出量的比值为反馈系数，用 $\dot{F}$ 表示为

$$\dot{F}=\frac{\dot{X}_f}{\dot{X}_o} \tag{5.2.3}$$

由于 $\dot{X}_i'=\dot{X}_i-\dot{X}_f$，即 $\dot{X}_i=\dot{X}_i'+\dot{X}_f$，因此有

$$\dot{A}_f=\frac{\dot{X}_o}{\dot{X}_i}=\frac{\dot{X}_o}{\dot{X}_i'+\dot{X}_f}=\frac{\dot{X}_o}{\dot{X}_i'+\dot{A}\dot{F}\dot{X}_i'}=\frac{\dot{A}\dot{X}_i'}{\dot{X}_i'(1+\dot{A}\dot{F})}=\frac{\dot{A}}{1+\dot{A}\dot{F}} \tag{5.2.4}$$

式（5.2.4）就是反馈放大电路的一般表达式。式中，$1+\dot{A}\dot{F}$ 称为反馈深度。在中频段，$\dot{A}$、$\dot{A}_f$ 和 $\dot{F}$ 均为实数，因此，式（5.2.5）可写成

$$A_f=\frac{A}{1+AF} \tag{5.2.5}$$

根据式（5.2.5），可得出如下结论：

（1）当 $1+AF>1$ 时，$|A_f|<|A|$，说明引入反馈，放大倍数下降，这是一般的负反馈情况。

（2）当 $1+AF\gg 1$ 时，称为深度负反馈。这时，$A_f\approx\frac{1}{F}$，放大倍数是反馈系数的倒数，且只跟反馈通路中元器件的参数有关，与放大电路无关。

（3）当 $1+AF<1$ 时，$|A_f|>|A|$，说明引入反馈，放大倍数增大。这是正反馈的情况，不属于本章介绍的范围。

（4）当 $1+AF=0$ 时，$A_f\to\infty$，说明放大电路没有输入，也会有输出。这时，称电路产生了自激振荡。

5.3　深度负反馈放大电路放大倍数的近似估算

5.3.1　深度负反馈的实质

由上一节的分析可知，在深度负反馈条件下，有

$$\dot{A}_f\approx\frac{1}{\dot{F}}=\frac{\dot{X}_o}{\dot{X}_f}$$

由式（5.2.2），有

$$\dot{A}_f = \frac{\dot{X}_o}{\dot{X}_i}$$

比较这两个式子，可得深度负反馈条件下，有

$$\dot{X}_i \approx \dot{X}_f \tag{5.3.1}$$

或者为

$$\dot{X}_i' \approx 0 \tag{5.3.2}$$

对不同的反馈组态，输入量 $\dot{X}_i$、净输入量 $\dot{X}_i'$ 和反馈量 $\dot{X}_f$ 的含义不同。

（1） 对串联负反馈，由于输入量在放大电路输入端是以电压的形式相叠加，所以有

$$\dot{V}_i \approx \dot{V}_f,\quad \dot{V}_i' \approx 0 \tag{5.3.3}$$

其中，对于由运放组成的负反馈放大电路，$\dot{V}_i'=\dot{V}_P-\dot{V}_N \approx 0$，相当于 $\dot{V}_P \approx \dot{V}_N$（虚短）。对由晶体三极管组成的负反馈放大电路，$\dot{V}_i'=\dot{V}_b-\dot{V}_e \approx 0$，相当于 $\dot{V}_b \approx \dot{V}_e$。

（2） 对并联负反馈，由于输入量在放大电路输入端是以电流的形式相叠加，所以有

$$\dot{I}_i \approx \dot{I}_f,\quad \dot{I}_i' \approx 0 \tag{5.3.4}$$

其中，对于由运放组成的负反馈放大电路，有 $\dot{I}_P \approx \dot{I}_N = 0$（虚短）。对由晶体三极管组成的负反馈放大电路，有 $\dot{I}_b \approx 0$。

5.3.2 深度负反馈条件下电压放大倍数的近似估算

下面主要依据式（5.3.3）和式（5.3.4），对四种不同组态的负反馈放大电路，找出输出电压和输入电压的关系，来估算深度负反馈条件下的电压放大倍数。

1. 电压串联负反馈

图 5.3.1 所示都是电压串联负反馈电路，在深反馈条件下，根据式（5.3.3），有

$$v_i \approx v_f \tag{5.3.5}$$

对图 5.3.1（a）电路，有

$$v_f = \frac{R_1}{R_1+R_2} v_o \tag{5.3.6}$$

对图 5.3.1（b）电路，有 $v_i' = v_b - v_e \approx 0$，$i_e \approx 0$，因此，$R_6$、$R_3$ 近似串联，所以有

$$v_f = \frac{R_3}{R_3+R_6} v_o \tag{5.3.7}$$

由式（5.3.5）～式（5.3.7），可得图 5.3.1 中两电路的电压放大倍数分别为

$$A_{vf} = \frac{v_o}{v_i} \approx 1+\frac{R_2}{R_1},\quad A_{vf} = \frac{v_o}{v_i} \approx 1+\frac{R_6}{R_3}$$

在上述两个电路中，如果由于某种原因使输出电压 v_o 增加，由式（5.3.6）和式（5.3.7）可知，反馈电压 v_f 也相应增加。在输入电压不变的前提下，净输入电压 $v_i' = v_i - v_f$ 减小，经过放大器放大，使输出电压减小。因此，电压负反馈能稳定输出电压。

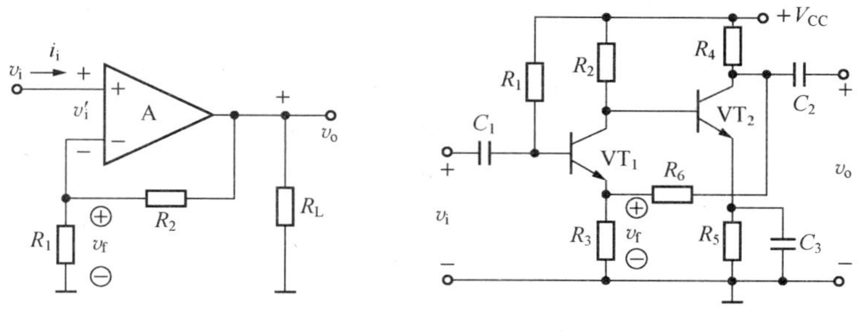

图 5.3.1　电压串联负反馈电路

2. 电流并联负反馈

图 5.3.2 所示是电流并联负反馈电路，在深负反馈条件下，根据式（5.3.4），有

$$i_{\mathrm{i}} \approx i_{\mathrm{f}} \tag{5.3.8}$$

对图 5.3.2 所示电路，$v_{\mathrm{P}} \approx v_{\mathrm{N}} = 0$，所以，$R_{\mathrm{f}}$ 和 R 近似并联，因此有

$$i_{\mathrm{f}} = \frac{R}{R_{\mathrm{f}} + R} i_{\mathrm{o}} \tag{5.3.9}$$

由图 5.3.2 得

$$i_{\mathrm{i}} = \frac{v_{\mathrm{s}}}{R_1} \tag{5.3.10}$$

$$i_{\mathrm{o}} = -\frac{v_{\mathrm{o}}}{R_{\mathrm{L}}} \tag{5.3.11}$$

由式（5.3.8）～式（5.3.11）可得电压放大倍数为

$$A_{\mathrm{vsf}} = \frac{v_{\mathrm{o}}}{v_{\mathrm{s}}} = -\left(1 + \frac{R_{\mathrm{f}}}{R}\right)\frac{R_{\mathrm{L}}}{R_1}$$

在图 5.3.2 所示电路中，如果由于某种原因使输出电流 i_{o} 增加，由式（5.3.9）可知，反馈电流 i_{f} 也相应增加，在输入电流不变的前提下，净输入电流 $i_{\mathrm{i}}' (= i_{\mathrm{i}} - i_{\mathrm{f}})$减小，经过放大器放大，使输出电流减小。因此，电流负反馈能稳定输出电流。

3. 电压并联负反馈

图 5.3.3 所示是电压并联负反馈电路，在深度负反馈条件下，根据式（5.3.4），有

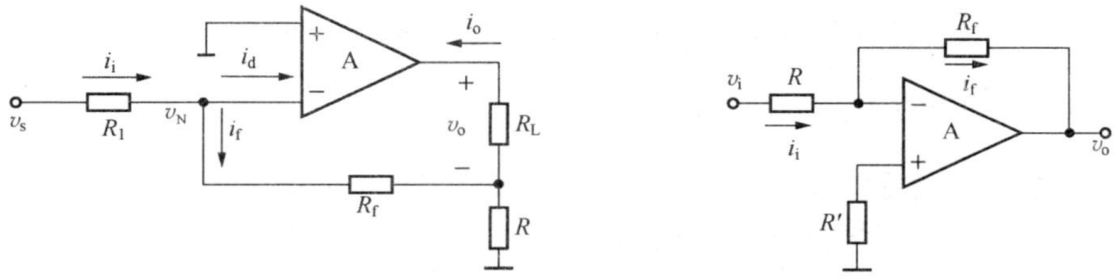

图 5.3.2　电流并联负反馈电路　　图 5.3.3　电压并联负反馈电路

$$i_i \approx i_f \tag{5.3.12}$$

对如图 5.3.3 所示电路，$v_P \approx v_N = 0$，$i_P \approx i_N = 0$，因此有

$$i_i = \frac{v_i}{R} \tag{5.3.13}$$

$$i_f = \frac{0 - v_o}{R_f} \tag{5.3.14}$$

把式（5.3.13）、式（5.3.14）代入式（5.3.12）得电压放大倍数为

$$A_{vf} = \frac{v_o}{v_i} = -\frac{R_f}{R}$$

4. 电流串联负反馈

图 5.3.4 所示电路是电流串联负反馈电路，在深度负反馈条件下，根据式（5.3.3），有

$$v_i \approx v_f$$

对如图 5.3.4 所示电路，有

$$v_i \approx v_f = i_o R_1 = \frac{v_o}{R_L} \cdot R_1$$

所以，电压放大倍数为

$$A_{vf} = \frac{v_o}{v_i} = \frac{R_L}{R_1}$$

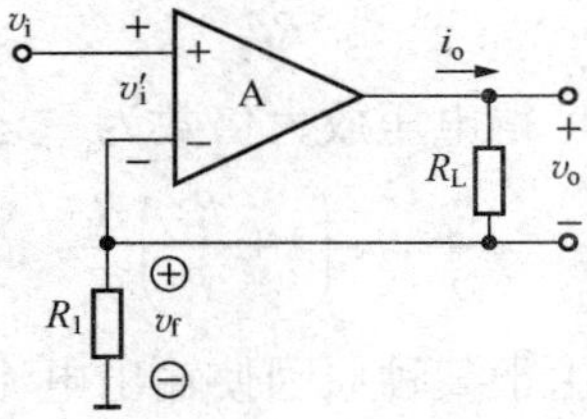

图 5.3.4 电流串联负反馈电路

5.4 负反馈对放大电路性能的影响

放大电路引入负反馈虽然使放大倍数下降，但可以改善其他性能，下面分别加以介绍。

5.4.1 提高闭环放大倍数的稳定性

放大电路的放大倍数受多种因素的影响，如环境温度、电源电压、负载大小发生变化等，都会引起放大倍数的变化。但引入负反馈后，可提高放大倍数的稳定性。

对式（5.2.5）求微分可得

$$dA_f = \frac{(1+AF)dA - AFdA}{(1+AF)^2} = \frac{dA}{(1+AF)^2}$$

两边同除以 A_f，得

$$\frac{dA_f}{A_f}=\frac{1}{1+AF}\cdot\frac{dA}{A} \tag{5.4.1}$$

式（5.4.1）表明，引入负反馈后，放大倍数的相对变化量 $\frac{dA_f}{A_f}$ 是未引入负反馈时放大倍数相对变化量 $\frac{dA}{A}$ 的 $\frac{1}{1+AF}$，或者说放大倍数的稳定性比未引入负反馈时提高了（$1+AF$）倍。$|1+AF|$ 越大，即反馈越深，闭环放大倍数的稳定性越好。

由 5.2 节的介绍可知，在深度负反馈条件下，$A_f\approx\frac{1}{F}$，即闭环放大倍数仅取决于反馈通路的反馈系数，而反馈通路一般是由一些性能稳定的无源器件（如 R、C）组成。因此，引入深度负反馈后放大倍数是比较稳定的。

5.4.2　减小非线性失真

非线性失真主要是由半导体器件的非线性引起的，如果基本放大电路存在非线性失真，则其输入、输出信号波形可能如图 5.4.1（a）所示，图中输出波形的正半周振幅大于负半周振幅。

若反馈网络由线性元件电阻构成，则反馈网络不会产生非线性失真。引入负反馈后，输入、输出波形如图 5.4.1（b）所示。失真的输出（图中虚线所示）经反馈网络，得到的仍然是失真的反馈信号。输入信号与反馈信号求和（相减），使净输入信号产生相反的失真（正半周振幅小于负半周振幅），再经基本放大电路输出，正好矫正了原来的失真，从而减小了放大电路的非线性失真。

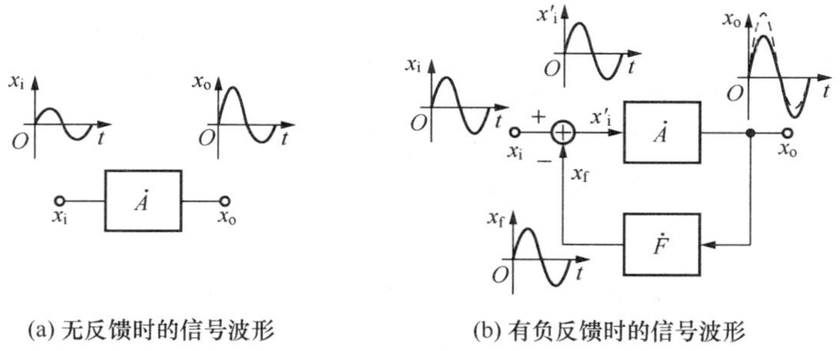

图 5.4.1　负反馈减小非线性失真示意图

需要注意的是，负反馈只能减小反馈环内产生的失真，如果输入信号本身就存在失真，负反馈则无能为力。

负反馈除了能减少非线性失真外，还能在一定程度上抑制环内噪声和干扰。但是，如果干扰或噪声随输入信号同时进入放大电路，则引入负反馈也不会对其产生任何作用。

5.4.3　展宽通频带

由 5.2 节的介绍可知，在深度负反馈条件下，放大器的放大倍数只与反馈网络的参数有关，如果反馈网络不含电抗性元件，则可近似认为反馈放大器的放大倍数与频率无关，是一个常数，因而频带很宽，而且与原放大器的带宽关系不大。

可以证明，引入负反馈以后，放大器的上、下限频率 f_{Hf}、f_{Lf} 和通频带 f_{BWf} 与未引入负反馈时的上、下限频率 f_H、f_L 和通频带 f_{BW} 之间有如下关系：

$$\begin{cases} f_{Lf} = \dfrac{f_L}{1+AF} \\ f_{Hf} = (1+AF)f_H \\ f_{BWf} = (1+AF)f_{BW} \end{cases} \tag{5.4.2}$$

由此可知，引入负反馈以后，放大电路的通频带是未引入反馈时的（1+*AF*）倍。

5.4.4 改变输入、输出电阻

1. 对输入电阻的影响

反馈对输入电阻的影响，取决于所引入的负反馈是串联反馈还是并联反馈，而与输出端是电压反馈还是电流反馈无关。

图 5.3.1（a）所示为串联负反馈电路，反馈信号 v_f 与输入信号 v_i 在输入回路中串联相叠加，结果使净输入信号 v_i' 减小，输入电流 $i_i = v_i' / r_i$ 比开环时减小（r_i 为运放的输入电阻），所以闭环输入电阻 $r_{if} = v_i / i_i$ 比开环时增大了。反馈越深，r_{if} 增加越多。

可以证明，引入串联负反馈后，输入电阻增大到原来的（1+*AF*）倍，即 $r_{if} \approx (1+AF)r_i$。

图 5.3.3（a）所示是并联负反馈电路，由于反馈电流 i_f 的分流，导致输入电流 i_i 增大，v_i 减小，从而使闭环输入电阻 $r_{if} = v_i / i_i$ 比开环时减小了。反馈越深，r_{if} 减小越多。

可以证明，引入并联负反馈后，输入电阻仅为原来的（1+*AF*）分之一，即 $r_{if} \approx r_i / (1+AF)$。

2. 对输出电阻的影响

负反馈对输出电阻的影响，取决于所引入的负反馈是电压反馈还是电流反馈，而与输入端是串联反馈还是并联反馈无关。

从 5.3.2 节的分析已知，电压负反馈能稳定输出电压，使输出端更趋于恒压源，相当于输出电阻减小。电流负反馈能稳定输出电流，使输出端更趋于恒流源，相当于输出电阻增大。

可以证明，引入负反馈以后，放大电路的输出电阻 r_{of} 与未引入反馈时的输出电阻 r_o 满足如下关系：

（1）引入电压负反馈，使输出电阻减小为原来的 $(1+AF)$ 分之一，即 $r_{of} \approx \dfrac{r_o}{1+AF}$。

（2）引入电流负反馈，使输出电阻增大为原来的 $(1+AF)$ 倍，即 $r_{of} \approx (1+AF)r_o$。

需要指出的是，负反馈对输入、输出电阻的影响，只限于反馈环内的电阻，而反馈环以外的电阻不受影响。

5.4.5 引入负反馈的一般原则

根据以上分析可知，放大电路中引入不同类型、不同组态的负反馈，对放大电路性能的影响不同。因此，在设计放大电路时，可根据不同的要求，引入相应的负反馈。

一般，引入负反馈的原则如下。

（1）为稳定静态工作点，应引入直流负反馈；为改善放大电路的动态性能，应引入交流负反馈。

（2）为稳定输出电压（希望电路的输出趋于恒压源），应引入电压负反馈；为稳定输出电流（希望电路的输出趋于恒流源），应引入电流负反馈。

（3）为增大放大电路的输入电阻，应引入串联负反馈；为减小放大电路的输入电阻，应引入并联负反馈。串联负反馈和并联负反馈的效果均与信号源内阻 R_s 的大小有关。对于串联负反馈，R_s 越小，负反馈效果越明显；对于并联负反馈，R_s 越大，负反馈效果越明显。换言之，信号源为近似恒压源时，应引入串联负反馈；信号源为近似恒流源时，应引入并联负反馈。

（4）根据输入信号对输出信号的控制关系引入不同组态的交流负反馈。若用输入电压控制输出电压，则应引入电压串联负反馈；若用输入电流控制输出电压，则应引入电压并联负反馈；若用输入电压控制输出电流，则应引入电流串联负反馈；若用输入电流控制输出电流，则应引入电流并联负反馈。

5.5　负反馈放大电路的自激振荡及消除方法

5.5.1　产生自激振荡的原因及条件

1. 自激振荡现象

根据 5.2 节分析的结果可知，在负反馈放大电路中，如果在一定条件下满足 $|1+\dot{A}\dot{F}|=0$，则有 $|\dot{A}_f|=\infty$。此时，即使没有输入信号，放大电路也会产生一定频率的信号输出，这种现象称为自激振荡。

2. 产生自激振荡的原因

在中频范围内，负反馈放大电路满足 $\varphi_A+\varphi_F=2n\pi$（$\varphi_A$、$\varphi_F$ 分别为 $\dot{A}$ 和 $\dot{F}$ 的相角），$\dot{X}_i$ 与 $\dot{X}_f$ 同相，净输入信号为二者之差，所以有 $\dot{X}_i'<\dot{X}_i$。这样，反馈使得放大电路的输出 $\dot{X}_o$ 减小，负反馈的作用能正常地体现出来。

然而，当信号频率很高或很低，超出中频范围时，$\dot{A}\dot{F}$ 将产生附加相移。实际放大器中总是存在各种频率的噪声分量，如果在某一频率下，$\dot{A}\dot{F}$ 的附加相移达到 180° 或 180° 的奇数倍时，负反馈就变成了正反馈，闭环放大倍数将大于开环放大倍数。此时如果还满足 $\dot{A}\dot{F}=-1$，那么 $|1+\dot{A}\dot{F}|=0$，则 $|\dot{A}_f|=\infty$。这时，即使没有输入信号，放大电路也会产生一定频率的信号输出，电路就产生了自激振荡。

因此，负反馈放大电路产生自激振荡的根本原因是闭环环路在高、低频条件下产生了附加相移。如果 $\dot{A}$ 和 $\dot{F}$ 在高频区或低频区产生的附加相移之和达到 180° 或 180° 的奇数倍时，使中频区的负反馈在高频区或低频区变成了正反馈，当满足一定的幅值条件时，便产生了自激振荡。这时，电路会失去正常的放大作用而处于不稳定的状态。

3. 产生自激振荡的条件

产生自激振荡的条件是$|1+\dot{A}\dot{F}|=0$，即

$$\dot{A}\dot{F}=-1 \tag{5.5.1}$$

根据上式，可分别写出自激振荡的幅值条件和相位条件为

$$|\dot{A}\dot{F}|=1 \tag{5.5.2}$$

$$\varphi_A+\varphi_F=\pm(2n+1)\pi \quad (n\text{ 为整数}) \tag{5.5.3}$$

当满足上述条件时，负反馈放大电路将产生自激振荡，放大电路处于不稳定状态。因此，放大电路应尽量避免产生自激振荡。

5.5.2 负反馈放大电路稳定性的判定

由上述分析可知，如果环路增益不满足自激振荡条件，电路将不会产生自激振荡，电路是稳定的。通常根据环路增益的频率特性来判断电路是否满足振荡条件，即是否产生自激振荡。

假设，使$\dot{A}\dot{F}$产生附加相移为$\pm\pi$的信号频率为f_0，使环路增益$20\lg|\dot{A}\dot{F}|=0\text{dB}$的信号频率称为$f_c$。如图5.5.1（a）所示，若$f_0>f_c$，则当$f=f_0$时，$20\lg|\dot{A}\dot{F}|<0\text{dB}$，即$|\dot{A}\dot{F}|<1$，不满足振荡的幅值条件，电路不会产生自激振荡，电路是稳定的。若$f_0<f_c$，如图5.4.2（b）所示，则当$f=f_0$时，$20\lg|\dot{A}\dot{F}|>0\text{dB}$，即$|\dot{A}\dot{F}|>1$，满足振荡的幅值条件，电路将产生自激振荡，这时，电路是不稳定的。

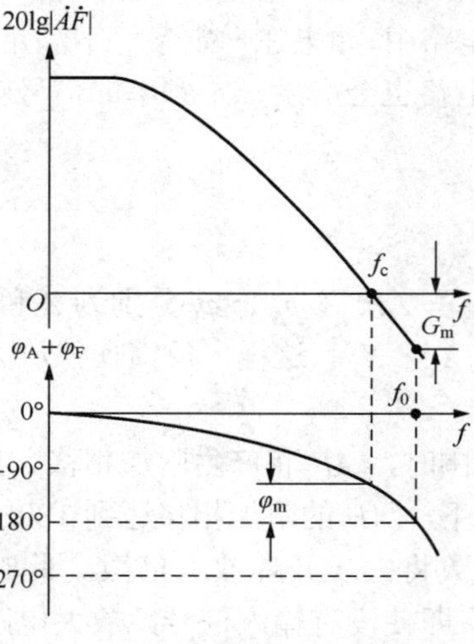

(a) 不满足自激振荡条件的情况

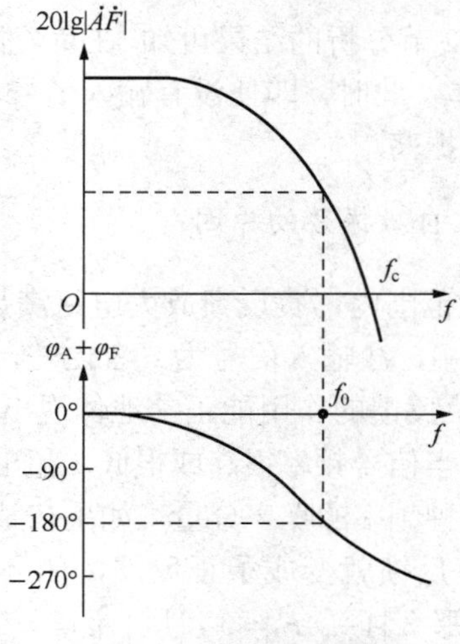

(b) 满足自激振荡条件的情况

图5.5.1　$\dot{A}\dot{F}$的频率特性曲线

在临界状态下，即当$f_0=f_c$时，电路条件稍有变化就可能产生自激振荡。为此，在工程设计上，一般要求负反馈放大电路不但是稳定的，而且还要有一定的稳定余量，称为"稳定裕度"。定义$f=f_0$时对应的幅值为幅值裕度G_m（一般用分贝数表示），即

$$G_m=20\lg\left|\dot{A}\dot{F}\right|\Big|_{f=f_0} \tag{5.5.4}$$

G_m的绝对值越大，表明电路越稳定，一般要求$G_m\leqslant-10\text{dB}$。定义$f=f_c$时所对应的

附加相移为相位裕度 φ_m，即

$$\varphi_m = 180° - |\varphi_A + \varphi_F| \big|_{f=f_c} \tag{5.5.5}$$

φ_m 越大，表明电路越稳定，一般要求 $\varphi_m \geqslant 45°$。G_m 和 φ_m 如图 5.5.1（a）所示。

5.5.3　消除自激振荡的方法

放大电路如果出现了自激振荡，就不能正常工作，必须消除。不管是由什么原因引起的，自激振荡的出现都是因为在振荡频率点满足了自激振荡的条件 $|1+\dot{A}\dot{F}|=0$。所以，要消除振荡就必须破坏这个条件。常用的方法是破坏产生振荡的相位条件，通常有超前补偿和滞后补偿两种方法。

1. 超前补偿

在多数情况下，反馈网络都可近似认为是由电阻组成的，反馈系数 $\dot{F}$ 是实数，不产生附加相移。如果在反馈网络中加入补偿电容 C，如图 5.5.2 所示，使反馈网络产生超前附加相移（$\varphi_F > 0$），而基本放大电路在高频条件下一般都产生滞后附加相移（$\varphi_A < 0$）。这样，在自激频率处，可使环路增益总的附加相移小于 180°(即 $\varphi_A + \varphi_F < 180°$)，这样就破坏了自激的相位条件。

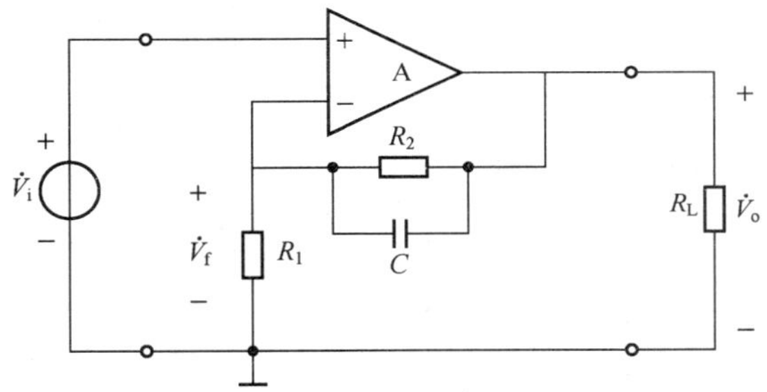

图 5.5.2　超前补偿网络

由图 5.5.2 可写出反馈系数 $\dot{F}$ 的表达式为

$$\dot{F} = \frac{\dot{V}_f}{\dot{V}_o} = \frac{R_1}{R_1 + R_2 // \dfrac{1}{j\omega C}} = \frac{R_1}{R_1 + R_2} \cdot \frac{1 + j\omega C R_2}{1 + j\omega C (R_1 // R_2)} = F_0 \frac{1 + j\dfrac{f}{f_2}}{1 + j\dfrac{f}{f_1}} \tag{5.5.6}$$

其中，$F_0 = \dfrac{R_1}{R_1 + R_2}$，$f_1 = \dfrac{1}{2\pi (R_1 // R_2) C}$，$f_2 = \dfrac{1}{2\pi R_2 C}$，并且 $f_2 < f_1$。

由式（5.5.6），可得反馈网络产生的附加相移为

$$\varphi_F = \arctan\frac{f}{f_2} - \arctan\frac{f}{f_1} > 0 \tag{5.5.7}$$

所以，引入补偿电容 C 后，反馈网络产生了超前的附加相移，破坏了自激振荡的相位条件，能使反馈放大电路稳定工作。

2. 滞后补偿

滞后补偿是在基本放大电路中合适的位置（一般是在多级放大电路中，上限截止频率最低的一级）与地之间加入一级 RC 网络。实际上，R 可由本级放大电路的输出电阻 R_c 和下级的输入电阻 R_i 并联等效电阻代替，所以通常只接入一个电容 C，如图 5.5.3（a）所示。图中的 C_1 为本级放大电路的输出电容和下级输入电容的并联等效电容，C 为接入的补偿电容。补偿网络的等效电路如图 5.5.3（b）所示。可以看出，补偿前和补偿后，该级的上限截止频率分别为

$$\begin{cases} f_{H1} = \dfrac{1}{2\pi RC_1} \\ f'_{H1} = \dfrac{1}{2\pi R(C+C_1)} \end{cases} \tag{5.5.8}$$

选择合适的电容 C，可得到如图 5.5.3（c）所示的补偿效果。由图 5.5.3（c）可以看出，补偿前，在临界频率 f_0 以内有三个拐点，即三个上限频率，$|\varphi_A+\varphi_F|>180°$，电路处于自激状态。补偿后，$f'_0$ 以内只有一个拐点，$|\varphi_A+\varphi_F|<90°$，电路处于稳定状态。由于电容 C 的并入，使滞后的附加相移更加滞后，所以称为滞后补偿。

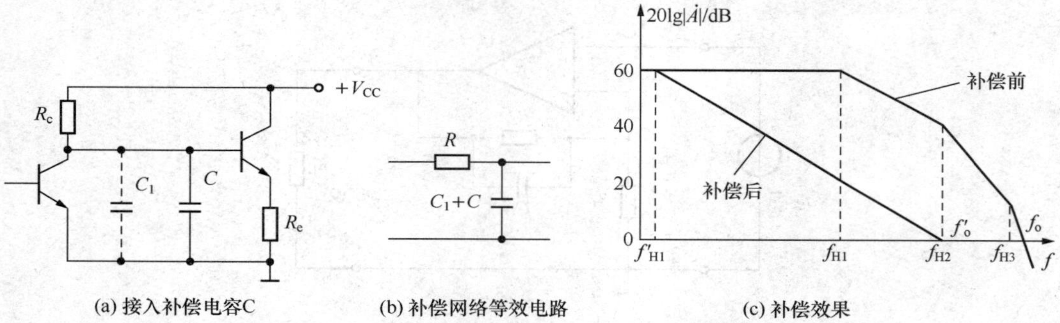

图 5.5.3 滞后补偿

小 结

本章主要介绍了反馈的基本概念、负反馈放大电路的框图及一般表达式、负反馈对放大电路性能的影响和放大电路的稳定性等问题。阐明了反馈的判断方法、深度负反馈条件下放大倍数的估算方法、根据需要正确引入负反馈的方法、负反馈放大电路稳定性的判断方法和自激振荡的消除方法等。

（1）反馈在电子技术和自动控制系统中有着非常广泛的应用，在放大电路中引入适当的负反馈可以改善放大电路的工作性能。反馈通常是指将输出量（输出电压或输出电流）的一部分或全部通过一定的电路形式引回到输入回路，用来影响其输入量（放大电路的输入电压或输入电流）的措施。它由基本放大电路和反馈网络组成。

（2）反馈放大电路按反馈信号是交流信号还是直流信号，分为交流反馈和直流反馈；按反馈的效果，分为正反馈和负反馈；按反馈信号和输入信号在输入端的连接方式，分

为串联反馈和并联反馈；按反馈信号取自输出电压还是输出电流，分为电压反馈和电流反馈。

（3）在深度负反馈条件下，可利用近似公式或“虚短”、“虚断”的概念，估算电路的电压放大倍数。

（4）放大电路中引入负反馈后，虽然会使电路的放大倍数下降，但却提高了放大倍数的稳定性，扩展了通频带，减小了非线性失真，抑制了干扰和噪声，改变了电路的输入和输出电阻。

（5）负反馈如果引入不当，会引起放大电路的自激，使电路不能正常工作。负反馈放大电路产生自激振荡的条件是 $\dot{A}\dot{F}=-1$。可以采取相位补偿的方法来消除自激振荡。

习　题

5.1　填空题。

（1）反馈放大电路由________和________两部分组成。它将输出信号的一部分或全部通过________反馈到输入回路中去。

（2）当放大电路无反馈通路、不存在反馈时，称为________；当有反馈通路、引入反馈时，称为________。

（3）直流反馈只影响放大电路的________，交流反馈只影响放大电路的________。

（4）使放大电路净输入信号减小的反馈称为________；使放大电路净输入信号增加的反馈称为________。

（5）交流负反馈有四种组态，它们分别是________、________、________、________。

（6）为提高电路的输入电阻，可引入________；为减小电路的输出电阻，可引入________；为了在负载变化时，稳定输出电流，可引入________；为了在负载变化时，稳定输出电压，可引入________。

（7）若希望获得一个电流控制的电流源，应选用________负反馈；若希望获得一个电流控制的电压源，应选用________负反馈。

5.2　选择题。

（1）直流负反馈是指（　　）。

A. 直接耦合放大电路中所引入的负反馈

B. 只有放大直流信号时才有的负反馈

C. 在直流通路中的负反馈

（2）交流负反馈是指（　　）。

A. 交流通路中的负反馈

B. 只存在于阻容耦合电路中的负反馈

C. 放大正弦波信号时才有的负反馈

（3）负反馈所能抑制的干扰和噪声是（　　）。

A. 输入信号所包含的干扰和噪声

B. 反馈环内的干扰和噪声

C. 反馈环外的干扰和噪声

（4）放大器引入负反馈后，它的放大倍数和产生的信号失真情况是（　　）。

A. 放大倍数下降，信号失真减小

B. 放大倍数下降，信号失真加大

C. 放大倍数与信号失真程度都不变

（5）若反馈深度$|1+\dot{A}\dot{F}|=0$，则放大电路工作于（　　）状态。

A. 正反馈　　B. 负反馈　　C. 自激振荡

（6）某放大电路，要求输入电阻R_i小，输出电流稳定，应引入（　　）负反馈；若需要一个阻抗变换电路，要求R_i大、R_o小，应选用（　　）负反馈放大电路。

A. 电压串联　　B. 电压并联

C. 电流串联　　D. 电流并联

（7）在放大电路中，为了稳定静态工作点可引入（　　）。

A. 直流正反馈　　B. 直流负反馈

C. 交流正反馈　　D. 交流负反馈

（8）希望减小放大电路从信号源索取的电流，可引入（　　）。

A. 电压负反馈　　B. 电流负反馈

C. 串联负反馈　　D. 并联负反馈

（9）如果希望提高放大器的输入电阻，稳定输出电压，应引入（　　）负反馈。

A. 电压串联　　B. 电压并联

C. 电流串联　　D. 电流并联

5.3　如图 T5.1 所示电路中，哪些元件组成了级间反馈通路？它们所引入的反馈是正反馈还是负反馈？是直流反馈还是交流反馈？如果是交流负反馈，判断是电压反馈还是电流反馈、串联反馈还是并联反馈。

5.4　试估算图 T5.1（b）、（c）、（d）、（h）所示电路在深度负反馈条件下的电压放大倍数。

5.5　如图 T5.1 所示各电路，哪些能稳定输出电压？哪些能稳定输出电流？哪些能增大输入电阻或减小输入电阻？哪些能增大输出电阻或减小输出电阻？

5.6　如图 T5.2 所示电路，试分别按下列要求将信号源v_s、电阻R_f正确接入该电路。（1）引入电压串联负反馈；（2）引入电压并联负反馈；（3）引入电流串联负反馈；（4）引入电流并联负反馈。

5.7　一个电压串联负反馈放大电路，当输入电压为 0.1V 时，输出电压为 2V。去掉反馈后，当输入电压为 0.1V 时，输出电压为 4V。试计算电路的反馈系数。

5.8　已知负反馈放大电路的开环放大倍数和反馈系数分别为$A=10^4$，$F=2\times10^{-2}$。

（1）求闭环放大倍数A_f。

（2）若A的相对变化量为 10%，则A_f的相对变化量为多少？

5.9　已知某电压串联负反馈放大电路的闭环电压放大倍数$A_{vf}=25$，其基本放大电路的电压放大倍数A_v的相对变化量为 15%，闭环电压放大倍数A_{vf}的相对变化量小于 0.15%，试求电路的反馈系数F和开环放大倍数A_v各为多少？

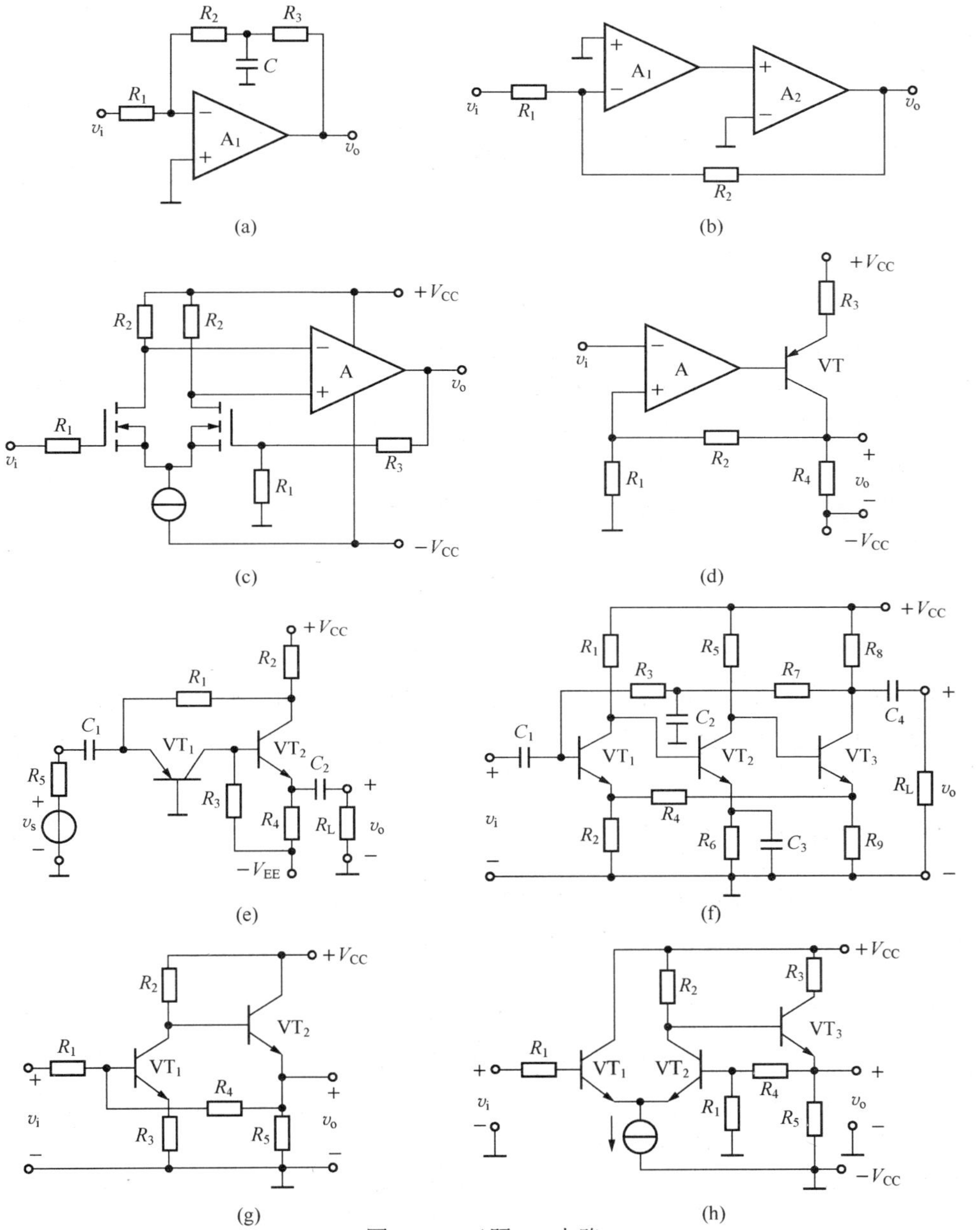

图 T5.1　习题 5.3 电路

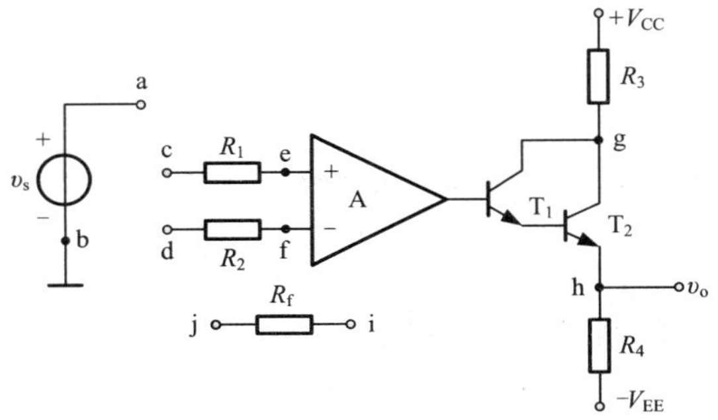

图 T5.2　习题 5.6 电路

第 6 章　信号运算与处理电路

本章学习目的和要求：

1. 掌握由集成运放组成的基本运算电路的分析方法。
2. 理解模拟乘法器在运算电路中的应用。
3. 了解典型有源滤波器的组成和特点。
4. 了解有源滤波器的分析方法。
5. 理解典型电压比较器的电路组成、工作原理和性能特点。

6.1　运算电路

集成运放加上适当的反馈网络，可以实现模拟信号的比例、加、减、乘、除、积分、微分、对数和反对数（指数）等多种数学运算。在分析运算电路时，集成运放通常作为理想运放来处理。

6.1.1　比例运算电路

输出电压和输入电压成比例关系的电路称为比例电路。比例电路是其他各种运算电路的基础。比例电路有反相比例和同相比例两种形式。

1. 反相比例电路

图 6.1.1 所示是典型的反相比例电路，电路通过 R_f 引入了电压并联负反馈。由于集成运放的输入级是差分放大电路，要求两输入回路参数对称，即 R_N=R_P。图中，R' 称为平衡电阻，一般要求 $R_P = R' = R_N = R // R_f$。

对于理想运放，$v_N = v_P$，$i_N = i_P = 0$。由电路可得 $v_N = v_P = 0$，$i_R = i_F$，因此有

$$\begin{cases} \dfrac{v_i}{R} = \dfrac{0 - v_o}{R_f} \\ v_o = -\dfrac{R_f}{R} v_i \end{cases} \tag{6.1.1}$$

由式（6.1.1）可知，此电路的 v_o 与 v_i 成正比，相位相差 180°，即 v_o 与 v_i 成反相比例关系。

反相比例电路的特点如下。

（1）反相比例电路由于反相端“虚地”，因此它的共模输入电压为零，即它对集成运放的共模抑制比要求低。

（2）输入电阻低，R_i=R。

2. 同相比例电路

图 6.1.2 所示是典型的同相比例电路。电路通过 R_f 引入了电压串联负反馈。同样，为保证两输入回路参数对称，平衡电阻应满足 $R' = R // R_f$ 。

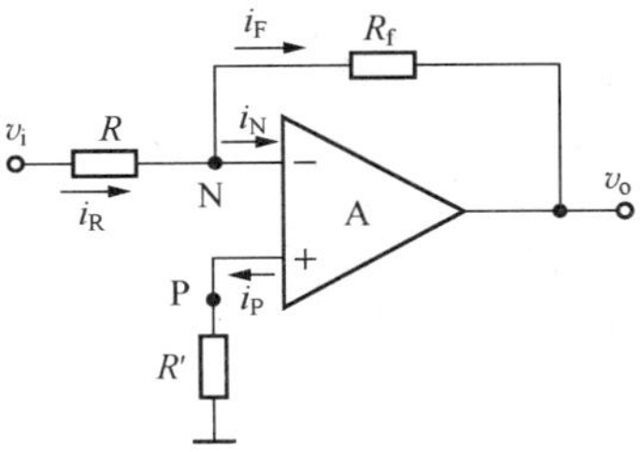

图 6.1.1　反相比例电路

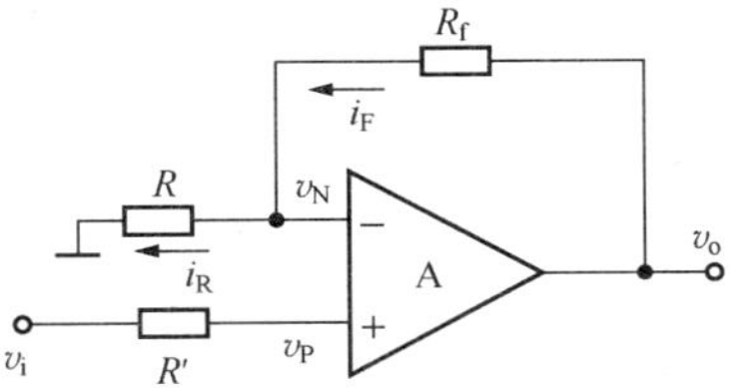

图 6.1.2　同相比例电路

根据理想运放的“虚短”、“虚断”特点，由电路可得 $v_N = v_P = v_i$ ， $i_R = i_F$ ，因此有

$$
\begin{cases}
\dfrac{v_i}{R} = \dfrac{v_o - v_i}{R_f} \\
v_o = \left(1 + \dfrac{R_f}{R}\right) v_i
\end{cases}
\tag{6.1.2}
$$

由式（6.1.2）可知，v_o 与 v_i 成正比，且相位相同，即 v_o 与 v_i 成同相比例关系。

由式（6.1.2）可知，当 $R \approx \infty$时， $v_o = v_i$ ，此时，称该电路为电压跟随器。图 6.1.3 所示是典型的电压跟随器电路，它实际上是同相比例电路在 $R \approx \infty$时的一种特例。

图 6.1.3 中两电路的输出电压等于输入电压，即 $v_o = v_i$ ，电压放大倍数均等于 1。

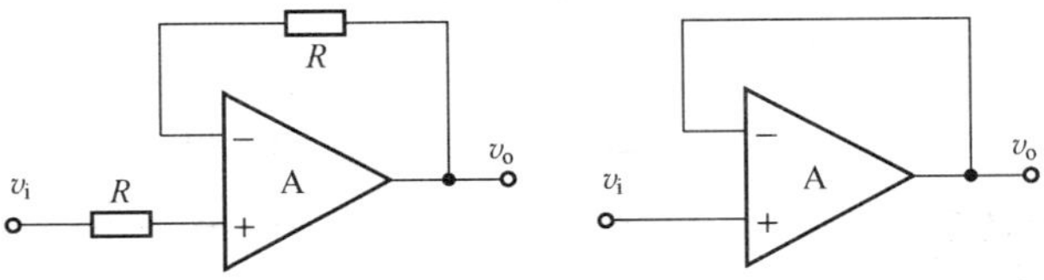

(a)　(b)

图 6.1.3　电压跟随器电路

同相比例电路的特点如下。

（1）由于该电路引入了电压串联负反馈，其输入电阻很高（$R_i \approx \infty$）、输出电阻很低。

（2）由于 $v_N = v_P = v_i$ ，电路的共模输入信号大，因此对集成运放的共模抑制比 K_{CMR} 要求高。如果共模电压超过允许的数值，电路将无法正常工作。

3. 应用实例—多路传感器的仪器系统

飞机机翼制造商需要在一个风洞中测试机翼，机翼测试中需要用到各种传感器，如测量压力的压力传感器、测量风速的流量传感器，还有温度传感器等。由于来自不同类型和灵敏度的传感器的输入信号是不同的，因此，每个信道需要有不同的增益。

图 6.1.4 所示是一个具有可编程增益放大器（programmable gain amplifier，PGA）的仪器系统框图，它能够对来自多路传感器的输入信号进行不同增益的放大。PGA 的输出端接

一个模数转换器将其数字化，通过一个控制器可以快速循环地控制信道，计算机读取数据用于处理。

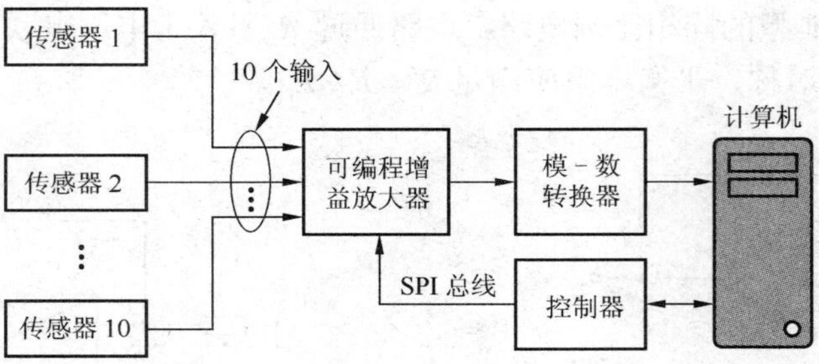

图 6.1.4　具有可编程增益放大器的仪器系统

PGA 是一种可通过数字输入改变增益的放大器，其常用于数据采集系统。在数据采集系统中，有各种不同电平的信号输入。该系统选择使用 PGA117，因为 PGA117 具有 10 个模拟信道，每个信道的增益可选择范围为 1~200。

图 6.1.5（b）给出了 PGA117 等效模拟输入电路。PGA117 有三线串行外设接口（serial peripheral interface，SPI）总线，通过此总线控制器可以选择信道和增益。信道选择和增益数据构成了电路的数字部分，与串行时钟信号同步。当选中一个信道时，MUX 开关闭合，R_f 的数值由计算机编程控制。PGA 模拟电源（V_{DD}）可从+2.2V 变化到+5.5V。尽管整个集成电路比较复杂，但基本运算放大器就如同一个标准的单端、同相放大器一样，放大器的闭环增益为：$A_v = 1 + R_f/R_i$。

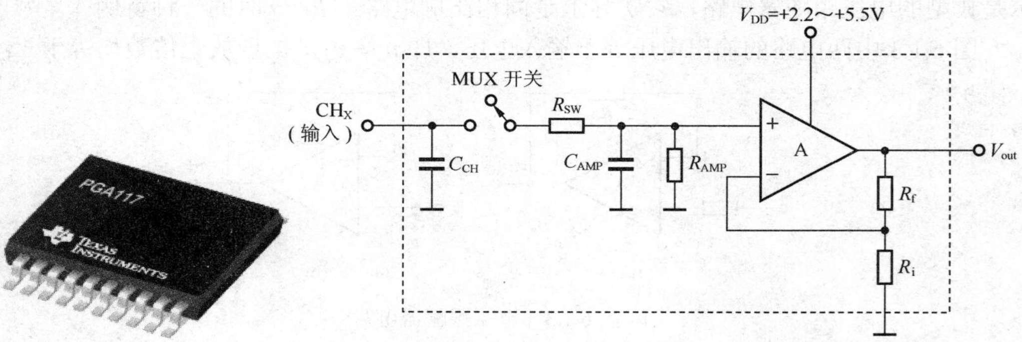

（a）实物图片　　（b）等效输入电路

图 6.1.5　PGA117 的等效输入电路

6.1.2　加减运算电路

1. 求和（加法）运算电路

1）反相求和电路

图 6.1.6 所示是反相求和电路。根据理想运放的“虚短”、“虚断”特点，由电路可得 $v_N = v_P = 0$，$i_1 + i_2 + i_3 = i_F$，因此有

$$\frac{v_{i1}}{R_1} + \frac{v_{i2}}{R_2} + \frac{v_{i3}}{R_3} = \frac{0 - v_o}{R_f}$$

$$v_o = -\left(\frac{R_f}{R_1}v_{i1} + \frac{R_f}{R_2}v_{i2} + \frac{R_f}{R_3}v_{i3}\right) \tag{6.1.3}$$

如果 $R_1=R_2=R_3=R_f$，则有 $v_o = -(v_{i1} + v_{i2} + v_{i3})$。可见电路可以实现多个电压信号的反相求和运算。当 $R_1 \neq R_2 \neq R_3 \neq R_f$ 时，可以实现多个电压信号的反相加权（比例）求和。

2）同相求和电路

图 6.1.7 所示是同相求和电路。电路同样要满足 $R_N=R_P$，即 $R//R_f=R_1//R_2//R_3//R_4$。根据理想运放的“虚短”、“虚断”特点，分别列出运放反相端和同相端的节点电流方程，可得

$$\frac{v_o - v_P}{R_f} = \frac{v_P - 0}{R}$$

$$\frac{v_{i1} - v_P}{R_1} + \frac{v_{i2} - v_P}{R_2} + \frac{v_{i3} - v_P}{R_3} = \frac{v_P}{R_4}$$

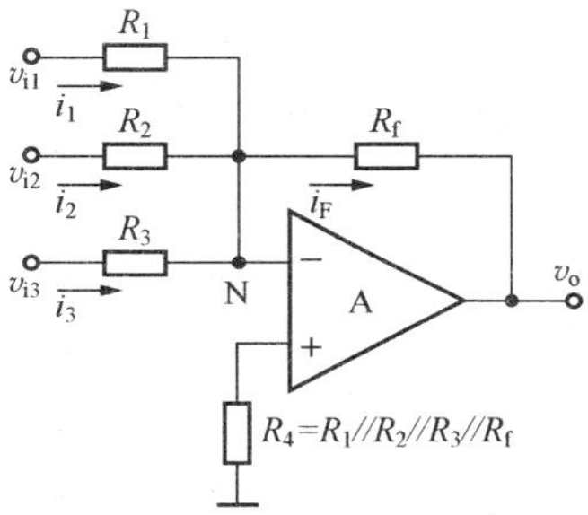

图 6.1.6　反相求和电路

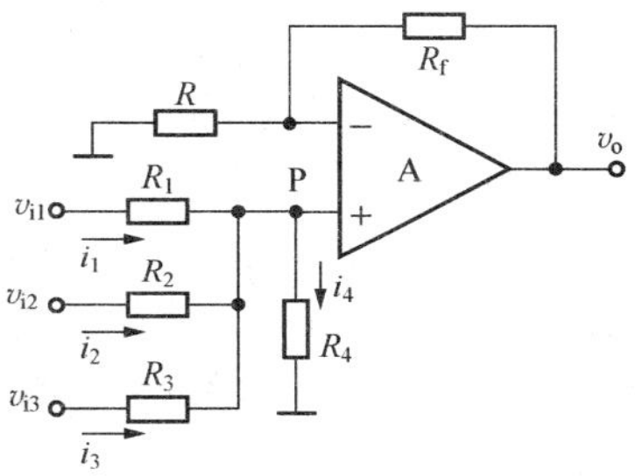

图 6.1.7　同相求和电路

把以上两式分别变换为

$$\frac{v_o}{R_f} = \left(\frac{1}{R} + \frac{1}{R_f}\right)v_P = \frac{v_P}{R_N} \tag{6.1.4}$$

$$\frac{v_{i1}}{R_1} + \frac{v_{i2}}{R_2} + \frac{v_{i3}}{R_3} = \left(\frac{1}{R_1} + \frac{1}{R_2} + \frac{1}{R_3} + \frac{1}{R_4}\right)v_P = \frac{v_P}{R_P} \tag{6.1.5}$$

联立以上两式求解，可得

$$\begin{aligned} v_o &= \frac{R_P}{R_N}R_f\left(\frac{1}{R_1}v_{i1} + \frac{1}{R_2}v_{i2} + \frac{1}{R_3}v_{i3}\right) \\ &= \left(1 + \frac{R_f}{R}\right)R_P\left(\frac{1}{R_1}v_{i1} + \frac{1}{R_2}v_{i2} + \frac{1}{R_3}v_{i3}\right) \end{aligned} \tag{6.1.6}$$

电路如果满足平衡条件 $R_N=R_P$，则式（6.1.4）和式（6.1.5）两式等号的右侧相等，它们的左侧也应相等，由此可得

$$v_o = \frac{R_f}{R_1}v_{i1} + \frac{R_f}{R_2}v_{i2} + \frac{R_f}{R_3}v_{i3} \tag{6.1.7}$$

式（6.1.7）与式（6.1.3）只差一个负号。因此，电路实现了同相比例求和运算。

同相求和运算电路的调节不如反相求和电路方便，而且它的共模输入信号大，因此它的应用不是很广泛。

2. 加减运算电路

1）差分比例运算电路

图 6.1.8 所示为实现两个电压相减的差分比例运算电路。电路满足平衡条件 $R_N=R_P=R//R_f$。根据理想运放的“虚短”、“虚断”特点，分别列出运放反相端和同相端的节点电流方程，可得

$$\frac{v_{i1}-v_P}{R}=\frac{v_P-v_o}{R_f} \tag{6.1.8}$$

$$\frac{v_{i2}-v_P}{R}=\frac{v_P}{R_f} \tag{6.1.9}$$

把式（6.1.9）与式（6.1.8）的左、右两侧分别相减可得

$$v_o=\frac{R_f}{R}(v_{i2}-v_{i1}) \tag{6.1.10}$$

可见，电路对 v_{i2} 和 v_{i1} 的差值实现比例放大，放大倍数为 R_f/R。

2）单运放加减运算电路

根据以上分析可知，输入信号从运放的同相端输入时，输出与输入同相位，从反相端输入时，输出与输入反相位。因此，让多个输入信号同时从运放的同相端和反相端输入，就可构成减法运算电路，如图 6.1.9 所示。按照上述同样的方法，分别列出运放反相端和同相端的节点电流方程，可得

$$\frac{v_{i1}-v_P}{R_1}+\frac{v_{i2}-v_P}{R_2}=\frac{v_P-v_o}{R_f}$$

$$\frac{v_{i3}-v_P}{R_3}+\frac{v_{i4}-v_P}{R_4}=\frac{v_P}{R_5}$$

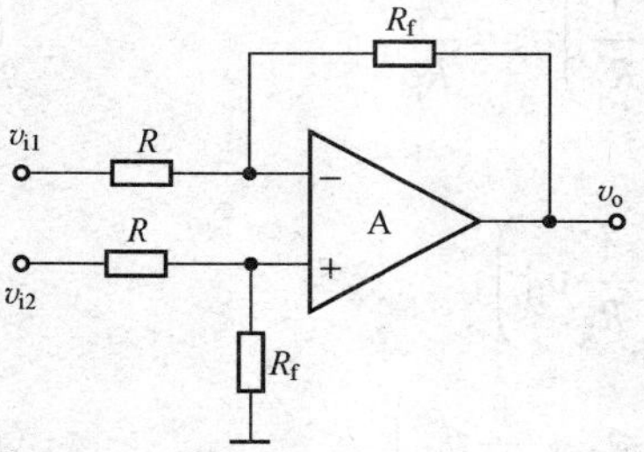

图 6.1.8 差分比例运算电路

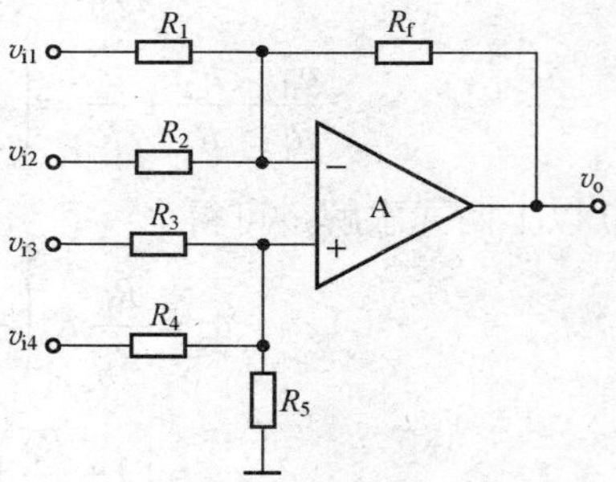

图 6.1.9 单运放加减运算电路

把以上两式分别变换为

$$\frac{v_{i1}}{R_1}+\frac{v_{i2}}{R_2}+\frac{v_o}{R_f}=\left(\frac{1}{R_1}+\frac{1}{R_2}+\frac{1}{R_f}\right)v_P=\frac{v_P}{R_N} \tag{6.1.11}$$

$$\frac{v_{i3}}{R_3}+\frac{v_{i4}}{R_4}=\left(\frac{1}{R_3}+\frac{1}{R_4}+\frac{1}{R_5}\right)v_P=\frac{v_P}{R_P} \tag{6.1.12}$$

电路如果满足平衡条件 $R_N=R_P$，则式（6.1.11）和式（6.1.12）的右侧相等，它们的左侧也应相等，由此可得

$$v_o = \frac{R_f}{R_3}v_{i3} + \frac{R_f}{R_4}v_{i4} - \frac{R_f}{R_1}v_{i1} - \frac{R_f}{R_2}v_{i2} \tag{6.1.13}$$

若电路不满足 $R_N=R_P$，则需要对式（6.1.11）和式（6.1.12）两式联立求解，求出输出电压的表达式。

3）双运放加减运算电路

在实际应用中，由于单运放加减运算电路只用一只集成运放，它的电阻计算和电路调整均不方便，因此常用两级集成运放组成加减运算电路。图 6.1.10 所示是由两只运放构成的加减运算电路，A_1 组成同相比例电路，A_2 组成减法电路。由图 6.1.10 可得

$$v_{o1} = \left(1 + \frac{R_{f1}}{R_1}\right)v_{i1} \tag{6.1.14}$$

$$v_o = \left(1 + \frac{R_{f2}}{R_3}\right)v_{i2} - \frac{R_{f2}}{R_3}v_{o1} \tag{6.1.15}$$

把式（6.1.14）代入式（6.1.15）可得

$$v_o = \left(1 + \frac{R_{f2}}{R_3}\right)v_{i2} - \frac{R_{f2}}{R_3}\left(1 + \frac{R_{f1}}{R_1}\right)v_{i1} \tag{6.1.16}$$

如果 $R_1=R_{f1}=R_3=R_{f2}$，则有 $v_o = 2(v_{i2} - v_{i1})$。可见，电路对 v_{i2} 和 v_{i1} 的差值实现比例运算。该电路的后级对前级基本没有影响，且计算十分方便。

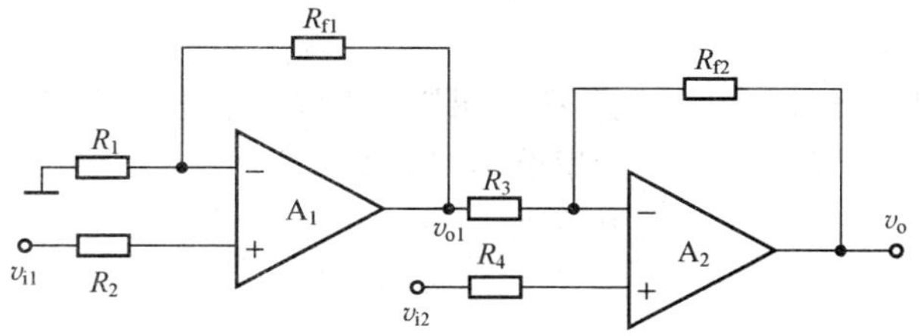

图 6.1.10　双运放加减运算电路

4）仪表放大器

仪表放大器（instrumentation amplifier，IA）常用于放大来自（温度、应变或压力等）传感器产生的（差模）信号。但在很多情况下，来自传感器的（差模）信号幅度往往非常小，同时容易被噪声干扰（如 50Hz 的工频干扰），这些噪声相当于共模信号。理想情况下，应该只放大差模信号，同时抑制共模信号（噪声），如图 6.1.11 所示。

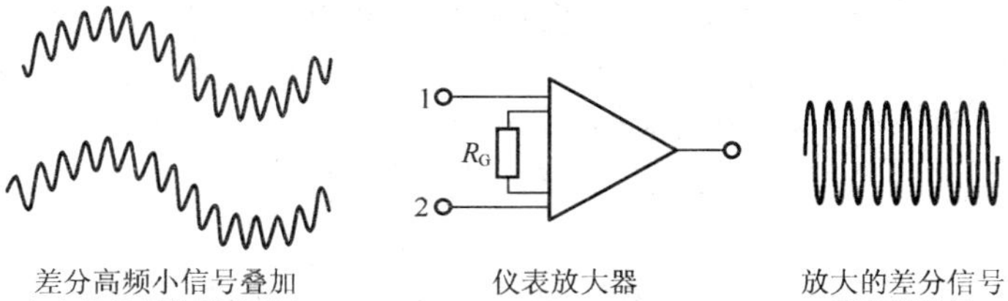

图 6.1.11　仪表放大器放大小信号电压和抑制大共模电压的示意图

此外，许多传感器的输出阻抗很高，当连接到放大器时很难匹配。因此，用于放大传感器小信号的放大器需要有非常高的输入阻抗来避免这种负载效应。

因此，仪表放大器是一种特殊设计的具有超高输入电阻和很高的共模抑制比(高达130dB)以及高稳定增益能力的差分放大器。

如图 6.1.12 所示电路是一个由三运放组成的具有高输入阻抗、低输出阻抗的仪表放大器（也称为测量放大器或精密放大器）。

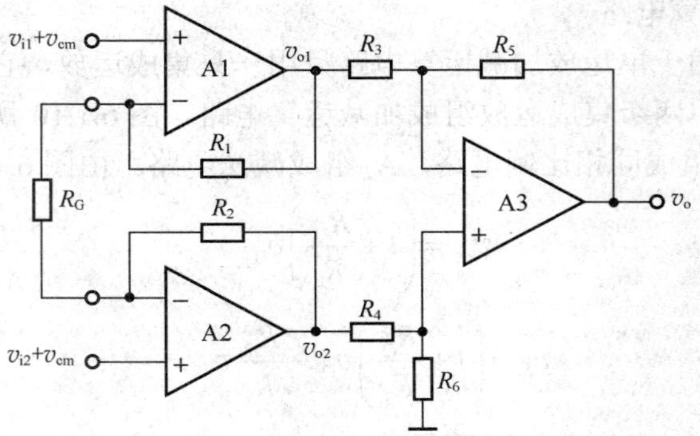

图 6.1.12　三运放构成的仪表放大器

电路中，v_{i1}和v_{i2}是来自传感器的（差模）信号，v_{cm}是共模（噪声）信号。为了获得很高的 CMRR，要求R_1和R_2要精确匹配，在制造 IC 时通过激光微调使得$R_1=R_2=R$。电阻$R_3=R_4=R_5=R_6$，也是四个精确匹配的电阻。放大器的增益由R_1、R_2和外接电阻R_G决定。输入通过运放A_1和A_2缓冲，提供非常高的输入电阻。整个组件（除了R_G之外）包含在一块 IC 中。

根据理想运放的“虚短”、“虚断”特点可知，加到R_G两端的电压为（$v_{i1}-v_{i2}$），流过R_1、R_2和R_G的电流相等（它们相当于串联），所以有

$$\frac{v_{i1}-v_{i2}}{R_G}=\frac{v_{o1}-v_{o2}}{R_G+2R}$$

由此可得

$$v_{o1}-v_{o2}=\frac{R_G+2R}{R_G}(v_{i1}-v_{i2}) \tag{6.1.17}$$

A_3组成差分比例运算电路，由式（6.1.10）可得

$$v_o=v_{o2}-v_{o1}$$

所以

$$v_o=-\frac{R_G+2R}{R_G}(v_{i1}-v_{i2})$$

由此，可得电路的差模电压增益为

$$A_v=\frac{v_o}{v_{i2}-v_{i1}}=1+\frac{2R}{R_G} \tag{6.1.18}$$

在仪表放大器中，通常R为给定值，R_G用外接可变电阻代替，调节R_G的大小，即可改变电压增益A_v。

外接增益设置电阻R_G可根据想要的电压增益通过公式（6.1.19）得到。

$$R_G = \frac{2R}{A_v - 1} \tag{6.1.19}$$

由于输入信号 v_{i1} 和 v_{i2} 都是从 A_1、A_2 的同相端输入，根据理想运放的“虚短”、“虚断”特点，流入电路的电流等于 0，所以电路的输入电阻 $R_i \to \infty$。目前，这种仪表放大器已有多种型号的单片集成电路产品，如图 6.1.13 所示是 AD622 的电路符号和引脚排列。

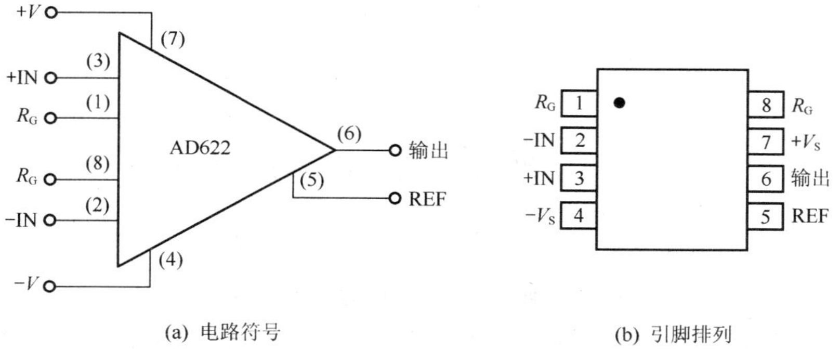

图 6.1.13　AD622 IA

AD622 是一种低成本仪表放大器，内部基于如前所述的经典三运放设计，内部电阻 $R_1=R_2=R=25.25\text{k}\Omega$。输入电阻为 10GΩ，共模抑制比（$K_{CMR}$）的最小值为 66dB，在没有外接电阻 R_G 时，具有单位增益（$A_v=1$），通过外接电阻 R_G，可使电压增益在 2～1 000 之间调节，如图 6.1.14 所示。

基于公式（6.1.19）选择 R_G 可以获得需要的电压增益。

例如，为了使电压增益 $A_v=100$，根据式（6.1.19），可得

$$R_G = \frac{2R}{A_v - 1} = \frac{2 \times 25.25}{100 - 1} \approx 510\Omega$$

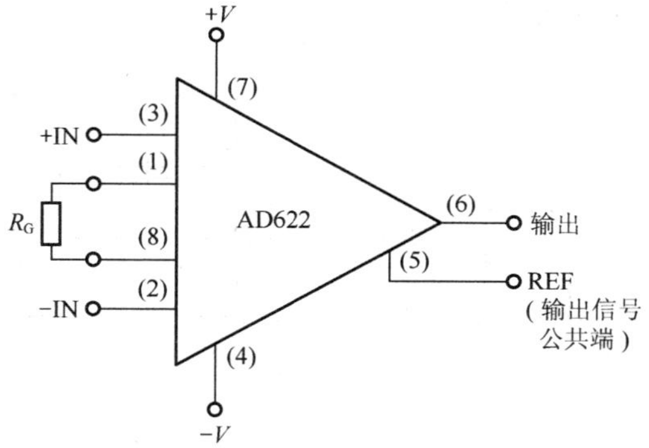

图 6.1.14　具有增益设置电阻的 AD622

6.1.3　积分和微分运算电路

积分和微分互为逆运算。在自动控制系统中，常用积分电路和微分电路作为调节环节。此外，它们还广泛应用于波形的产生和变换以及仪器、仪表之中。

1. 积分电路

积分电路如图 6.1.15 所示。根据理想运放的“虚短”、“虚断”特点，有

$$i_R = \frac{v_i}{R} = i_C = C\frac{dv_C}{dt},\quad v_o = -v_C$$

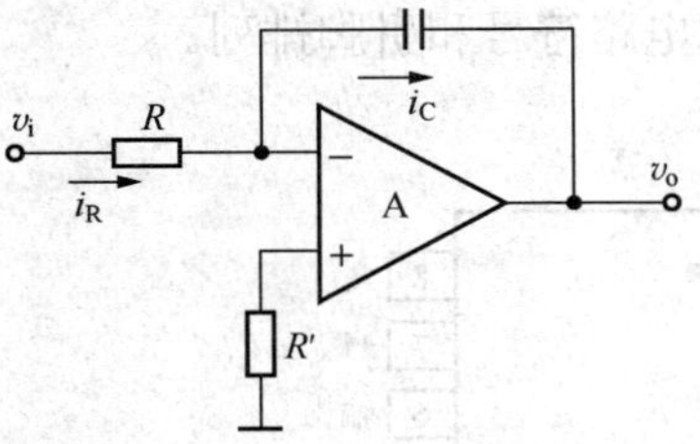

图 6.1.15 积分电路

由此可得

$$v_o = -\frac{1}{RC}\int v_i dt \tag{6.1.20}$$

若要求解某一时间段（t_1～t_2）内的积分值，则应考虑 v_o 的初始值 $v_o(t_1)$，这时的输出电压为

$$v_o = -\frac{1}{RC}\int_{t_1}^{t_2} v_i dt + v_o(t_1) \tag{6.1.21}$$

式（6.1.21）表明，输出电压是输入电压的积分运算。

例 6.1.1 在如图 6.1.15 所示积分电路中，已知 R=100kΩ，C=0.01μF。t=0 时，电容两端的电压为 0。输入电压波形为如图 6.1.16（a）所示的方波，试画出输出电压的波形。

解：在 0～1ms，$v_o(0)$=0V，v_i=2V，由式（6.1.21）可得

$$v_o = -\frac{1}{RC}\int_{t_1}^{t_2} v_i dt + v_o(t_1) = -2t$$

其中，t 的单位为 ms。

输出电压线性下降，v_o 的终值 $v_o(1)$=−2V。

在 1～2ms，$v_o(1)$=−2V，v_i=−2V。同样，由式（6.1.21）可得

$$v_o = 2t - 2$$

输出电压线性上升，v_o 的终值 $v_o(2)$=0V。按照此方法，分段积分，根据积分结果可画出与输入电压对应的输出电压波形如图 6.1.16（b）所示。

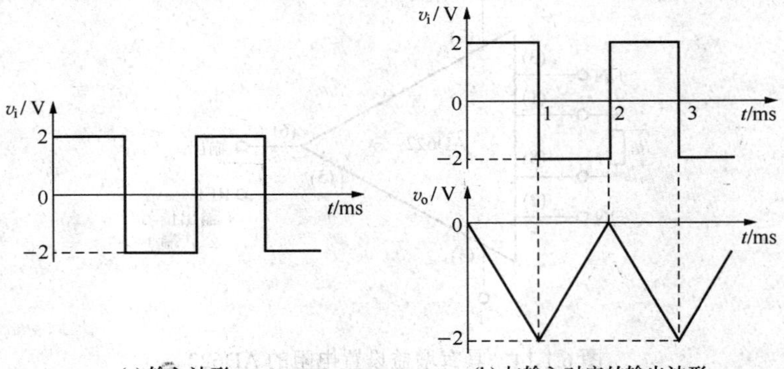

(a) 输入波形　　(b) 与输入对应的输出波形

图 6.1.16 例 6.1.1 的波形

由此可知，利用积分电路可把方波变换成三角波。还可以利用积分电路将输入的正弦电压，变换为余弦电压，实现波形的移相。

2. 微分电路

微分是积分的逆运算，将积分电路中 R 和 C 的位置互换即可得到微分电路，如图 6.1.17

所示。根据理想运放的“虚短”、“虚断”特点，有

$$i_R = \frac{0 - v_o}{R} = i_C = C\frac{dv_C}{dt}$$

电路中，$v_C = v_i$，所以有

$$v_o = -RC\frac{dv_i}{dt} \tag{6.1.22}$$

由式（6.1.22）可见，输出电压 v_o 是输入电压 v_i 对时间的微分。

如果在微分电路的输入端加上正弦输入电压，$v_i = V_{Im}\sin\omega t$，则输出为负的余弦电压，实现了函数变换，或者说实现了对输入电压的移相。若加矩形波，则输出为尖脉冲，如图 6.1.18 所示。从理论上分析，若输入矩形波的上升沿和下降沿所用时间为零，则尖顶波的幅值会趋于无穷大。但实际上，由于这时集成运放工作在非线性区，因而限制了输出电压的幅值。

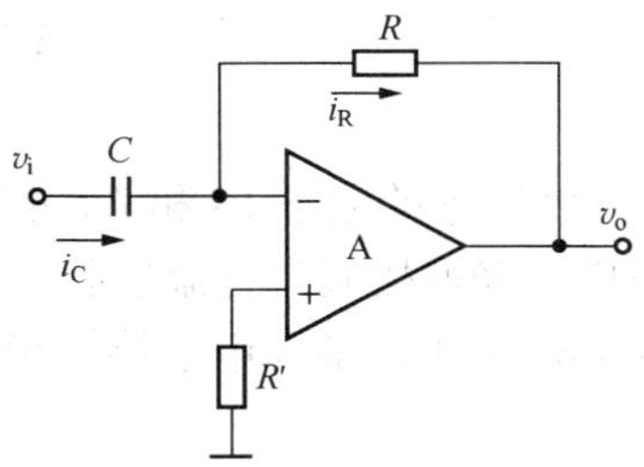

图 6.1.17　微分电路

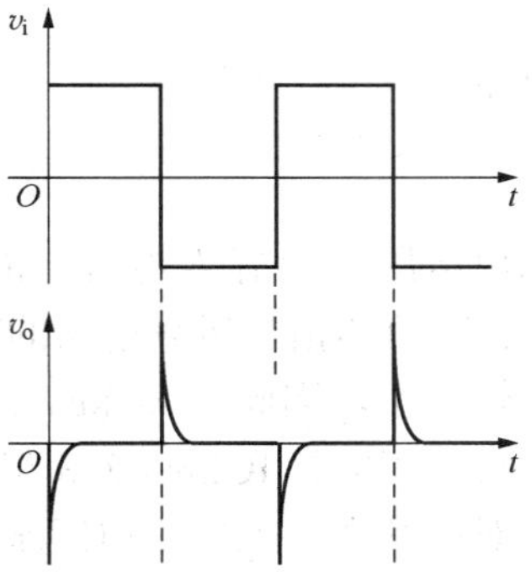

图 6.1.18　微分电路输入矩形波时的输出波形

6.1.4　对数和指数运算电路

利用 PN 结的伏安特性所具有的指数规律，将二极管或晶体三极管分别接入集成运放的反馈回路或输入回路，即可实现对数运算和指数运算。

1. 对数运算电路

图 6.1.19 所示是由运放和晶体三极管组成的对数运算电路。晶体三极管的发射极电流与基射极电压近似满足如下关系：

$$i_C \approx i_E \approx I_S(e^{\frac{v_{BE}}{V_T}} - 1)$$

当晶体三极管工作在放大区，$v_{BE} \gg V_T$（常温下为 26mV）时，有

$$i_C \approx i_E \approx I_S e^{\frac{v_{BE}}{V_T}} \tag{6.1.23}$$

由此，可得

$$v_{BE} \approx V_T \ln\frac{i_C}{I_S} \tag{6.1.24}$$

根据理想运放的“虚短”、“虚断”特点，有

$$i_C = i_R = \frac{v_i}{R}, \quad v_o = -v_{BE}$$

代入式（6.1.23），得

$$v_o \approx -V_T \ln \frac{v_i}{I_S R} \tag{6.1.25}$$

由上式可知，输出电压 v_o 是输入电压 v_i 的对数函数。电路中，v_i 应大于零。

2. 指数运算电路

将如图 6.1.19 所示电路中 R 与晶体三极管 VT 的位置互换，便得到指数运算电路，如图 6.1.20 所示。图中 $v_i = v_{BE}$，根据理想运放的"虚短"、"虚断"特点以及晶体三极管的 $i_C - v_{BE}$ 关系，可得

$$i_E \approx I_S e^{\frac{v_{BE}}{V_T}} = i_R = \frac{0 - v_o}{R}$$

由此，可得

$$v_o = -I_S R \cdot e^{v_i/V_T} \tag{6.1.26}$$

可见，输出电压 v_o 是输入电压 v_i 的指数函数。

应当指出，对数和指数运算电路的输出电压都包含对温度敏感的因子 V_T 和 I_S，故输出电压的温漂比较严重。因此，实际的对数和指数运算电路必须采取措施进行温度补偿。例如，在集成对数运算电路 ICL8048 和集成指数运算电路 ICL8049 中，都利用了特性相同的两只晶体管的对称性和引入热敏电阻来进行温度补偿。

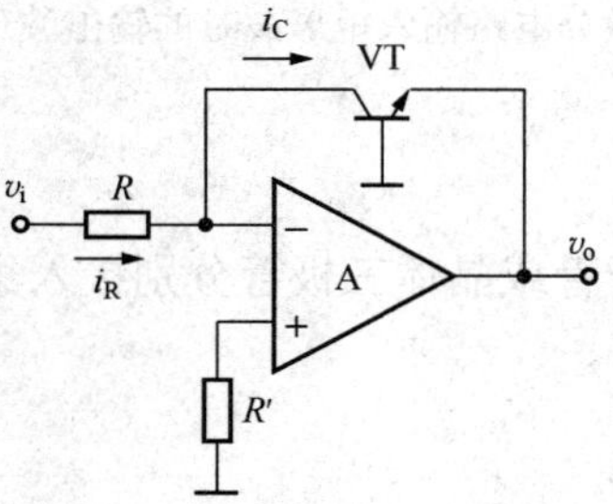

图6.1.19 对数运算电路

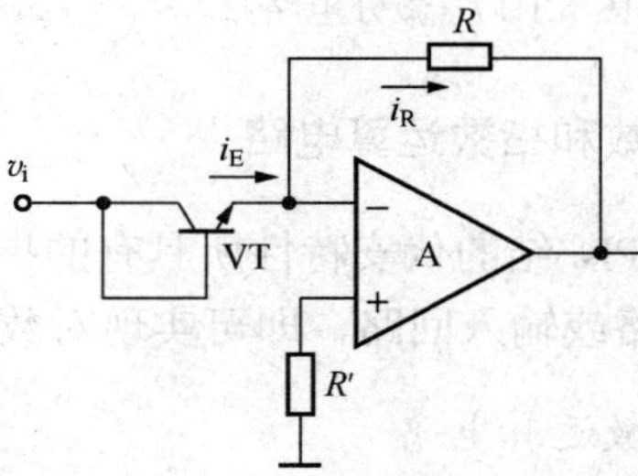

图6.1.20 指数运算电路

6.1.5 乘法和除法运算电路

利用对数、求和及指数运算电路可实现两个模拟信号的乘法运算，其原理如图 6.1.21 所示。

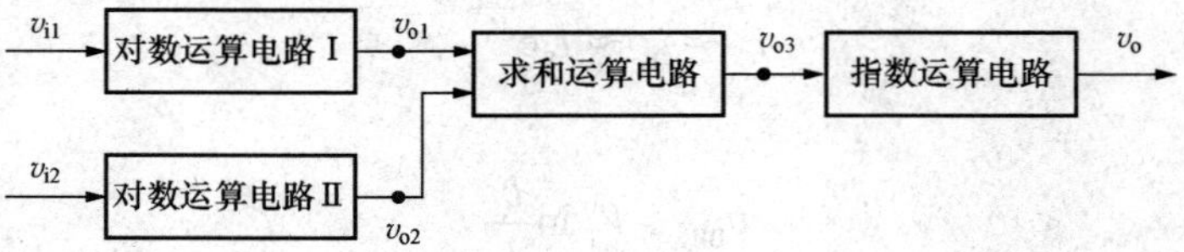

图 6.1.21 乘法运算电路原理框图

由图 6.1.21 可得

$$v_{o1} = \ln v_{i1}\text{，}\quad v_{o2} = \ln v_{i2}$$

$$v_{o3} = v_{o1} + v_{o2} = \ln v_{i1} + \ln v_{i2} = \ln v_{i1}v_{i2}$$

所以，有

$$v_o = e^{v_{o3}} = e^{\ln v_{i1}v_{i2}} = v_{i1}v_{i2} \tag{6.1.27}$$

若将上图中的求和运算电路改为减法运算电路，则可实现两个输入信号的除法运算。

6.1.6　应用实例——25 瓦四通道混频器/放大器

几乎每个扩音系统都使用了一种称作混频器的装置。混频器从不同的信源采集信号，如各种乐器和歌手，并将这些信号混合。由于不同输入信号的电平差别非常大，因此，每个输入必须有独立的音量控制，与系统的其他部分无关。这样调音师就可以平衡各种声音，使得乐器和歌手的声音都能非常清晰地听到。同时，需要控制主音量来调节整体音量的增加或减小。如图 6.1.22 所示是基本四通道混频器的前控制面板。

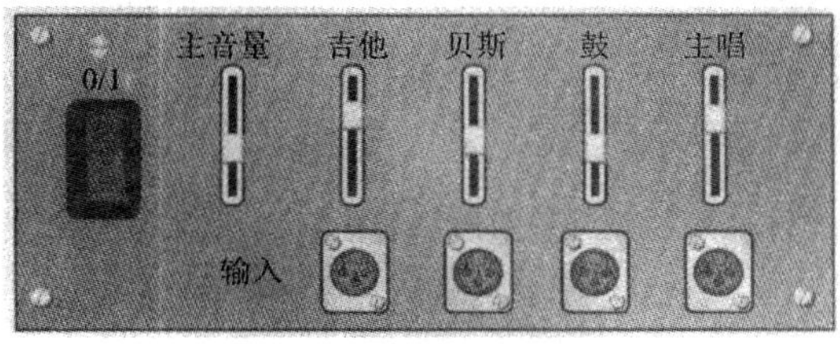

图 6.1.22　混频器前控制板

图中四个输入是 XLR 连接器（阴口）。XLR 连接器通常用于专业音频，有时也用于微控制和其他应用。XLR 连接器由 James Cannon 发明，有时也称为 Cannon 连接器。图 6.1.22 所示的 3 芯连接器是最常用的类型，XLR 连接器的引脚能够达到 7 芯，这取决于应用场合。中心引脚是接地引脚，它比其他引脚稍长些，使得在其他引脚之前能先接触到。

如图 6.1.23 所示是 25 瓦四通道混合器/放大器的电路原理图。在这个电路中，运算放大器不仅用作四路输入的反相求和放大器，还作为功率放大器的前置放大器。每路输入都有电位器和固定电阻，电位器用来调整来自传声器的输入信号的增益，当电位器的电阻值减小时，输入信号增益增大。固定电阻的作用是当电位器调至 0Ω 时，不论主音量电位器电阻是多少，都能防止运放进入饱和。

反馈电位器用于主音量控制，当反馈电位器的阻值增大时，总和输入的增益增大。该反馈回路中不需要固定值的反馈电阻，当反馈电位器的阻值等于 0Ω 时，电路增益为 0，不会产生声音，但运放不会进入饱和。

电路中的运放采用的是美国国家半导体公司生产的 LM4562，它是经过优化的用于高保真目的的超低失真放大器。

LM4562 的说明手册可在 www.national.com 找到。

晶体管 VT_1~VT_4 组成准互补功率输出级，VD_1~VD_3 用来克服交越失真，VT_5 作为准互补功率输出级的前置放大级。如所设计的一样，混频器/放大器能够在削波前向 8Ω 扬声器连续提供 25W 功率。如果需要更高的功率，可以并行加入一级或多级输出。

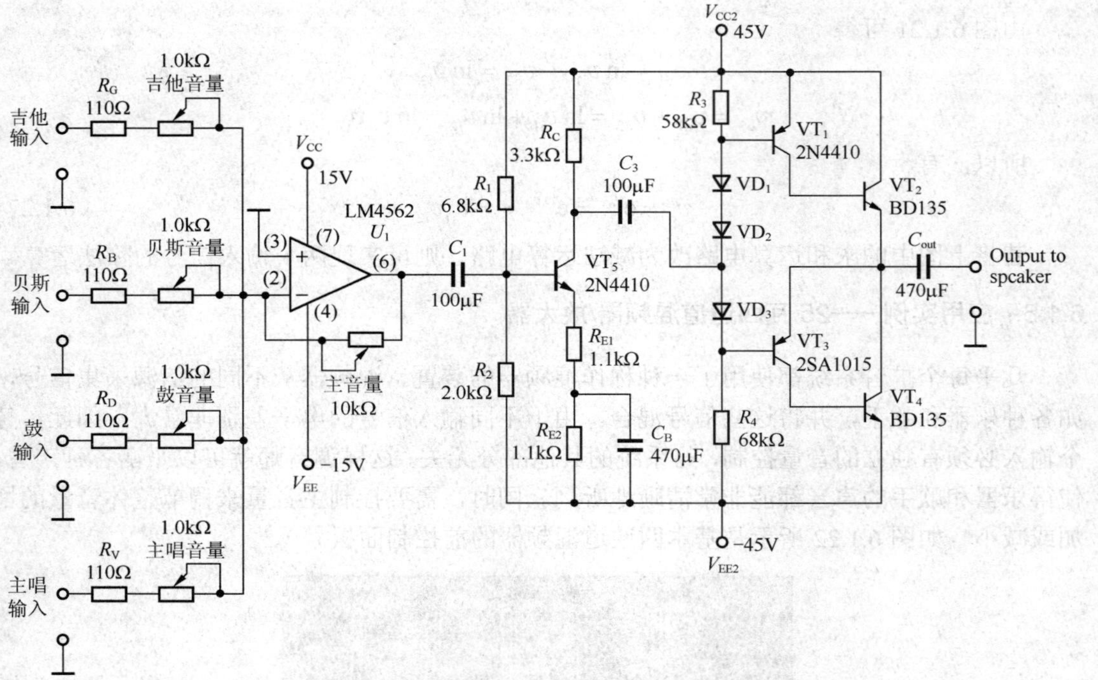

图 6.1.23 25 瓦四通道混合器/放大器原理图

6.2 模拟乘法器及应用

6.2.1 模拟乘法器简介

模拟乘法器是实现两个模拟信号乘法运算的电子器件，其性能优越，使用方便，价格低廉，是模拟集成电路的重要分支之一。它不但可以用来方便地实现乘法、除法、乘方和开方运算，而且在广播电视、通信、仪表和自控系统中均得到了广泛的应用。

图 6.2.1 所示是模拟乘法器的电路符号。v_{i1}、v_{i2} 是输入电压，v_o 是输出电压。输出与输入的关系为

$$v_o = kv_{i1}v_{i2} \qquad (6.2.1)$$

式中，k 为相乘因子，其值可正可负，多为+0.1 或−0.1（单位为 1/V）。若 k 大于零则为同相乘法器，若 k 小于零则为反相乘法器。

6.2.2 模拟乘法器的应用

1. 乘方运算

将模拟乘法器的两个输入端连到一起，即可实现平方运算，如图 6.2.2 所示。其输出电压为

$$v_o = kv_i^2 \qquad (6.2.2)$$

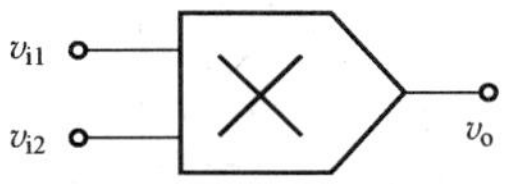

图 6.2.1　模拟乘法器的电路符号

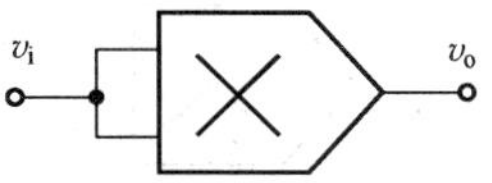

图 6.2.2　平方运算电路

当多个模拟乘法器串联使用时，可实现 v_i 的任意次方运算。如图 6.2.3 所示分别为三次方和四次方运算电路。

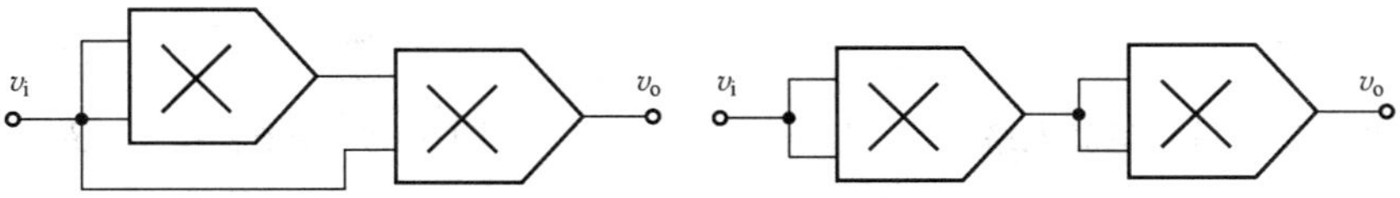

(a) 三次方运算电路　　(b) 四次方运算电路

图 6.2.3　三次方和四次方运算电路

2. 正弦波倍频

在如图 6.2.2 所示电路中，如果 $v_i = \sqrt{2}V_{Im}\sin\omega t$，则由式（6.2.2）可得

$$v_o = 2kV_{Im}^2\sin^2\omega t = kV_{Im}^2(1-\cos2\omega t)$$

输出电压中包含两部分，一部分是直流分量，另一部分是角频率为 2ω 的余弦电压。在如图 6.2.2 所示的输出端加一隔直电容便可得到频率为正弦输入信号频率两倍的正弦波，即实现了正弦信号的二倍频。

3. 除法运算电路

图 6.2.4 所示为除法运算电路。在图 6.2.4 中，模拟乘法器的输出电压为

$$v_o' = kv_{i2}v_o \tag{6.2.3}$$

考虑到运放反相输入端为虚地点，因此有

$$\frac{v_{i1}-0}{R_1} = \frac{0-v_o'}{R_2} \tag{6.2.4}$$

联立式（6.2.3）和式（6.2.4）求解，可得

$$v_o = -\frac{R_2}{kR_1}\cdot\frac{v_{i1}}{v_{i2}} \tag{6.2.5}$$

上式表明，输出电压 v_o 与两个输入电压 v_{i1}、v_{i2} 之商成比例，实现了除法运算。

由图 6.2.4 可知，只有 v_o' 与 v_{i1} 的极性相反，才能保证（6.2.4）式成立（$i_1=i_2$）。而 v_o 与 v_{i1} 的极性相反，所以 v_o' 与 v_o 应当极性相同，这就要求 v_{i2} 与 k 符号相同。

4. 开平方运算电路

图 6.2.5 所示为开平方运算电路。与图 6.2.4 相比，只需让 $v_{i1}=v_i$、$v_{i2}=v_o$ 即可。由式（6.2.5）可得

$$v_o^2 = -\frac{R_2}{kR_1}\cdot v_i$$

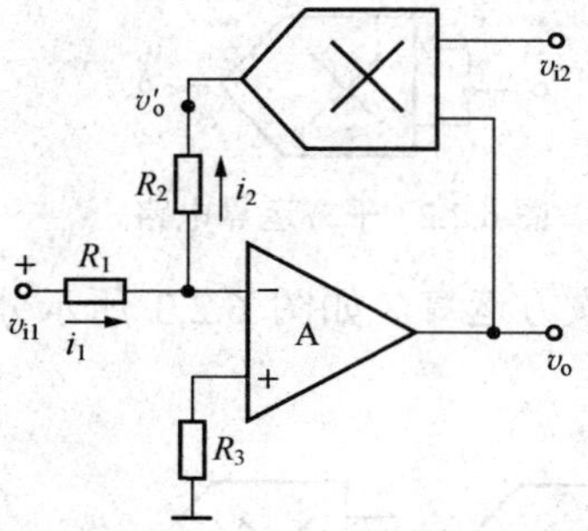

图 6.2.4 除法运算电路

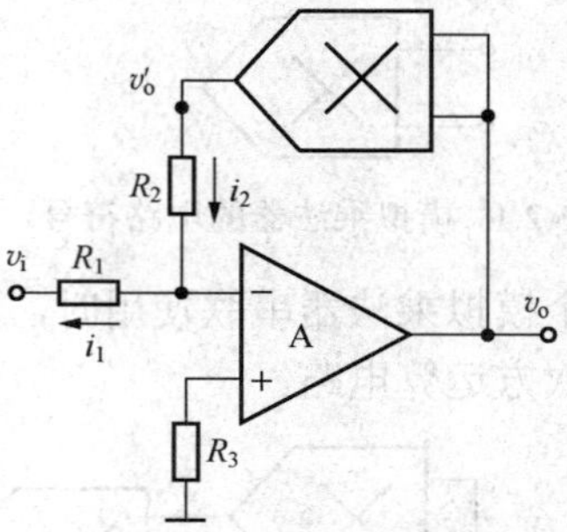

图 6.2.5 平方根运算电路

若输入电压 v_i 小于零，则由于 v_i 作用于集成运放的反相输入端，输出电压 v_o 必然大于零，v_o 的表达式为

$$v_o = \sqrt{-\frac{R_2}{kR_1} \cdot v_i} \quad (v_i < 0) \tag{6.2.6}$$

为保证根号内为正数，模拟乘法器的相乘因子 k 应为正值。

同理，为保证图 6.2.5 电路正常工作，v_o' 与 v_i 的极性应当相反。但当 v_i>0 时，则无论 v_o 是正或负，v_o' 均为正值，v_o' 与 v_i 同极性，导致电路中的反馈极性变正，最终使运放内部的晶体管工作在截止区或饱和区，使输出电压接近电源电压，以至于即使 v_i<0，电路也不能恢复正常工作，运放出现闭锁或称锁定现象。为了防止出现闭锁现象，实用电路中常在输出回路串联一个二极管 VD，如图 6.2.6 所示。这样，当 v_i<0 时，运放输出电压大于零，二极管导通，电路正常工作；当 v_i>0 时，运放输出电压小于零，二极管截止，电路不工作，但会通过 R_L 为乘法器输入端提供一直流通路。

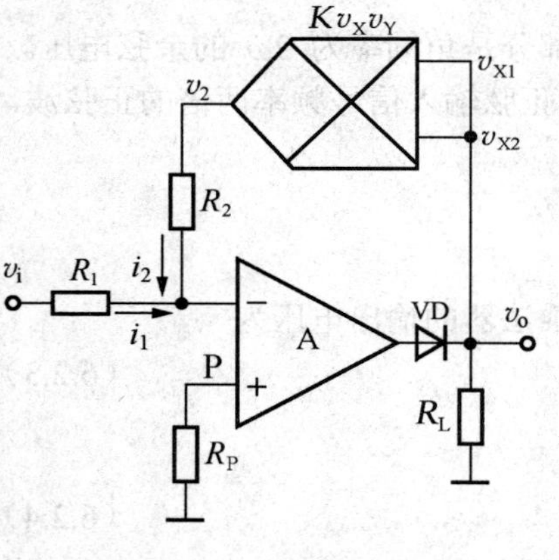

图 6.2.6 平方根运算电路

为使输入电压 v_i>0 时电路也能工作，可在乘法器输出端与 R_2 之间加一反相器。

5. 压控放大器

压控放大器（voltage-controlled amplifiers，VCA），电路如图 6.2.7 所示，乘法器的一个输入端加一直流控制电压 V_C，另一输入端加一信号电压 v_s 时，乘法器就成了增益为 kV_C 的放大器。当 V_C 为可调电压时，就得到了可控增益放大器，其输出电压为

$$v_o = kV_Cv_s \tag{6.2.7}$$

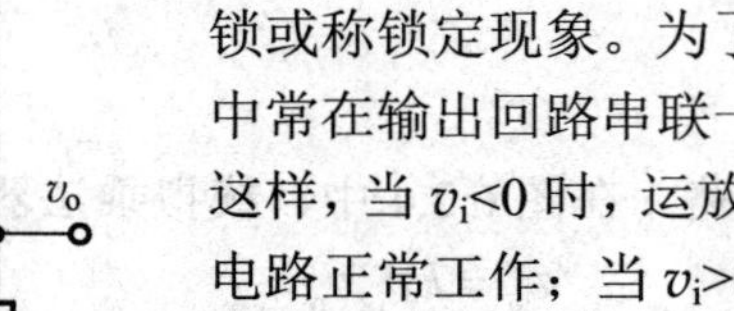

图 6.2.7 压控放大器

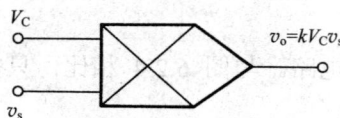

模拟乘法器的用途还有很多，在调制解调、有源滤波等方面都有着广泛的应用。

6.3 有源滤波器

6.3.1 滤波器的功能和分类

在实际的电子系统中，输入信号中往往可能包含一些不需要的信号成分，必须设法将其衰减到足够小的程度，或者把有用信号挑选出来，这时，就要用到滤波器。

滤波器是一种能使有用频率的信号顺利通过，而同时抑制（或大大衰减）无用频率信号的电子装置，它实际上是一种选频电路。

例如，如果输入信号中包含一个 60Hz 的有用信号以及一个高频干扰信号，当信号通过一个低通滤波器以后，高频干扰信号即可被滤掉，这样在输出信号中就只有所需要的 60Hz 有用信号，如图 6.3.1 所示。

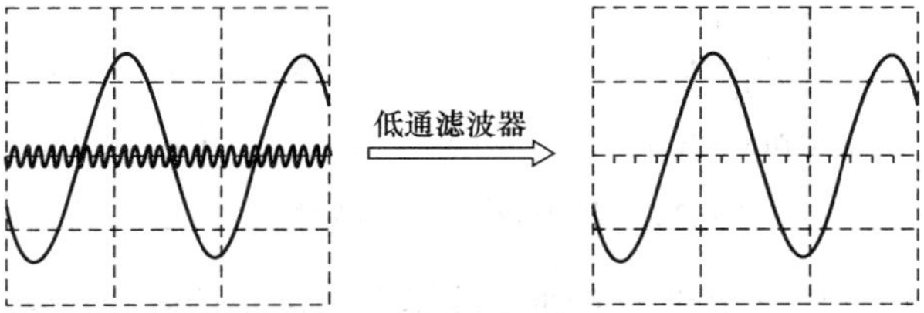

图 6.3.1　过滤高频噪声信号

通常用幅频特性来表征滤波器的滤波特性，将信号能够通过的频率范围，称为通频带或通带；而将信号受到很大衰减或完全被抑制的频率范围称为阻带；通带和阻带之间的临界频率称为截止频率；理想滤波器在通带内的电压增益为常数，在阻带内的电压增益为零。实际滤波器的通带和阻带之间存在一定频率范围的过渡带，过渡带越窄，频率选择性越好。

根据滤波器的工作频带，通常把滤波器分为以下几种类型。

1）低通滤波器

低通滤波器（low pass filter，LPF）的幅频特性如图 6.3.2（a）所示。图中，$|\dot{A}_v|$表示滤波器的幅频特性，A_{vp} 为通带增益。设截止频率为 f_H，频率低于 f_H 的信号可以通过，高于 f_H 的信号被衰减。

2）高通滤波器

高通滤波器（high pass filter，HPF）的幅频特性如图 6.3.2（b）所示。设截止频率为 f_L，频率高于 f_L 的信号可以通过，低于 f_L 的信号被衰减。

3）带通滤波器

带通滤波器（band pass filter，BPF）的幅频特性如图 6.3.2（c）所示。设下限截止频率为 f_L，上限截止频率为 f_H，在 f_L 和 f_H 之间的信号可以通过，低于 f_L 或高于 f_H 的信号被衰减。

4）带阻滤波器

带阻滤波器（band elimination filter，BEF）的幅频特性如图 6.3.2（d）所示。与带通滤波器相反，低于 f_L 或高于 f_H 的信号可以通过，而频率在 f_L 与 f_H 之间的信号被衰减。

5）全通滤波器

全通滤波器（all pass filter，APF）没有阻带，它的带宽等于无穷大，如图 6.3.2（e）所示，但是相移会随信号频率的变化而变化。

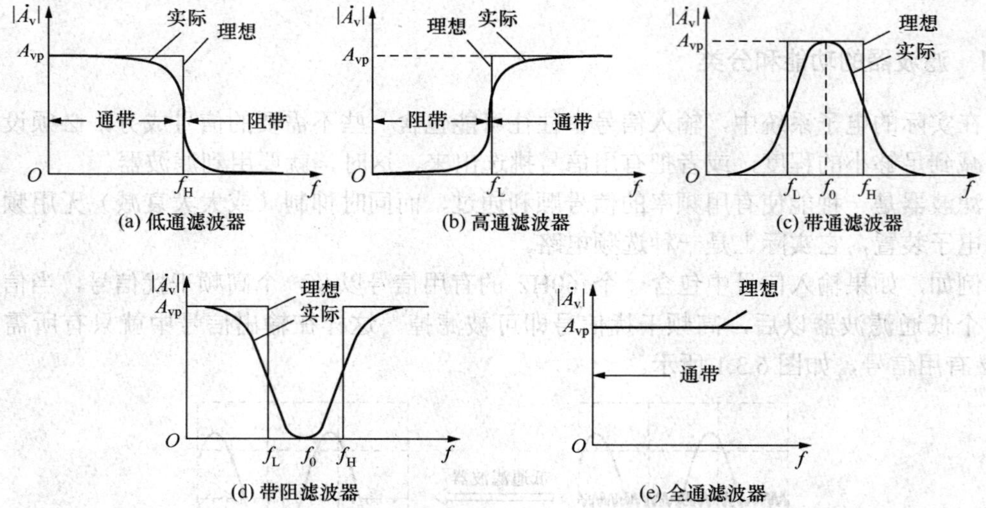

图 6.3.2　各种滤波器的幅频特性曲线

滤波器的用途很广。原则上讲，低通滤波器主要用于信号为低频、需要滤除高次谐波或高频干扰和噪声的场合；高通滤波器主要用于信号为高频、需要滤除低频（或直流分量）的场合；带通滤波器主要用于突出有用频段的信号，削弱此频段以外的信号或干扰及噪声，从而提高信噪比；带阻滤波器主要用于抑制特定频率范围内的干扰；全通滤波器用于相位均衡，即校正相频特性或延时。

按组成滤波器的元器件不同，可把滤波器分为无源滤波器和有源滤波器两大类。无源滤波器由无源元件（电阻、电容、电感）组成，如 2.6 节介绍的 *RC* 低通和 *RC* 高通电路；而有源滤波器由无源元件和有源元件（双极型晶体管、场效应管、集成运放等）组成，如有源 *RC* 滤波器和开关电容滤波器等。

20 世纪 60 年代以来，由于集成运放得到迅速发展，有源滤波器逐渐取代了无源滤波器。有源滤波器有很多优点，例如，通带内的信号不仅没有能量衰减，而且还可以被放大；隔离了负载对滤波电路频率响应的影响；利用简单的级联可以很容易构成高阶滤波器；有源滤波器的体积小、重量轻、不需要电磁屏蔽（由于不使用电感元件）。缺点是：通带范围受有源器件（如集成运放）的带宽限制，需要直流电源供电，可靠性不如无源滤波器，在高压、高频、大功率的场合不适用。

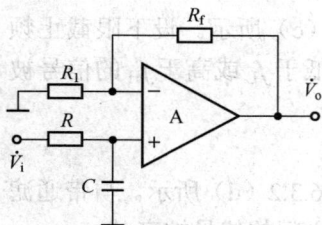

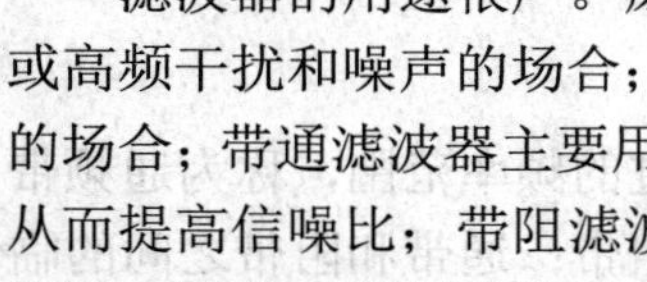

图 6.3.3　一阶有源低通滤波器

6.3.2　低通滤波器

1. 一阶低通滤波器

图 6.3.3 所示为一阶有源 *RC* 低通滤波器，它由一级 *RC* 无源低通滤波器和同相比例电路组成。由于同相比例电路的输入阻抗很高，输出阻抗很低，因此，使其带负载能力有了很

大提高。

1）频率响应

对于低通滤波器，当信号频率为零时的电压放大倍数称为通带电压放大倍数。图中，当信号频率等于零时，集成运放同相输入端的电位 $\dot{V}_{p}=\dot{V}_{i}$，因此，电路的通带电压放大倍数等于同相比例电路的比例系数，即

$$\dot{A}_{vp}=\frac{\dot{V}_{o}}{\dot{V}_{i}}=1+\frac{R_{f}}{R_{1}} \tag{6.3.1}$$

电路的电压放大倍数为

$$\dot{A}_{v}=\frac{\dot{V}_{o}}{\dot{V}_{i}}=\frac{\dot{V}_{o}}{\dot{V}_{p}}\bullet\frac{\dot{V}_{p}}{\dot{V}_{i}}=\left(1+\frac{R_{f}}{R_{1}}\right)\frac{\dot{V}_{p}}{\dot{V}_{i}}=\frac{\dot{A}_{vp}}{1+j\omega RC} \tag{6.3.2}$$

令 $f_{p}=f_{0}=\dfrac{1}{2\pi RC}$，则有

$$\dot{A}_{v}=\frac{\dot{V}_{o}}{\dot{V}_{i}}=\frac{\dot{A}_{vp}}{1+j\dfrac{f}{f_{p}}} \tag{6.3.3}$$

2）幅频特性

由式(6.3.3)可知，当 $f=f_{p}$ 时，$\left|\dot{A}_{v}\right|=\dfrac{\left|\dot{A}_{vp}\right|}{\sqrt{2}}\approx 0.707\left|\dot{A}_{vp}\right|$，故 f_{p} 为通带截止频率。当 $f\gg f_{p}$ 时，$20\lg\left|\dot{A}_{v}\right|$ 按-20dB/10 倍频程的速率下降。由此，可画出 $\dot{A}_{v}/\dot{A}_{vp}$ 的对数幅频特性曲线，如图 6.3.4 所示。

为了使低通滤波器的过渡带变窄，过渡带中 $\left|\dot{A}_{v}\right|$ 的下降速率加大，可利用多个 RC 环节构成多阶低通滤波器。

2. 二阶压控电压源低通滤波器

图 6.3.5 所示为一种常用的二阶低通滤波器。由于 C_1 接到集成运放的输出端，形成正反馈，使电压放大倍数在一定程度上受输出电压控制，且输出电压近似为恒压源，所以该电路又称为二阶压控电压源低通滤波器。

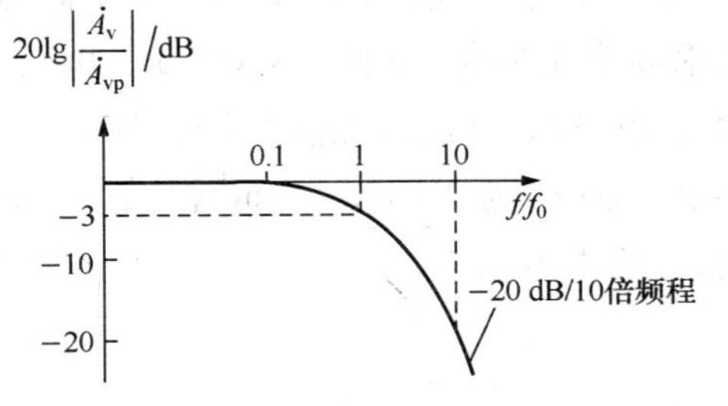

图 6.3.4　一阶有源低通滤波器的对数幅频特性

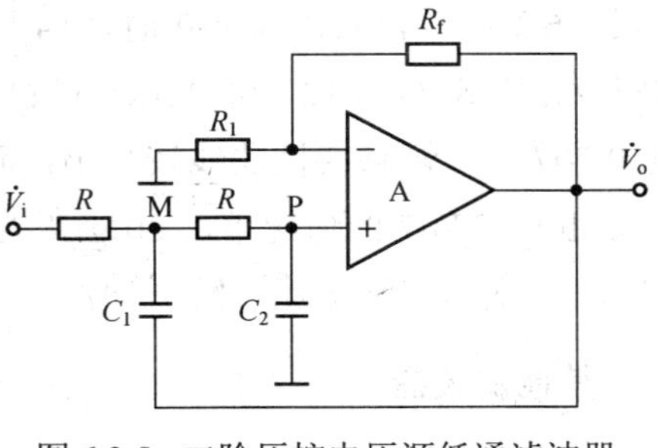

图 6.3.5　二阶压控电压源低通滤波器

1）频率响应

当信号频率等于零时，图 6.3.5 中 C_1、C_2 开路，集成运放同相输入端的电位 $\dot{V}_{p}=\dot{V}_{i}$，因此，电路的通带电压放大倍数为

$$\dot{A}_{vp}=\frac{\dot{V}_o}{\dot{V}_i}=1+\frac{R_f}{R_1} \tag{6.3.4}$$

图 6.3.5 中，如果 $C_1=C_2=C$，可列出下列方程

$$\dot{V}_o=\left(1+\frac{R_f}{R_1}\right)\dot{V}_p=\dot{A}_{vp}\bullet\dot{V}_p \tag{6.3.5}$$

$$\frac{\dot{V}_M-\dot{V}_p}{R}=\dot{V}_p\bullet j\omega C \tag{6.3.6}$$

$$\frac{\dot{V}_i-\dot{V}_M}{R}=\frac{\dot{V}_M-\dot{V}_p}{R}+\frac{\dot{V}_M-\dot{V}_O}{1/j\omega C} \tag{6.3.7}$$

将式（6.3.5）～式（6.3.7）联立求解，可得

$$\dot{A}_v=\frac{\dot{A}_{vp}}{1+(3-\dot{A}_{vp})j\omega CR+(j\omega CR)^2} \tag{6.3.8}$$

令

$$f_0=\frac{1}{2\pi RC} \tag{6.3.9}$$

$$Q=\frac{1}{3-\dot{A}_{vp}} \tag{6.3.10}$$

则有

$$\dot{A}_v=\frac{\dot{A}_{vp}}{1-\left(\frac{f}{f_0}\right)^2+j(3-\dot{A}_{vp})\frac{f}{f_0}}=\frac{\dot{A}_{vp}}{1-\left(\frac{f}{f_0}\right)^2+j\frac{1}{Q}\bullet\frac{f}{f_0}} \tag{6.3.11}$$

2）幅频特性

由式（6.3.11）可得幅频特性为

$$20\lg\left|\dot{A}_v/\dot{A}_{vp}\right|=20\lg\frac{1}{\sqrt{\left[1-\left(\frac{f}{f_0}\right)^2\right]^2+\left(\frac{1}{Q}\bullet\frac{f}{f_0}\right)^2}} \tag{6.3.12}$$

式（6.3.12）表明，当 $f=0$ 时，$\left|\dot{A}_v\right|=\dot{A}_{vp}$；当 $f\to\infty$时，$\left|\dot{A}_v\right|\to 0$。显然，这是低通滤波器的特性。由式（6.3.12）可画出不同 Q 值时的幅频特性曲线，如图 6.3.6 所示。由图可见，当 $Q=0.707$ 时，幅频特性曲线较平坦；而当 $Q>0.707$ 时，将出现峰值。由图还可看到，当 $f/f_0=1$ 和 $Q=0.707$ 的情况下，$20\lg\left|\dot{A}_v/\dot{A}_{vp}\right|=-3\text{dB}$；而 $f/f_0=10$ 时，$20\lg\left|\dot{A}_v/\dot{A}_{vp}\right|=-40\text{dB}$。这表明二阶低通滤波器比一阶低通滤波器的滤波效果要好得多。

6.3.3 其他滤波器

1. 高通滤波器

高通滤波器（HPF）和低通滤波器（LPF）具有对偶关系，将如图 6.3.5 所示电路中的 R 和 C 的位置互换，即可得到二阶压控电压源高通滤波器，如图 6.3.7 所示。

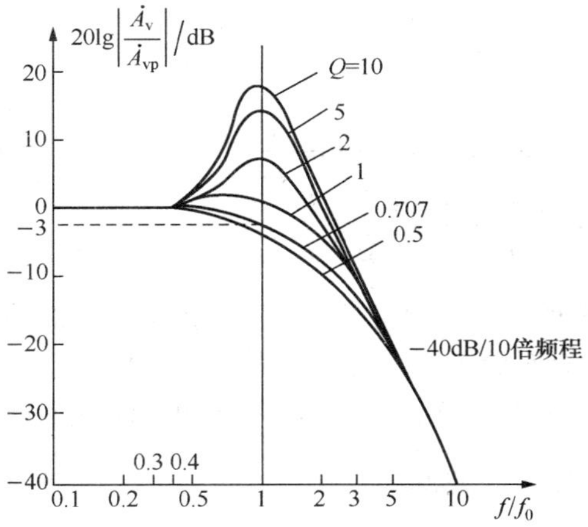

图 6.3.6　压控电压源二阶低通滤波器的对数幅频特性曲线

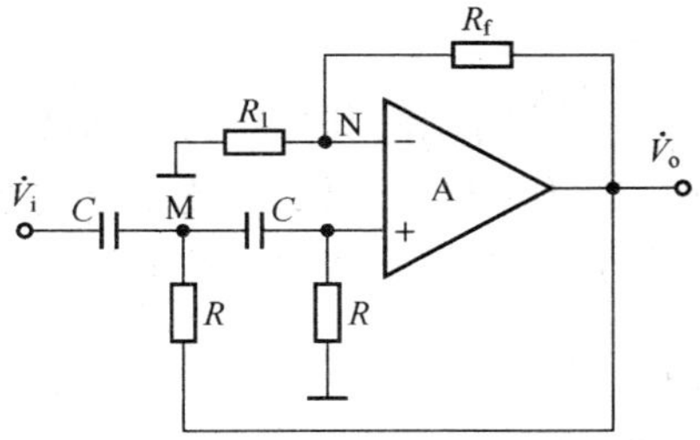

图 6.3.7　二阶压控电压源高通滤波器

1）频率响应

对于高通滤波器，当信号频率趋于无穷大时的电压放大倍数称为通带电压放大倍数。当信号频率趋于无穷大时，图中电容 C 短路，集成运放同相输入端的电位 $\dot{V}_p=\dot{V}_i$，因此，电路的通带电压放大倍数为

$$\dot{A}_{vp}=\frac{\dot{V}_o}{\dot{V}_i}=1+\frac{R_f}{R_1} \tag{6.3.13}$$

二阶压控电压源高通滤波器的频率响应表达式同样可以采用前述方法求得。由于二阶压控电压源高通滤波器和二阶压控电压源低通滤波器的幅频特性具有对偶关系，它们的频率响应也如此，如果将式（6.3.8）中的 $\mathrm{j}\omega CR$ 用 $1/\mathrm{j}\omega CR$ 代替，则可得二阶压控电压源高通滤波器的频率响应表达式为

$$\dot{A}_v=\frac{\dot{A}_{vp}}{1+(3-\dot{A}_{vp})\dfrac{1}{\mathrm{j}\omega CR}+\left(\dfrac{1}{\mathrm{j}\omega CR}\right)^2}$$

$$=\frac{\dot{A}_{vp}(\mathrm{j}\omega CR)^2}{1+(3-\dot{A}_{vp})\mathrm{j}\omega CR+(\mathrm{j}\omega CR)^2} \tag{6.3.14}$$

令

$$f_0=\frac{1}{2\pi RC} \tag{6.3.15}$$

$$Q=\frac{1}{3-\dot{A}_{vp}} \tag{6.3.16}$$

则有

$$\dot{A}_v=\frac{-\dot{A}_{vp}\left(\dfrac{f}{f_0}\right)^2}{1-\left(\dfrac{f}{f_0}\right)^2+\mathrm{j}(3-\dot{A}_{vp})\dfrac{f}{f_0}}=\frac{\dot{A}_{vp}}{1-\left(\dfrac{f_0}{f}\right)^2-\mathrm{j}\dfrac{1}{Q}\bullet\dfrac{f_0}{f}} \tag{6.3.17}$$

2）幅频特性

由式（6.3.17）可得幅频特性为

$$20\lg\left|\dot{A}_v/\dot{A}_{vp}\right| = 20\lg\frac{1}{\sqrt{\left[1-\left(\frac{f_0}{f}\right)^2\right]^2+\left(\frac{1}{Q}\cdot\frac{f_0}{f}\right)^2}} \tag{6.3.18}$$

由此可画出其幅频特性曲线，如图 6.3.8 所示。由图可见，二阶压控电压源高通滤波器和二阶压控电压源低通滤波器的幅频特性具有对偶关系（镜像关系）。如以 $f=f_0$ 为对称轴，二阶压控电压源高通滤波器的 $|\dot{A}_v|$ 随频率 f 的升高而增大，而二阶压控电压源低通滤波器的 $|\dot{A}_v|$ 则随频率 f 的升高而减小。二阶压控电压源高通滤波器在 $f \ll f_0$ 时，其幅频特性是以 40dB/10 倍频程的斜率上升。

2. 带通滤波器

将如图 6.3.9（b）所示带通滤波器（BPF）的幅频特性与高通、低通滤波器的幅频特性进行比较，不难发现，若将低通滤波器和高通滤波器相串联，并使低通滤波器的截止频率 f_H 大于高通滤波器的截止频率 f_L，则频率在 $f_L<f<f_H$ 范围内的信号能通过，其余频率的信号不能通过，因而就构成了带通滤波器。

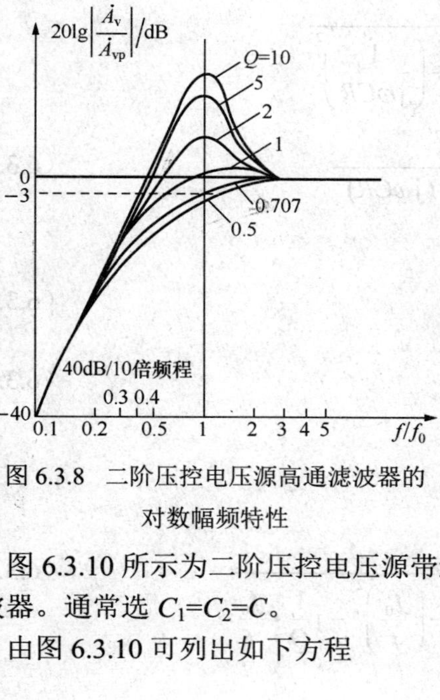

图 6.3.8 二阶压控电压源高通滤波器的对数幅频特性

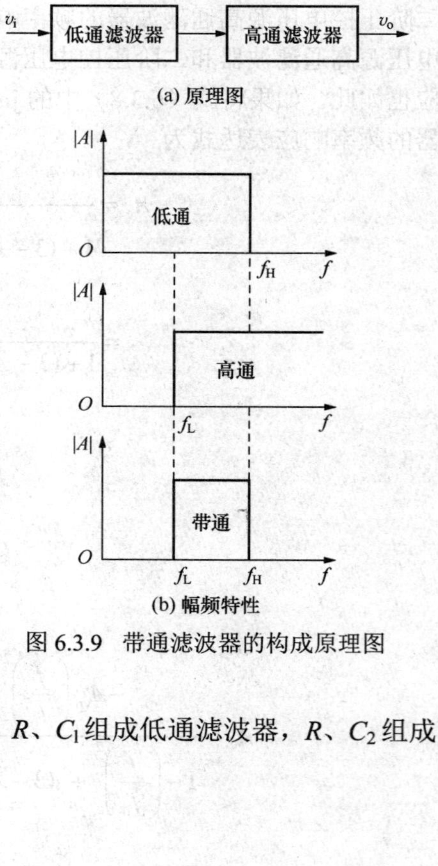

图 6.3.9 带通滤波器的构成原理图

图 6.3.10 所示为二阶压控电压源带通滤波器。R、C_1 组成低通滤波器，R、C_2 组成高通滤波器。通常选 $C_1=C_2=C$。

由图 6.3.10 可列出如下方程

$$\dot{V}_o = \left(1+\frac{R_f}{R_1}\right)\dot{V}_p = \dot{A}_{vf} \bullet \dot{V}_p \tag{6.3.19}$$

$$\frac{\dot{V}_M - \dot{V}_P}{1/j\omega C} = \frac{\dot{V}_p}{2R} \tag{6.3.20}$$

$$\frac{\dot{V}_i - \dot{V}_M}{R} = \frac{\dot{V}_M}{1/j\omega C} + \frac{\dot{V}_M - \dot{V}_p}{1/j\omega C} + \frac{\dot{V}_M - \dot{V}_o}{R} \tag{6.3.21}$$

将式（6.3.19）～式（6.3.21）联立求解，可得

$$\dot{A}_v = \frac{j\omega CR \bullet \dot{A}_{vf}}{1+(3-\dot{A}_{vf})j\omega CR + (j\omega CR)^2} \tag{6.3.22}$$

令

$$f_0 = \frac{1}{2\pi RC} \tag{6.3.23}$$

$$\dot{A}_{vp} = \frac{\dot{A}_{vf}}{3-\dot{A}_{vf}} \tag{6.3.24}$$

$$Q = \frac{1}{3-\dot{A}_{vf}} \tag{6.3.25}$$

则有

$$\dot{A}_v = \frac{j\dfrac{f}{f_0}\dot{A}_{vf}}{1-\left(\dfrac{f}{f_0}\right)^2 + j(3-\dot{A}_{vf})\dfrac{f}{f_0}} = \frac{\dot{A}_{vp}}{1+jQ\left(\dfrac{f}{f_0}-\dfrac{f_0}{f}\right)} \tag{6.3.26}$$

由上式可知，当 $f=f_0$ 时，$|\dot{A}_v| = |\dot{A}_{vp}|$，且达到最大值。因此，$f_0$ 为电路的中心频率，$\dot{A}_{vp} = \dfrac{\dot{A}_{vf}}{3-\dot{A}_{vf}} = Q\dot{A}_{vf}$ 为通带电压放大倍数。

根据式（6.3.26）可画出对应不同 Q 值时的对数幅频特性曲线，如图 6.3.11 所示。由幅频特性可知，Q 值越大，通频带越窄，选频特性越好。根据截止频率的定义，下限截止频率 f_{p1} 和上限截止频率 f_{p2} 是使增益下降 3dB，即 $|\dot{A}_v| = \dfrac{1}{\sqrt{2}}|\dot{A}_{vp}|$ 时的频率，二者之差称为通带宽度。令式（6.3.26）中分母的虚部系数等于 1，即

$$Q\left(\frac{f_p}{f_0} - \frac{f_0}{f_p}\right) = 1$$

求解上式，取正根，可得截止频率分别为

$$f_{p1} = \frac{f_0}{2}\left(\sqrt{\frac{1}{Q^2}+4} - \frac{1}{Q}\right) \tag{6.3.27}$$

$$f_{p2} = \frac{f_0}{2}\left(\sqrt{\frac{1}{Q^2}+4} + \frac{1}{Q}\right) \tag{6.3.28}$$

因此，通带宽度为

$$B = f_{p2} - f_{p1} = \frac{f_0}{Q} = (3 - \dot{A}_{vf}) f_0 = \left(2 - \frac{R_f}{R_1}\right) f_0 \tag{6.3.29}$$

可见，通过改变电阻 R_f 或 R_1 的阻值，可以改变通带宽度，且中心频率 f_0 不受影响。

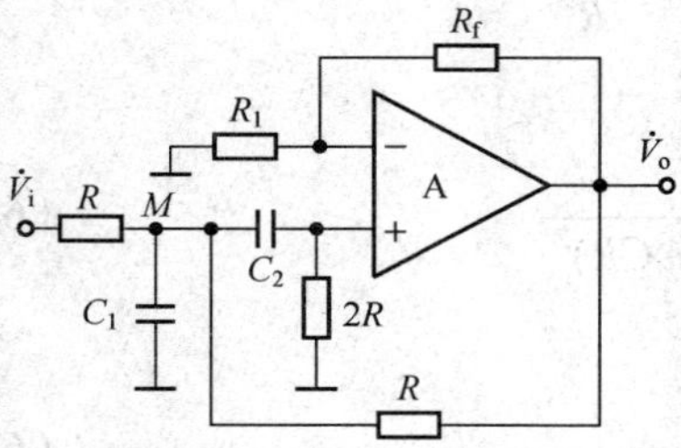

图 6.3.10　二阶压控电压源带通滤波器

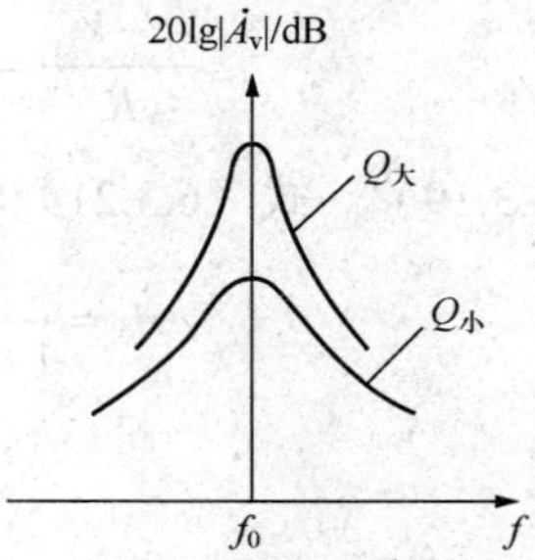

图 6.3.11　带通滤波器的幅频特性曲线

3. 带阻滤波器

若将低通滤波器和高通滤波器的输出电压经求和电路后输出，且低通滤波器的通带截止频率 f_{p1} 小于高通滤波器的通带截止频率 f_{p2}，则可构成带阻滤波器（BEF），如图 6.3.12 所示。该电路可阻止 $f_{p1}<f<f_{p2}$ 范围内的信号通过，使其余频率的信号均能通过。带阻滤波器又称陷波器，在干扰信号的频率确定的情况下，可通过带阻滤波器阻止其通过，以抑制干扰信号。

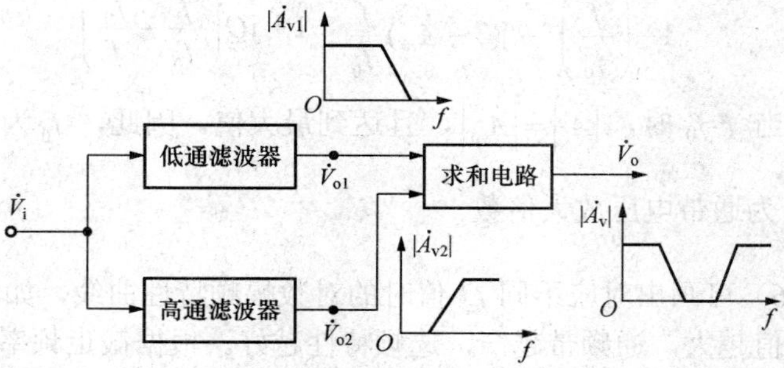

图 6.3.12　带阻滤波器的组成框图

常用的压控电压源带阻滤波器由 RC 组成的双 T 网络和一个集成运放组成，如图 6.3.13 所示。

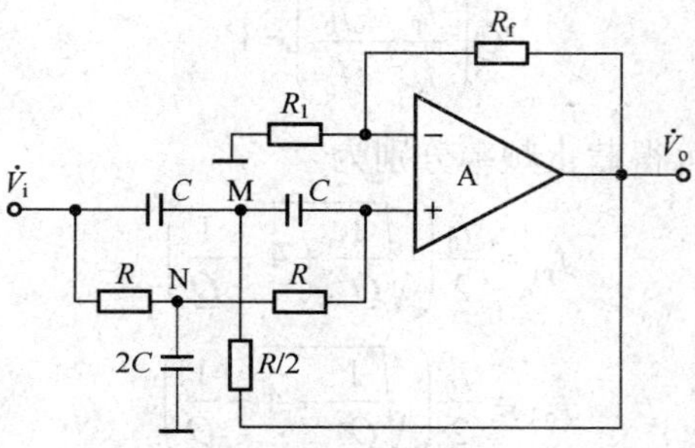

图 6.3.13　压控电压源带阻滤波器

当信号频率趋于零或无穷大时，集成运放同相输入端的电位 $\dot{V}_p=\dot{V}_i$，因此，电路的通带电压放大倍数为

$$\dot{A}_{vp}=\frac{\dot{V}_o}{\dot{V}_i}=1+\frac{R_f}{R_1} \tag{6.3.30}$$

由图 6.3.13，可列出如下方程

$$\dot{V}_o=\left(1+\frac{R_f}{R_1}\right)\dot{V}_p=\dot{A}_{vp}\bullet\dot{V}_p \tag{6.3.31}$$

$$\frac{\dot{V}_M-\dot{V}_P}{1/j\omega C}+\frac{\dot{V}_N-\dot{V}_p}{R}=0 \tag{6.3.32}$$

$$\frac{\dot{V}_i-\dot{V}_M}{1/j\omega C}=\frac{\dot{V}_M-\dot{V}_p}{1/j\omega C}+\frac{\dot{V}_M-\dot{V}_o}{R/2} \tag{6.3.33}$$

$$\frac{\dot{V}_i-\dot{V}_N}{R}=\frac{\dot{V}_N-\dot{V}_p}{R}+\frac{\dot{V}_N}{1/j2\omega C} \tag{6.3.34}$$

将式（6.3.31）～式（6.3.34）联立求解，可得

$$\dot{A}_v=\frac{[1+(j\omega CR)^2]\bullet\dot{A}_{vp}}{1+2(2-\dot{A}_{vp})j\omega CR+(j\omega CR)^2} \tag{6.3.35}$$

令

$$f_0=\frac{1}{2\pi RC} \tag{6.3.36}$$

$$Q=\frac{1}{2(2-\dot{A}_{vp})} \tag{6.3.37}$$

则有

$$\dot{A}_v=\frac{1-\left(\dfrac{f}{f_0}\right)^2}{1-\left(\dfrac{f}{f_0}\right)^2+j2(2-\dot{A}_{vp})\dfrac{f}{f_0}}\dot{A}_{vp}=\frac{\dot{A}_{vp}}{1+j\dfrac{1}{Q}\bullet\dfrac{ff_0}{f_0^2-f^2}} \tag{6.3.38}$$

由上式可知，当 $f=f_0$ 时，$|\dot{A}_v|=0$，当 $f=0$ 或 $f\to\infty$时，$|\dot{A}_v|=|\dot{A}_{vp}|$。因此，$f_0$ 为带阻滤波器的中心频率。令式（6.3.38）中分母的虚部系数等于 1，即

$$\frac{1}{Q}\bullet\frac{f_pf_0}{f_0^2-f_p^2}=1$$

求解上式，取正根，可得截止频率分别为

$$f_{p1}=\left(\sqrt{(2-\dot{A}_{vp})^2+1}-(2-\dot{A}_{vp})\right)f_0 \tag{6.3.39}$$

$$f_{p2}=\left(\sqrt{(2-\dot{A}_{vp})^2+1}+(2-\dot{A}_{vp})\right)f_0 \tag{6.3.40}$$

因此，带阻滤波器的阻带宽度为

$$B = f_{p2} - f_{p1} = 2(2-\dot{A}_{vp})f_0 = \frac{f_0}{Q} \tag{6.3.41}$$

可见，通过改变电阻 R_f 或 R_1 的阻值，可以改变阻带宽度，且中心频率 f_0 不受影响。

根据式（6.3.38）可画出对应不同 Q 值时的对数幅频特性曲线，如图 6.3.14 所示。由幅频特性曲线可知，Q 值越大，阻带宽度越窄，选频特性越好。

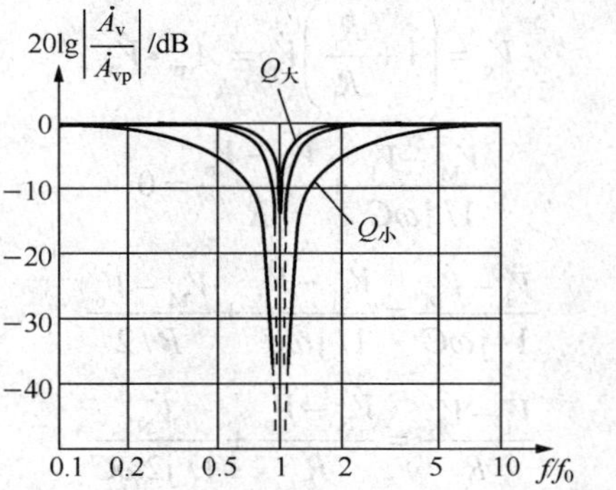

图 6.3.14 带阻滤波器的幅频特性曲线

4. 全通滤波器

图 6.3.15 所示为两个一阶全通滤波器。

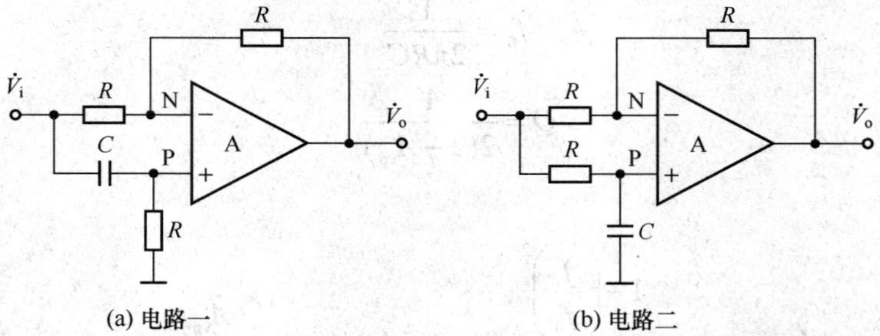

图 6.3.15 全通滤波器

根据图 6.3.15（a）可列出下列方程

$$\dot{V}_p = \frac{R}{R+1/j\omega C}\cdot\dot{V}_i = \frac{j\omega RC}{1+j\omega RC}\cdot\dot{V}_i \tag{6.3.42}$$

$$\frac{\dot{V}_i-\dot{V}_N}{R} = \frac{\dot{V}_N-\dot{V}_o}{R} \tag{6.3.43}$$

对理想运放，有

$$\dot{V}_P = \dot{V}_N \tag{6.3.44}$$

联立以上三式求解可得

$$\dot{A}_v = \frac{\dot{V}_o}{\dot{V}_i} = -\frac{1-j\omega RC}{1+j\omega RC} = -\frac{1-j\dfrac{f}{f_0}}{1+j\dfrac{f}{f_0}} \tag{6.3.45}$$

其中，有

$$f_0=\frac{1}{2\pi RC}$$

由式（6.3.45）可得其幅频特性和相频特性为

$$\begin{cases}\left|\dot{A}_v\right|=1\\ \varphi=180^\circ-2\arctan\dfrac{f}{f_0}\end{cases} \tag{6.3.46}$$

式（6.3.46）表明，信号频率从零到无穷大变化时，输出电压与输入电压的幅值相等。当 $f=f_0$ 时，$\varphi=90^\circ$；当 f 趋于零时，φ 趋于180°；当 f 趋于无穷大时，φ 趋于0°。其相频特性曲线如图 6.3.16 中实线所示。

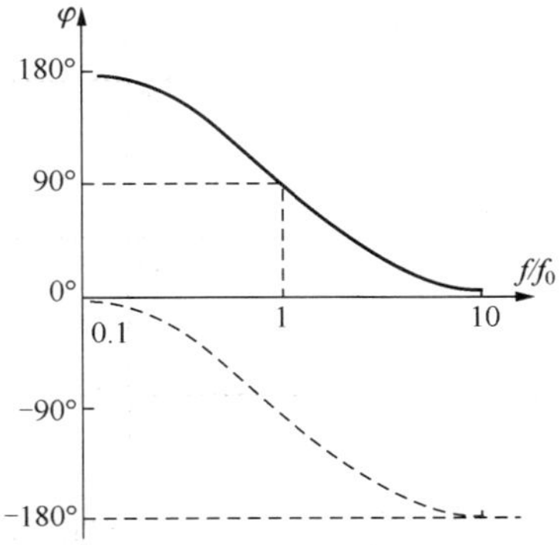

图 6.3.16　全通滤波器的相频特性

用上述同样方法可得如图 6.3.15（b）所示电路的频率响应表达式为

$$\dot{A}_v=\frac{\dot{V}_o}{\dot{V}_i}=\frac{1-j\omega RC}{1+j\omega RC}=\frac{1-j\dfrac{f}{f_0}}{1+j\dfrac{f}{f_0}} \tag{6.3.47}$$

其幅频和相频特性为

$$\begin{cases}\left|\dot{A}_v\right|=1\\ \varphi=-2\arctan\dfrac{f}{f_0}\end{cases} \tag{6.3.48}$$

由此可画出其相频特性曲线如图 6.3.16 中虚线所示。

6.4　电压比较器

电压比较器是用来比较两个输入电压大小的电路。其输入为模拟信号，输出只有两种可能的状态，要么为高电平要么为低电平。电压比较器中的运放一般工作在开环或正反馈状态，运放工作在非线性区。电压比较器常用于测量、自动控制和波形发生等电路中。

电压比较器有单门限比较器、滞回比较器和窗口比较器三种。

6.4.1　单门限电压比较器

1. 过零比较器

图 6.4.1（a）所示是同相输入的过零比较器。输入电压 v_i 从运放的同相端输入，反相端接“地”。输出端由两个正、反向串联的稳压管组成限幅电路，输出电压的正、反向最大值约为 $+V_Z$ 和 $-V_Z$。

由于运放工作在开环状态，根据 4.6.3 节，当 $v_P>v_N$，即 $v_i>0$ 时，输出电压趋于正的最大值，$v_o=+V_Z$；当 $v_P<v_N$，即 $v_i<0$ 时，输出电压趋于负的最大值，$v_o=-V_Z$。

对如图 6.4.1（b）所示的反相输入比较器，当 $v_i>0$ 时，$v_o=-V_Z$；$v_i<0$ 时，$v_o=+V_Z$。由此，可画出两电路的电压传输特性曲线分别如图 6.4.1（a）和图 6.4.1（b）所示。

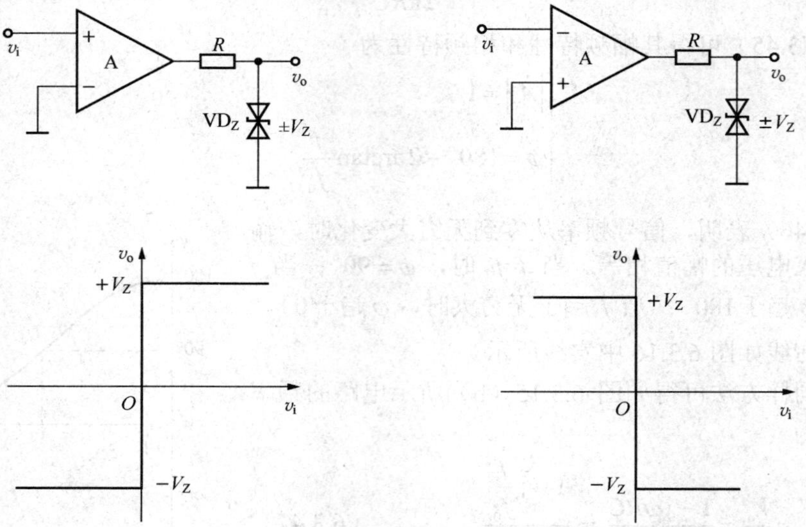

（a）同相输入　　　　（b）反相输入

图 6.4.1　过零比较器及其电压传输特性

电压传输特性是描述电压比较器输出与输入关系的重要手段。知道以下三个要素即可画出电压传输特性。

1）输出的高电平和低电平

输出的高、低电平值取决于集成运放的最大输出电压幅值，或由集成运放输出端的限幅电路决定。

2）阈值电压 V_T

阈值电压 V_T（或称门槛电压、门限电压等）是使输出电压从高电平 V_{OH} 跳变为低电平 V_{OL} 或从低电平 V_{OL} 跳变为高电平 V_{OH} 时对应的输入电压，也就是使集成运放两个输入端电位相等（即 $v_P=v_N$）时的输入电压值。根据电路求出运放同相输入端和反相输入端的电位 v_P 和 v_N 的表达式，令 $v_P=v_N$，解得的输入电压就是阈值电压 V_T。

3）输入电压 v_i 经过 V_T 时，输出电压 v_o 的跳变方向

一般来讲，对于同相输入的电压比较器，当 $v_i>V_T$ 时，v_o 从低电平跳变为高电平；当 $v_i<V_T$ 时，v_o 从高电平跳变为低电平。

而对于反相输入的电压比较器，当 $v_i>V_T$ 时，v_o 从高电平跳变为低电平；当 $v_i<V_T$ 时，v_o 从低电平跳变为高电平。

由于图 6.4.1 两个电路的阈值电压 V_T 都等于零，即输入电压过零时，输出发生跳变，所以称为过零比较器。

2. 一般单门限电压比较器

图 6.4.2（a）所示为一般单门限电压比较器，V_{REF} 为参考电压。输出的高、低电平由稳压管组成的限幅电路决定，$V_{OH}=+V_Z$，$V_{OL}=-V_Z$。

电路中，$v_P = v_i$，$v_N = V_{REF}$，令 $v_P = v_N$，求出的输入电压即是阈值电压 V_T。由此，可得阈值电压 $V_T = V_{REF}$。

该电路为同相输入的电压比较器，因此，当 $v_i>V_T$ 时，v_o 为高电平；$v_i<V_T$ 时，v_o 为低电平。

由此，可画出电压传输特性如图 6.4.2（b）所示。

例 6.4.1　电路如图 6.4.3 所示，运放的最大输出电压为±14V，稳压管的稳定电压为 6V，其正向压降为 0.7V，v_i=7sinωt。当参考电压 V_{REF} 为±3V 两种情况下，画出电压传输特性和输出电压 v_o 的波形。

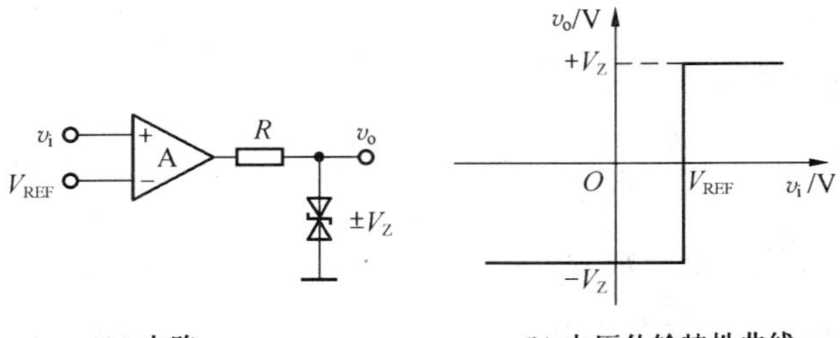

(a) 电路　　(b) 电压传输特性曲线

图 6.4.2　一般单门限电压比较器

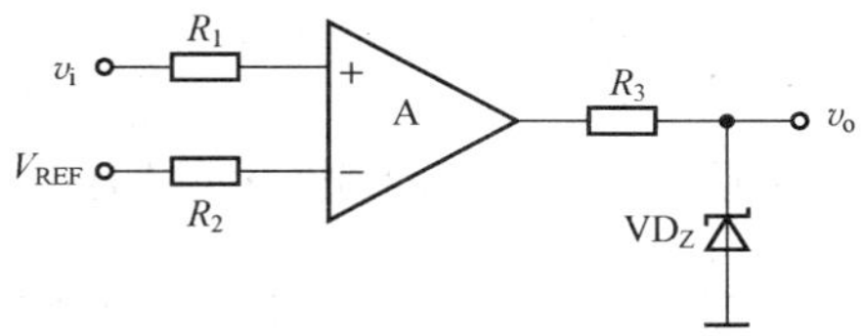

图 6.4.3　例 6.4.1 电路图

解： 此电路为单门限电压比较器，输出的高、低电平不是运放的最大输出电压±14V，而由稳压管 V_{Dz} 决定，即 V_{OH}=6V，V_{OL}=−0.7V，阈值电压 $V_T = V_{REF}$。

该电路为同相输入的电压比较器，因此，当 $v_i>V_T$ 时，v_o 为高电平 V_{OH}；当 $v_i<V_T$ 时，v_o 为低电平 V_{OL}。

由此，可画出 V_{REF} 为±3V 两种情况下的电压传输特性和输出电压 v_o 的波形，如图 6.4.4（a）和图 6.4.4（b）所示。

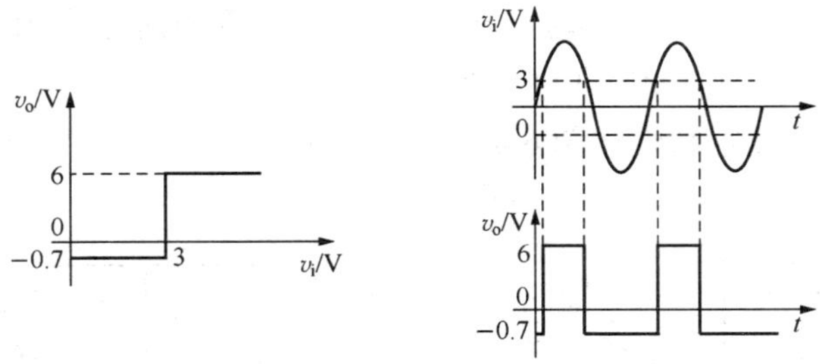

(a) V_{REF}＝3 V时的电压传输特性和输出电压波形

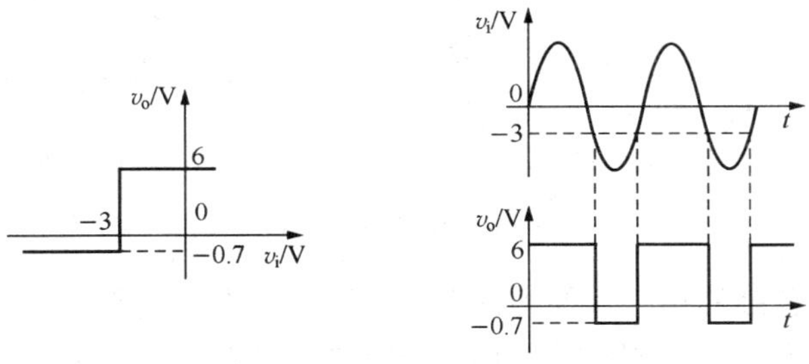

(b) V_{REF}＝−3 V时的电压传输特性和输出电压波形

图 6.4.4　例 6.4.1 的电压传输特性和输出电压波形

6.4.2 滞回电压比较器

图 6.4.5（a）所示是一个反相输入的滞回比较器。通过 R_2 引入电压串联正反馈。电路输出的高、低电平由稳压管组成的限幅电路决定，分别为 $V_{OH}=+V_Z$，$V_{OL}=-V_Z$。根据叠加原理，可求出运算放大器同相端的电位为

$$v_p = \frac{R_1}{R_1+R_2}v_o + \frac{R_2}{R_1+R_2}V_{REF} \tag{6.4.1}$$

反相端的电位为

$$v_N = v_i \tag{6.4.2}$$

令 $v_p = v_N$，求出的输入电压 v_i 即为阈值电压 V_T。由此，可得

$$V_T = \frac{R_1}{R_1+R_2}v_o + \frac{R_2}{R_1+R_2}V_{REF} \tag{6.4.3}$$

把 $v_o=\pm V_Z$ 代入上式，可得上、下限阈值电压分别为

$$V_{T2} = \frac{R_2}{R_1+R_2}V_{REF} + \frac{R_1}{R_1+R_2}V_Z \tag{6.4.4}$$

$$V_{T1} = \frac{R_2}{R_1+R_2}V_{REF} - \frac{R_1}{R_1+R_2}V_Z \tag{6.4.5}$$

上、下限阈值电压之差称为回差电压 ΔV_T，即

$$\Delta V_T = V_{T2} - V_{T1} = \frac{2R_1}{R_1+R_2}V_Z \tag{6.4.6}$$

当 $v_i = v_N < v_P$ 时，$v_o=+V_Z$，这时，$v_P = V_{T2}$。当输入电压增加到 $v_i > V_{T2}$ 时，v_o 从 $+V_Z$ 跳变为 $-V_Z$，此后，v_i 增加，输出保持不变。

当 $v_i = v_N > v_P$ 时，$v_o=-V_Z$，这时，$v_P = V_{T1}$。当输入电压减小到 $v_i < V_{T1}$ 时，v_o 从 $-V_Z$ 跳变为 $+V_Z$，此后，v_i 减小，输出保持不变。

由此，可画出电压传输特性如图 6.4.5（b）所示。

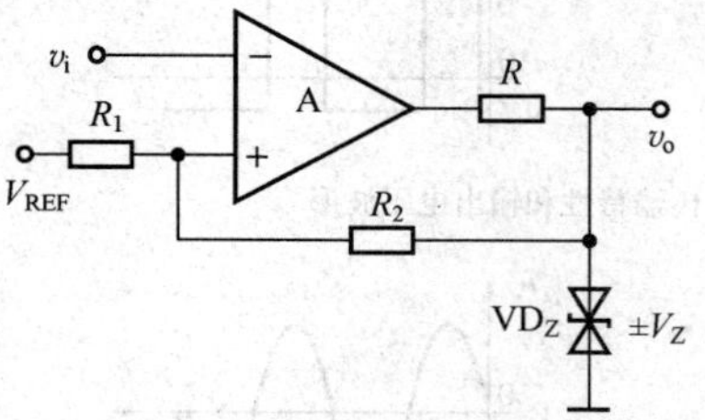

(a) 电路

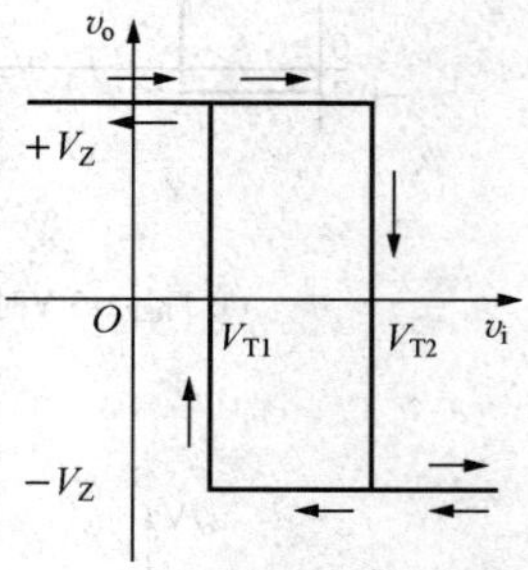

(b) 电压传输特性

图 6.4.5 滞回电压比较器

滞回比较器具有较强的抗干扰能力。例如，当输入电压过零时串入了干扰，如图 6.4.6（a）所示。单门限过零比较器相应的输出电压如图 6.4.6（b）所示，输出电压随干扰而摆动。而同相滞回比较器相应的输出电压如图 6.4.6（c）所示，输出无摆动，克服了干扰。

滞回比较器的回差电压越大，抗干扰能力越强，但是灵敏度会降低。

例 6.4.2　已知两个电压比较器的电压传输特性分别如图 6.4.7（a）、（b）所示，输入电压波形均如图 6.4.7（c）所示。

（1）它们分别属于哪种类型的电压比较器？

（2）画出输出电压 v_{o1} 和 v_{o2} 的波形。

解：（1）从如图 6.4.7（a）所示的电压传输特性可知，阈值电压为 0V，且 $v_i>0$ 时，v_{o1}=6V；$v_i<0$ 时，v_{o1}=−6V，故该电路为同相输入的过零比较器。

从如图 6.4.7（b）所示电压传输特性可知，阈值电压为±3V，具有滞回特性，且 $v_i>3$V 时，v_{o2}=6V；$v_i<-3$V 时，v_{o2}=−6V。故该电路为同相输入的滞回比较器。

（2）根据电压传输特性可画出 v_{o1} 和 v_{o2} 的波形，如图 6.4.7（d）所示。

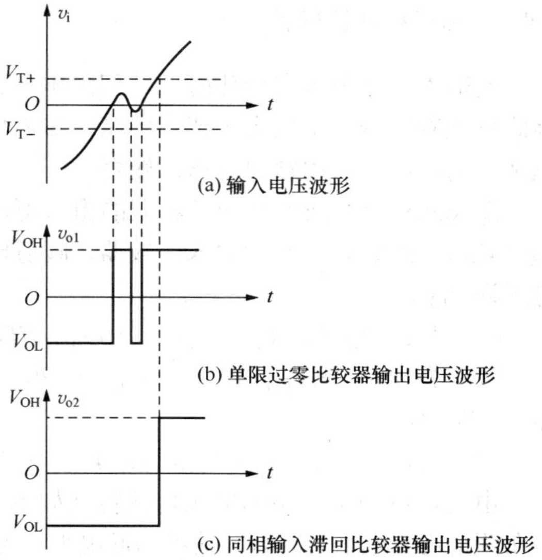

(a) 输入电压波形

(b) 单限过零比较器输出电压波形

(c) 同相输入滞回比较器输出电压波形

图 6.4.6　比较器抗干扰能力示意图

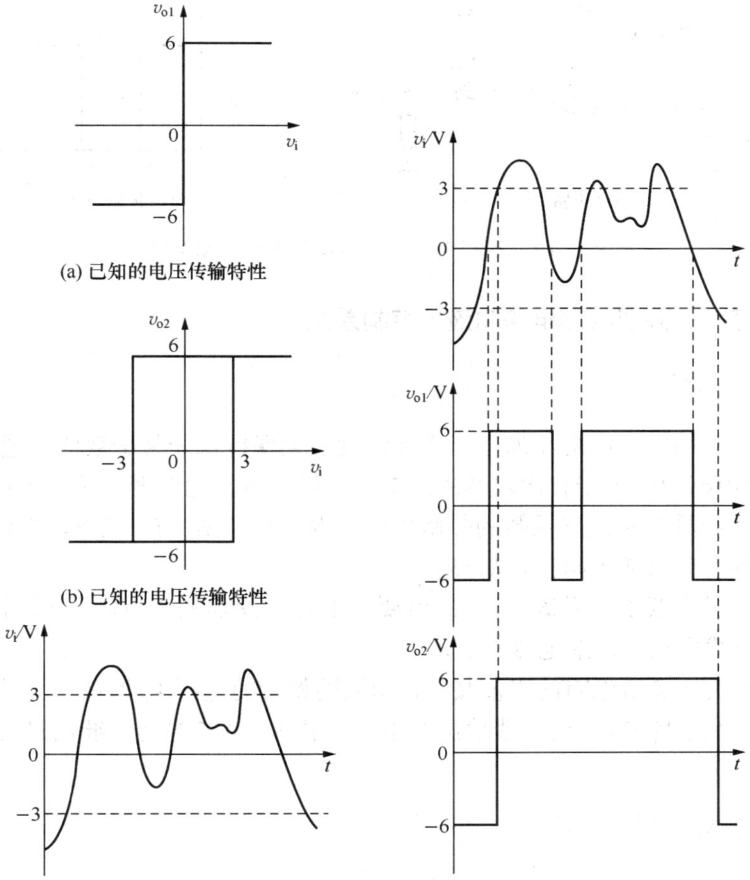

(a) 已知的电压传输特性

(b) 已知的电压传输特性

(c) 输入电压波形

(d) 输出电压波形

图 6.4.7　例 6.4.2 的电压传输特性和输入输出电压波形

6.4.3 窗口电压比较器

当输入电压单方向变化时，单门限电压比较器和滞回电压比较器的输出只跳变一次，因此只能判断输入电压大于或小于某一参考电平。如果希望检测输入电压是否在两个规定电平之间，则应采用窗口电压比较器。

图 6.4.8（a）所示是一种典型的窗口电压比较器。图中，V_{RH} 和 V_{RL} 是参考电压，且 $V_{RH}>V_{RL}$，运放 A_1 是同相输入比较器，阈值电压为 V_{RH}。运放 A_2 是反相输入比较器，阈值电压为 V_{RL}。

（1）当 $v_i<V_{RL}$ 时，$v_{o1}=V_{OL}$，$v_{o2}=V_{OH}$，VD_1 截止，VD_2 导通，输出为高电平，即 $v_o=V_{OH}$。

（2）当 $V_{RL}<v_i<V_{RH}$ 时，$v_{o1}=V_{OL}<0$，$v_{o2}=V_{OL}<0$，VD_1 和 VD_2 均截止，输出电压为零，即 $v_o=0V$。

（3）当 $v_i>V_{RH}$ 时，$v_{o1}=V_{OH}$，$v_{o2}=V_{OL}$，VD_1 导通，VD_2 截止，输出为高电平，即 $v_o=V_{OH}$。

由此，可画出电路的电压传输特性如图 6.4.8（b）所示。从图中可以看出，当输入电压在两个规定电平之间时，输出为低电平；当输入电压为其他值时，输出为高电平。

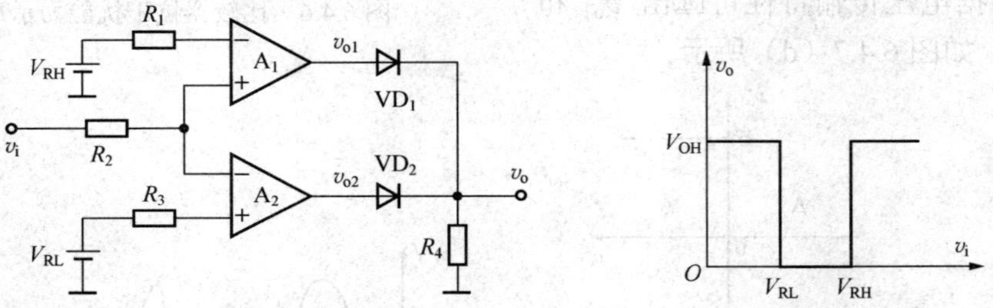

(a) 电路　(b) 传输特性

图 6.4.8　窗口电压比较器及其电压传输特性

6.4.4 应用实例——超温检测电路和液位控制系统

1. 超温检测电路

在许多工业应用中，如食品加工，实际温度必须保持低于某个数值。超温检测电路如图 6.4.9 所示。电路由一个带有比较器的惠斯通电桥构成，比较器用于检测电桥是否平衡，电桥的一个桥臂由具有负温度系数的热敏电阻（温度传感器）R_1 组成，电位器(R_2)设置为热敏电阻在临界温度时的电阻值，$R_3=R_4$。

在常温下（温度低于临界值），R_1 的值要大于 R_2，从而使 $V_N>V_P$，比较器输出低电平，晶体管 VT 处于截止状态，继电器不启动。

随着温度升高，热敏电阻的阻值减小，运放同相端的电压 V_P 增加。当温度升高到临界值时，$R_1\leqslant R_2$，使得 $V_P>V_N$，比较器输出高电平，晶体管 VT 导通，继电器启动，从而激活报警电路。

2. 液位控制系统

液位控制系统原理框图如图 6.4.10 所示。系统通过压力传感器感知管道中的压力变化来检测蓄水池中液体位置的改变，通过控制电动泵的开启，从而使蓄水池中液体的位置维持在一定范围内不变。

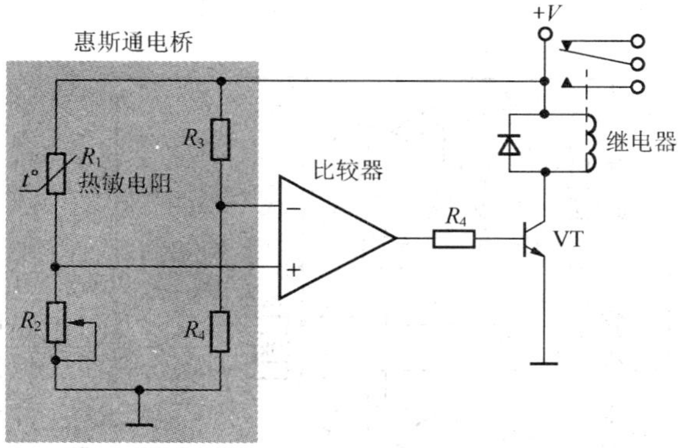

图 6.4.9　超温检测电路

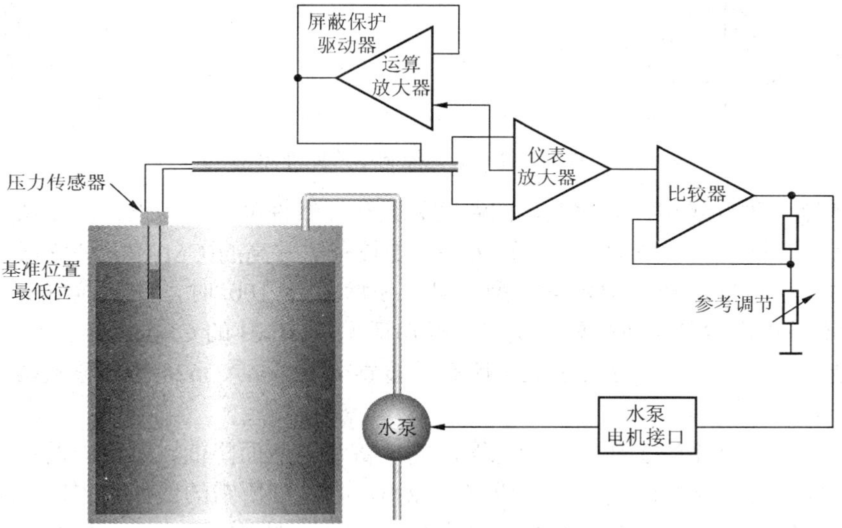

图 6.4.10　液位控制系统原理框图

把一个两端开口的管子垂直放置在液体中，并使一端位于液面以上，这时，管子中的液面与蓄水池中的液面高度相同。如果把管子上端口封闭，管中残留的空气压力将随着蓄水池中液面高度的变化成正比变化。当蓄水池中液面变化时，管子中压力的变化通过压力传感器产生一个与压力成正比的微小的电压变化。该电压经过仪表放大器（IA）放大，驱动滞回比较器。滞回比较器的基准电压调节到与液面变化范围对应的临界值，当液面降低至允许的最低参考位置时，比较器输出高电平开启水泵向蓄水池加水，使其达到基准位置。当压力传感器探测到蓄水池水位达到了基准位置时，比较器输出低电平使水泵关闭，停止加水。

电路原理图如图 6.4.11 所示。由于电路系统的工作环境噪声较大，一般把电路放置在离蓄水池有一定距离的位置，通过长同轴电缆将蓄水池与压力传感器连接起来。考虑到压力传感器的输出电压非常小（100～200μV），这里采用了带屏蔽保护的驱动器来减小噪声对微弱信号的影响。仪表放大器 AD624 的输出驱动滞回比较器 LM111，为了简化电路，电源没有画出。电阻 R_1 和 R_2 提供了失调电流的返回通路以防止输出漂移，R_3 是比较器输出的上拉电阻，调整 R_5 可改变比较器的参考电平（阈值电压），R_6 与屏蔽保护驱动器串联起限流作用。

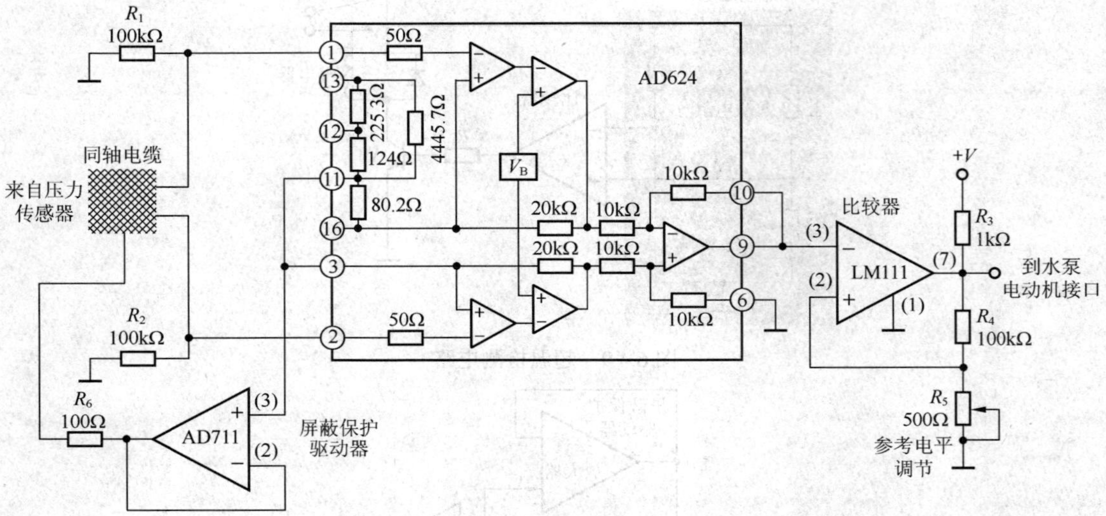

图 6.4.11 液位控制电路原理图

AD624 是一种低噪声、高增益、低温度系数和高线性度，专门设计用于低电平传感器和长电缆系统的精密仪表放大器。它在 60Hz 处具有非常高的 CMRR，使它成为带噪工业系统应用的一个很好选择。AD624C 型号可以在增益为 100 时，使共模电源线干扰降低 110dB，在增益更高时甚至可以降低更多。换句话说，110dB 的 CMRR，可以将 1V 的共模干扰信号减小到大约 3μV，这几乎低于所有的传感器信号。AD624 的完整数据手册可以在 www.analog.com 上找到。

图 6.4.12 所示是系统工作过程示意图。随着蓄水池液面降低，蓄水池的压力减小。通过压力传感器，使传感器的输出电压成比例减小。当达到所需的最低位置时，降低的电压会触发比较器输出高电平以开启水泵。当水泵运行时，液面位置上升，使得压力增大，传感器的输出电压也成比例增大。当液面达到最大位置时，电路触发比较器输出低电平使水泵关闭。

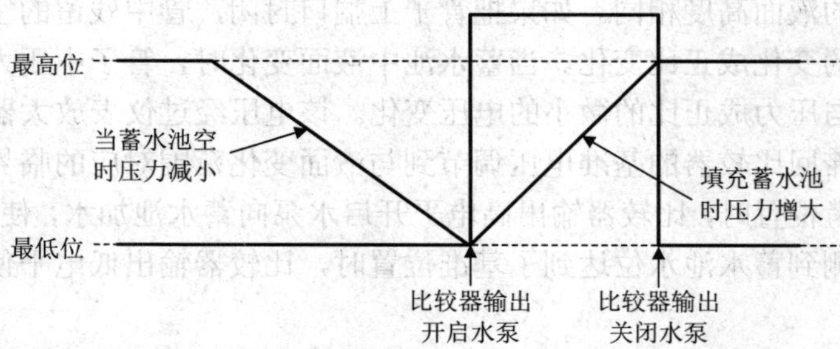

图 6.4.12 系统工作过程示意图

小　结

本章主要介绍了运放的线性应用和非线性应用。

（1）集成运放的线性应用主要用于构成各种基本运算电路和信号处理电路；其非线性应用主要用于构成电压比较器。

（2）集成运放线性应用时需要引入电压负反馈，这样可以扩展线性范围，实现模拟信号的各种基本运算。基本运算电路有反相、同相比例电路、加减运算电路、积分和微分运算电路等。充分利用理想运放的“虚短”和“虚断”特点，可以方便地分析各种运算电路的输出与输入关系。

（3）由集成运放和 *RC* 网络组成的有源滤波器是集成运放在线性状态下的另一个重要应用。按幅频特性的不同，有源滤波器分为低通滤波器、高通滤波器、带通滤波器和带阻滤波器等。有源滤波器的分析方法与运算电路基本相同，常用频率响应（传递函数）表示输出与输入的函数关系。

（4）构成电压比较器时，运放处于开环状态或引入正反馈，集成运放工作在非线性区。输出不是高电平，就是低电平，是具有数字信号特点的二值信号。因此，电压比较器能够将模拟信号转换成数字信号。它既用于信号转换，又可作为非正弦波发生电路的重要组成部分。

（5）通常用电压传输特性来描述电压比较器输出电压与输入电压的函数关系。电压传输特性具有三个要素：一是输出的高、低电平，取决于集成运放输出电压的最大幅度或输出端的限幅电路；二是阈值电压，它是使集成运放同相端和反相端电位相等的输入电压；三是输入电压变化经过阈值电压时输出电压的跃变方向，它决定于输入电压是作用于集成运放的反相端，还是同相端。

（6）本章介绍了单限、滞回和窗口电压比较器。单限电压比较器只有一个阈值电压；窗口电压比较器有两个阈值电压，当输入电压向单一方向变化时，输出电压跃变两次；滞回电压比较器具有滞回特性，虽有两个阈值电压，但当输入电压向单一方向变化时输出电压仅跃变一次。

习　题

6.1　填空题。

（1）集成运放工作在线性区的特征是电路引入了________，工作在非线性区的特征是电路处于________状态或引入了________。

（2）所谓“虚短”是指集成运放的两个输入端________无限接近，但又不是真正短路；所谓“虚断”是指集成运放的两个输入端________趋于零，但又不是真正断路。

（3）________运算电路可将方波转换为三角波，________运算电路可将三角波转换为方波。

（4）如果多个信号同时作用于集成运放的两个输入端时，则可实现________运算。

（5）电压比较器中的运放通常工作在________状态或________状态，因此，它的输出一般只有高电平或低电平两个稳定状态。其中，单门限电压比较器工作在________状态，滞回电压比较器工作在________状态。

（6）单门限电压比较器有________个阈值（门限）电压；而滞回电压比较器有________个阈值（门限）电压，其两个阈值电压之差称为________。

（7）电压比较器的输出从一个状态跳变到另一个状态时的输入电压称为________。

（8）为了获得输入电压中的低频信号，应选用________滤波器；有用信号频率高于500kHz，应选用________滤波器；为了避免 50Hz 电网电压的干扰进入放大器，应选用________滤波器；已知输入信号的频率为10～12kHz，为了防止干扰信号的混入，应选用________滤波器。

6.2 选择题。

（1）用单个集成运放构成的加减运算电路，输入信号是从运放的（ ）输入。

A. 同相端 B. 反相端 C. 同相端和反相端

（2）（ ）比例运算电路的反相输入端为虚地点。

A. 同相 B. 反相 C. 差动

（3）（ ）比例运算电路的输出信号与输入信号一定反相；（ ）比例运算电路的输出信号与输入信号一定同相。

A. 同相 B. 反相 C. 差动

（4）同相比例电路中引入的反馈类型是（ ）。

A. 电压串联负反馈 B. 电压并联负反馈

C. 电流串联负反馈

（5）欲实现 A_v=−100 的放大电路，应选用（ ）。

A. 反相比例运算电路 B. 同相比例运算电路

C. 加法运算电路 D. 积分运算电路

（6）电压比较器的输出只有（ ）状态。

A. 一种 B. 两种 C. 三种

6.3 设运放为理想器件，试求出如图 T6.1 所示两电路的电压放大倍数和输入电阻。

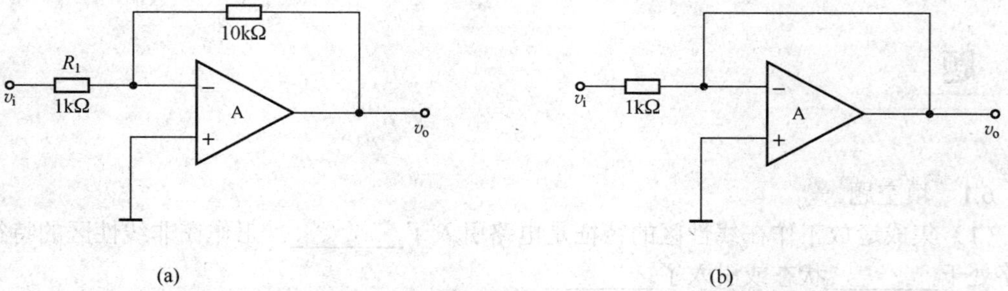

图 T6.1 习题 6.3 电路

6.4 设图 T6.2 中的运放为理想器件，试求出各电路的输出电压值 v_o。

6.5 电路如图 T6.3 所示，设运放为理想器件。试求出开关 S 闭合和断开两种情况下的电压放大倍数。

6.6 电路如图 T6.4 所示，设运放为理想器件。试求出电路的电压放大倍数。

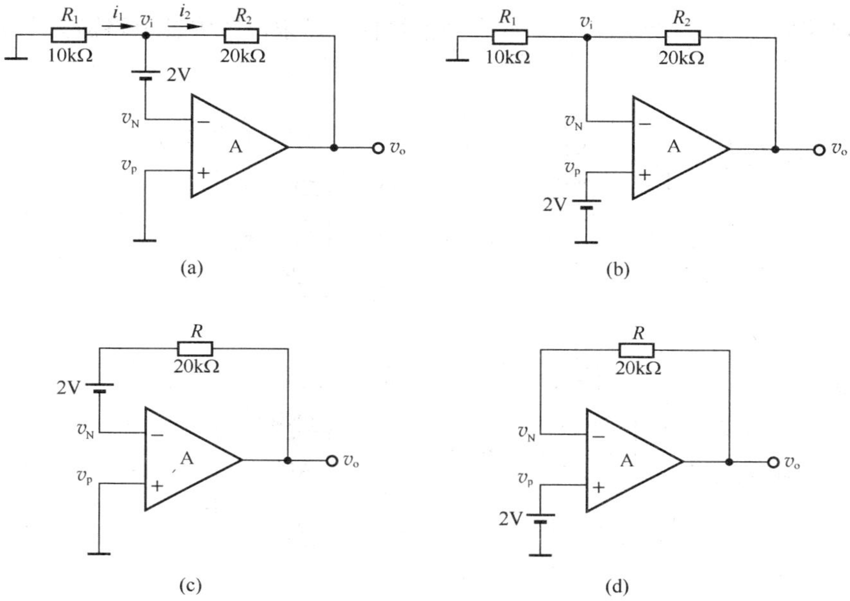

图 T6.2　习题 6.4 电路

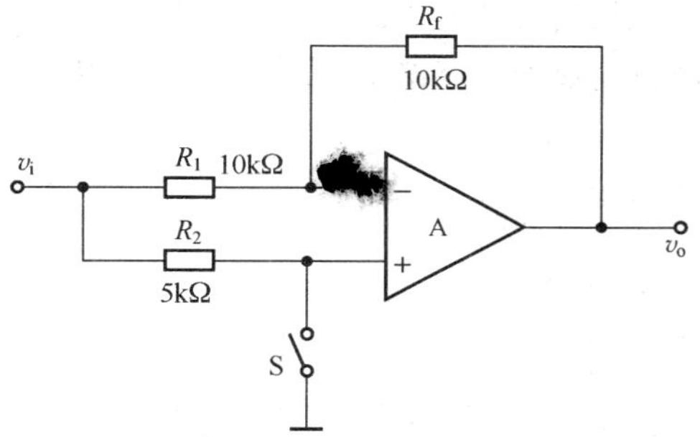

图 T6.3　习题 6.5 电路

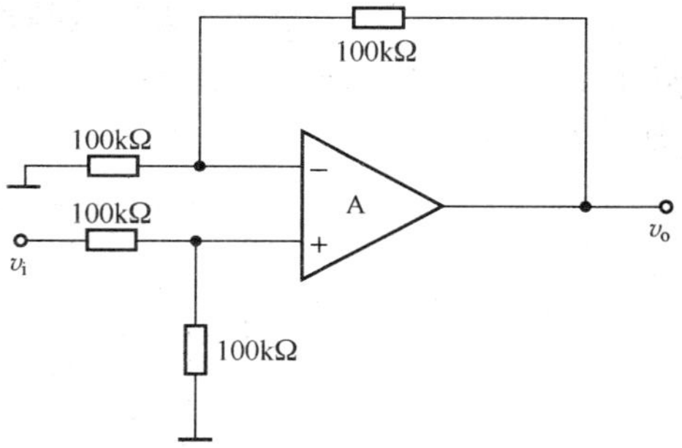

图 T6.4　习题 6.6 电路

6.7　电路如图 T6.5 所示，集成运放输出电压的最大幅值为±14V，v_i 为 2V 的直流信号。分别求出下列四种情况下的输出电压。

① R_2 短路　② R_3 短路　③ R_4 短路　④ R_4 断路

6.8　电路如图 T6.6 所示，VT_1、VT_2 和 VT_3 的特性完全相同。试求 I_1、I_2 分别等于多少？若 I_3≈0.2mA，则电阻 R_3 等于多少？

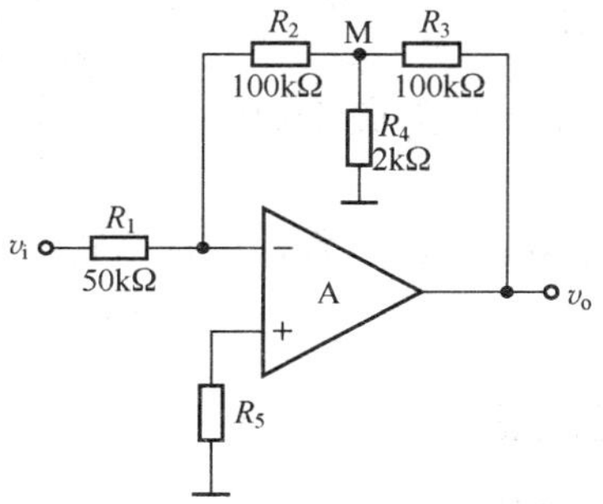

图 T6.5　习题 6.7 电路

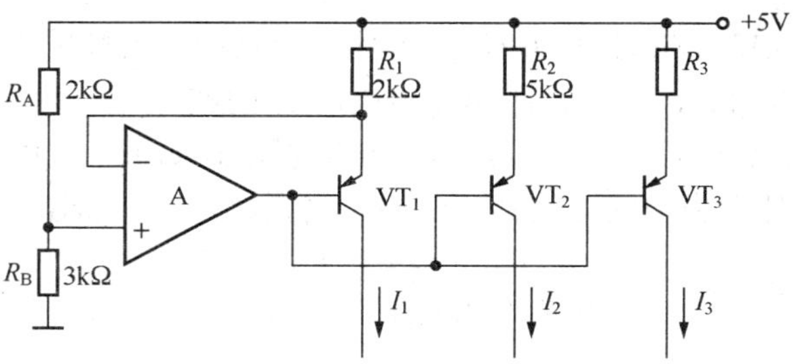

图 T6.6　习题 6.8 电路

6.9　电路如图 T6.7 所示，设运放为理想器件。试求出图中各电路输出电压与输入电压的运算关系式。

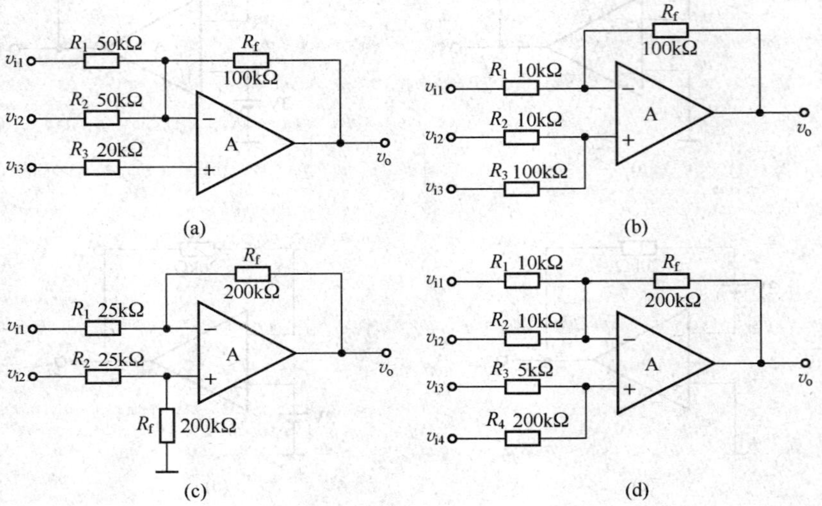

图 T6.7　习题 6.9 电路

6.10　电路如图 T6.8 所示，设运放是理想的，三极管 VT 的 $V_{BE}=V_B-V_E=0.7V$。（1）求三极管的 c、b、e 各电极的电位值；（2）若电压表的读数为 200mV，试求三极管的电流放大系数 $\beta=I_C/I_B$ 的值。

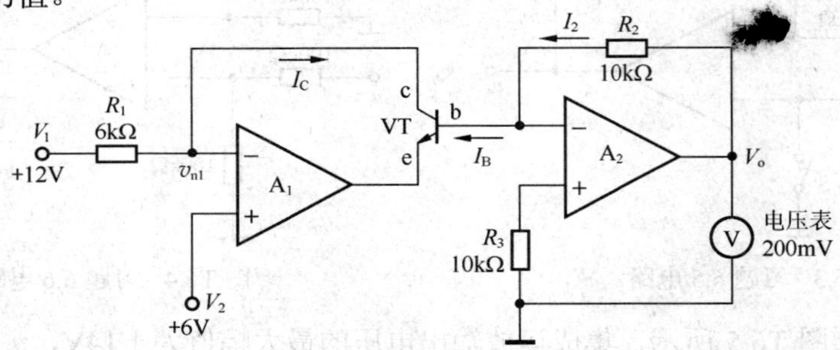

图 T6.8　习题 6.10 电路

6.11　INA2128 型仪表放大器电路如图 T6.9 所示，其中 R_1 是外接电阻。（1）它的输入干扰电压 V_C=1V（直流），输入信号 $v_{i1}=v_{i2}=0.04\sin\omega t$V，输入端电压 v_1=（$V_C+0.04\sin\omega t$)V，v_2=（$V_C-0.04\sin\omega t$)V，当 R_1=1kΩ 时，求出 v_3、v_4、v_3-v_4 和 v_o 的电压值；（2）当输入电压 $v_{id}=v_1-v_2$=0.0185V 时，要求 v_o=−5V，求此时外接电阻 R_1 的阻值。

6.12　在如图 T6.10（a）所示电路中，已知输入电压 v_i 的波形如图 T6.10（b）所示，当 t=0 时，v_o=0。试画出输出电压 v_o 的波形。

6.13　已知滤波器的频率响应表达式如下，其中 k_1、k_2、k_3、k_4 为常数，试指出它们分别是什么类型的滤波器（低通、高通、带通、带阻）。

① $\dot{A}_v=\dfrac{k_3}{1+j\omega k_1+(j\omega k_2)^2}$　　② $\dot{A}_v=\dfrac{j\omega k_3}{1+j\omega k_1+(j\omega k_2)^2}$

③ $\dot{A}_v=\dfrac{(j\omega)^2 k_3}{1+j\omega k_1+(j\omega k_2)^2}$　　④ $\dot{A}_v=\dfrac{k_3+k_4(j\omega)^2}{1+j\omega k_1+(j\omega k_2)^2}$

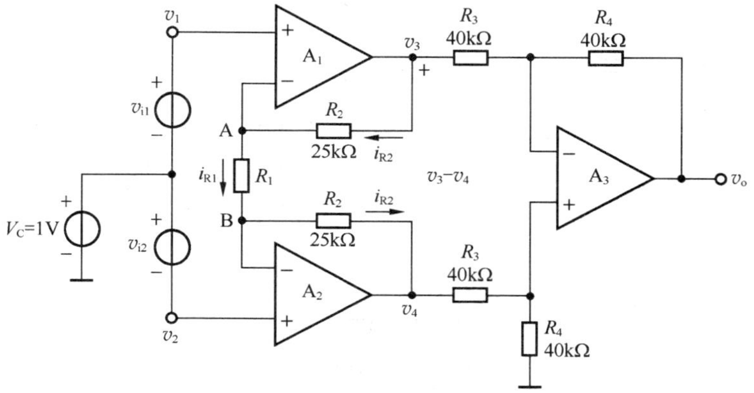

图 T6.9　习题 6.11 电路

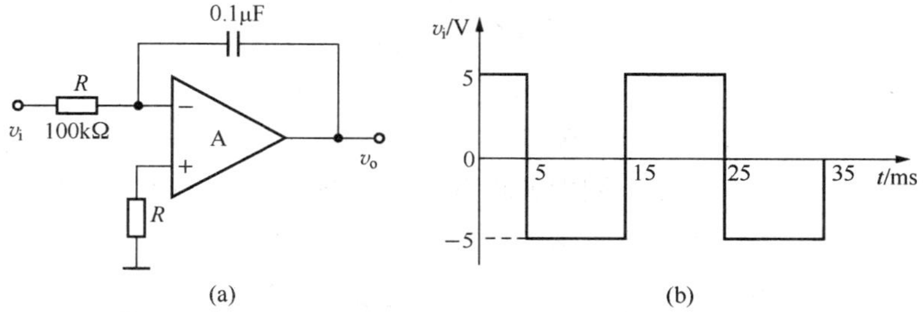

图 T6.10　习题 6.12 电路

6.14　电路如图 T6.11 所示，设运放为理想器件。求出图示各电路输出与输入之间的运算关系。

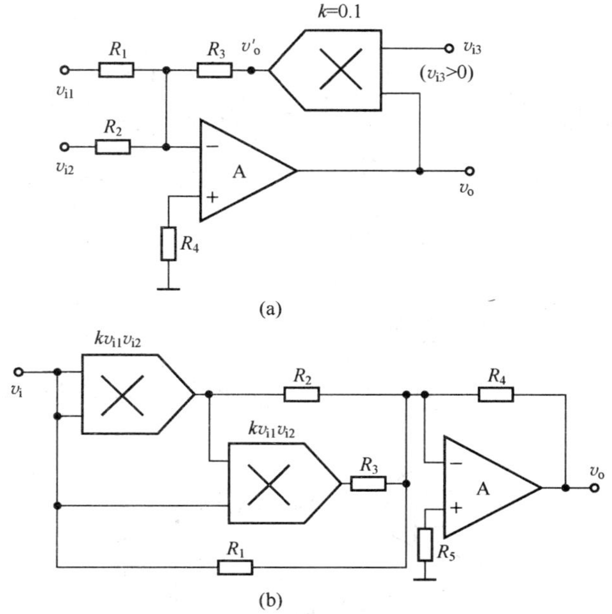

图 T6.11　习题 6.14 电路

6.15　滤波电路如图 T6.12 所示，设运放为理想器件。试写出图示各电路输出电压与输入电压之间的频率响应表达式，并指出各属于何种滤波器？

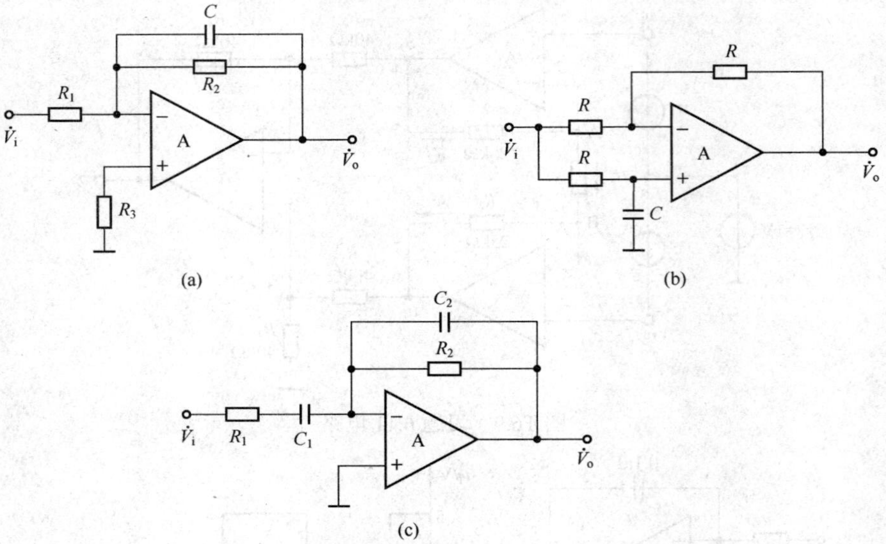

图 T6.12　习题 6.15 电路

6.16　电路如图 T6.13 所示，图中各稳压管的正向导通电压近似为零。试求出各电路的阈值电压，并画出电压传输特性曲线。

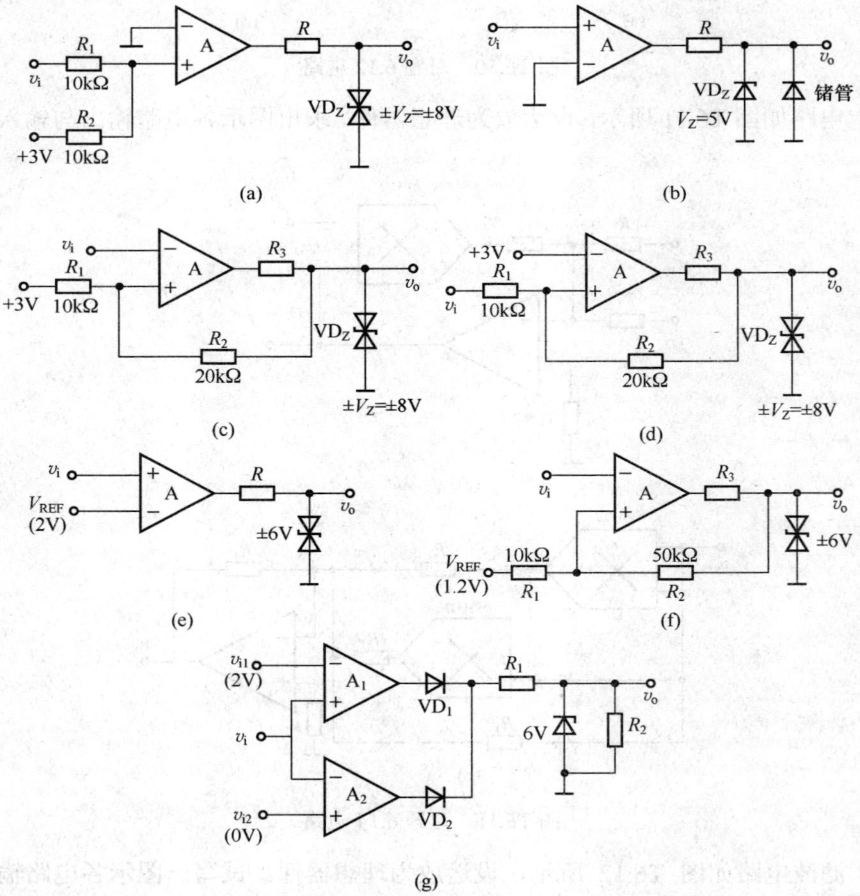

图 T6.13　习题 6.16 电路

6.17　已知三个电压比较器的电压传输特性分别如图 T6.14（a）～（c）所示，它们的输入电压波形均如图 T6.14（d）所示，试画出 v_{o1}、v_{o2} 和 v_{o3} 的波形。

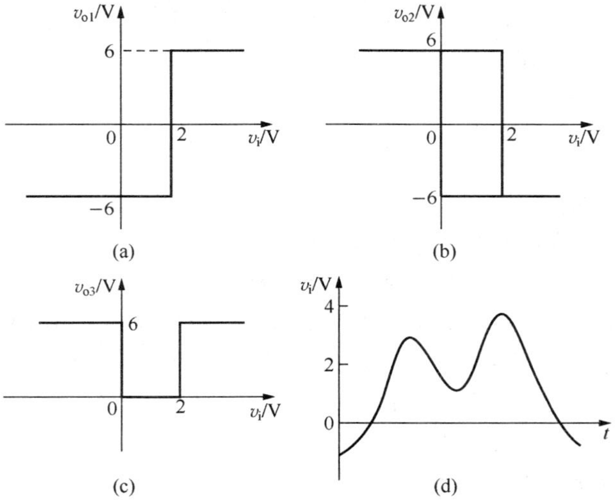

图 T6.14　习题 6.17 电路

6.18* 图 T6.15 所示为光控电路的一部分，它将连续变化的光电信号转换成离散信号（不是高电平，就是低电平），电流 i 随光照的强弱而变化。

（1）在 A_1 和 A_2 中，哪个工作在线性区？哪个工作在非线性区？为什么？

（2）试求出表示 v_o 与 i 关系的传输特性。

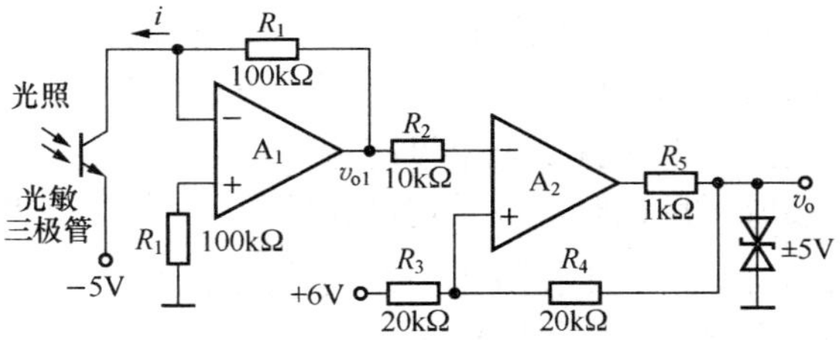

图 T6.15　习题 6.18 电路

第 7 章　信号产生与变换电路

本章学习目的和要求：

1. 掌握正弦波振荡电路的组成和振荡原理。
2. 掌握 *RC* 桥式正弦波振荡电路的组成和工作原理。
3. 了解 *LC* 正弦波振荡电路和石英晶体振荡电路的组成、工作原理和性能特点。
4. 理解非正弦波振荡电路的组成、工作原理、波形分析和主要参数。
5. 了解波形变换电路的组成和工作原理。

7.1　正弦波振荡电路

7.1.1　概述

1. 产生正弦波振荡的条件

正弦波振荡电路是一种信号发生电路，它不需外加任何输入信号，由电路自身就能产生一定频率和一定幅值的正弦输出信号。

从结构上看，正弦波振荡电路就是一个没有输入信号的、带选频网络的正反馈放大电路。图 7.1.1（a）表示接成正反馈时，放大电路在输入信号 $\dot{X}_i = 0$ 时的框图，也可画成如图 7.1.1（b）所示。由图可知，如果在放大电路的输入端输入一定频率、一定幅度的正弦信号 $\dot{X}_i'$，经放大电路放大后输出信号为 $\dot{X}_o = \dot{A}\dot{X}_i'$，在反馈网络的输出端则可得到反馈信号 $\dot{X}_f = \dot{F}\dot{X}_o = \dot{A}\dot{F}\dot{X}_i'$。如果 $\dot{X}_f$ 与 $\dot{X}_i'$ 在幅值和相位上都一样，就可用 $\dot{X}_f$ 代替 $\dot{X}_i'$，在输出端就可继续维持原有的输出信号 $\dot{X}_o$，也就是产生了自激振荡。

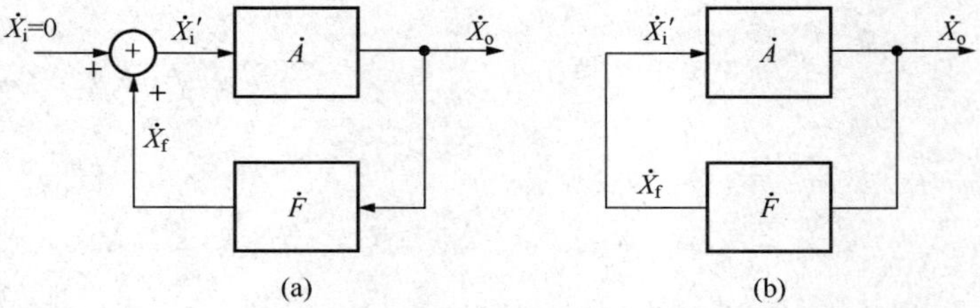

图 7.1.1　正弦波振荡电路的框图

因此，产生自激振荡的平衡条件为

$$\dot{A}\dot{F} = 1 \tag{7.1.1}$$

上式也可写成

$$\begin{cases}\left|\dot{A}\dot{F}\right|=1 & (7.1.2)\\ \varphi_{A}+\varphi_{F}=2n\pi \quad (n\text{为整数}) & (7.1.3)\end{cases}$$

式（7.1.2）和式（7.1.3）分别称为正弦波振荡的幅值平衡条件和相位平衡条件。

式（7.1.2）表明，反馈信号的幅值应等于输入信号的幅值，即在放大倍数一定的条件下，应该有足够强的正反馈。式（7.1.3）表明，放大电路的相移和反馈网络的相移之和应等于 $2n\pi$，即必须是正反馈。

对于正弦波振荡器来说，只能在某一频率下满足相位平衡条件，这个频率就是振荡频率 f_0，这就要求在反馈环路中包含一个具有选频特性的网络，称为选频网络。另一方面，式（7.1.2）所表示的幅值平衡条件是指振荡电路已进入稳态而言的，这种情况称为等幅振荡。若 $|\dot{A}\dot{F}|<1$，则振荡电路的输出将愈来愈小，最后停振，所以称为减幅振荡。若 $|\dot{A}\dot{F}|>1$，则振荡电路的输出会愈来愈大，称为增幅振荡。可见维持等幅振荡的唯一条件是 $|\dot{A}\dot{F}|=1$。

2. 振荡的建立与稳定

前面介绍自激振荡条件时，假设先给放大电路外加一个输入信号，当电路满足 $\left|\dot{A}\dot{F}\right|=1$ 时，则维持等幅振荡输出。但实际上，振荡电路一般不需外加激励信号，那么，振荡是怎样建立起来呢？通常，放大电路中存在噪声或干扰，它的频谱分布很广，包含各种频率成分，其中必然包含振荡频率 f_0 的分量。经过选频网络的选频作用，只让 f_0 这一频率分量满足相位平衡条件，此时只要 $|\dot{A}\dot{F}|>1$，则可形成增幅振荡，使输出电压逐渐变大，使得振荡建立起来。因此，振荡电路的起振条件为

$$\begin{cases}\left|\dot{A}\dot{F}\right|>1\\ \varphi_{A}+\varphi_{F}=2n\pi\end{cases} \tag{7.1.4}$$

上式表明，振荡的建立除了要满足相位平衡条件外，还应满足幅值条件 $|\dot{A}\dot{F}|>1$。如果正弦波振荡电路满足振荡的起振条件，那么在接通电源后，它的输出信号将逐渐增大，当它的幅值增大到一定程度后，放大电路中的非线性器件就会接近甚至进入饱和区或截止区，这时放大电路的放大倍数将会逐渐下降，直到满足幅值平衡条件 $|\dot{A}\dot{F}|=1$，输出信号不再增大而形成等幅振荡。自激振荡电路的起振过程如图 7.1.2 所示。由于放大器件进入非线性区，输出波形会产生失真，经选频网络后放大电路的输入也随之下降。输入下降后失真情况有所改善，又使放大倍数上升一些，这样自动调节可维持等幅振荡的条件，形成等幅振荡。显然作为正弦波振荡器应避免放大器进入非线性区，也就是说，在放大器还没有进入非线性区以前，应设法使 $|\dot{A}\dot{F}|$ 由大于 1 逐渐减小到 $|\dot{A}\dot{F}|$ 等于 1。因此，正弦波振荡电路中还应有稳幅环节，具体稳幅措施将在后面具体电路中加以说明。

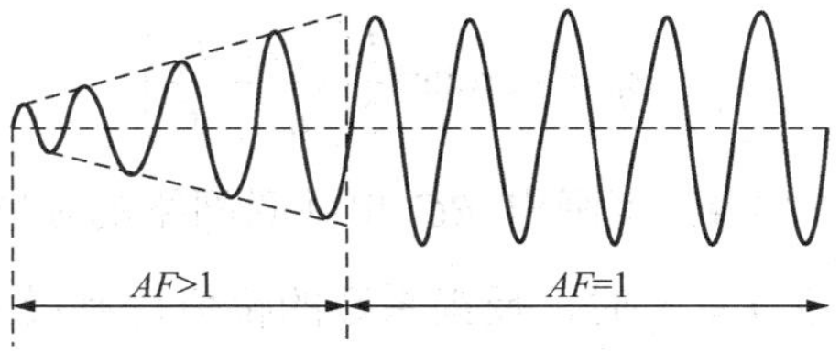

图 7.1.2　自激振荡电路的起振过程

3. 正弦波振荡电路的电路组成

通过上面分析可知，正弦波振荡器除了放大环节和正反馈网络以外，还应包含选频网络和稳幅环节。其中，选频网络一般设置在正反馈网络之中，它能从众多谐波分量中选出满足振荡条件的某一频率分量 f_0，从而使输出信号为正弦波。振荡频率 f_0 的大小由组成选频网络的元件参数决定。

根据组成选频网络的元件不同，有 RC 振荡电路、LC 振荡电路和石英晶体振荡电路三类。RC 振荡电路一般用来产生 1MHz 以下的中低频信号，LC 振荡电路一般用来产生 1MHz 以上的中高频信号，石英晶体振荡电路的频率稳定度很高。

7.1.2 *RC* 正弦波振荡电路

常用的 RC 正弦波振荡电路是 RC 串并联网络振荡电路，也称为文氏电桥振荡电路。电路如图 7.1.3 所示，放大器由集成运放 A、R_1 和 R_f 组成的同相放大器组成，选频网络由 RC 串并联网络组成，同时也是正反馈网络。

反馈信号从运放的同相端输入，该同相放大器的电压放大倍数为

$$\dot{A} = 1 + \frac{R_\text{f}}{R_1}，\quad \varphi_\text{A} = 0 \tag{7.1.5}$$

选频网络的输入电压为运放的输出电压 $\dot{V}_\text{o}$，其输出电压就是反馈到运放同相端的电压 $\dot{V}_\text{f}$。由此可得反馈网络的反馈系数为

$$\dot{F} = \frac{\dot{V}_\text{f}}{\dot{V}_\text{o}} = \frac{R /\!/ \dfrac{1}{\text{j}\omega C}}{R + \dfrac{1}{\text{j}\omega C} + R /\!/ \dfrac{1}{\text{j}\omega C}} = \frac{1}{3 + \text{j}\left(\omega RC - \dfrac{1}{\omega RC}\right)} \tag{7.1.6}$$

令 $\omega_0 = \dfrac{1}{RC}$，即 $f_0 = \dfrac{\omega_0}{2\pi} = \dfrac{1}{2\pi RC}$，则有

$$\dot{F} = \frac{1}{3 + \text{j}\left(\dfrac{\omega}{\omega_0} - \dfrac{\omega_0}{\omega}\right)} = \frac{1}{3 + \text{j}\left(\dfrac{f}{f_0} - \dfrac{f_0}{f}\right)} \tag{7.1.7}$$

由此，可得 RC 串并联网络的幅频特性和相频特性分别为

$$|\dot{F}| = \frac{1}{\sqrt{3^2 + \left(\dfrac{f}{f_0} - \dfrac{f_0}{f}\right)^2}} \tag{7.1.8}$$

$$\varphi_\text{F} = -\arctan \frac{1}{3}\left(\frac{f}{f_0} - \frac{f_0}{f}\right) \tag{7.1.9}$$

根据式（7.1.8）和式（7.1.9）可画出 RC 串并联网络的幅频特性和相频特性曲线，如图 7.1.4 所示。由图可知，在 $f = f_0$ 时，反馈系数的幅值达到最大值，$|\dot{F}|_\text{max} = \dfrac{1}{3}$，相位移 $\varphi_\text{F} = 0$。

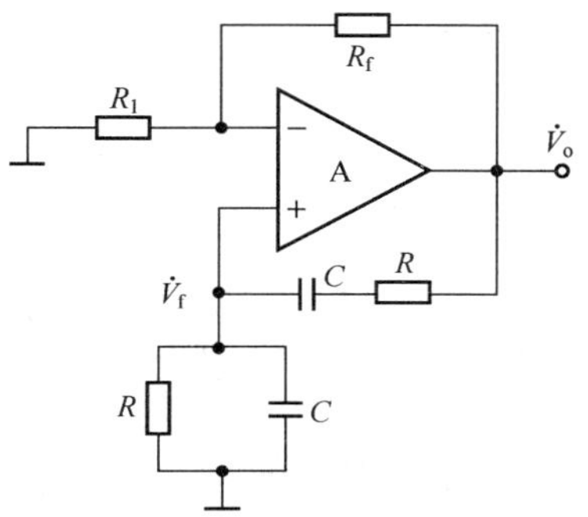

图 7.1.3　文氏电桥正弦波振荡电路

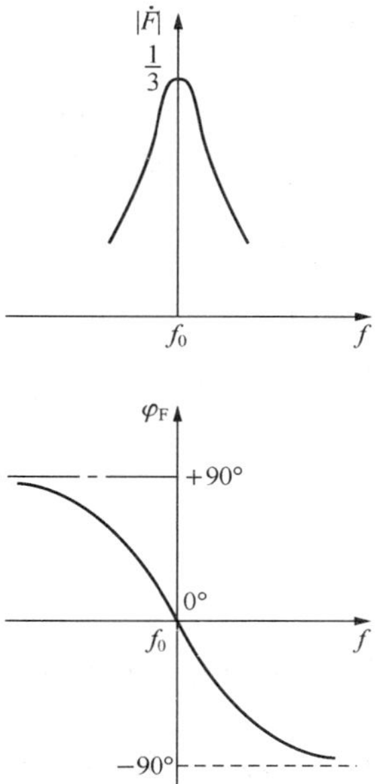

图 7.1.4　RC 串并联网络的频率特性曲线

根据式（7.1.9）可知，在 $f = f_0$ 时，$\varphi_F = 0$，$(\varphi_A + \varphi_F)\big|_{f=f_0} = 0$，满足振荡的相位平衡条件，因此，电路的振荡频率为

$$f = f_0 = \frac{1}{2\pi RC} \tag{7.1.10}$$

因为 $f = f_0$ 时，$|\dot{F}|_{max} = \frac{1}{3}$。因此，要满足振荡的幅值条件 $|\dot{A}\dot{F}| \geqslant 1$，只要选择合适的 R_1、R_f，使放大电路满足式（7.1.11），即

$$\dot{A} = 1 + \frac{R_f}{R_1} \geqslant 3 \tag{7.1.11}$$

满足上述相位、幅值条件的振荡电路，由起振到稳定振荡需要完成由 $\dot{A} > 3$ 到 $\dot{A} = 3$ 的过渡。如果一直满足 $\dot{A} > 3$，振荡器的输出幅值会不断增大，形成增幅振荡。为了实现稳幅，R_f 常采用具有负温度系数的热敏电阻。当刚通电时，R_f 未热，阻值较大，负反馈较弱，同相放大器的放大倍数大于 3，使电路起振；起振后，电路的输出电压增大，流过热敏电阻的电流增大，发热增加，其阻值相应减小，负反馈增强，使放大倍数逐渐减小到等于 3，维持输出电压基本恒定。同理，R_1 采用正温度系数的热敏电阻也可达到此目的。

该电路可用于产生几赫兹至几百千赫兹振荡频率的正弦波。通过改变选频网络中的电阻 R 和电容 C，可调整振荡器的振荡频率。

7.1.3　*LC* 正弦波振荡电路

LC 正弦波振荡电路主要用来产生 1MHz 以上的高频正弦信号。常用的 *LC* 正弦波振荡电路有变压器反馈式、电感三点式和电容三点式三种。它们的共同特点是采用 *LC* 并联谐振回路作为选频网络，而采用晶体三极管作为放大器件（因为通用型运放的频带较窄）。

1. *LC* 并联谐振回路

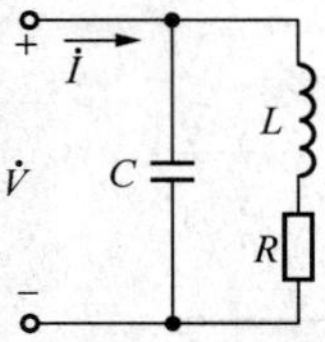

图 7.1.5　*LC* 并联谐振回路

LC 并联回路如图 7.1.5 所示，其中 *R* 表示回路的等效损耗电阻。由图可求出 *LC* 并联回路的等效阻抗为

$$Z = \frac{1}{\mathrm{j}\omega C}//(R+\mathrm{j}\omega L) = \frac{\frac{1}{\mathrm{j}\omega C}(R+\mathrm{j}\omega L)}{\frac{1}{\mathrm{j}\omega C}+R+\mathrm{j}\omega L}$$

一般情况下，$R \ll \mathrm{j}\omega L$，所以有

$$Z \approx \frac{L/C}{R+\mathrm{j}\left(\omega L-\frac{1}{\omega C}\right)} \tag{7.1.12}$$

由式（7.1.12）可知，对于某个特定频率 ω_0，如果满足 $\omega_0 L = \frac{1}{\omega_0 C}$，则 *Z* 呈纯电阻性，并且达到最大值。这时，称 *LC* 并联回路发生了并联谐振，谐振频率为

$$\omega_0 = \frac{1}{\sqrt{LC}} \quad 或 \quad f_0 = \frac{1}{2\pi\sqrt{LC}} \tag{7.1.13}$$

谐振时，回路的等效电阻为

$$Z_0 = \frac{L}{RC} \tag{7.1.14}$$

定义 $Q = \frac{\omega_0 L}{R} = \frac{1}{\omega_0 RC} = \frac{1}{R}\sqrt{\frac{L}{C}}$ 为回路的品质因数，其值一般在几十至几百范围内。式（7.1.14）可写成

$$Z_0 = Q\omega_0 L = \frac{Q}{\omega_0 C} \tag{7.1.15}$$

由式（7.1.12）可画出回路的频率响应曲线，如图 7.1.6 所示。由图可知，当 $f=f_0$ 时，电路发生并联谐振，*Z* 呈纯电阻性，并且达到最大值。当 *f* 偏离 f_0 时，*Z* 值减小。*R* 越小，*Q* 值越大，谐振时的 *Z* 值也越大。*Q* 值越大，曲线越尖锐，选频特性越好。

2. 变压器反馈式 *LC* 振荡电路

变压器反馈式 *LC* 正弦波振荡电路如图 7.1.7 所示。图中，变压器初级绕组（匝数为 N_1）的等效电感 *L* 与电容 *C* 组成的并联谐振回路作为共射极放大电路的集电极负载，起选频放大作用。变压器次级绕组（匝数为 N_2）构成反馈电路，将其两端感应的电压 v_f 作为反馈信号加到放大器的输入端。下面先用瞬时极性法判断振荡电路是否满足相位平衡条件，然后再介绍怎样选择电路参数才能满足起振条件。

1）相位平衡条件

假设在晶体三极管的基极加一瞬时极性为“+”的输入信号，由于 *LC* 并联回路发生并联谐振时呈纯阻性，即此时放大器的集电极负载为纯电阻性负载，所以集电极的输出信号与输入信号相位相反，故在变压器初级下端（晶体三极管的集电极）的瞬时极性为“−”，

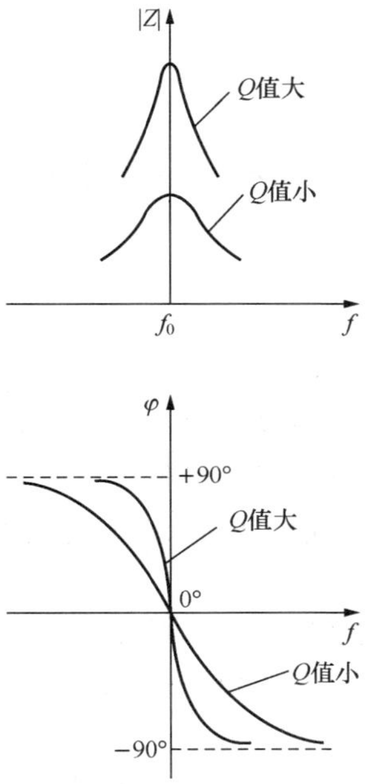

图 7.1.6　*LC* 并联谐振回路的频率响应

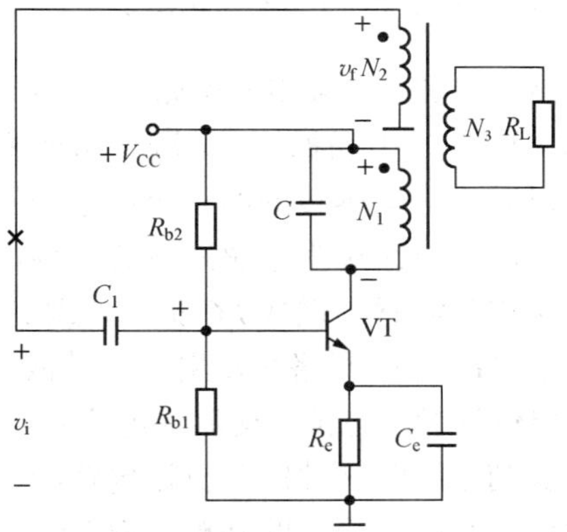

图 7.1.7　变压器反馈式 *LC* 正弦波振荡电路

而变压器次级（N_2）的上端与初级（N_1）的下端互为异名端，则次级（N_2）上端的瞬时极性为“+”。电容 C_1 和 C_e 为耦合电容和旁路电容，对谐振频率 f_0 可视为交流短路，因此，v_f 反馈到输入端（晶体三极管的基极）的信号极性为“+”，变压器次级绕组形成的反馈为正反馈，满足振荡的相位平衡条件。

此时只能说，电路有可能产生振荡。因为，电路是否一定产生振荡，还要看是否满足幅值平衡条件和起振条件。

2）起振条件

为满足自激振荡的起振条件$|\dot{A}\dot{F}|>1$，一方面可通过调节 N_2 与 N_1 之间的耦合程度或改变 N_2 的匝数，来增大反馈电压 v_f，从而提高反馈系数$|\dot{F}|$；另一方面从影响放大倍数的因素来考虑，可选择合适的晶体三极管、静态工作点以及 *LC* 并联谐振回路的参数，使 *LC* 并联谐振回路在谐振频率为f_0时的等效阻抗 Z_0 足够大，从而使放大器的电压放大倍数足够大，这样就可使得$|\dot{A}\dot{F}|>1$，满足起振条件。当振荡信号的幅值大到一定程度时，放大电路的电压放大倍数将因晶体三极管的非线性而下降，直到满足幅值平衡条件$|\dot{A}\dot{F}|=1$为止。因此，*LC* 振荡电路中晶体三极管的非线性特性使电路具有自动稳幅的能力。

虽然晶体三极管的集电极电流波形可能产生失真，但由于 *LC* 谐振回路具有良好的选频特性，输出电压波形一般失真很小。

3）振荡频率

由于只有在谐振频率 f_0 时，电路才满足振荡条件，所以振荡频率就是 *LC* 谐振回路的谐振频率，即

$$f_0 = \frac{1}{2\pi\sqrt{L'C}} \tag{7.1.16}$$

L' 是谐振回路的等效电感。当变压器次级损耗较小时，振荡频率接近于变压器次级空

载情况下原边 LC 回路的谐振频率

$$f_0 \approx \frac{1}{2\pi\sqrt{LC}} \tag{7.1.17}$$

变压器反馈式振荡电路的优点是易于起振，且频率调节方便。但由于变压器分布参数的限制，振荡频率不能很高，一般在几千赫兹到几兆赫兹。

3. 电感三点式 LC 振荡电路

电感三点式 LC 振荡电路如图 7.1.8（a）所示。这种电路的 LC 并联谐振回路中的电感有首端（1 端）、中间抽头（2 端）和尾端（3 端）三个端子，从如图 7.1.8（b）所示的交流通路可以看出，电感线圈的三个端子分别与晶体三极管的集电极、发射极（地）和基极相连，因此，该电路称为电感三点式振荡电路。由于反馈信号取自电感 N_2 上的电压，所以，该电路又称为电感反馈式 LC 振荡电路。

由于 LC 并联回路在发生并联谐振时（1、3 两端）呈纯阻性，则当选取中间抽头（2 端）的电位为参考电位（交流地电位）点时，首（1 端）、尾（3 端）两端的电位极性相反。

下面利用瞬时极性法分析该电路的相位平衡条件。

假设在晶体三极管的基极（输入端）加一瞬时极性为“+”的输入信号，则对于谐振频率为 f_0 的信号，晶体三极管集电极（1 端）的输出信号的瞬时极性为“−”，考虑到电路中的电感中间抽头交流接地，因此 3 端和 1 端的极性相反，则 3 端的信号极性为“+”，与输入端所加信号极性相同。因此，该反馈是正反馈，满足振荡的相位平衡条件。

至于幅值条件，则很容易满足。只要适当选择晶体三极管的电流放大系数 β 和 N_1 与 N_2 的比值，就能起振。考虑到 N_1、N_2 间的互感 M，电路的振荡频率可近似表示为

$$f_0 \approx \frac{1}{2\pi\sqrt{(L_1 + L_2 + 2M)C}} \tag{7.1.18}$$

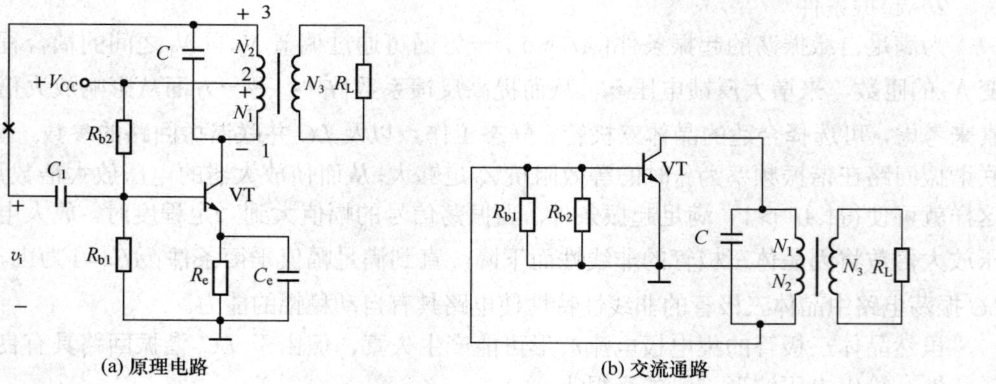

图 7.1.8　电感三点式 LC 正弦波振荡电路

电感三点式振荡电路便于利用可变电容器调节振荡频率，其频率范围可从数百千赫兹至数十兆赫兹，在收音机、电视机等电路中得到了广泛的应用。电路的缺点是，反馈电压取自 N_2 两端，N_2 对高次谐波（相对于 f_0 而言）阻抗很大，因而引起振荡电路输出谐波分量增大，输出波形较差。

4. 电容三点式 LC 振荡电路

在如图 7.1.8 所示电路中，用电容 C_1、C_2 代替电感 N_1、N_2，用电感 L 代替电容 C，即可组成电容三点式 LC（电容反馈式）振荡电路，如图 7.1.9 所示。图中 C_3 和 C_e 为耦合电容和旁路电容，对振荡频率 f_0 可视为短路。

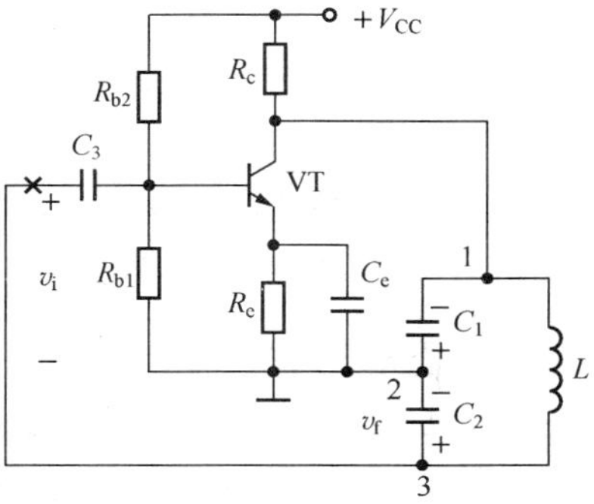

图 7.1.9　电容三点式 LC 振荡电路

电容三点式 LC 振荡电路和电感三点式 LC 振荡电路一样，都具有 LC 并联谐振回路，因此，它们的三个端点的相位关系也类似。假设在晶体三极管的基极（输入端）加一瞬时极性为“+”的输入信号，则对于谐振频率为 f_0 的信号，晶体三极管集电极（1 端）的输出信号的瞬时极性为“−”，因为中间抽头 2 端接地，因此 3 端和 1 端的极性相反，则 3 端的信号极性为“+”，与输入端所加信号极性相同。因此，该反馈是正反馈，满足相位平衡条件。

至于幅值平衡条件或起振条件，只需将晶体三极管的电流放大系数 β 选的大一些，并适当选取 C_2 与 C_1 的比值，很容易满足。

电路的振荡频率近似等于 LC 并联谐振回路的谐振频率，即

$$f_0 \approx \frac{1}{2\pi\sqrt{L\dfrac{C_1C_2}{C_1+C_2}}} \qquad (7.1.19)$$

由于反馈电压 v_f 取之电容 C_2 两端，所以对高次谐波的阻抗较小，可将高次谐波滤除掉。因此，电容三点式 LC 振荡电路的输出波形较好。而且 C_1 和 C_2 可以选的很小，因而振荡频率可以很高，一般可达 100MHz 以上。它通常用在调幅和调频接收机中，利用同轴电容器来调节振荡频率。

7.1.4　石英晶体正弦波振荡电路

前面介绍的各种正弦波振荡电路的频率稳定度都不够好，如果要求振荡频率的稳定度小于 10^{-5}，则必须采用石英晶体振荡电路。石英晶体振荡电路的频率稳定度可达 10^{-9}，甚至 10^{-11}。

石英晶体振荡电路之所以具有较高的频率稳定度，主要是采用了一种具有极高 Q 值的石英晶体器件。

石英晶体是一种各向异性的结晶体，其化学成分是 SiO_2，它具有稳定的物理和化学性质，外界因素对它的性能影响极小。从一块石英晶体上按一定方位角切下晶体薄片（称为晶片），通过研磨加工成正方形、矩形或圆形等，然后在它的两个对应表面涂敷银层作为极板，并引出电极，封装后就构成石英晶体产品，如图 7.1.10 所示。实际产品一般用金属外壳封装，也有用玻璃壳封装。

石英晶体之所以能做成振荡器是基于它的压电效应。若在晶片的两个电极间加一电场，会使晶体产生机械变形；相反，若在晶体上施加机械压力，又会在两个电极上产生相应的电场，这种现象称为压电效应。如果在晶片的两个电极间加的是交变电压，就会产生机械变形振动，同时机械变形振动又会产生交变电场。一般来说，这种机械振动的振幅很小，

其振动频率很稳定。当外加交变电压的频率与晶片的固有频率（取决于晶片的形状和尺寸）相等时，机械振动的幅度就急剧增加，这种现象称为压电谐振。因此，石英晶体器件又称为石英晶体谐振器。

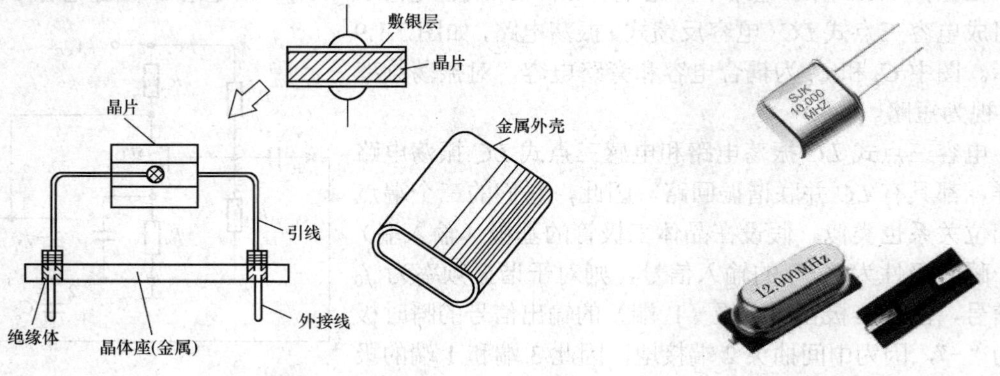

（a）结构　　（b）实物图片

图 7.1.10　石英晶体的结构和实物图

石英晶体谐振器的电路符号和等效电路如图 7.1.11 所示。等效电路中的 C_0 为极板间的静态电容，晶片振动产生的惯性和弹性分别用 L 和 C 来等效，产生的损耗则用 R 来等效。由于晶片的等效电感 L 很大，而 C 和 R 很小，因此 Q 值很大，可达10^4 ～ 5×10^5 。

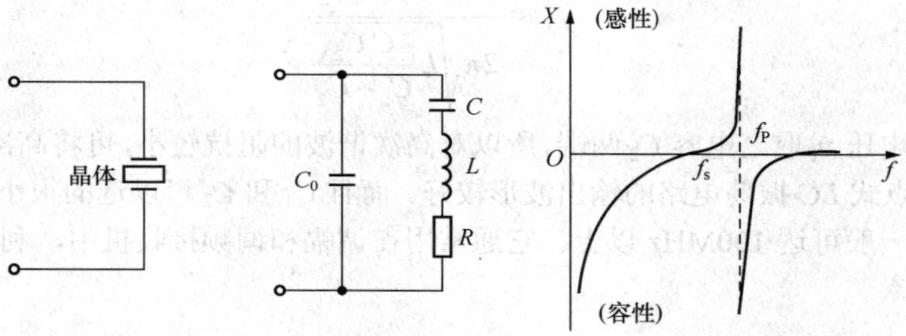

(a) 电路符号　　(b) 等效电路　　(c) 电抗频率特性曲线

图 7.1.11　石英晶体谐振器

图 7.1.11（c）所示为石英晶体谐振器的电抗频率特性曲线。

由等效电路可知，石英晶体有以下两个谐振频率。

（1）当 R、L、C 支路发生串联谐振时，其串联谐振频率为

$$f_s = \frac{1}{2\pi\sqrt{LC}} \tag{7.1.20}$$

由于 C_0 很小，它的容抗比 R 大得多，因此，石英晶体振荡器在串联谐振时的等效阻抗近似为 R，呈纯阻性，相当于一个很小的电阻。

（2）当频率高于 f_s 小于 f_p 时，R、L、C 支路呈电感性，当与 C_0 发生并联谐振时，其振荡频率为

$$f_p = \frac{1}{2\pi\sqrt{LC}}\sqrt{1+\frac{C}{C_0}} = f_s\sqrt{1+\frac{C}{C_0}} \tag{7.1.21}$$

由于 $C \ll C_0$，因此 f_s 与 f_p 非常接近。

石英晶体振荡电路的形式多种多样，但基本电路只有两类，即并联型和串联型石英晶

体振荡电路。顾名思义，并联型石英晶体振荡电路中的石英晶体工作在并联谐振状态，而串联型石英晶体振荡电路中的石英晶体工作在串联谐振状态。

图 7.1.12（a）所示为一个并联型石英晶体振荡电路。由图可见，当电路的振荡频率在 f_s 与 f_p 之间时，石英晶体呈电感性质，在电路中起电感作用，与电容 C 组成电容三点式振荡电路，满足相位平衡条件。因为 C_1、C_2 比 C_0 大很多，而 C_0 又比 C 大很多，所以振荡器的振荡频率为

$$f_0 = f_p = \frac{1}{2\pi\sqrt{LC'}} \tag{7.1.22}$$

其中，L 为石英晶体工作在频率 f_0 时的等效电感，C' 为 C_1、C_2 和晶体等效电容 C 的串联值，即 $C' = \dfrac{C_1C_2C}{C_1C_2 + C_1C + CC_2} \approx C$。

图 7.1.12（b）所示为串联型石英晶体振荡电路。由图可见，当电路的振荡频率 $f=f_s$ 时，石英晶体发生串联谐振，呈纯电阻性质，R_f 和石英晶体串联形成正反馈，满足振荡的相位平衡条件。调节 R_f 可改变正反馈量的大小，从而满足振荡的幅值平衡条件。电路的振荡频率等于石英晶体的串联谐振频率 f_s。

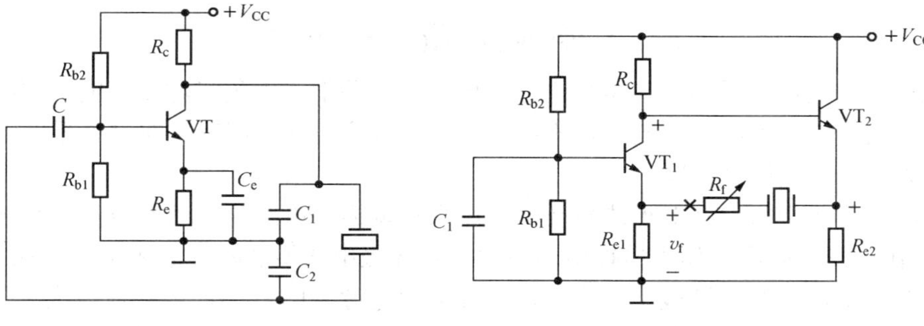

(a) 并联型　　(b) 串联型

图 7.1.12　石英晶体正弦波振荡电路

由于石英晶体的频率特性好，而且仅有两根引线，安装和调试都很方便，又容易起振，所以它在正弦波振荡电路和矩形波产生电路中得到了广泛应用。

7.1.5　应用实例——音调发生器

高品质音频振荡器常用于需要频率非常精确的系统中。在这个例子中，乐器制造商使用系统检查中央 C 音的频率，它是 261.24Hz。系统是便携式的，并且使用两节 9V 电池供电。整个系统由一个文氏电桥振荡器、一个电压放大器、一个功率放大器和一个扬声器构成。为了避免噪声、失真和漂移，文氏桥和电压放大器由精密元件构成，并置于各自的外壳内。音频振荡器的原理框图如图 7.1.13 所示。

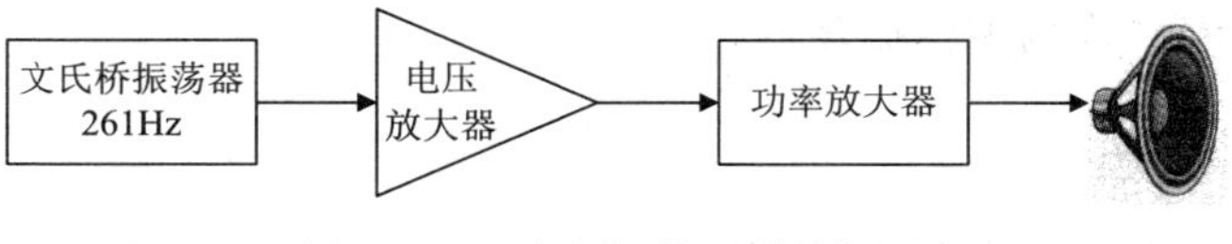

图 7.1.13　音频振荡器系统框图

图 7.1.14 给出了系统中文氏电桥振荡器和电压放大器部分的原理电路。它使用 AD822 运算放大器，该放大器是双精度、低功率、低噪声 FET 输入运算放大器。两个运算放大器分别用来组成于文氏电桥振荡器和电压放大器。AD822 在指定的温度范围具有非常低的失调漂移。它耗电非常低，是电池供电电路的不错选择。

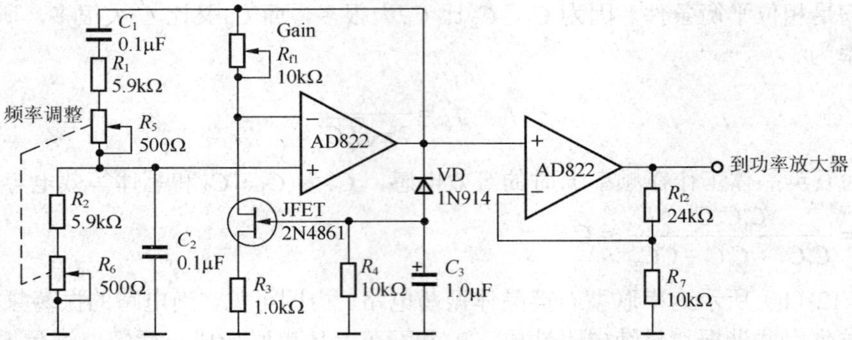

图 7.1.14 音频振荡器原理电路

系统采用电位器联动来调整振荡频率，假设电位器都设置为 184Ω，电路的振荡频率为

$$f = \frac{1}{2\pi RC} = \frac{1}{2\pi(5900\Omega + 184\Omega)\times 0.1\mu\text{F}} = 261.6\text{Hz}$$

文氏电桥的输出电压用放大器来进行隔离，这有助于减小负载对文氏电桥的影响。在输出信号不大的应用中，电压放大器的输出也可以直接驱动扬声器。在这个系统中，用一个功率放大器来提高信号强度。

图中，利用 N 沟道 JFET 形成负反馈，用来实现振荡电路的自动增益控制和自启动。JFET 工作在可变电阻区，作为压控电阻使用，当栅极电压增加时，漏源电阻增加。

当没有输出信号时，栅极电压为 0V，JFET 的漏源电阻最小，环路增益大于 1，振荡开始工作并且快速达到较大的输出信号。输出信号的负输出使得二极管 VD 正向偏置，使电容 C_3 充电达到负电压。这个电压使得 JFET 的漏源电阻增大，环路增益减小，从而使输出电压减小。这是典型的负反馈过程。通过恰当地选择元件，可以将增益稳定在期望的水平。

7.2 非正弦波产生电路

非正弦波产生电路主要有矩形波、三角波和锯齿波产生电路，本节主要介绍它们的电路组成和工作原理。

7.2.1 矩形波产生电路

矩形波产生电路是一种能直接产生矩形波的非正弦波发生电路。由于矩形波包含有丰富的谐波，这种电路又称为多谐振荡器。

1. 电路组成

根据第 6 章对电压比较器的介绍可知，当电压比较器的输入信号是具有一定幅度且连续变化的周期信号时，在其输出端可得到与输入信号同频率的方波（高电平与低电平时间相等）或矩形波（高电平与低电平时间不相等）信号。那么，如何获得适当的输入信号呢？一种简单的方法是将比较器的输出信号通过 RC 电路反馈回来作为输入信号，就可构成如图 7.2.1 所示的方波发生电路。图中，滞回比较器起开关作用，RC 电路除了反馈作用以外还起延迟作用（决定输出信号的振荡频率）。

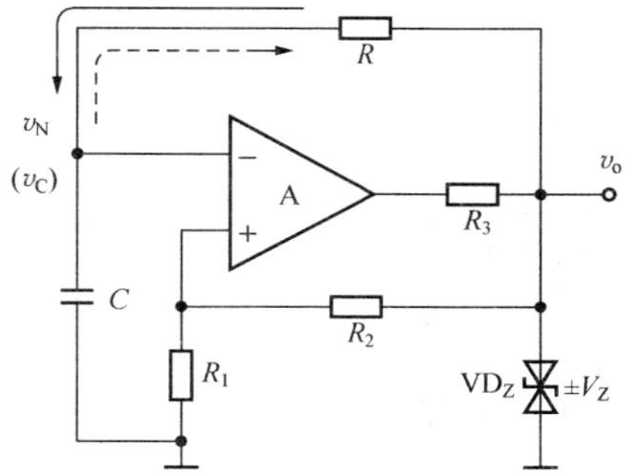

图 7.2.1　方波发生电路

2. 工作原理

在接通电源的瞬间，电路中总是存在某些扰动。由于 R_1、R_2 的正反馈作用使得运放输出立即达到饱和值，但究竟是偏向正饱和值还是负饱和值，纯属偶然。

设接通电源瞬间（t=0），电容 C 上的电压 v_C=v_N=0，比较器的输出为高电平，即 v_o=+V_Z，则运放同相输入端的电压为

$$v_P = +\frac{R_1}{R_1 + R_2}V_Z \tag{7.2.1}$$

此时输出电压+V_Z 将通过 R 向电容 C 充电，随着充电的进行，运放反相输入端的电压 v_N 由零向正方向按指数规律上升。在 v_N<v_P 期间，v_o=+V_Z 保持不变。一旦 v_N 上升到略大于 v_P 时，输出电压立即由+V_Z 跳变为−V_Z，运放同相输入端的电压也随之变为

$$v_P = -\frac{R_1}{R_1 + R_2}V_Z \tag{7.2.2}$$

在 v_o=−V_Z 的作用下，电容 C 通过 R 放电（反向充电），随着放电的进行，v_N 逐渐减小。一旦 v_N 下降到略小于 v_P 时，输出电压又立即由−V_Z 跳变为+V_Z。如此周而复始，电容反复地充电和放电，输出端反复地在高电平和低电平之间跳变，输出端就产生了正负交替的方波信号。输出电压和电容两端的电压波形如图 7.2.2 所示。

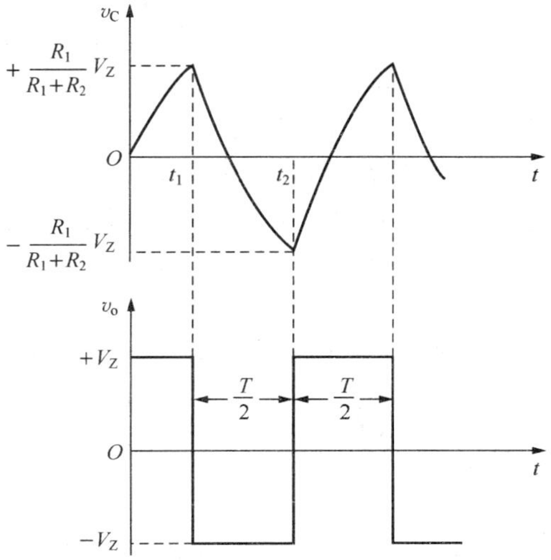

图 7.2.2　输出电压和电容两端的电压波形

3. 主要参数计算

由图 7.2.2 可知，在电容放电过程中，电容两端的电压 v_C 从 $+\frac{R_1}{R_1+R_2}V_Z$ 下降到 $-\frac{R_1}{R_1+R_2}V_Z$ 所需要的时间即为方波振荡周期的一半，即

$$t_2-t_1=\frac{T}{2}$$

而电容充放电时，其两端电压 v_C 随时间的变化规律如下：

$$v_C(t)=v_C(\infty)+[v_C(0)-v_C(\infty)]e^{-\frac{t}{\tau}} \tag{7.2.3}$$

式中，$v_C(0)$ 是充放电过程开始前电容电压的初始值，$v_C(0)=\frac{R_1}{R_1+R_2}V_Z$；$v_C(\infty)$ 是 $t=\infty$ 时，电容两端电压的终了值，$v_C(\infty)=-V_Z$；$\tau=RC$ 是充放电回路的时间常数。将这些数值代入式（7.2.3），则有

$$v_C(t)=-V_Z+\left[\frac{R_1}{R_1+R_2}V_Z+V_Z\right]e^{-\frac{t}{RC}} \tag{7.2.4}$$

把 t_1 作为零时刻，当 $t=\frac{T}{2}$ 时，$v_C\left(\frac{T}{2}\right)=-\frac{R_1}{R_1+R_2}V_Z$，代入式（7.2.4）可得方波的振荡周期为

$$T=2RC\ln\left(1+\frac{2R_1}{R_2}\right) \tag{7.2.5}$$

由式（7.2.5）可知，改变充放电回路的时间常数 RC 以及电阻 R_1、R_2，即可调节方波的振荡周期（振荡频率），V_Z 的大小决定了方波的幅值。

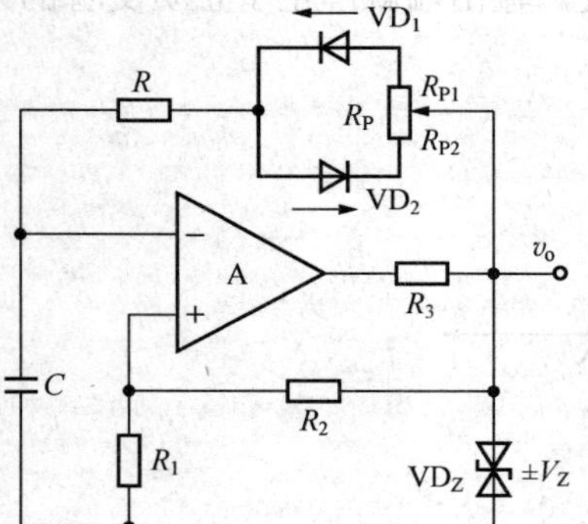

图 7.2.3　占空比可调的矩形波产生电路

通常将矩形波为高电平的时间与振荡周期的比值称为占空比。方波的占空比为 50%。如需产生占空比小于或大于 50%的矩形波，只需适当改变电容充放电回路的时间常数即可。

图 7.2.3 所示电路为占空比可调的矩形波产生电路。当 $v_o=+V_Z$ 时，VD_1 导通而 VD_2 截止，电容正向充电，如果忽略二极管的导通电阻，充电时间常数为 $(R+R_{P1})C$；当 $v_o=-V_Z$ 时，VD_2 导通而 VD_1 截止，这时电容放电（反向充电），放电时间常数为 $(R+R_{P2})C$。

根据上述方法，可计算出此时的振荡周期为

$$T=(R_P+2R)C\ln\left(1+\frac{2R_1}{R_2}\right) \tag{7.2.6}$$

占空比为

$$q=\frac{T_1}{T}=\frac{R_{P1}+R}{R_P+2R} \tag{7.2.7}$$

由此可知，调整电位器的滑动端，即可改变矩形波发生电路的占空比。

7.2.2　三角波和锯齿波产生电路

1. 电路组成

在图 7.2.2 中，电容两端电压 v_C 的波形近似为三角波。但由于电容不是恒流充电，当 v_C 随时间上升时，充电电流下降，因此 v_C 输出的三角波线性较差。要提高三角波的线性度，只需保证电容是恒流充、放电即可。为此，可用集成运放组成的积分电路取代如图 7.2.1 所示电路中的 RC 电路，构成如图 7.2.4 所示的三角波产生电路。

在图 7.2.4 中，虚线左边为同相输入的滞回比较器，起开关作用；右边为积分电路，起延迟作用，它们共同组成三角波产生电路。

2. 工作原理

在图 7.2.4 中，滞回比较器的输出电压 $v_{o1}=\pm V_Z$，它的输入电压是积分电路的输出电压 v_o，根据叠加原理，可求出集成运放 A_1 同相输入端的电位为

$$v_{P1}=\frac{R_2}{R_1+R_2}v_o+\frac{R_1}{R_1+R_2}v_{o1}=\frac{R_2}{R_1+R_2}v_o\pm\frac{R_1}{R_1+R_2}V_Z \tag{7.2.8}$$

若 $v_{o1}=+V_Z$，则电容 C 充电，随着充电的进行，电容两端的电压增加，输出电压 v_o 线性下降。由式（7.2.8）可知，v_{P1} 随着 v_o 的下降而减小，当 v_o 下降到某一负值，使 $v_{P1}\leqslant 0$ 时，v_{o1} 从 $+V_Z$ 跳变为 $-V_Z$。

v_{o1} 变为 $-V_Z$ 以后，电容 C 放电，随着放电的进行，电容两端的电压减小，输出电压 v_o 线性上升。由式（7.2.8）可知，v_{P1} 随着 v_o 的上升而增大，当 v_o 增大到某一正值，使 $v_{P1}\geqslant 0$ 时，v_{o1} 又从 $-V_Z$ 跳变为 $+V_Z$。如此周而复始，产生振荡，A_1 的输出端产生方波信号，A_2 的输出端产生三角波信号，v_o 和 v_{o1} 的波形如图 7.2.5 所示。

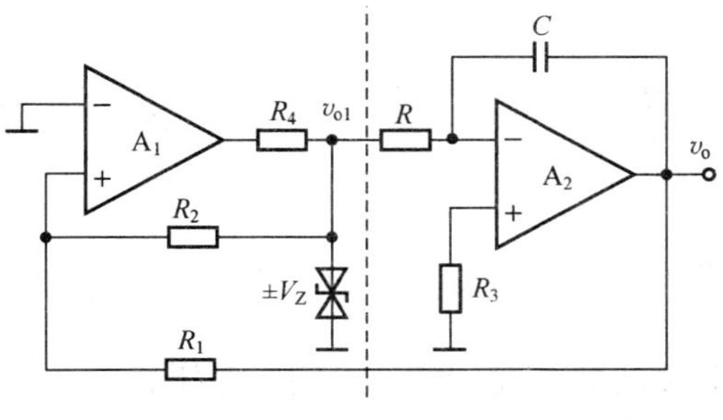

图 7.2.4　三角波产生电路

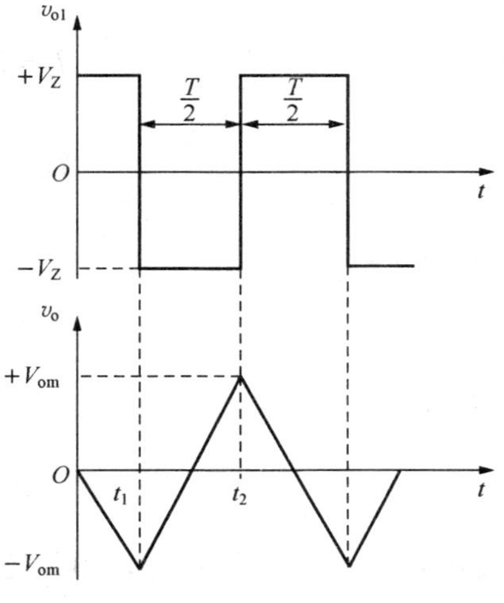

图 7.2.5　电路的输出电压波形

3. 主要参数计算

从图 7.2.5 可以看出，当 v_{o1} 从 $-V_Z$ 跳变为 $+V_Z$ 或从 $+V_Z$ 跳变为 $-V_Z$ 时所对应的 v_o 值就是

三角波的电压幅值 $\pm V_{om}$。而 v_{o1} 发生跳变的临界条件是运放 A_1 的 $v_{P1}=v_{N1}=0$，为此，让式（7.2.8）等于零即可求出三角波的电压幅值为

$$\pm V_{om}=\pm\frac{R_1}{R_2}V_Z \tag{7.2.9}$$

三角波发生器的振荡频率可通过积分电路的输入、输出关系来确定。

由图 7.2.5 可知，三角波从零上升到 V_{om} 所需要的时间为振荡周期的 1/4，此时 $v_{o1}=-V_Z$。因此，有

$$V_{om}=-\frac{1}{RC}\int_0^{\frac{T}{4}}v_{o1}dt=\frac{TV_Z}{4RC} \tag{7.2.10}$$

由式（7.2.9）和式（7.2.10）可得三角波的振荡频率为

$$f=\frac{1}{T}=\frac{R_2}{4R_1RC} \tag{7.2.11}$$

由式（7.2.11）可知，改变 R、C 或 R_2 与 R_1 的比值可以改变振荡频率。然而，改变 R_2 与 R_1 的比值将会改变三角波的幅值。通常通过改变电容 C 作为频率粗调，改变电阻 R 作为频率细调。

在如图 7.2.4 所示电路中，如果电容的充放电（正反向积分）时间常数不相等，输出电压 v_o 上升和下降的斜率就不一样，这样得到的波形称为锯齿波。图 7.2.6 所示就是一个锯齿波产生电路。

在图 7.2.6 中，当 $v_{o1}=+V_Z$ 时，二极管 VD_1 导通、VD_2 截止，电容 C 充电（正向积分），输出电压线性下降。若忽略二极管的导通电阻，充电时间常数为 $(R+R_{P上})C$；当 $v_{o1}=-V_Z$ 时，VD_2 导通、VD_1 截止，电容 C 放电（反向积分），输出电压线性上升，放电时间常数为 $(R+R_{P下})C$。

根据三角波产生电路振荡周期的计算方法，可求出锯齿波的下降时间和上升时间分别为

$$T_1=2\cdot\frac{R_1}{R_2}(R+R_{P上})C \tag{7.2.12}$$

$$T_2=2\cdot\frac{R_1}{R_2}(R+R_{P下})C \tag{7.2.13}$$

振荡周期为

$$T=2\cdot\frac{R_1}{R_2}(2R+R_P)C \tag{7.2.14}$$

v_{o1} 的占空比为

$$q=\frac{T_1}{T}=\frac{R+R_{P上}}{2R+R_P} \tag{7.2.15}$$

假设电路中的 R 远小于 R_P，电位器的滑动端移到最上端，可画出输出电压 v_o 的波形如图 7.2.6（b）所示。

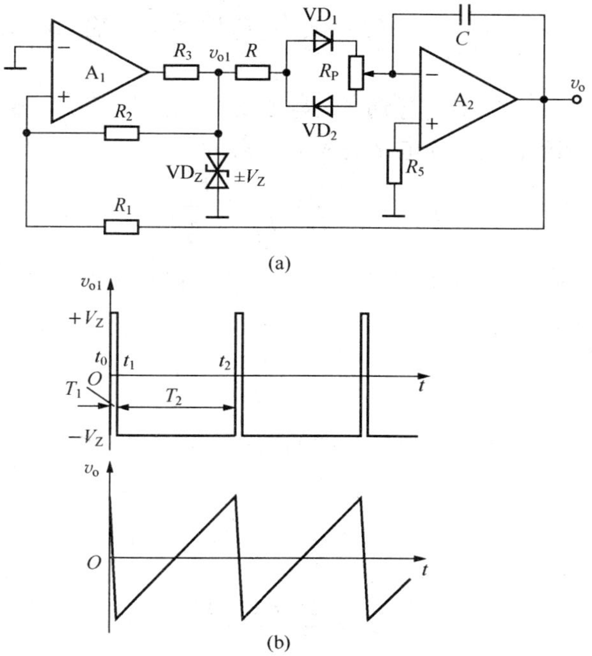

图 7.2.6　锯齿波产生电路及输出电压波形

*7.2.3　压控振荡器

压控振荡器能产生方波和三角波（矩形波或锯齿波），由于它的输出电压的变化频率由外加电压来控制，所以称为压控振荡器。图 7.2.7 所示为压控振荡器的原理电路。电路中，应选 R_1 远大于 R_5。

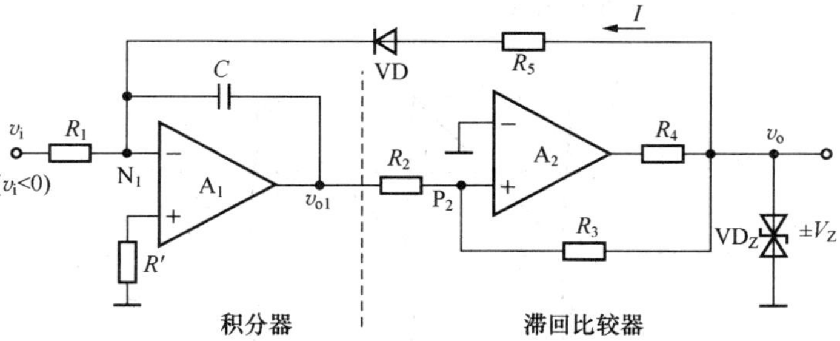

图 7.2.7　压控振荡器

在图 7.2.7 中，滞回比较器的输出电压 v_o=±V_Z，它的输入电压是积分电路的输出电压 v_{o1}，根据叠加原理，可求出集成运放 A_2 同相输入端的电位为

$$v_{P2} = \frac{R_3}{R_2 + R_3} v_{o1} \pm \frac{R_2}{R_2 + R_3} V_Z \tag{7.2.16}$$

令 $v_{N2} = v_{P2} = 0$，即可得滞回比较器的阈值电压为

$$\pm V_T = \pm \frac{R_2}{R_3} V_Z \tag{7.2.17}$$

V_T既是v_o从$+V_Z$跳变为$-V_Z$或从$-V_Z$跳变为$+V_Z$时对应的输入电压v_{o1}，也是积分电路输出电压v_{o1}的幅值。

当输出电压v_o=$+V_Z$时，二极管导通，电容C充电（正向积分），输出电压v_{o1}线性下降。在忽略其导通电阻的情况下，积分电路的积分电流为

$$i_C=\frac{v_i}{R_1}+\frac{V_Z}{R_5}\approx\frac{V_Z}{R_5} \tag{7.2.18}$$

当输出电压v_o=$-V_Z$时，二极管截止，由于v_i<0，所以电容C放电（反向积分），输出电压线性上升，积分电流为

$$i_C=\frac{v_i}{R_1} \tag{7.2.19}$$

根据积分电路输出电压与输入电压之间的关系，可求出输出电压v_{o1}线性下降和线性上升的时间分别为

$$T_1=\frac{2R_2R_5C}{R_3} \tag{7.2.20}$$

$$T_2=\frac{2R_2R_1C}{R_3}\cdot\frac{V_Z}{v_i} \tag{7.2.21}$$

由于R_1远大于R_5，所以，振荡周期和振荡频率分别为

$$T=T_1+T_2\approx T_2=\frac{2R_2R_1C}{R_3}\cdot\frac{V_Z}{v_i} \tag{7.2.22}$$

$$f=\frac{R_3}{2R_2R_1C}\cdot\frac{v_i}{V_Z} \tag{7.2.23}$$

由此可见，输出信号的振荡频率正比于输入电压v_i，该电路也称为电压-频率转换电路。振荡器的输出电压波形如图7.2.8所示。

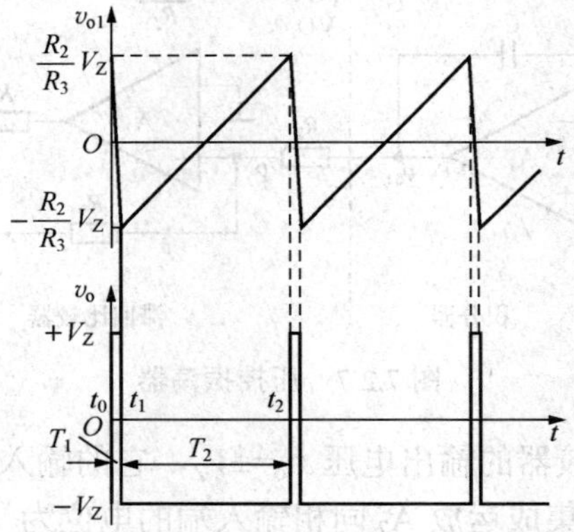

图7.2.8 压控振荡器的输出电压波形

7.3 波形变换电路

波形变换电路是通过电路把已有的周期性信号通过波形变换，变成另一种波形的周期

性信号，如正弦波变方波、方波变三角波、三角波变锯齿波等。下面重点介绍三角波变锯齿波电路和三角波变正弦波电路。

7.3.1　三角波变锯齿波电路

图 7.3.1（a）所示为三角波变锯齿波电路，图中 v_i 为输入的三角波信号，v_c 为控制信号，v_o 为输出锯齿波信号。图 7.3.1（b）所示为相应的输入、输出波形。

在图 7.3.1（a）中，当输入的三角波 v_i 处于上升的半个周期时，控制信号 v_c 为低电平，开关 M 处于断开状态，根据理想运放的“虚短”、“虚断”特点，可得

$$v_N = v_P = \frac{v_i}{2}$$

$$\frac{v_i - v_N}{R} = \frac{v_N}{\frac{1}{2}R} + \frac{v_N - v_o}{R}$$

联立以上两式求解，可得 $v_o=v_i$。

当输入的三角波信号 v_i 处于下降的半个周期时，控制信号 v_c 为高电平，开关 M 处于导通状态，由电路可得

$$v_N = v_P = 0\text{，}\quad v_o = -v_i$$

此时，随着 v_i 的下降，v_o 也是随时间逐渐上升。

由此可知，在 v_i 正、负半周内，v_o 均是线性增加，从而得到如图 7.3.1（b）所示的锯齿波。

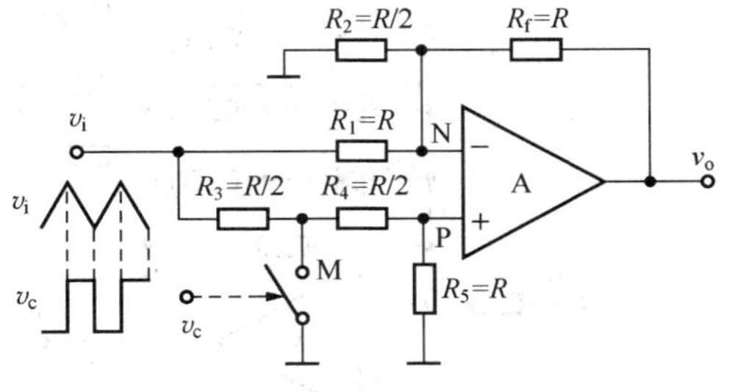

(a) 原理电路

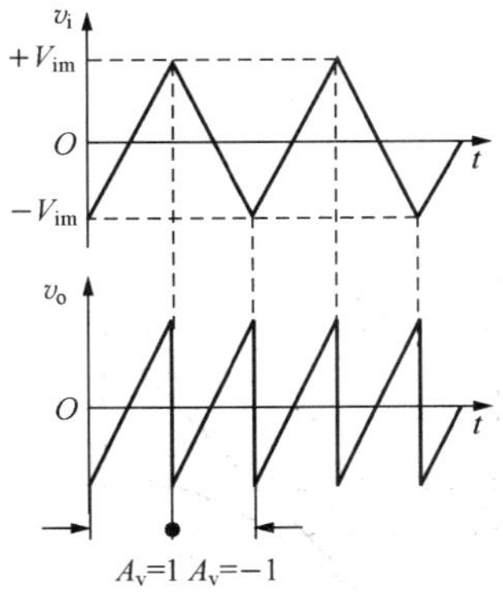

(b) 波形图

图 7.3.1　三角波变锯齿波电路

7.3.2　三角波变正弦波电路

三角波变正弦波的常用方法有滤波法和折线近似法，下面分别加以介绍。

1. *滤波法*

按傅里叶级数可将三角波展开成

$$v(t) = \frac{8}{\pi^2}V_M\left(\sin\omega t - \frac{1}{9}\sin 3\omega t + \frac{1}{25}\sin 5\omega t - \cdots\right)$$

其中，V_M 为三角波的幅值。只要低通滤波器的上限截止频率小于基波的 3 倍频，即可得到频率等于基波频率的正弦波。

2. 折线近似法

比较三角波与正弦波的波形可以发现，在三角波从零逐渐增大到峰值的过程中，一开始二者基本相同，但随着幅值的增大，二者的差别随之增大。

所谓折线法就是用折线去逼近正弦波。方法是将三角波的电压幅值分成若干段，各段按不同比例逐段衰减，使衰减后的折线逼近正弦波。如图 7.3.2 所示，将 1/4 周期内的三角波 v_i 变换成了由四段折线所组成的近似正弦波 v_o。图中，V_{Imax} 是三角波的峰值。

图 7.3.3 所示是利用折线近似法将三角波变为正弦波的原理电路。整个电路是反相比例电路，负反馈网络除了电阻 R_f 以外，还并联了两组由二极管和电阻组成的网络。输出电压 v_o 和正、负电源通过电阻网络的分压在二极管 VD_1、VD_2、VD_3 的阳极分别得到电压 v_1、v_2 和 v_3；在二极管 VD_1'、VD_2'、VD_3' 的阴极分别得到电压 v_1'、v_2' 和 v_3'。当输入的三角波信号由 0 线性下降使 v_o 线性上升时，v_1、v_2 和 v_3 将依次上升到大于 0，使二极管 VD_1、VD_2 和 VD_3 依次由截止变导通，进而使得电路的电压放大倍数逐次减小，所以输出电压 v_o 的斜率依次逐渐减小，接近于正弦波的变化规律。通过类似的分析可知，当 v_i 由 0 逐渐上升时，v_o 将由 0 逐渐下降，使二极管 VD_1'、VD_2' 和 VD_3' 依次由截止变导通，使 v_o 下降的斜率依次逐渐减小，接近于正弦波的变化规律。只要图中各电阻阻值选择合适，便可将三角波变换成符合要求的正弦波。

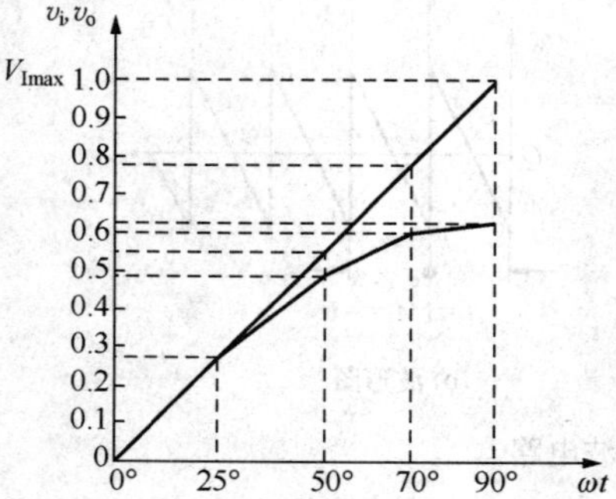

图 7.3.2 折线近似法三角波变正弦波示意图

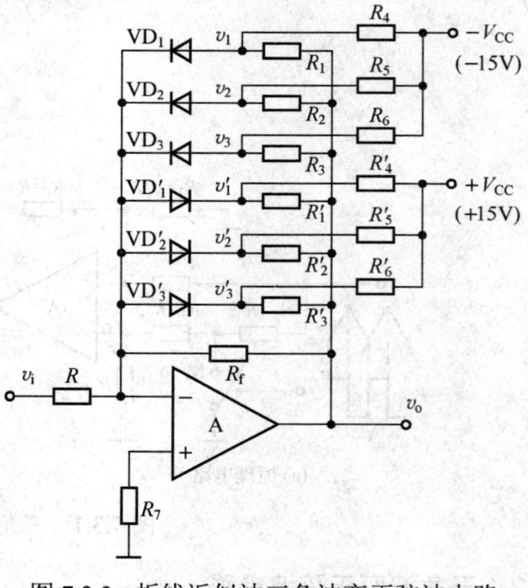

图 7.3.3 折线近似法三角波变正弦波电路

*7.4 信号转换电路

信号转换电路是将一种信号转换成另外一种信号的电路。例如，在控制系统和测量设备中，通常要用到电流-电压之间的转换。在遥控遥测系统和数字测量中，常常要进行电压–频率之间的相互转换。利用集成运放可以很方便地实现上述信号之间的转换。

7.4.1　电压–电流转换电路

1. 负载不接地电压–电流转换电路（基本型）

最简单的电压–电流转换电路如图 7.4.1（a）所示。

根据理想运放的虚短、虚断特点，可得负载电流为

$$i_L \approx i_1 \approx \frac{v_i}{R} \tag{7.4.1}$$

由此可知，输出电流与输入电压成正比。该电路最大负载电流受运放的最大输出电流的限制，最小电流受运放的输入电流 I_B 的限制。输出电压 v_o 不得超出运放的最大输出电压。

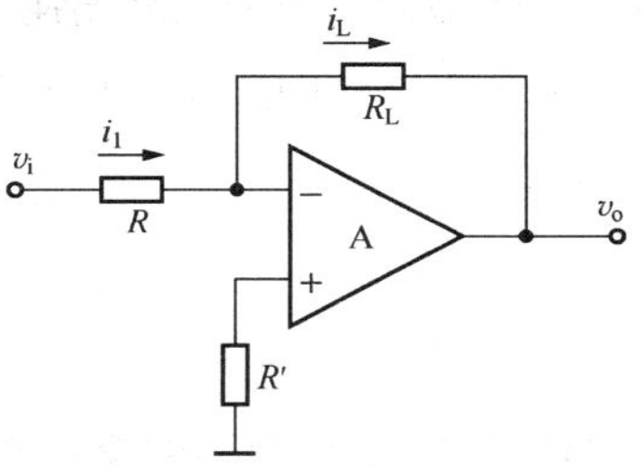

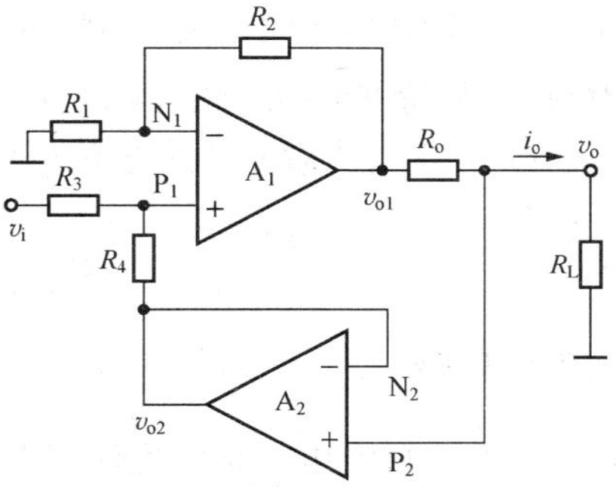

图 7.4.1　电压–电流转换电路

2. 负载接地电压–电流转换电路

在实用电路中，常需要负载电阻有接地端。图 7.4.1（b）所示为负载接地的实用电压–电流转换电路。图中，A_1、A_2 均引入了负反馈，前者构成同相求和电路，后者构成电压跟随器，$R_1=R_2=R_3=R_4=R$。

由图 7.4.1（b）可得

$$v_{o1} = \frac{R_2}{R_3}v_i + \frac{R_2}{R_4}v_{o2} = v_i + v_{o2} = v_i + v_o$$

由上式得

$$v_{o1} - v_o = v_i$$

所以有

$$i_o = \frac{v_{o1} - v_o}{R_o} = \frac{v_i}{R_o} \tag{7.4.2}$$

输出电流与输入电压成正比，与负载无关。

7.4.2　电流–电压转换电路

电流–电压转换的原理电路如图 7.4.2 所示。设 A 为理想运放，则有

$$i_f = i_s, \quad v_o \approx -i_f R_f \approx -i_s R_f \tag{7.4.3}$$

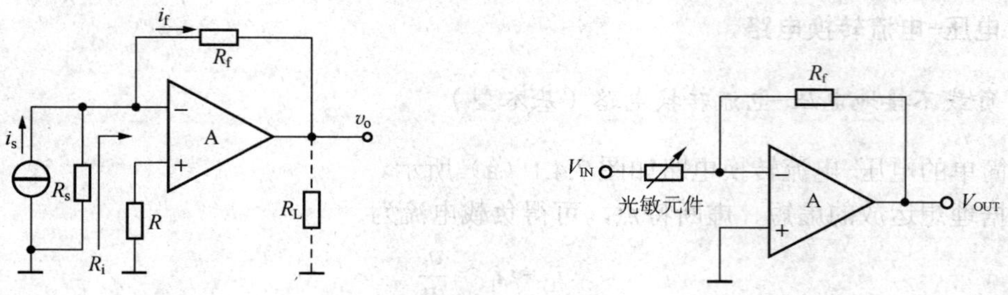

（a）基本电路　　（b）感光电路（电路输出与光强成正比）

图 7.4.2　电流-电压转换电路

输出电压 v_o 与输入电流成正比，而与负载电阻无关。该电路要求电流源的内阻 R_s 很高。

这个电路的一种特殊应用如图 7.4.2（b）所示。其中，光敏元件用来探测光强度变化。当光强度发生变化时，流过光敏元件的电流 I_i 随着发生变化，输出电压的变化与光电流的变化成正比

$$\Delta V_{OUT} = -\Delta I_i R_f$$

7.4.3　精密整流电路

将交流电转换为直流电，称为整流。精密整流电路的功能是将微弱的交流电压转换成直流电压。图 7.4.3（a）所示为半波精密整流电路。

当 v_i>0 时，集成运放的输出 $v'_o < 0$，从而使二极管 VD_1 截止、VD_2 导通，电路实现反相比例运算，输出电压为

$$v_o = -\frac{R_f}{R} v_i \tag{7.4.4}$$

当 v_i<0 时，集成运放的输出 $v'_o > 0$，从而使二极管 VD_1 导通、VD_2 截止，R_f 中电流为零，从而使输出电压 v_o=0。由此，可画出输入、输出电压波形如图 7.4.3（b）所示。由图可知，输出电压只有负半周有输出，称为半波整流。

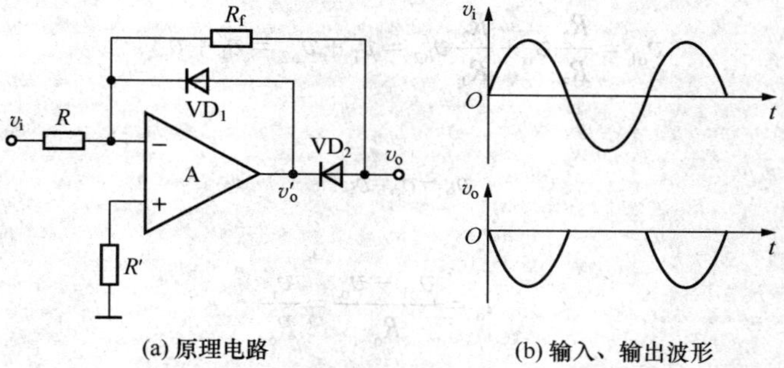

(a) 原理电路　　(b) 输入、输出波形

图 7.4.3　半波精密整流电路及其波形

如果二极管的导通电压为 0.7V，集成运放的开环差模放大倍数为 40 万倍，那么为使二极管 VD_1 导通，集成运放的净输入电压应为

$$v_P - v_N = \left(\frac{0.7}{4\times 10^5}\right)V = 1.75\mu V$$

同理，可估算出为使 VD_2 导通，集成运放所需的净输入电压也是同数量级。可见，只要输入电压 v_i 使集成运放的净输入电压产生非常微小的变化，即可改变 VD_1 和 VD_2 的工作状态，从而达到精密整流的目的。

图 7.4.4（a）所示为全波精密整流电路。由图可得

$$v_o = -\frac{R}{R}v_i - \frac{R}{R}v_{o1} = -v_i - v_{o1}$$

由电路 7.4.4（a）可知，当 $v_i>0$ 时，$v_{o1}=-2v_i$，代入上式得 $v_o=v_i$；当 $v_i<0$ 时，$v_{o1}=0$，代入上式得 $v_o=-v_i$。

综合以上两种情况，可得

$$v_o = |v_i| \tag{7.4.5}$$

所以，如图 7.4.4（a）所示电路也称为绝对值电路。当输入正弦波和三角波时电路的输出电压波形如图 7.4.4（b）和（c）所示。在输入的正、负半周都有输出，且都是正极性的，把这种电路称为全波整流电路。

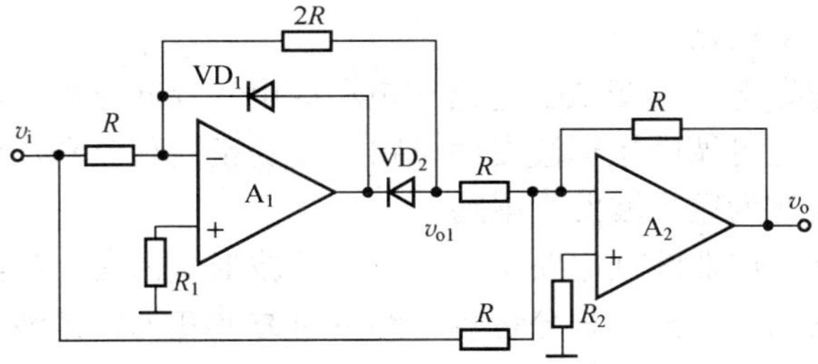

(a) 原理电路

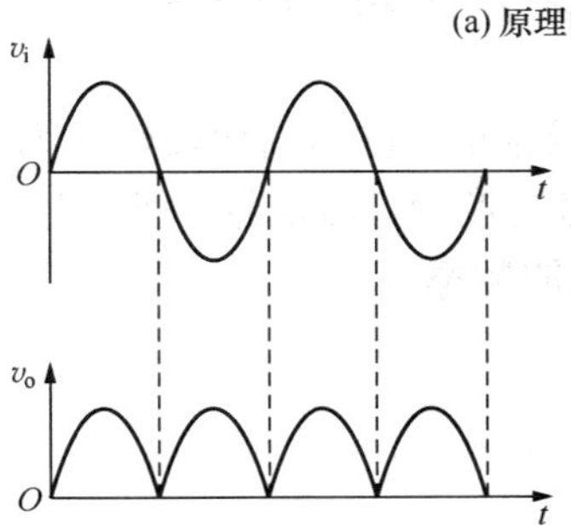

(b) 输入正弦波时的输出波形

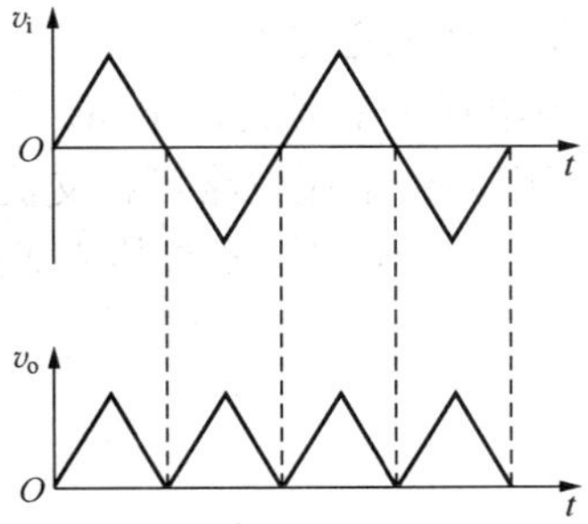

(c) 输入三角波时的输出波形

图 7.4.4　全波精密整流电路及其波形

小　结

本章主要介绍了正弦波振荡电路、非正弦波发生电路、波形变换和信号转换电路。

（1）正弦波振荡电路由放大电路、选频网络、正反馈网络和稳幅环节四部分组成。正弦波振荡的幅值平衡条件为 $|\dot{A}\dot{F}|=1$，相位平衡条件为 $\varphi_A+\varphi_F=2n\pi$（$n$ 为整数）。按选频网

络的不同，正弦波振荡电路分为 RC、LC 和石英晶体三种类型。在分析电路是否能产生正弦波振荡时，应首先观察电路是否包含四个组成部分，进而检查放大电路能否正常放大，然后利用瞬时极性法判断电路是否满足相位平衡条件，必要时再判断电路是否满足幅值平衡条件。

（2）RC 正弦波振荡电路的振荡频率较低。常用的 RC 桥式正弦波振荡电路由 RC 串并联网络和同相比例运算电路组成。若 RC 串并联网络中的电阻均为 R，电容均为 C，则振荡频率 $f_0=\dfrac{1}{2\pi RC}$，反馈系数 $\dot{F}=\dfrac{1}{3}$。因此，电路要起振，电压放大倍数要满足 $\dot{A}_v \geqslant 3$。

（3）LC 正弦波振荡电路有变压器反馈式、电感三点式和电容三点式三种。由于其振荡频率较高，一般由分立元件组成。谐振回路的品质因数 Q 值越大，电路的选频特性越好。

（4）石英晶体的振荡频率非常稳定，有串联和并联两个谐振频率，分别为 f_s 和 f_p，且 $f_s \approx f_p$。在 $f_s < f < f_p$ 极窄的频率范围内呈感性，其他情况下呈容性。利用石英晶体可构成串联型和并联型两种正弦波振荡电路。

（5）非正弦波发生电路由滞回比较器和 RC 延时电路组成，主要参数是振荡频率和输出电压幅值。由于滞回比较器引入了正反馈，从而加速了输出电压的变化；延时电路使比较器输出电压周期性地从高电平跃变为低电平，再从低电平跃变为高电平，而不停留在某一稳态，从而使电路产生振荡。

利用二极管的单向导电性改变 RC 电路充电和放电（反向充电）的时间常数，则可将方波发生电路变为占空比可调的矩形波发生电路；改变正向积分和反向积分的时间常数，则可由三角波发生电路变为锯齿波发生电路。

（6）波形变换电路利用非线性电路将一种形状的波形变为另一种波形。电压比较器可将周期性变化的波形变为矩形波，积分运算电路可将方波变为三角波，微分运算电路可将三角波变为方波。利用比例系数可控的比例运算电路可将三角波变为锯齿波，利用滤波法或折线法可将三角波变为正弦波。

（7）信号转换电路是信号处理电路。利用反馈的方法可将电流转换为电压，也可将电压转换为电流。利用精密整流电路可将交流信号转换为直流信号，利用电压-频率转换电路（压控振荡电路）可将电压转换成与其值成正比的频率。

习　题

7.1　填空题。

（1）正弦波振荡电路是在没有外加________的情况下，依靠电路自身而产生正弦波输出信号的电路。

（2）按组成选频网络的元件类型不同，正弦波振荡电路分为________、________和________三大类。

（3）正弦波振荡电路利用正反馈产生振荡的条件是________，其中相位平衡条件是________，幅值平衡条件是________，为使电路起振，起振条件是________。

（4）在如图 7.1.3 所示电路中，设 R_1=1kΩ，R_f 为 5.1kΩ 的电位器。当不慎将 R_f 调到零时，用示波器交流档观察输出电压的波形，将看到________，当 R_f 开路时，输出电压 v_o

的波形将是________。

（5）在如图 7.1.3 所示 *RC* 桥式正弦波振荡电路中，若已知电路参数，则可算出其振荡频率 f_0=________。

（6）在如图 7.1.3 所示电路中，为了达到稳幅目的，应当使电路中 R_f 与 R_1 的比值随输出电压幅值的增大而________，因此，R_f 可用一个具有________温度系数的热敏电阻代替。

7.2　选择题。

（1）当振荡电路仅满足自激振荡的相位平衡条件时，（　　）。

A. 就能产生振荡　　B. 不能产生振荡

C. 不能确定是否产生振荡

（2）在满足相位平衡条件的前提下，正弦波振荡电路产生振荡的起振条件是（　　）。

A. $|\dot{A}\dot{F}|<1$　　B. $|\dot{A}\dot{F}|=1$　　C. $|\dot{A}\dot{F}|>1$

（3）正弦波振荡电路的振荡频率由（　　）决定。

A. 基本放大电路　　B. 反馈网络

C. 选频网络

（4）产生低频正弦波一般可用（　　）振荡电路；产生高频正弦波可用（　　）振荡电路；如要求频率稳定性很高，则可用（　　）振荡电路。

A. *LC*　　B. *RC*　　C. 石英晶体

（5）正弦波振荡电路一般由正反馈电路、放大电路、稳幅电路和（　　）四部分组成。

A. 选频电路　　B. 选幅电路　　C 移相电路　　D. 负反馈电路

（6）要制作频率为 20Hz～20kHz 的音频信号发生电路，应选用（　　）；要制作频率为 2～20MHz 的接收机的本机振荡器，应选用（　　）；要制作频率非常稳定的测试用信号源，应选用（　　）。

A. *RC* 桥式正弦波振荡电路　　B. *LC* 正弦波振荡电路

C. 石英晶体正弦波振荡电路

（7）当信号频率 $f=f_0$ 时，*RC* 串并联网络呈（　　）；当 *LC* 并联网络发生谐振时呈（　　），在信号频率大于谐振频率时呈（　　），在信号频率小于谐振频率时呈（　　）；当信号频率等于石英晶体的串联谐振频率或并联谐振频率时，石英晶体呈（　　），当信号频率在石英晶体的串联谐振频率和并联谐振频率之间时，石英晶体呈（　　），其余情况下呈（　　）。

A. 容性　　B. 阻性　　C. 感性

7.3　判断下列说法是否正确（正确的打 √，错误的打×）。

（1）只要电路引入了正反馈，就一定会产生正弦波振荡。（　　）

（2）负反馈电路不可能产生自激振荡。（　　）

（3）非正弦波振荡电路与正弦波振荡电路的振荡条件完全相同。（　　）

（4）在正弦波振荡电路中，只允许存在正反馈，不允许引入负反馈。（　　）

（5）在电感三点式振荡电路中，若线圈按一个方向绕制，且电感的中间抽头交流接地，则首、尾两端的相位相反；若电感的首端或尾端交流接地，则电感其他两端的相位相同。

（　　）

（6）作为反馈网络时，*RC* 串并联选频电路的 $\varphi_F=0°$，单管共集电极放大电路的 $\varphi_A=0°$，满足正弦波振荡的相位条件 $\varphi_A+\varphi_F=2n\pi$（*n* 为整数），故可以构成正弦波振荡电路。

（　　）

（7）在 RC 桥式正弦波振荡电路中，若 RC 串并联选频网络中的电阻均为 R，电容均为 C，则其振荡频率 $f_0=\frac{1}{RC}$。（ ）

（8）电路只要满足 $|\dot{A}\dot{F}|=1$，就一定会产生正弦波振荡。（ ）

（9）在 LC 正弦波振荡电路中，不用通用型集成运放作为放大电路的主要原因是其上限截止频率太低，难以产生高频振荡信号。（ ）

7.4 电路如图 T7.1 所示，为使电路产生正弦波振荡，试分析：

（1）R_P 的最小值应为多少。

（2）振荡频率的调节范围为多少。

7.5 电路如图 T7.2 所示。

（1）为使电路产生正弦波振荡，标出集成运放的同相端“+”和反相端“−”，并说明电路是哪种正弦波振荡电路。

（2）若 R_1 短路，电路将产生什么现象？

（3）若 R_1 断路，电路将产生什么现象？

（4）若 R_f 短路，电路将产生什么现象？

（5）若 R_f 断路，电路将产生什么现象？

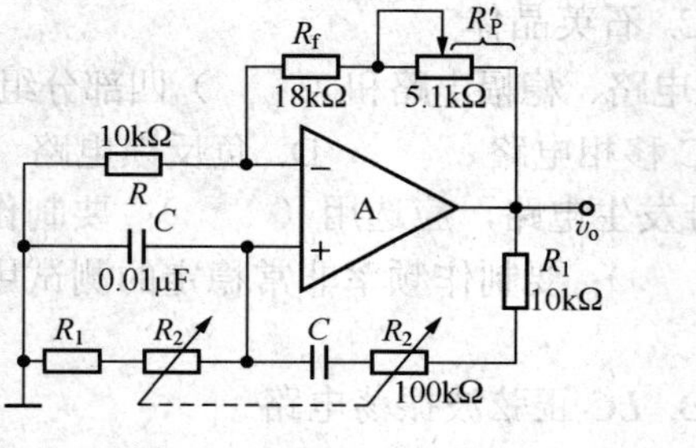

图T7.1 习题7.4电路

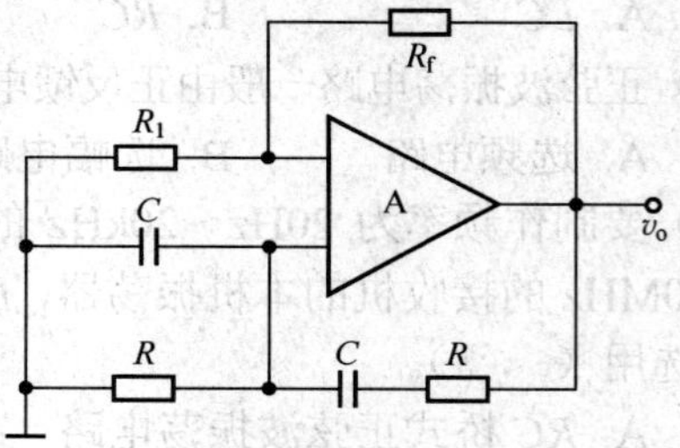

图T7.2 习题7.5电路

7.6 正弦波振荡电路如图 T7.3（a）所示，已知 A 为理想集成运放。

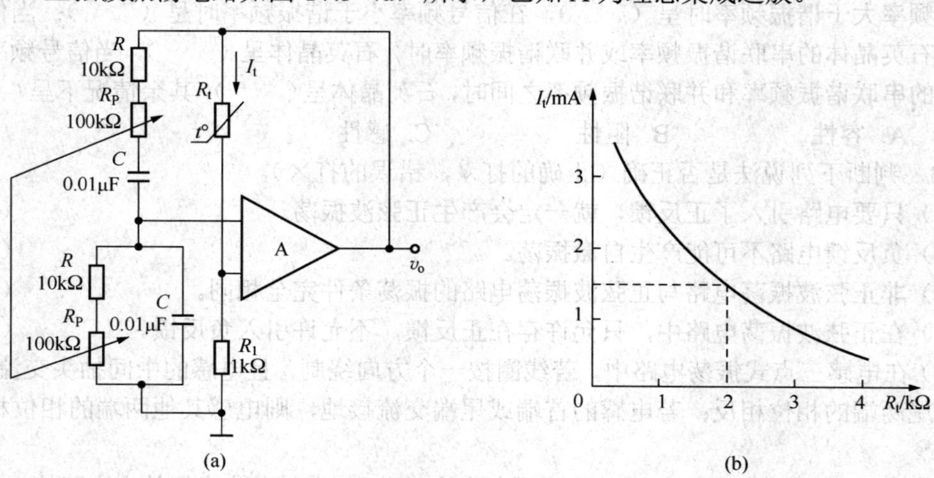

图 T7.3 习题 7.6 电路

（1）为使电路产生正弦波振荡，请标出集成运放的同相端和反相端。

（2）求解振荡频率的调节范围。

（3）已知 R_t 为热敏电阻，试问其温度系数应是正还是负？

（4）已知热敏电阻 R_t 的特性曲线如图 T7.3（b）所示，求稳定振荡时 R_t 的阻值和电流 I_t 的有效值。

（5）求稳定振荡时输出电压的峰值。

7.7　电路如图 T7.4 所示，试判断各电路是否满足正弦波振荡的相位条件？若能，写出振荡频率的表达式；若不能，指出其中的错误并加以修改。

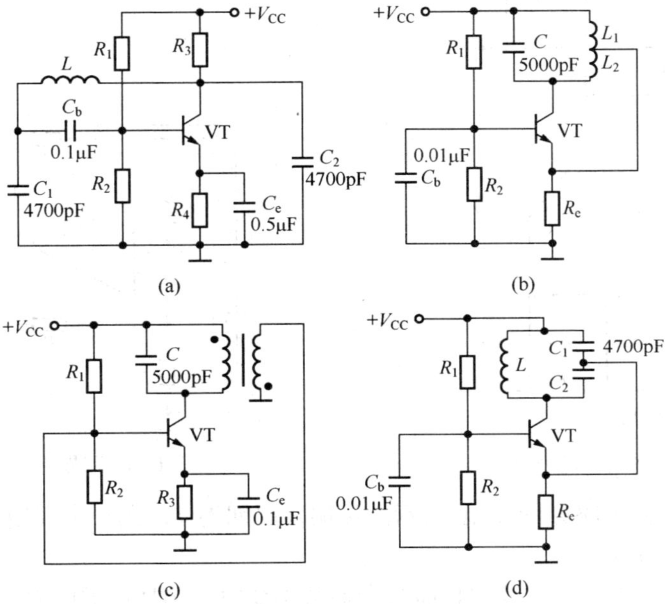

图 T7.4　习题 7.7 电路

7.8　请将图 T7.5 中 j、k、m、n 各点正确连接，使其能够产生正弦波振荡。

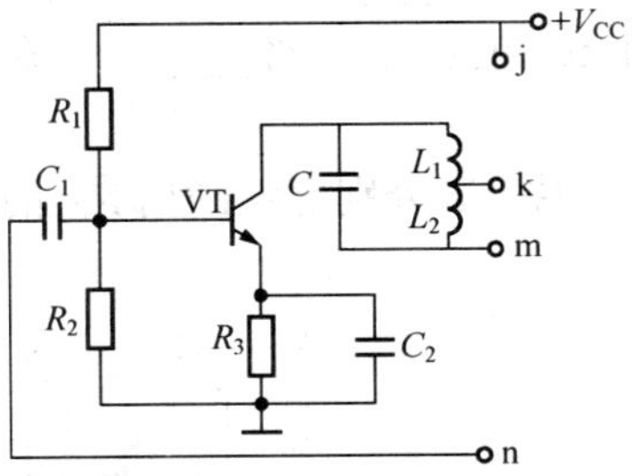

图 T7.5　习题 7.8 电路

7.9　已知如图 T7.6（a）所示框图中各点的电压波形如图 T7.6（b）所示，试分析能够实现这些功能的各级电路分别是什么电路。

7.10　电路如图 T7.7 所示，已知 $R_1=R_3=10\text{k}\Omega$，$R_2=20\text{k}\Omega$，$C=0.1\mu\text{F}$。稳压管的稳定电压为 6V，正向导通电压可忽略不计。试计算输出电压 v_o 的周期，并画出 v_o 和 v_C 的波形。

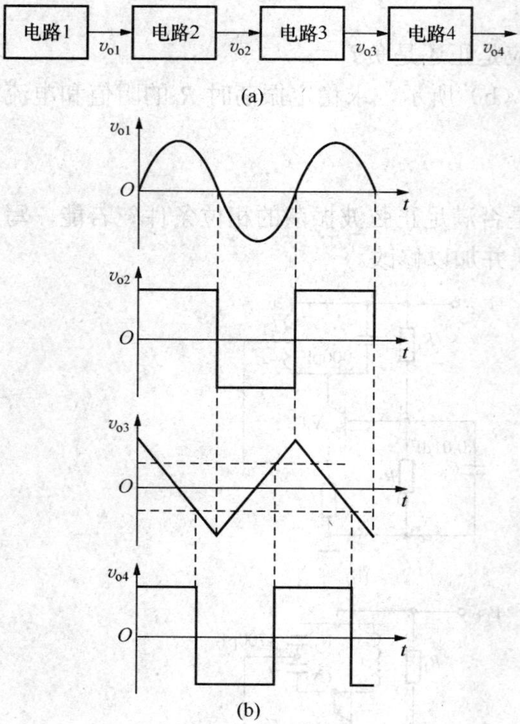

图 T7.6 习题 7.9 电路

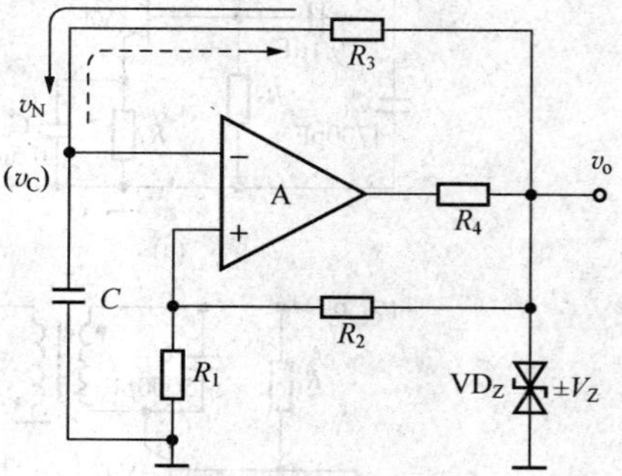

图 T7.7 习题 7.10 电路

7.11* 波形发生电路如图 T7.8 所示，设振荡周期为 T，在一个周期内 $v_{o1}=+V_Z$ 的时间为 T_1，则占空比为 T_1/T。

（1）在电路某一参数发生变化，而其余参数不变时。选择：①增大；②不变；③减小。填入以下空格内。

当 R_1 增大时，v_{o1} 的占空比将______，振荡频率将______，v_{o2} 的幅值将______；若 R_{P1} 的滑动端向上移动，则 v_{o1} 的占空比将______，振荡频率将______，v_{o2} 的幅值将______；若 R_{P2} 的滑动端向上移动，则 v_{o1} 的占空比将______，振荡频率将______，v_{o2} 的幅值将______。

（2）已知 R_{P1} 的滑动端在最上端，试分别定性画出 R_{P2} 的滑动端在最上端和在最下端时 v_{o1} 和 v_{o2} 的波形。

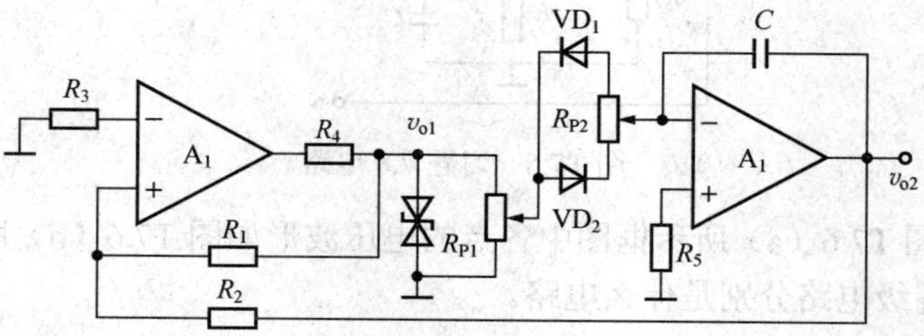

图 T7.8 习题 7.11 电路

第8章　功率放大电路

本章学习目的和要求：

1. 了解功率放大电路的类型及特点。
2. 理解功率放大电路最大输出功率和转换效率的分析方法。
3. 了解功率放大电路应用中的相关问题。

8.1　概　述

前面已经介绍了许多电子电路，经过这些电路处理后的信号，最后常常要送到负载以驱动一定的装置。例如，送到扩音机的扬声器发出声音，或送到自动控制系统的电机执行一定的动作。这时所要考虑的不仅仅是输出电压或电流的大小，而是要有一定的输出功率。这种以输出功率为主要目的的放大电路称为功率放大电路。前面所介绍的电路则相应地称为电压放大电路或电流放大电路。但无论哪种放大电路，在负载上都同时存在输出电压、输出电流和输出功率。从能量转换的角度看，功率放大电路与电压放大电路没有本质的区别，只是研究问题的侧重点不同而已。电压放大电路一般用于小信号放大，主要是使负载得到不失真的电压信号，主要技术指标是电压增益、输入和输出电阻等。功率放大电路主要用于向负载提供足够大的信号功率，通常是在大信号状态下工作，主要研究电路的输出功率、能量转换效率、功率器件的散热等问题。

1. 功率放大电路的特点

1）要提供尽可能大的输出功率

为了获得足够大的输出功率，功率放大电路的输出电压和输出电流都应有足够大的输出幅值。所以，功率放大电路是一种大信号工作电路，功率放大管往往在接近极限运用状态下工作。因此，必须选用合适的功率管，以保证其安全工作。

2）能量转换效率要高

由于输出功率大，因此直流电源消耗的功率也大，转换时功率管和电路中的耗能元器件都要消耗功率，这就存在一个转换效率问题。所谓转换效率就是负载得到的有用信号功率和电源提供的直流功率的比值。例如，某放大电路的效率η=50%，说明直流电源提供的功率只有一半转换成负载得到的输出功率，另一半消耗在电路内部。消耗的这部分能量会使管壳和电路元器件的温度升高，严重时会烧坏晶体三极管。可见，效率低不仅造成能量浪费，严重时还可能损坏电路元器件。因此，如何提高效率是功率放大电路的一个重要问题。

3）应根据不同的应用场合，对非线性失真提出不同的要求

功率放大电路输出功率越大，往往非线性失真越严重，这就使输出功率和非线性失真

成为一对矛盾。但是，在不同的应用场合，对非线性失真的要求是不同的，例如，在测量系统和电声设备中，对非线性失真有很高的要求，而在控制电机的伺服放大器中，则主要要求输出较大的功率，可以允许有一定的非线性失真。

4）功率放大管的散热和保护

在功率放大电路中，有相当大的功率消耗在管子上，会使结温和管壳温度变得很高。因此，功率管的散热就成为一个重要问题。为保证功率管的安全工作，常常要给大功率管加装散热片或采取过流保护措施。

此外，由于功率管处于大信号工作状态，小信号分析所用的微变等效电路法已不适用，通常采用图解法来分析功率放大电路。

2. 放大电路的工作状态及提高效率的主要途径

根据静态工作点的位置不同，放大电路可分成以下几种类型。

1）甲类放大电路

在电压放大电路中，晶体管在输入电压的整个周期内都处于放大状态，其波形如图 8.1.1 所示。这种放大方式称为甲类放大。在甲类放大电路中，电源始终向电路供电。当有信号输入时，电源提供的功率一部分转化为有用的输出功率，另一部分消耗在电路中以热能的形式散发出去。在无输入信号（静态）时，电源提供的功率几乎全部消耗在晶体管上，并以热能的形式散发出去。由于电路中存在较大的静态功耗，所以这类电路的效率很低。

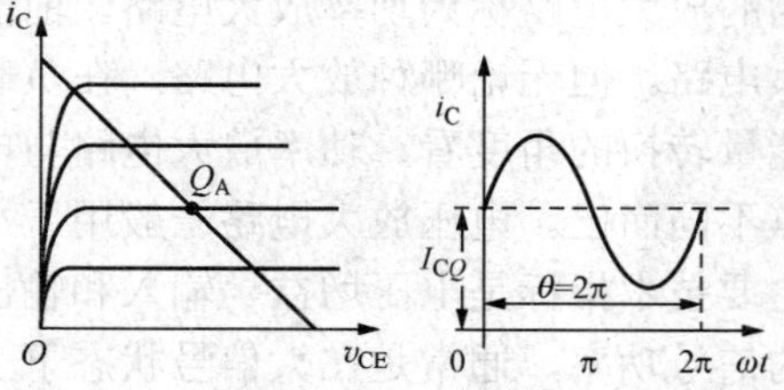

图 8.1.1 甲类放大电路（晶体三极管的导通角 θ=360°）

2）乙类放大电路

静态功耗是造成甲类放大电路效率低的主要原因。如果将静态工作点下移至截止区，则静态电流为零，静态功耗也为零，能量转换效率将得到提高。这种静态偏置电流为零，管子只在信号的半个周期内导通而另外半个周期内截止的放大电路称为乙类放大电路,如图 8.1.2 所示。由图可知，这类电路只能放大输入信号的半个周期，非线性失真很大，不能直接使用。

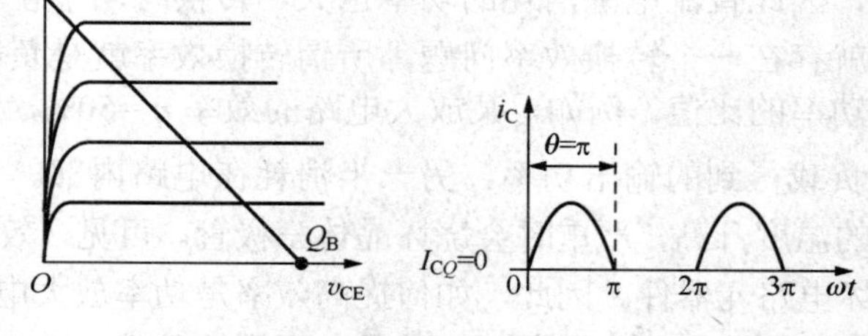

图 8.1.2 乙类放大电路（晶体三极管的导通角 θ=180°）

3）甲乙类放大电路

当静态工作点略高于截止区时，静态电流很小，静态管耗接近于零。能量转换效率与乙类放大电路接近。在信号整个周期内，管子导通时间大于半个周期，这类放大电路称为甲乙类放大电路，其静态工作点的位置和电流波形如图 8.1.3 所示。由图可知，这类电路的非线性失真也很大，同样不能直接使用。甲乙类和乙类放大，虽然减小了静态功耗，提高了效率，但都出现了严重的波形失真，因此，既要保持静态时管耗小，又要使失真不太严重，就需要在电路结构上采取措施。

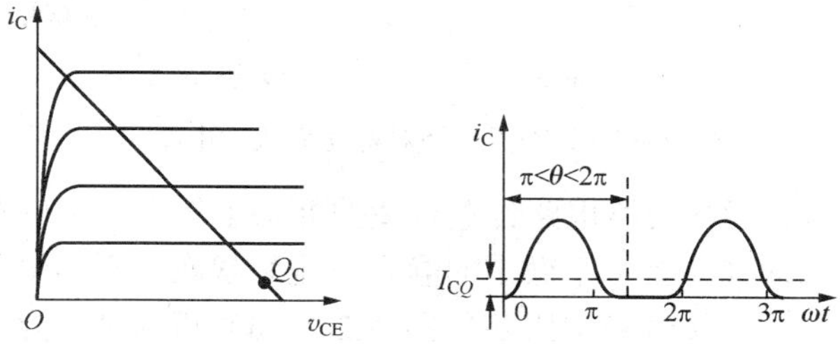

图 8.1.3　甲乙类放大电路（晶体三极管的导通角 180°<θ<360°）

8.2　互补对称功率放大电路

8.2.1　双电源互补对称功率放大电路

双电源互补对称功率放大电路又称无输出电容功率放大（output capacitor less，OCL）电路。

1. 电路组成和工作原理

为解决乙类放大电路输出波形严重失真的问题，可用两只管子组成如图 8.2.1（a）所示的互补对称功率放大电路。图中，晶体管 VT_1 和 VT_2 分别为 NPN 和 PNP 型管，二者参数完全相同，并采用对称的正负电源供电。

静态时，输入信号为零，两个管子均不导通，输出电压也为零，电路的静态功耗为零。

动态时，在 v_i 的正半周，VT_1 导通、VT_2 截止，VT_1 工作在射极输出形式，$v_o \approx v_i$。电流通路如图 8.2.1（a）中实线所示。在 v_i 的负半周，VT_2 放大导通、VT_1 截止，VT_2 工作在射极输出形式，$v_o \approx v_i$。电流通路如图 8.2.1（a）中虚线所示。

在这一电路中，两个晶体管上、下对称，交替工作，互相补充，故称互补对称电路。由于它工作在乙类放大，效率较高，在理想状态下效率可达 78.5%。所以这种电路得到了广泛的应用，成为功率放大电路的基本电路。

但该电路中，因为没有直流偏置，晶体管的 i_B 必须在 $|v_{BE}|$ 大于管子的死区电压（硅管约为 0.5V，锗管约为 0.1V）时，才有显著变化。当输入信号 v_i 小于此数值时，两个管子都截止，输出电流基本为零，负载上无电流通过，出现一段“死区”，如图 8.2.1（b）所示。这种现象称为交越失真。

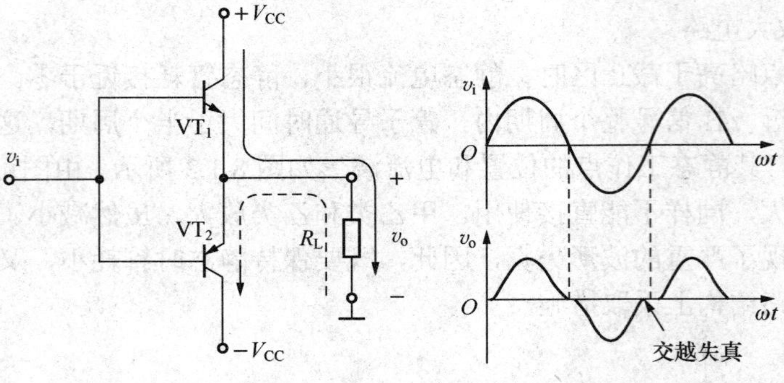

(a) 原理电路　　(b) 输入、输出波形

图 8.2.1　乙类互补对称功率放大电路

为了消除交越失真，通常要给电路设置合适的静态工作点，在静态时使 VT_1 和 VT_2 管均处于临界导通或微导通（即有一个微小的静态电流）状态，则当输入交流信号时，就能保证至少有一只管子导通，实现双向跟随。图 8.2.2（a）所示是消除交越失真的功率放大电路。

在如图 8.2.2（a）所示电路中，静态时，从正电源$+V_{CC}$经 R_1、VD_1、VD_2、R_2 到负电源$-V_{CC}$形成一个直流通路，如果晶体管与二极管采用同一种材料，如都采用硅管，就使得 VT_1 和 VT_2 的两个基极之间产生大约 1.4V 的电压，即

$$V_{b_1b_2}=V_{D1}+V_{D2}\approx 1.4V$$

同时，也使两个晶体管的基射极之间均得到大约 0.7V 的电压，就可使 VT_1 和 VT_2 均处于微导通状态。由于电路对称，静态时，$I_{C1}=I_{C2}$，$I_L=0$，$V_o=0$。动态（有输入信号）时，由于二极管的动态电阻很小，可认为 VT_1 和 VT_2 管的基极电位近似相等，即 $v_{b1}\approx v_{b2}\approx v_i$。动态时电路的工作原理与乙类电路相同。

由于该电路在输入信号的整个周期内，VT_1 和 VT_2 管的导通时间大于半个周期（导通角大于 180°），所以该电路工作在甲乙类状态。

为消除交越失真，在集成电路中常采用如图 8.2.2（b）所示电路取代图 8.2.2（a）中的两个二极管。若 $I_2\gg I_B$，则有

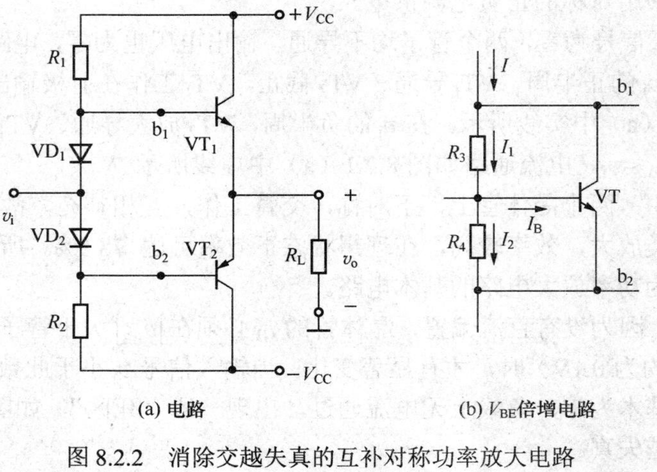

(a) 电路　　(b) V_{BE}倍增电路

图 8.2.2　消除交越失真的互补对称功率放大电路

$$V_{b_1b_2}=V_{CE}\approx\frac{R_3+R_4}{R_4}\bullet V_{BE}=\left(1+\frac{R_3}{R_4}\right)V_{BE} \tag{8.2.1}$$

合理选择 R_3 和 R_4，可得到 V_{BE} 任意倍数的直流电压，故该电路称为 V_{BE} 倍增电路或 V_{BE} 扩大电路。

为了增大 VT_1 和 VT_2 管的电流放大系数，以减小前级驱动电流，常采用复合管结构。而要找到特性完全对称的 NPN 型和 PNP 型晶体管是比较困难的，所以，在实际电路中常采用如图 8.2.3 所示电路。图中 VT_1 和 VT_2 管复合而成 NPN 型管，VT_3 和 VT_4 管复合而成 PNP 型管。从输出端看进去，VT_2 和 VT_4 管均采用了同类型管，比较容易做到特性相同。这种输出管为同一类型管的电路称为准互补电路。

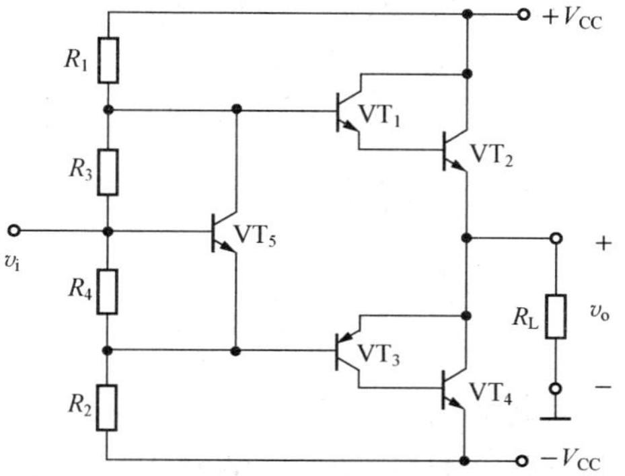

图 8.2.3　采用复合管的准互补对称功率放大电路

本节所介绍的互补（或准互补）对称功率放大电路常用作集成运放的输出级电路。

2. 主要参数计算

1）输出功率 P_o

输出功率是输出电压有效值与输出电流有效值的乘积。设输出电压和输出电流的幅值分别为 V_{om} 和 I_{om}，则输出功率为

$$P_o=V_oI_o=\frac{1}{2}V_{om}I_{om}=\frac{V_{om}^2}{2R_L} \tag{8.2.2}$$

在如图 8.2.2（a）所示电路中，设晶体管的静态电流可忽略不计，饱和管压降为$|V_{CES}|$，如果输入信号幅值足够大，则负载两端能够获得的交流电压最大值为（$V_{CC}-|V_{CES}|$），所以最大输出功率为

$$P_{om}=\frac{(V_{CC}-|V_{CES}|)^2}{2R_L} \tag{8.2.3}$$

当晶体管的饱和管压降 V_{CES} 可以忽略时，输出功率的最大值为

$$P_{om}\approx\frac{V_{CC}^2}{2R_L} \tag{8.2.4}$$

2）直流电源提供的总功率 P_V

直流电源提供的总功率应是电源电压与电源电流平均值的乘积。由于负载电流在一个周期内，正半周由正电源供电，负半周由负电源供电，即一个电源只供电半个周期，则平

均电流为

$$I_{C(AV)} = \frac{1}{2\pi}\int_0^{\pi} i_{C1}\mathrm{d}(\omega t) = \frac{1}{2\pi}\int_0^{\pi} I_{cm}\sin\omega t\mathrm{d}(\omega t)$$

$$= \frac{1}{2\pi}\int_0^{\pi}\frac{V_{om}}{R_L}\sin\omega t\mathrm{d}(\omega t) = \frac{V_{om}}{\pi R_L} \quad (8.2.5)$$

所以，两个电源提供的总功率为

$$P_V = 2V_{CC}I_{C(AV)} = \frac{2}{\pi}\cdot\frac{V_{CC}V_{om}}{R_L} \quad (8.2.6)$$

3）转换效率η

根据效率的定义以及式（8.2.2）和式（8.2.6）可得

$$\eta = \frac{P_o}{P_V} = \frac{V_{om}^2}{2R_L}\bigg/\left(\frac{2}{\pi}\cdot\frac{V_{CC}V_{om}}{R_L}\right) = \frac{\pi}{4}\cdot\frac{V_{om}}{V_{CC}} \quad (8.2.7)$$

上式表明，转换效率与输出电压幅值有关。当信号幅值足够大时，$V_{om}\approx V_{CC}$。所以理想情况下的最大转换效率为

$$\eta_m \approx \frac{\pi}{4} = 78.5\% \quad (8.2.8)$$

4）晶体管的功率损耗（管耗）P_T

根据能量守恒，直流电源提供的总功率，一部分转换为输出，另一部分消耗在晶体管上。因此，晶体管的功率损耗为

$$P_T = P_V - P_o = \frac{2}{\pi}\cdot\frac{V_{CC}V_{om}}{R_L} - \frac{V_{om}^2}{2R_L} \quad (8.2.9)$$

由此可知，晶体管的功率损耗 P_T 是 V_{om} 的函数，所以可用求极值的方法求出最大管耗时的输出电压幅值 V_{om}，即令

$$\frac{\mathrm{d}P_T}{\mathrm{d}V_{om}} = \frac{1}{R_L}\left(\frac{2V_{CC}}{\pi} - V_{om}\right) = 0$$

可得最大管耗时的输出电压幅值为

$$V_{om} = \frac{2V_{CC}}{\pi} \quad (8.2.10)$$

将式（8.2.10）代入式（8.2.9），可得两只管子总的最大管耗为

$$P_{Tmax} = \frac{2}{\pi^2}\cdot\frac{V_{CC}^2}{R_L} \approx 0.4P_{om} \quad (8.2.11)$$

每只管子的最大管耗为

$$P_{T_{1max}} = P_{T_{2max}} \approx 0.2P_{om} \quad (8.2.12)$$

3. 功率放大管的选择

在功率放大电路中，为了在选择功放管的极限参数时留有一定余地，通常设功放管的饱和管压降 V_{CES} 为 0。因此，在如图 8.2.2（a）所示电路中，功放管的最大集电极电流为

$$i_{\mathrm{Cmax}} = \frac{V_{\mathrm{CC}}}{R_{\mathrm{L}}} \tag{8.2.13}$$

当 VT_1、VT_2 管有一个导通，且输出电压最大，即 $v_{\mathrm{omax}}=V_{\mathrm{CC}}$ 时，另一个管子承受的最大管压降为

$$|v_{\mathrm{CE\,max}}| = 2V_{\mathrm{CC}} \tag{8.2.14}$$

每只管子的最大功耗由式（8.2.12）确定。

根据以上分析结果，选择功放管时其极限参数应满足以下条件。

（1）集电极最大允许耗散功率 $P_{\mathrm{CM}}>0.2P_{\mathrm{om}}$。

（2）晶体管 c、e 间的击穿电压 $|V_{\mathrm{(BR)CEO}}| > 2V_{\mathrm{CC}}$。

（3）最大集电极电流 $I_{\mathrm{CM}} > \dfrac{V_{\mathrm{CC}}}{R_{\mathrm{L}}}$。

功放管消耗的功率主要使管子的结温升高。散热条件越好，越能发挥管子的潜力，增加功放管的输出功率，因而必须为功放管配备合适尺寸的散热器。

例 8.2.1　在如图 8.2.2 所示电路中，已知 V_{CC}=18V，输入电压为正弦波，晶体管的饱和管压降 $|V_{\mathrm{CES}}| = 2\mathrm{V}$，负载电阻 R_{L}=8Ω。

（1）求负载上可能获得的最大输出功率和效率。

（2）若输入电压的有效值为 8V，则负载上能够获得的最大功率为多少？

解：（1）根据式（8.2.2）和式（8.2.6）可得

$$P_{\mathrm{om}} = \frac{(V_{\mathrm{CC}} - V_{\mathrm{CES}})^2}{2R_{\mathrm{L}}} = \frac{(18-2)^2}{2\times 8}\mathrm{W} = 16\mathrm{W}$$

$$\eta = \frac{\pi}{4}\cdot\frac{V_{\mathrm{om}}}{V_{\mathrm{CC}}} = \frac{18-2}{18}\times 78.5\% \approx 69.8\%$$

（2）因为 $v_{\mathrm{o}} \approx v_{\mathrm{i}}$，所以，输出电压的峰值 $V_{\mathrm{om}} \approx V_{\mathrm{im}} = 8\sqrt{2}\ \mathrm{V}$，最大输出功率为

$$P_{\mathrm{om}} = \frac{V_{\mathrm{om}}^2}{2R_{\mathrm{L}}} = \frac{(8\sqrt{2})^2}{2\times 8}\mathrm{W} = 8\mathrm{W}$$

由于输入电压幅值不够大，使得输出功率没有达到最大值。由此可见，最大输出功率不仅取决于功放电路自身的参数，还与输入电压的幅值是否足够大有关系。

8.2.2　带前置放大级的互补对称功率放大电路

由例 8.2.1 可知，当功率放大电路的输入电压幅值不是足够大时，输出功率将达不到最大值。为此常常在功率放大电路之前加一级电压放大器，称为前置放大级或预放大级，使得功率放大电路的输入电压 v_{i} 的幅值放大到足够大。图 8.2.4 所示为带前置放大级的互补对称功率放大电路。

在图 8.2.4（a）中，晶体管 VT_3 组成前置放大级，起电压放大作用。由于 VT_3 的倒相作用，在 v_{i} 正半周时，VT_2 导通、VT_1 截止；v_{i} 负半周时，VT_1 导通、VT_2 截止。

在图 8.2.4（b）中，由集成运放 A 组成前置放大级。电路中引入了电压串联负反馈，可进一步提高电路的带负载能力。在深度反馈条件下，电路的闭环电压放大倍数为

$$A_{\mathrm{vf}} \approx 1 + \frac{R_6}{R_1} \tag{8.2.15}$$

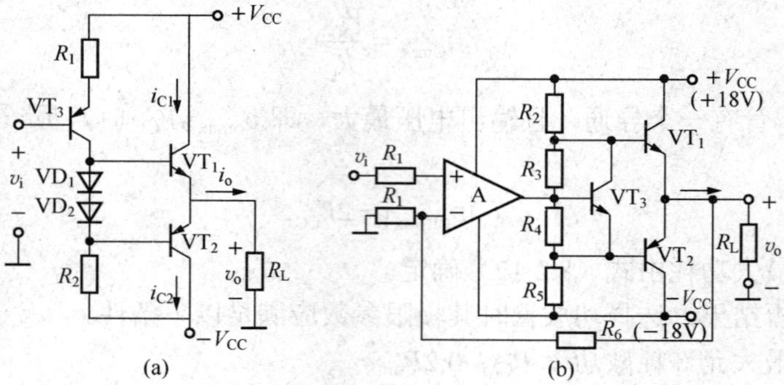

图 8.2.4　带前置放大级的互补对称功率放大电路

8.2.3　单电源互补对称功率放大电路

图 8.2.5 所示为单电源互补对称功率放大电路的原理图。该电路又称 OTL（output transformer less）电路。由图可见，与双电源互补对称电路类似，图中 VT_1、VT_2 组成互补输出级。当 $v_i=0$ 时（静态），由于电路对称，M 点电位 $V_M=V_C=V_{CC}/2$。

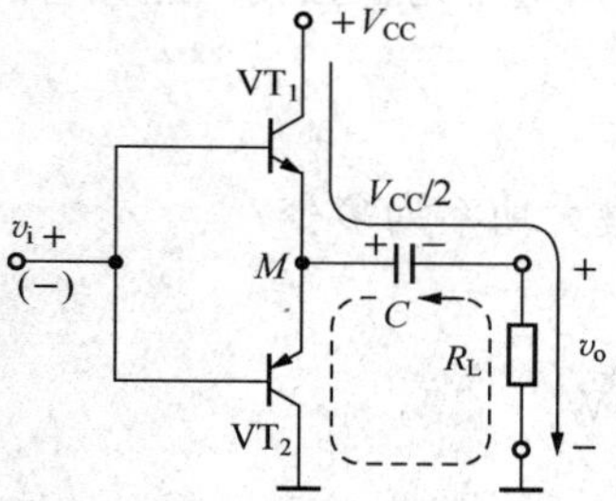

图 8.2.5　单电源互补对称功率放大电路

当有输入信号（动态）时，在 v_i 的正半周，VT_1 导通、VT_2 截止，有电流 $i_{C1}=i_L$ 流过负载 R_L，并对电容 C 充电，电容两端的电压近似为 $V_{CC}/2$；在 v_i 的负半周，VT_2 导通、VT_1 截止，已充电的电容 C 起着负电源 $-V_{CC}$ 的作用，有 $i_{C2}=-i_L$ 通过负载 R_L 放电。如果电容 C 的容量足够大，则可近似认为电容两端的电压基本不变。因此，可用一个电容和一个电源来代替图 8.2.1 中两个电源的作用。

应该指出的是，由于在单电源互补对称电路中，每个管子的工作电压不是原来正负电源电路中的 V_{CC}，而变成了 $V_{CC}/2$，所以，8.2.1 节计算电路各项参数的公式（8.2.2）～式（8.2.14）中，只需用 $V_{CC}/2$ 代替原公式中的 V_{CC} 即可。

*8.3　集成功率放大器及应用

集成功率放大器通常是一个具有一定电压增益的直接耦合甲乙类功率放大器，用于驱动各种终端器件。它的种类很多，可分为通用型和专用型两大类。通用型是指可用于多种场合的功率放大电路，专用型是指用于某种特定场合，如收音机、电视机中专用的功率放大电路。尽管集成功率放大器的品种繁多，内部电路也不同，但它们的基本结构和工作原理类似。下面以 LM386 为例，简单介绍集成功率放大器的电路结构、工作原理和应用。

8.3.1　集成功率放大器 LM386 简介

LM386 是美国国家半导体公司早期生产的低电压通用型集成功率放大器。它是一种音频集成功率放大器，具有自身功耗低、电压增益可调、电源电压范围大、外接元器件少、总谐波失真小以及价格低廉、使用方便、工作稳定等特点，被广泛应用于录音机、收音机等电路中。

LM386 的内部电路结构和引脚排列如图 8.3.1 所示，它是一个三级放大电路。

第一级为差分放大电路，VT_1 和 VT_3、VT_2 和 VT_4 分别构成复合管，作为差分放大电路的放大管；VT_5 和 VT_6 组成镜像电流源，作为 VT_1 和 VT_2 的有源负载；输入信号从 VT_3 和 VT_4 管的基极输入，从 VT_2 管的集电极输出，为双端输入、单端输出差分放大电路；R_1 和 R_2 为偏置电阻。使用镜像电流源作为差分放大电路的有源负载，可使单端输出电路的电压增益近似等于双端输出电路的电压增益。

第二级为共射极放大电路，VT_7 为放大管，恒流源作为有源负载，以提高电压放大倍数。

第三级中的 VT_8 和 VT_9 管构成 PNP 型复合管，与 NPN 型管 VT_{10} 构成准互补输出级。二极管 VD_1 和 VD_2 为输出级提供合适的静态偏置电压，用于消除交越失真。

电阻 R_7 从输出端连接到 VT_2 的发射极，形成反馈通路，并与 R_5 和 R_6 构成反馈网络，从而引入深度电压串联负反馈，使整个电路具有稳定的电压增益。引脚 1、8 开路时，负反馈最强，整个电路的电压放大倍数为 20 倍；如果在 1、8 之间外接阻容串联电路，如图 8.3.1（a）中虚线所示，改变电阻 R 可使电压放大倍数在 20～200 之间变化；当 R=0Ω、C=10μF 时，电压放大倍数为 200。

利用瞬时极性法可以判断出，引脚 2 为反相输入端，引脚 3 为同相输入端，引脚 5 是输出端（应外接输出电容后再接负载）。引脚 6 是单电源供电端，引脚 4 为接地端，引脚 1 和 8 为电压增益设定端。使用时在引脚 7 和地之间接旁路电容，通常取 10μF。该电路为单电源互补对称电路。

LM386 在常温下最大允许管耗为 660mW，输出功率为数百毫瓦，引脚 1、8 开路时，带宽为 300kHz，输入阻抗是 50kΩ。

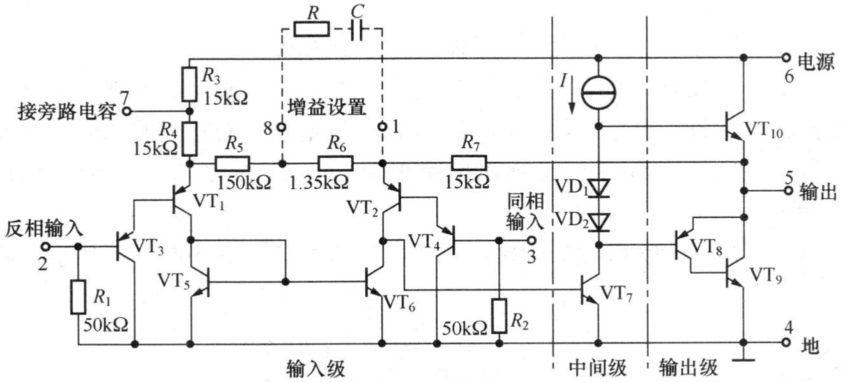

(a) LM386内部原理电路

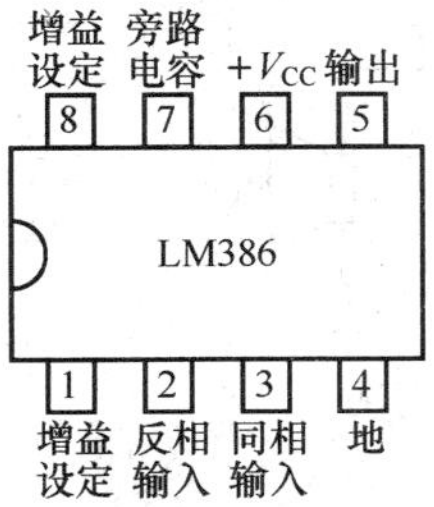

(b) LM386引脚排列图

图 8.3.1　集成功率放大器 LM386

8.3.2 集成功率放大器 LM386 的应用

图 8.3.2 所示为 LM386 的一种基本用法，也是外接元器件最少的一种用法，C_1 为输出电容，由于引脚 1 和 8 开路，集成功率放大器的电压放大倍数为 20。利用 R_P 可调节扬声器的音量，R 和 C_2 串联构成校正网络用来进行相位补偿。

静态时，输出电容两端的电压为 $V_{CC}/2$，LM386 的最大不失真输出电压的峰-峰值近似为电源电压 V_{CC}。设负载电阻为 R_L，最大输出功率为

$$P_{om} \approx \frac{\left(\frac{V_{CC}/2}{\sqrt{2}}\right)^2}{R_L} = \frac{V_{CC}^2}{8R_L} \tag{8.3.1}$$

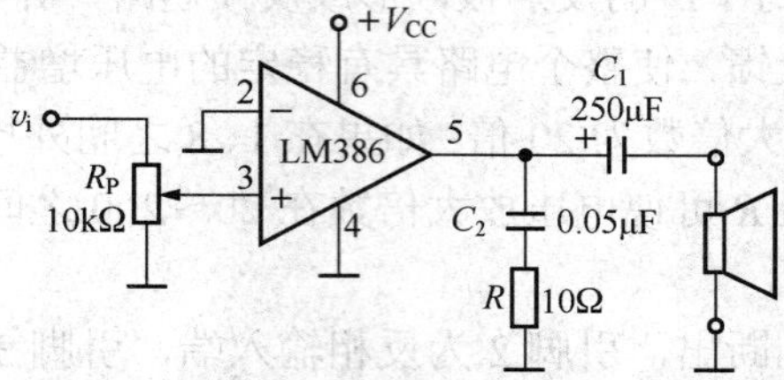

图 8.3.2 LM386 外接元器件最少的用法

此时的输入电压有效值为

$$V_{im} \approx \frac{\frac{V_{CC}/2}{\sqrt{2}}}{A_v} \tag{8.3.2}$$

当 $V_{CC}=16V$ 及 $R_L=32\Omega$ 时，$P_{om}=1W$，$V_{im}\approx 283mV$。

图 8.3.3 所示为 LM386 电压增益最大时的用法，C_3 使引脚 1 和 8 在交流通路中短路，使电压放大倍数 $A_v\approx 200$；C_4 为旁路电容；C_5 为去耦电容，滤除电源的高频交流成分。当 $V_{CC}=16V$、$R_L=32\Omega$ 时，与图 8.3.2 所示电路相同，P_{om} 仍约为 1W；但输入电压的有效值 V_{im} 仅需 28.3mV。

图 8.3.4 所示为 LM386 的一般用法，图中利用 R_2 改变 LM386 的电压增益，读者可自行分析。

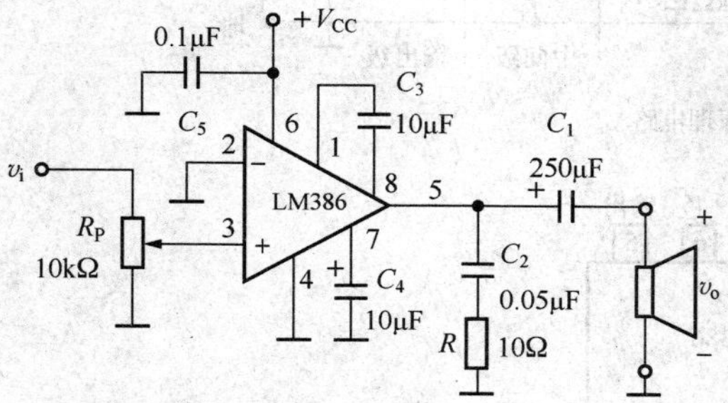

图 8.3.3 LM386 电压增益最大的用法

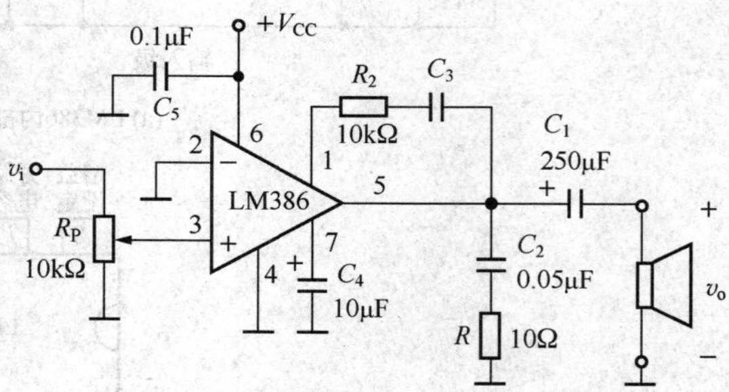

图 8.3.4 LM386 的一般用法

小　结

本章主要介绍了功率放大电路的作用、特点及分类，乙类、甲乙类互补对称功率放大电路的组成、工作原理及主要性能指标的计算，集成功率放大器简介及应用等内容。

（1）功率放大电路的主要任务是在允许的非线性失真条件下，向负载提供足够大的交流功率。其主要技术指标有输出功率、效率和非线性失真。由于功率放大电路工作在大信号状态下，通常采用图解法对其进行分析。

（2）低频功率放大器的工作状态分为甲类、乙类和甲乙类三种。为提高效率，低频功率放大器通常工作在乙类、甲乙类状态。乙类、甲乙类互补对称放大电路具有输出功率大、转换效率高的特点，在理想情况下，最大转换效率可达 78.5%。但乙类放大电路存在交越失真现象，故实际电路中通常采用甲乙类互补对称放大电路，利用二极管或 V_{BE} 扩大电路作为甲乙类电路的偏置电路来克服交越失真。

（3）在单电源互补对称电路中，计算输出功率、电源提供的功率、转换效率和管耗时，可借用双电源互补对称电路的计算公式，但要用 $V_{CC}/2$ 代替原公式中的 V_{CC}。

（4）为提高输出功率和驱动能力，并解决中、大功率互补管配对难的问题，互补对称电路常采用复合管构成。利用复合管获得大电流增益和较为对称的输出特性，形成实际电路中经常使用的准互补功率放大器。

（5）由于功率管常常工作在极限参数条件下，为了保证管子的安全工作，在选择功放管参数时，应使其极限参数留有余量，方可保证功率放大电路安全可靠地工作。即要求功放管的集电极最大允许耗散功率 $P_{CM}>0.2P_{om}$、集-射极间的击穿电压 $\left|V_{(BR)CEO}\right|>2V_{CC}$、最大集电极电流 $I_{CM}>\dfrac{V_{CC}}{R_L}$。实用的功率放大电路还要加散热保护装置。

（6）集成功率放大器体积小、重量轻、外接元器件少、调试简单、使用方便，又由于大批量生产，成本较低，价格也较便宜，因而广泛应用于收音机、录音机、电视机及伺服系统中的功率放大。

习　题

8.1　填空题。

（1）甲类放大电路中晶体管的导通角等于________，乙类放大电路中晶体管的导通角等于________，甲乙类放大电路中晶体管的导通角________。

（2）功率放大电路的主要技术指标是________和________。

（3）功率放大电路中，负载上所获得的功率由（输入信号，直流电源）________提供。

（4）由于在功率放大电路中，功放管常常处于极限工作状态，因此，在选择功放管时要特别注意________、________和________这三个极限参数的数值。

（5）设计一个最大输出功率为 20W 的乙类互补对称功率放大电路，应选择 P_{CM} 至少为________的两个功率管。

（6）在乙类双电源互补对称功率放大电路中，已知正、负电源电压的大小均为 16V，R_L=8Ω，输入电压为正弦波，则负载上可能得到的最大输出功率为________W，理想情况下，转换效率 η=________，每个管子的耐压 $V_{(BR)CEO}$ 至少应为________V。

8.2　选择题。

（1）功率放大电路的最大输出功率是在输入电压为正弦波、输出基本不失真情况下，负载上能够获得的最大（　）。

A. 交流功率　B. 直流功率　C. 平均功率

（2）功率放大电路的转换效率是指（　）。

A. 输出功率与晶体管所消耗的功率之比

B. 最大输出功率与电源提供的平均功率之比

C. 晶体管所消耗的功率与电源提供的平均功率之比

（3）甲类功放电路效率低是因为（　）。

A. 只有一个功放管　B. 静态电流过大　C. 管压降过大

（4）在 OCL 乙类功放电路中，若最大输出功率为 1W，则电路中功放管的集电极最大功耗约为（　）。

A. 1W　B. 0.5W　C. 0.2W

（5）与乙类功率放大电路比较，甲乙类功率放大电路的主要优点是（　）。

A. 放大倍数大　B. 效率高　C. 无交越失真

（6）与甲类功率放大电路比较，乙类功率放大电路的主要优点是（　）。

A. 放大倍数大　B. 效率高　C. 无交越失真

（7）克服乙类互补对称功率放大器交越失真的有效措施是（　）。

A. 选择一对特性相同的功放管　B. 加上合适的偏置电压

C. 加上适当的负反馈

8.3　已知电路如图 T8.1 所示，VT_1 和 VT_2 管的饱和管压降 $|V_{CES}|$=2V，V_{CC}=14V，R_L=8Ω。选择正确答案填入空内。

（1）静态时，晶体管发射极电位 V_{EQ}（　）。

A. ＞0V　B. =0V　C. ＜0V

（2）电路中 VD_1 和 VD_2 管的作用是消除（　）。

A. 饱和失真　B. 截止失真　C. 交越失真

（3）当输入信号足够大时，电路的最大输出功率 P_{OM} 为（　）。

A. 28W　B. 18W　C. 9W

（4）当输入电压 v_i 的峰值 v_{im}=8V 时，电路的输出功率 P_o 为（　）。

A. 4W　B. 18W　C. 9W

（5）电路的转换效率 η（　）。

A. <78.5%　B. =78.5%　C. >78.5%

（6）当输入为正弦波时，若 R_1 虚焊（开路），则输出电压（　）。

A. 为正弦波　B. 仅有正半波　C. 仅有负半波

（7）若 VD_1 虚焊，则 VT_1 管（　）。

A. 可能因功耗过大烧坏　B. 始终饱和　C. 始终截止

8.4　电路如图 T8.2 所示，已知 VT_2 和 VT_4 管的饱和管压降 $|V_{CES}|$=2V，直流功耗可忽略不计。

（1）R_3、VD_1 和 VD_2 在电路中起什么作用？晶体管 VT_5 起什么作用？

（2）当输入正弦电压 v_i 为正半周时，VT_1、VT_2 和 VT_3、VT_4 分别处于什么工作状态？

（3）负载上能够获得的最大输出功率 P_{om} 和电路的转换效率 η 各为多少？

（4）估算电路中 VT_2 和 VT_4 管的最大集电极电流、最大管压降和集电极最大功耗。

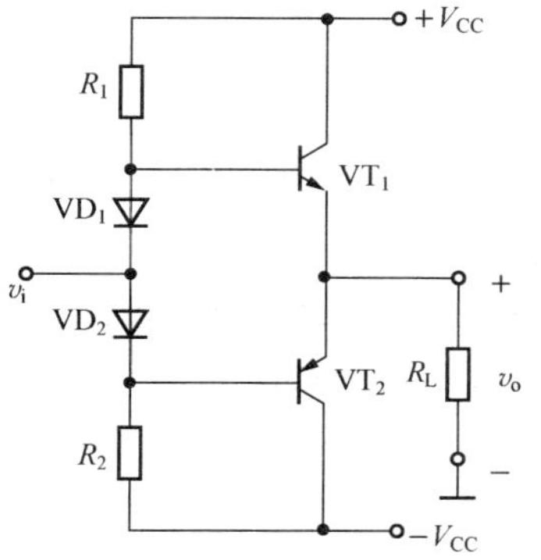

图 T8.1　习题 8.3 电路

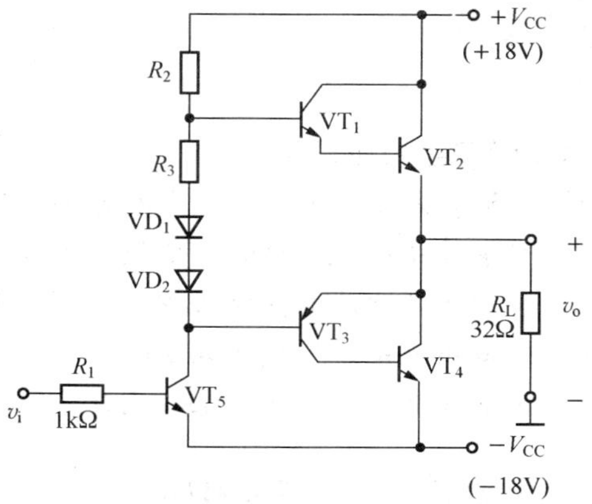

图 T8.2　习题 8.4 电路

8.5　电路如图 T8.3 所示，已知 VT_1 和 VT_2 的饱和管压降 $|V_{CES}|=2V$，直流功耗可忽略不计。

（1）R_3、R_4 和 VT_3 的作用是什么？

（2）负载上可能获得的最大输出功率 P_{om} 和电路的转换效率 η 各为多少？

（3）设最大输入电压的有效值为 1V，为了使电路的最大不失真输出电压的峰值达到 16V，电阻 R_6 至少应取多少千欧？

（4）当输入电压 v_i 的峰值 $v_{im}=1V$ 时，电路的输出功率为多少？

8.6* 电路如图 T8.4 所示，已知 VT_2 和 VT_4 管的饱和管压降 $|V_{CES}|=2V$，导通时的 $|V_{BE}|=0.7V$，输入电压足够大。

（1）求电路中 A、B、C、D 各点的静态电位分别为多少？

（2）为了保证 VT_2 和 VT_4 管工作在放大状态，管压降 $|V_{CE}|\geqslant 3V$，电路的最大输出功率 P_{om} 和效率 η 各为多少？

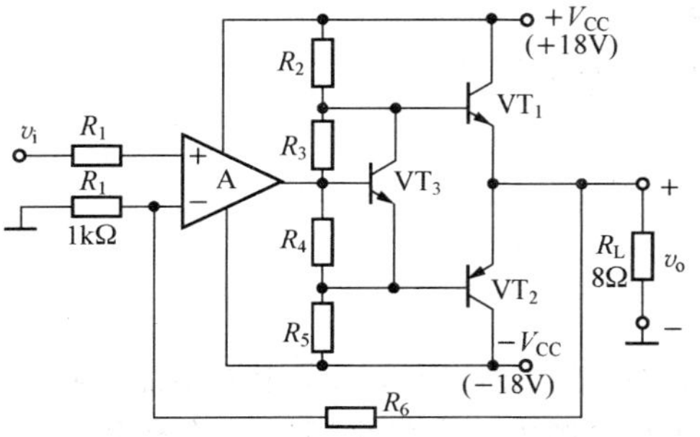

图 T8.3　习题 8.5 电路

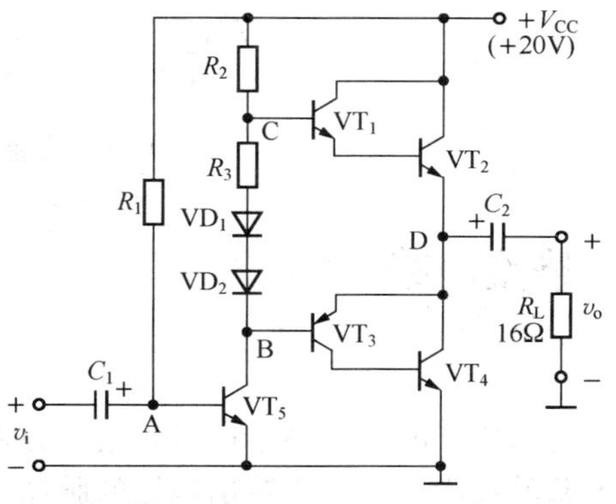

图 T8.4　习题 8.6 电路

第 9 章　直流稳压电源

本章学习目的和要求：

1. 了解直流稳压电源的组成及各部分的作用。
2. 掌握单相整流电路的工作原理和分析方法。
3. 了解典型滤波电路的工作原理及电容滤波电路输出电压平均值的估算。
4. 理解线性串联型稳压电路的工作原理，掌握集成稳压器的应用。
5. 了解开关稳压电路的工作原理。

9.1　直流稳压电源的组成

电子设备中所用的直流电源，通常是由市电经过一个专门的设备——直流稳压电源变换得到的。直流稳压电源的组成框图如图 9.1.1 所示，它通常由电源变压器、整流电路、滤波电路和稳压电路四部分组成。各部分的作用如下。

（1）电源变压器：将交流电网电压变为符合整流需要的电压。

（2）整流电路：将正负交替变化的交流电变成单向脉动的直流电。

（3）滤波电路：将单向脉动的直流电变成脉动小的、平滑的直流电。理想情况下，将其中的交流成分全部滤掉，只留下直流成分。

（4）稳压电路：使滤波电路输出的直流电压基本不受电网电压波动和负载变化的影响，在输出端得到稳定的直流电压。

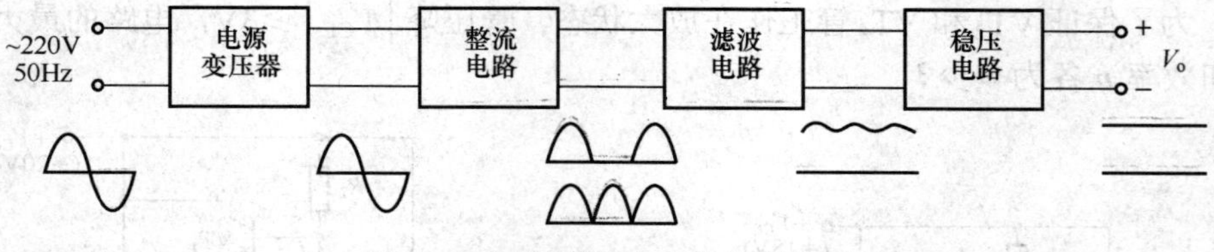

图 9.1.1　直流稳压电源的组成框图

9.2　整流电路

利用二极管的单向导电性可以组成各种整流电路。在 1.2.6 节介绍了半波整流电路，为提高电源的利用率，减小输出电压的脉动，在小功率电源中，大多采用桥式整流电路。

1. 电路组成及工作原理

如图 9.2.1（a）所示为单相桥式整流电路。图中的整流二极管 VD_1～VD_4 接成桥路，故而得名。图 9.2.1（b）为其简化画法。

设图中的二极管均为理想二极管，其正向导通电压为 0，反向电流为 0。

在变压器次级电压 v_2 的正半周（即 A 点为“+”，B 点为“−”），二极管 VD_1、VD_3 导通，VD_2、VD_4 截止，电流从 A 点经 VD_1、R_L、VD_3 到 B 点形成电流通路。此时，$v_o \approx v_2$。

在 v_2 的负半周（即 B 点为“+”，A 点为“−”），二极管 VD_2、VD_4 导通，VD_1、VD_3 截止，电流从 B 点经 VD_2、R_L、VD_4 到 A 点形成电流通路。此时，$v_o \approx -v_2$。

这样，在 v_2 的整个周期，四只二极管交替导通，在负载两端得到一个全波的整流输出电压（正、负半周均有输出，且均为正），波形如图 9.2.2 所示。

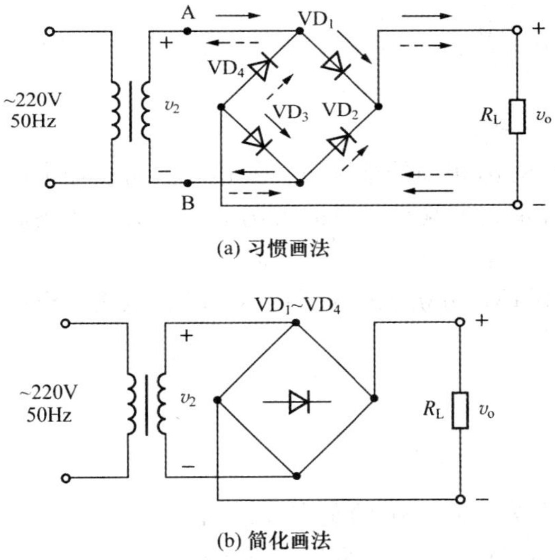

图 9.2.1　单相桥式整流电路

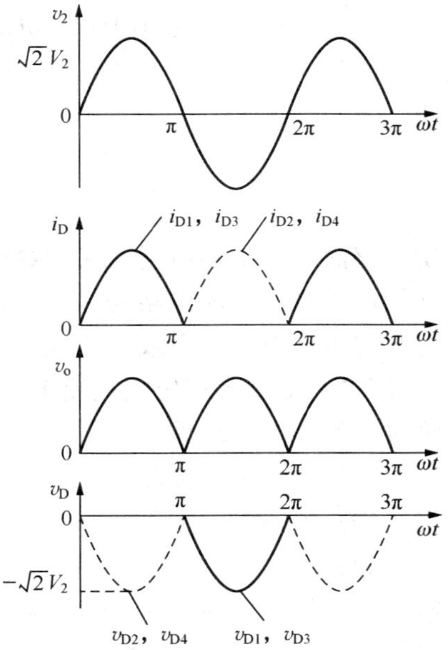

图 9.2.2　单相桥式整流电路的波形

2. 主要参数

由图 9.2.2 可求出下列参数。

1）输出电压平均值 $V_{O(AV)}$

$V_{O(AV)}$为输出电压 v_o 在一个周期内的平均值，又称为输出直流电压。由图 9.2.2 可得

$$V_{O(AV)} = \frac{1}{2\pi}\int_0^{2\pi} v_o \mathrm{d}(\omega t) = \frac{2}{2\pi}\int_0^{\pi} \sqrt{2}V_2 \sin\omega t \mathrm{d}(\omega t) = \frac{2\sqrt{2}}{\pi}V_2 \approx 0.9V_2 \tag{9.2.1}$$

同理，可求出半波整流电路输出电压平均值 $V_{O(AV)} \approx 0.45V_2$。

其中，V_2 为变压器次级电压的有效值。

2）输出电流平均值 $I_{O(AV)}$

$$I_{O(AV)} = \frac{V_{O(AV)}}{R_L} \approx 0.9 \times \frac{V_2}{R_L} \tag{9.2.2}$$

半波整流电路输出电流的平均值为

$$I_{O(AV)} = \frac{V_{O(AV)}}{R_L} \approx 0.45 \times \frac{V_2}{R_L}$$

3）整流二极管承受的最大反向电压 V_{RM}

由图 9.2.2 可知，二极管承受的最大反向电压等于变压器次级电压的峰值，即

$$V_{RM} = \sqrt{2}V_2 \tag{9.2.3}$$

3. 整流二极管的选择

在整流电路中，应根据二极管的极限参数——最大整流电流 I_F 和最大反向电压 V_R 来选择二极管。

由于桥式整流电路中的每个二极管只工作半个周期，因而流过二极管的电流应为输出电流的一半。再考虑到电网电压波动范围为±10%，则二极管的最大平均电流和最大反向工作电压应满足：

$$I_F > 0.45 \times \frac{1.1V_2}{R_L} \tag{9.2.4}$$

$$V_R > 1.1\sqrt{2}V_2 \tag{9.2.5}$$

桥式整流电路虽然所用二极管数量多，但在 v_2 相同的情况下，其输出电压和输出电流的平均值均为半波整流电路的两倍，且交流分量大大减小。目前市场上有集成桥式整流电路，习惯称为“整流堆”或“桥堆”。

例 9.2.1 根据单相桥式整流电路的工作原理，分析如图 9.2.1（a）所示电路在出现下列故障时会产生什么现象。

（1）VD_1 的正负极接反。

（2）VD_1 短路。

（3）VD_1 开路。

解：（1）如果出现 VD_1 的正负极接反的情况，则在 v_2 的负半周，VD_1、VD_2 均导通，变压器次级线圈经 VD_1、VD_2 处于短路状态，VD_1、VD_2 及变压器会因电流过大而损坏；而在 v_2 的正半周，因 VD_1 截止，电路不能形成通路，负载 R_L 上无电流流过，v_o=0。

（2）若 VD_1 短路，则在 v_2 的负半周会形成短路，VD_2 导通时将流过较大电流，使 VD_2 和变压器次级线圈损坏。

（3）如 VD_1 开路，电路变成了半波整流电路，输出电压下降为正常情况下的 1/2。

例 9.2.2 已知电网电压为 220V 时，某电子设备需要 18V 的直流电压，负载电阻 R_L=200Ω。若选用单相桥式整流电路，试问：

（1）电源变压器次级电压有效值 V_2 应为多少？

（2）整流二极管正向平均电流 $I_{D(AV)}$ 和最大反向电压 V_{RM} 各为多少？

（3）若电网电压的波动范围为±10%，则最大整流平均电流 I_F 和最高反向工作电压 V_R 至少选取多少？

（4）若图 9.2.1（a）所示电路中 VD_1 因故开路，则输出电压平均值将变为多少？

解：（1）由式（9.2.1）可得

$$V_2 \approx \frac{V_{O(AV)}}{0.9} = \frac{18}{0.9}\text{V} = 20\text{V}$$

（2）整流二极管正向平均电流 $I_{D(AV)}$ 和最大反向电压 V_{RM} 分别为

$$I_{D(AV)} = \frac{I_{O(AV)}}{2} \approx \left(0.45 \times \frac{20}{200}\right)\text{A} = 45\text{mA}$$

$$V_{RM} = \sqrt{2}V_2 \approx 28.3\text{V}$$

（3）若电网电压的波动范围为±10%，则最大整流平均电流 I_F 和最高反向工作电压 V_R 至少为

$$I_F > 1.1 \times I_{D(AV)} \approx 49.5\text{mA}$$

$$V_R > 1.1 \times V_{RM} \approx 31.1\text{V}$$

（4）若图 9.2.2（a）所示电路中 VD_1 因故开路，则电路变成了半波整流电路，输出电压下降为正常情况下的 1/2，即 9V。

9.3 滤波电路

整流电路的输出电压中含有较大的脉动成分，还不能适应大多数电子电路及设备的需要，必须通过滤波电路滤除其中的交流成分，保留其直流成分，使输出电压接近理想的直流电压。通常利用电容、电感等电抗元件的储能作用来减小输出电压中的脉动成分来实现滤波。

9.3.1 电容滤波电路

1. 电路组成与工作原理

电容滤波电路是应用最广也是最简单的滤波电路，只需在整流电路的负载电阻两端并联一个大容量的电容即可构成滤波电路，如图 9.3.1 所示。

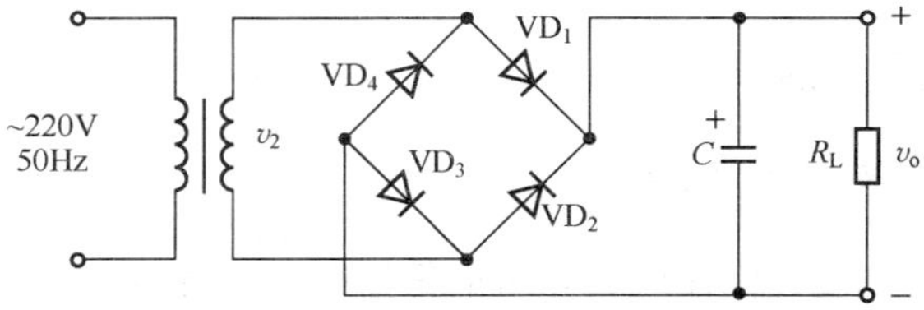

图 9.3.1　（桥式整流）电容滤波电路

当负载两端没有并联电容时，输出电压波形如图 9.3.2（b）中虚线所示。当负载两端并联电容时，在 v_2 的正半周，电源通过 VD_1、VD_3 对电容 C 充电。由于二极管的导通电阻和变压器的等效电阻都很小，所以充电时间常数很小，电容两端电压随电源电压 v_2 的上升而上升，如图 9.3.2（b）所示的 0−1 段。在点 1 处，v_2 达到最大值 $\sqrt{2}V_2$。此后，v_2 开始下降，由于电容两端的电压不能突变（还保持 $\sqrt{2}V_2$），使得 $v_2 < v_C$，四个二极管都将承受反向电压而截止。此时，电容通过负载电阻放电，如图 9.3.2（b）所示的 1−2 段。由于放电时间常数 $\tau = R_LC$ 很大，所以电容两端电压下降的速度比 v_2 的下降速度慢很多。当电容放

电到如图 9.3.2（b）所示的点 2 时，v_2 开始大于 v_C，使得 VD_2、VD_4 导通，电容又被充电，当充到 v_2 的最大值后，又进行放电。如此周而复始地进行充电和放电，负载两端便得到近似直流的输出电压，如图 9.3.2（b）实线所示。由图可见，经滤波后的输出电压不仅变得平滑，而且平均值也得到了提高。

从以上分析可知，电容放电时间常数 R_LC 越大，放电越慢，滤波后输出电压愈平滑，输出电压平均值越大，如图 9.3.3 所示。

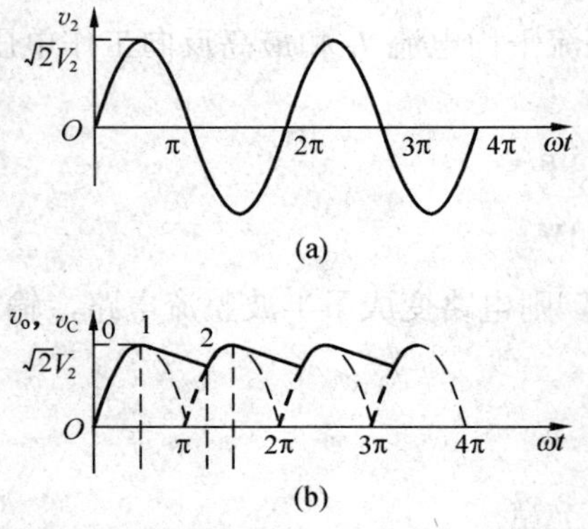

图 9.3.2 （桥式整流）电容滤波电路的电压波形

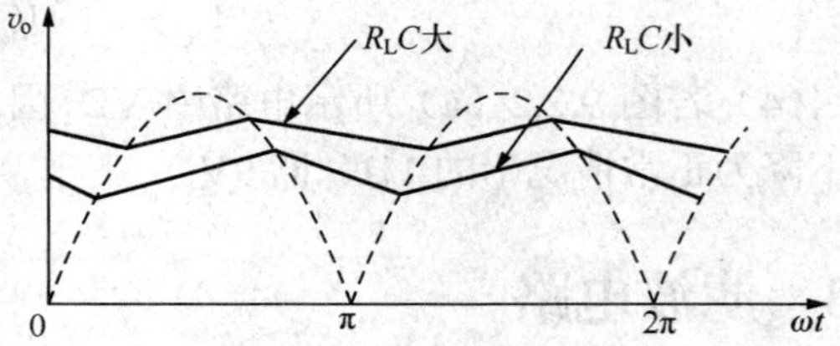

图 9.3.3 R_LC 不同时 v_o 的电压波形

2. 输出电压平均值 $V_{O(AV)}$

由以上分析可知，桥式整流电容滤波电路空载（$R_L=\infty$）时，输出电压的平均值最大，为 $\sqrt{2}V_2(\approx 1.4V_2)$；当不接电容时，输出电压平均值最小，约为 $0.9V_2$；当同时接上电容和负载电阻时，输出电压的平均值应在上述二者之间，且与放电时间常数的大小有关。

工程上一般采用近似估算法求解输出电压平均值。

使用条件：
$$\tau = R_LC \geqslant (3\sim5)\frac{T}{2} \tag{9.3.1}$$

近似公式：
$$V_{O(AV)} \approx 1.2V_2 \tag{9.3.2}$$

式中，T 是电网电压的工作周期。

3. 整流二极管和滤波电容的选择

由上述分析可知，二极管仅在电容充电的很短时间内才导通。因此，流过二极管的瞬时电流较大，故应选择 I_F 较大的整流二极管，一般选择

$$I_F \geqslant (2\sim3)\frac{V_{O(AV)}}{R_L} \tag{9.3.3}$$

滤波电容一般采用电解电容，其容量可按照式（9.3.1）来选择。一般选择几十至几千微法的电解电容，考虑到电网电压的波动范围为±10%，其耐压值应大于$1.1\sqrt{2}V_2$。接线时要注意电解电容的正、负极性不能接错。

综上所述，电容滤波电路简单，输出直流电压 $V_{O(AV)}$较高，脉动也较小。它的缺点是输出特性较差，故适用于输出电压较高，负载变动不大的场合。

例 9.3.1 在如图 9.3.1 所示电路中，已知变压器次级电压有效值为 10V，

$R_L C \geqslant (3\sim5)\dfrac{T}{2}$。

（1）标出电容器 C 的电压极性，并求出输出电压的平均值 $V_{O(AV)}$。

（2）若负载 R_L 开路，$V_{O(AV)}$=?

（3）若滤波电容开路，则 $V_{O(AV)}$=?

解：（1）电容器 C 的极性为上正、下负，当选择有极性的电解电容或钽电容时，其电容正极应接上端。输出电压的平均值为

$$V_{O(AV)} \approx 1.2V_2 = 1.2\times10\text{V} = 12\text{V}$$

（2）若负载 R_L 开路，则电容 C 在起始阶段进行充电，电容电压上升，当电容两端电压上升到峰值电压后，由于无放电回路，输出一直保持该电压不变，故此时有

$$V_{O(AV)} = \sqrt{2}V_2 \approx 14\text{V}$$

（3）若滤波电容开路，电路变成桥式整流电路，其输出电压平均值为

$$V_{O(AV)} \approx 0.9V_2 = 9\text{V}$$

9.3.2　其他形式的滤波电路

1. 电感滤波电路

在整流电路与负载电阻之间串联一个电感线圈 L 就构成了电感滤波，如图 9.3.4 所示。

电感对交流成分有很高的阻抗，而对直流成分阻抗很低，可视为短路。整流电路输出电压中的交流成分大部分降在电感上，直流成分在电感上几乎没有损失，基本上全部加到负载两端，使输出电压的脉动减小。显然，电感越大，负载越小，滤波效果越好。当忽略电感线圈的等效电阻时，负载上得到的输出电压的平均值和纯电阻负载时相同，即

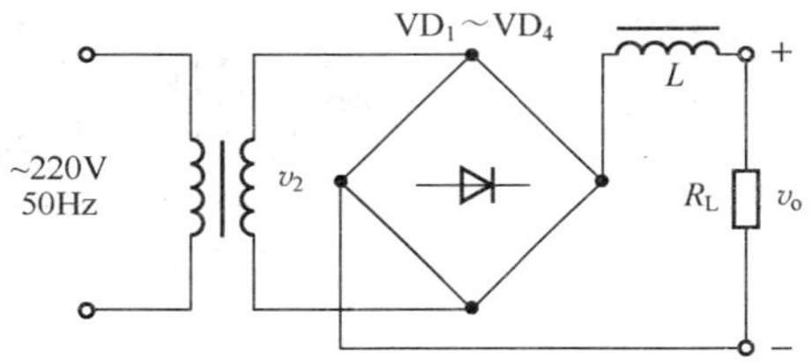

图 9.3.4　单相桥式整流电感滤波电路

$$V_{O(AV)} \approx 0.9V_2 \tag{9.3.4}$$

电感滤波的特点是，整流管的导通角较大，峰值电流很小，输出特性比较平坦。其缺点是由于铁心的存在，电路笨重且体积大，易引起电磁干扰，一般只适用于低电压、大电流场合。

2. 复式滤波电路

为了进一步减小输出电压中的脉动成分，有时需要将几种滤波电路组合使用，常见的几种复式滤波电路如图 9.3.5 所示。

电容和电感是基本的滤波元件，利用它们对直流量和交流量呈现不同电抗的特点，只要合理地接入电路（电容与负载电阻并联、电感与负载电阻串联）就可达到滤波的目的。

图 9.3.5（a）和（b）所示分别为倒 L 型和 π 型 LC 滤波电路，它们的滤波效果比较好。缺点是电感线圈体积大，价格贵，所以常用于对滤波要求较高的场合。

图 9.3.5（c）所示为 π 型 RC 滤波电路，整流后的电流经 C_1 和 C_2 两次滤波后，输出电压中的谐波分量可大大减小。

在小功率直流电源中，负载电阻 R_L 一般较大，在滤波效果相同的情况下，采用电容滤

波比采用电感滤波更经济有效。技术指标要求高时则采用复式滤波器。

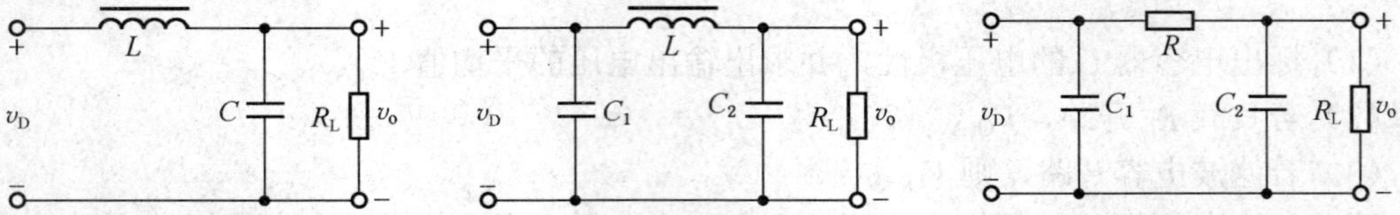

(a) 倒 L 型 LC 滤波电路　(b) π 型 LC 滤波电路　(c) π 型 RC 滤波电路

图 9.3.5　复式滤波电路

9.4 稳压电路

9.4.1 稳压管稳压电路

1. 电路组成和工作原理

稳压管稳压电路如图 9.4.1（a）所示。稳压管和一个与之匹配的限流电阻 R 串联，组成稳压电路，如虚线框内所示。整流滤波电路的输出电压作为稳压电路的输入电压 V_I，V_I

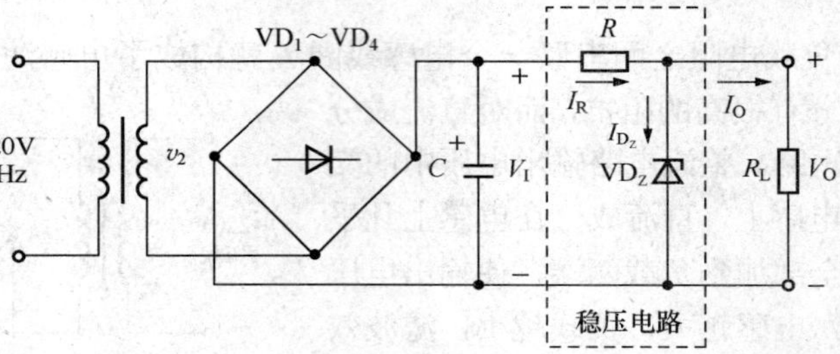

(a) 稳压管稳压电路

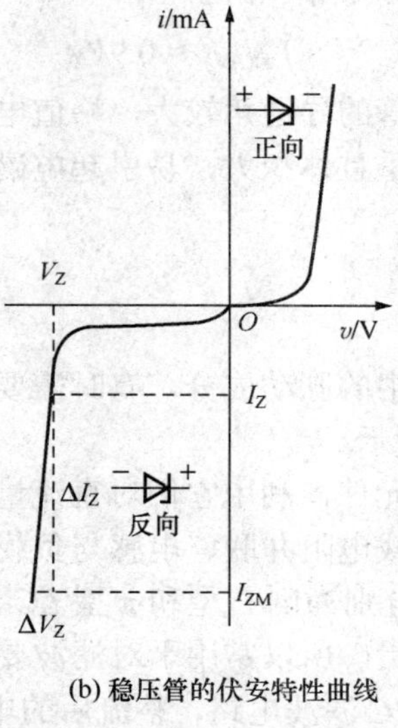

(b) 稳压管的伏安特性曲线

图 9.4.1　稳压管稳压电路及稳压管的伏安特性

保证稳压管击穿而工作在稳压状态，R 限制通过稳压管的电流，保证稳压管不被热击穿而正常工作。稳压管两端的电压 V_Z 就是稳压电路的输出电压 V_O。

当不管什么原因（如 V_I 变化或负载变化）引起输出电压 V_O 增加时，都会引起流过稳压管的电流 I_{DZ} 增加，使 I_R 和 R 两端的电压 V_R 随之增加，由于 $V_O=V_I-V_R$，结果使 V_O 减小。从而维持输出电压基本不变。

同样，不管什么原因引起输出电压 V_O 减小时，通过电路内部的调节作用，都会使输出电压 V_O 增加，从而维持输出电压基本恒定。

2. 主要性能指标

1）稳压系数 S_r

稳压系数 S_r 是用来描述稳压电路在输入电压变化时，输出电压稳定性好坏的参数。它是在负载电阻 R_L 不变的情况下，稳压电路输出电压 V_O 与输入电压 V_I 相对变化量的比值，即

$$S_r=\frac{\Delta V_O/V_O}{\Delta V_I/V_I}\bigg|_{R_L=\text{常量}}=\frac{\Delta V_O}{\Delta V_I}\cdot\frac{V_I}{V_O}\bigg|_{R_L=\text{常量}} \tag{9.4.1}$$

稳压电路的交流等效电路如图 9.4.2 所示，其中 r_z 是稳压管的动态电阻。由图可得

$$\Delta V_O=\frac{r_z // R_L}{R+r_z // R_L}\Delta V_I$$

当满足 $r_z \ll R_L$，$r_z \ll R$ 时，上式可化简为

$$\Delta V_O\approx\frac{r_z}{R}\Delta V_I$$

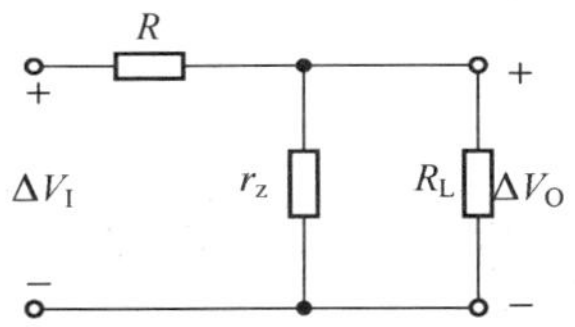

图 9.4.2　稳压管稳压电路的交流等效电路

代入式（9.4.1）得

$$S_r\approx\frac{r_z}{R}\cdot\frac{V_I}{V_O} \tag{9.4.2}$$

一般情况下，r_z 越小，R 越大，则 S_r 越小，电网电压波动时，稳压电路的稳压性能越好。

2）内阻 R_o

在直流输入电压 V_I 不变时，输出电压 V_O 的变化量与输出电流 I_O 变化量的比值称为稳压电路的内阻，即

$$R_o=\frac{\Delta V_O}{\Delta I_O}\bigg|_{V_I=\text{常量}} \tag{9.4.3}$$

在如图 9.4.2 所示隐压管稳压电路的交流等效电路中，令 $\Delta V_I=0$，从输出端看进去的等效电阻即为稳压电路的内阻，即

$$R_o=r_z // R\approx r_z \tag{9.4.4}$$

3. 限流电阻的选择

在如图 9.4.1（a）所示的稳压管稳压电路中，限流电阻 R 在稳压过程中起着重要作用。其阻值太大，稳压管会因电流过小而不能工作在稳压状态；阻值太小，稳压管会因电流过大而损坏。换言之，只有合理地选择限流电阻的大小，稳压管稳压电路才能正常工作。

设稳压管允许的最大工作电流和最小工作电流分别为 I_{Zmax} 和 I_{Zmin}；电网电压最高时的整流输出电压为 V_{Imax}，最低时为 V_{Imin}；负载电流的最小值和最大值分别为 I_{Lmin} 和 I_{Lmax}；则要使稳压管能正常工作，必须满足下列关系。

（1）当电网电压最高和负载电流最小时，I_Z 最大，此时 I_Z 不能超过允许的最大值 I_{Zmax}，即

$$\frac{V_{Imax}-V_Z}{R}-I_{Lmin}<I_{Zmax}$$

由此，可得

$$R>\frac{V_{Imax}-V_Z}{I_{Zmax}+I_{Lmin}} \tag{9.4.5}$$

式中，V_Z 为稳压管的稳压值。

（2）当电网电压最低和负载电流最大时，I_Z 最小，此时 I_Z 不能小于其允许的最小值 I_{Zmin}，即

$$\frac{V_{Imin}-V_Z}{R}-I_{Lmax}>I_{Zmin}$$

由此，可得

$$R<\frac{V_{Imin}-V_Z}{I_{Zmin}+I_{Lmax}} \tag{9.4.6}$$

根据式（9.4.5）和式（9.4.6）可知，限流电阻应满足：

$$\frac{V_{Imax}-V_Z}{I_{Zmax}+I_{Lmin}}<R<\frac{V_{Imin}-V_Z}{I_{Zmin}+I_{Lmax}} \tag{9.4.7}$$

当输入电压 V_I 确定后，R 的阻值应尽可能取大一些，以减小稳压系数。

9.4.2 串联型稳压电路

稳压管稳压电路输出电流较小，输出电压不可调，不能满足很多场合下的需要。串联型稳压电路以稳压管稳压电路为基础，利用晶体管的电流放大作用，增大了输出电流；在电路中引入深度电压负反馈使输出电压更稳定；采用放大倍数可调的放大环节可以使输出电压在一定范围内可调节。

1. 电路组成和工作原理

图 9.4.3 所示为串联型稳压电路的原理图，图中输入电压 V_I 是整流滤波电路的输出电压。电路由四部分组成。

1）采样电路

采样电路由电阻 R_1、R_2 和 R_3 组成。当输出电压发生变化时，通过采样电路获取输出变化量的一部分送到运算放大器的反相输入端与基准电压比较。

为使采样电路流过的电流远小于负载电流，采样电阻的阻值应远大于负载电阻；同时为使采样分压比与比较放大电路无关，要求采样电阻远小于比较放大器的输入电阻。

2）放大电路

放大电路 A 的作用是将稳压电路输出电压的变化量（采样电压与基准电压的差值）进行放大，然后再送到调整管的基极输入端。如果放大电路的放大倍数比较大，则只要输出

电压产生微小的变化，即能引起调整管的基极电压发生较大的变化，提高了稳压效果。因此，放大倍数愈大，输出电压的稳定性愈高。

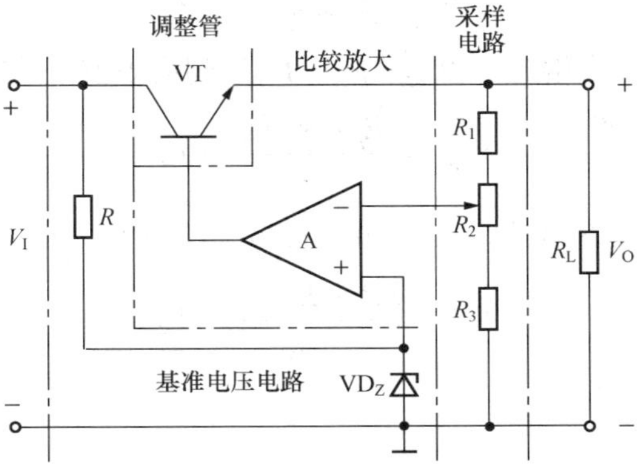

图 9.4.3　串联型稳压电路

3）基准电压电路

基准电压电路由稳压管 VD_Z 与限流电阻 R 组成。其作用是产生一个稳定的基准电压。在稳压管两端获得的基准电压接到运算放大器的同相输入端，运算放大器 A 将采样电压与基准电压进行比较后，再将二者的差值进行放大。

4）调整管

晶体管 VT 为调整管，起调整输出电压的作用，同时向负载提供电流。由于流过采样电路的电流很小，流过调整管的电流与负载电流近似相等，所以可将调整管与负载电阻看成是串联关系，故称该电路为串联型稳压电路。调整管 VT 接在输入直流电压 V_I 和输出端的负载电阻 R_L 之间，若输出电压 V_O 由于电网电压波动或负载变化而发生波动时，其变化量经采样、比较、放大后送到调整管的基极输入端，使调整管的集射极电压也发生相应的变化，最终调整输出电压使之基本保持稳定。

串联型稳压电路的稳压原理如下：在图 9.4.3 中，假设由于 V_I 增大或 I_L 减小而导致输出电压 V_O 增大，则通过采样以后反馈到运放反相输入端的电压 V_F 也将按比例增大，但其同相输入端的电压即基准电压 V_Z 保持不变，故运放的差模输入电压 $V_{Id}=V_Z-V_F$ 将减小，于是放大电路的输出电压减小，使调整管的基射极输入电压 V_{BE} 减小，则调整管的集射极电压 V_{CE} 增大，结果使输出电压 V_O 保持基本不变。

串联型直流稳压电路稳压的过程，实质上是通过引入深度电压负反馈来稳定输出电压的过程。

2. 输出电压的调节范围

串联型直流稳压电路的一个优点是允许输出电压在一定范围内进行调节。这种调节可以通过改变采样电路中电位器的滑动端的位置来实现。

在图 9.4.3 中，假设 A 是理想运放，且工作在线性区，则可认为其两个输入端“虚短”，即 $V_P=V_N$。电路中，$V_P=V_Z$，$V_N=V_F$，故 $V_Z=V_F$，由于理想运放两个输入端不取电流，则由图可得

$$V_Z = V_F = \frac{R_3 + R_{2下}}{R_1 + R_2 + R_3} \cdot V_O$$

则有

$$V_O = \frac{R_1 + R_2 + R_3}{R_3 + R_{2下}} \cdot V_Z \tag{9.4.8}$$

当 R_2 的滑动端调至最上端时，$R_{2下} = R_2$，V_O 达到最小值，此时有

$$V_{Omin} = \frac{R_1 + R_2 + R_3}{R_3 + R_2} \cdot V_Z \tag{9.4.9}$$

当 R_2 的滑动端调至最下端时，$R_{2下} = 0$，V_O 达到最大值，此时有

$$V_{Omax} = \frac{R_1 + R_2 + R_3}{R_3} \cdot V_Z \tag{9.4.10}$$

3. 调整管的选择

在串联型稳压电路中，调整管是核心器件，它的安全工作是稳压电路正常工作的保证。调整管一般为大功率管，因而选用原则主要考虑三个极限参数。

1）集电极最大允许电流 I_{CM}

由图 9.4.3 可见，流过调整管的集电极电流，除负载电流 I_L 以外，还有流过采样电阻的电流。假设流过采样电阻的电流为 I_{R1}，则选择调整管时，应使集电极的最大允许电流满足

$$I_{CM} \geqslant I_{Lmax} + I_{R1} \tag{9.4.11}$$

式中，I_{Lmax} 是负载电流的最大值。

2）集电极最大允许功耗 P_{CM}

P_{CM} 必须大于调整管实际消耗的最大功耗。当输入电压最大、输出电压最小（通常按输出电压等于零来考虑）、输出电流最大时，调整管的实际功耗最大。

所以 P_{CM} 应满足：

$$\begin{aligned} P_{CM} &\geqslant (V_{Imax} - V_{Omin}) \times I_{Cmax} \\ &\approx (1.1 \times 1.2 V_2 - V_{Omin}) \times I_{Emax} \end{aligned} \tag{9.4.12}$$

3）集射极间允许的最大反向击穿电压 $V_{(BR)CEO}$

$V_{(BR)CEO}$ 必须大于调整管 c、e 间实际所承受的最大电压。当输入电压最大、输出电压最小时（通常按输出电压等于零来考虑），调整管 c、e 间实际所承受的电压最大。若负载短路，则整流滤波电路的输出电压 V_I 将全部加在调整管两端。在电容滤波电路中，输出电压的最大值可能接近于变压器次级电压的峰值，即 $V_I \approx \sqrt{2}\, V_2$，再考虑电网可能有±10%的波动，因此，根据调整管可能承受的最大反向电压，$V_{(BR)CEO}$ 应满足

$$V_{(BR)CEO} \geqslant 1.1\sqrt{2}\, V_2 \tag{9.4.13}$$

调整管选定以后，为保证调整管工作在放大状态，管子两端的电压降不宜过大，通常使 V_{CE}=3～8V。由于 $V_{CE}=V_I-V_O$，因此，整流滤波电路的输出电压，即稳压电路的输入直流电压应满足

$$V_I = V_{Omax} + (3 \sim 8)\text{V} \tag{9.4.14}$$

如果采用桥式整流电容滤波电路，则此电路的输出电压 V_I 与变压器次级电压 V_2 之间近似为以下关系：

$$V_I \approx 1.2\, V_2$$

考虑到电网电压可能有±10%的波动，因此要求变压器次级电压大约为

$$V_2 \approx 1.1\,(V_I/1.2) \tag{9.4.15}$$

4. 稳压电路的过流保护

稳压电路在运行过程中，有可能出现过流、短路、过热等故障，为保证稳压电路出现故障以后不至于损坏，常采用如图 9.4.4 所示的限流保护电路。

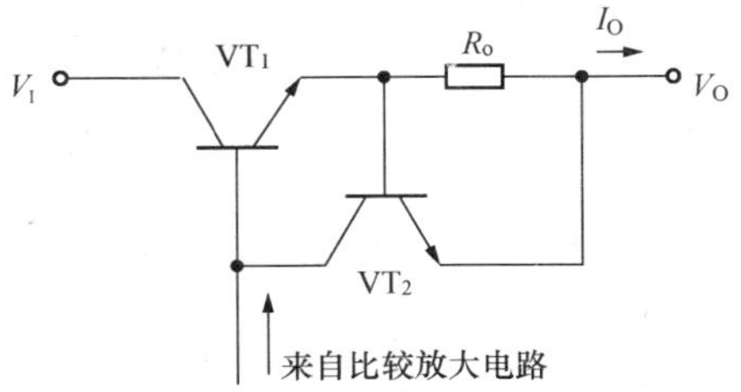

图 9.4.4　限流型过流保护电路

在稳压电路正常工作时，输出电流 I_O 不大，电流检测电阻 R_o 两端的电压降 V_R 小于晶体管 VT_2 发射结的导通电压，VT_2 截止，保护电路不影响稳压电路的正常工作。当稳压电路出现过载或短路故障时，I_O 增大，导致 V_R 增大到足以使 VT_2 导通。此时流过 VT_2 管的集电极电流 I_{C2} 对调整管的基极电流产生分流，使调整管的基极电流 I_{B1} 减小，从而限制了输出电流 I_O 的增大。I_O 越大，VT_2 管的导通程度越大，对调整管基极电流的分流作用越强。当 I_O 大于稳压电路所限定的最大电流 I_{Omax} 时，即使输出短路，I_O 也不会太大。由图 9.4.4 可见，当限流保护电路工作后，流过调整管的电流近似等于最大电流 I_{Omax}，而调整管的 c、e 间可能承受最大电压 V_I（V_O=0），此时调整管的功率损耗很大，这是限流保护电路的不足之处。

9.5　三端集成稳压器及应用

随着集成电路工艺的发展，现在已可以把稳压电路制作在一块硅片上，成为集成稳压器。这种稳压器只有输入、输出和公共引出端三个端子，故称为三端集成稳压器。它具有体积小、可靠性高、性能好、成本低、使用方便等优点，因此得到了广泛的应用。三端集成稳压器分为固定输出和可调输出两大类。

9.5.1　输出电压固定的三端集成稳压器及应用

1. 输出电压固定的三端集成稳压器简介

常用的固定输出集成稳压器有 W78 系列和 W79 系列两种。W78 系列输出固定的正电压，W79 系列输出固定的负电压，有 5V、6V、9V、12V、15V、18V 和 24V 等 7 挡。其封装形式和电路符号如图 9.5.1 所示。其中，图 9.5.1（a）所示为金属封装形式，图 9.5.1（b）所示为塑料封装形式，图 9.5.1（c）所示为电路符号。

W78XX / W79XX 系列中的后两位数字××表示集成稳压器输出电压的数值，以 V 为单位。每类稳压器电路输出电流有 0.1A（W78LXX / W79LXX）、0.5A（W78MXX / W79MXX）和 1.5A（W78XX / W79XX）三个等级，基本能满足大多数电子设备电源电压的需要。

在根据稳定电压值选择稳压器的型号时，要求经整流滤波后的电压要高于三端稳压器的输出电压 2～3V（输出负电压时要低 2～3V）。

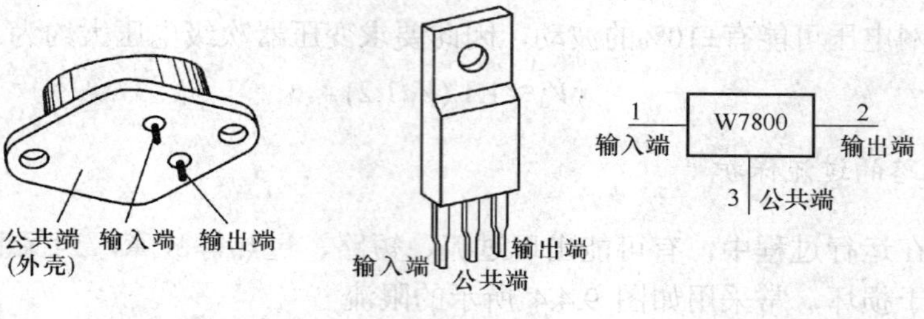

(a) 金属封装　　(b) 塑料封装　　(c) 电路符号

图 9.5.1　W78XX 系列三端集成稳压器的外形及符号

2. 输出电压固定的三端集成稳压器的典型应用电路

1）输出为固定电压的应用电路

图 9.5.2 所示为 W78XX 系列稳压器输出固定电压的应用电路。经整流滤波后的输出直流电压 V_I 作为稳压电路的输入，在输出端可得到稳定的输出电压 V_O。电容 C_i 用以抵消输入端较长接线时的电感效应，防止产生自激振荡，一般取值为 0.1~1μF；电容 C_o 用以改善负载的瞬态响应，使输出电流变化时，不致引起输出电压较大的波动，一般取值为 1μF，两电容直接与集成片的引脚根部相连。电路中的外接二极管 VD 起输入短路保护作用。若输入端短路时使 C_o 通过二极管放电，以便保护集成稳压器内部的调整管。

2）同时输出正、负电压的电路

图 9.5.3 所示是用 W78 系列和 W79 系列集成稳压器组成的输出正、负电压的稳压电路。

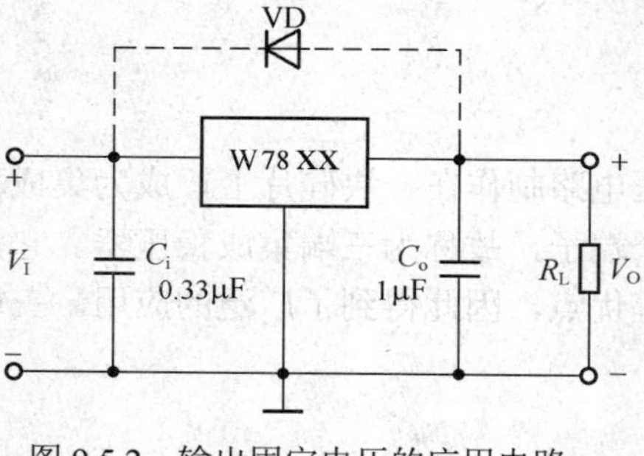

图 9.5.2　输出固定电压的应用电路

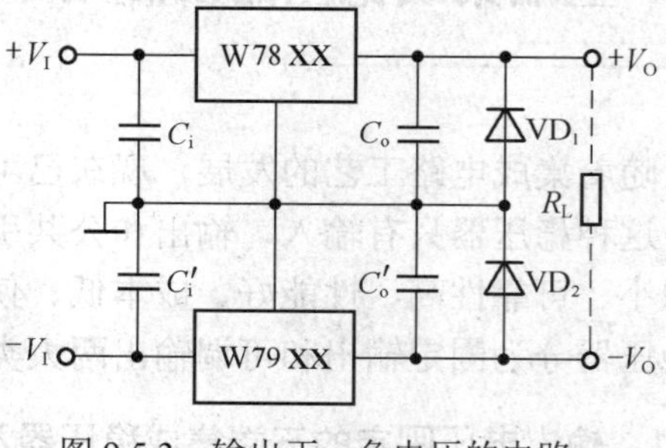

图 9.5.3　输出正、负电压的电路

3）输出电压可调的稳压电路

W78XX 和 W79XX 系列稳压器均为输出电压固定的三端集成稳压器，如果希望得到可调的输出电压，可以选用可调输出的集成稳压器，也可以将输出电压固定的三端集成稳压器接成如图 9.5.4 所示的电路。

电路中，稳压器的输出电压 V_{XX} 作为基准电压，等于 R_1 与 R_2 滑动端以上部分电压之和，即

$$V_{XX} = \frac{R_1 + R_{2上}}{R_1 + R_2 + R_3} \cdot V_o$$

所以输出电压的调节范围为

$$\frac{R_1 + R_2 + R_3}{R_1 + R_2} V_{XX} \leqslant V_O \leqslant \frac{R_1 + R_2 + R_3}{R_1} V_{XX} \tag{9.5.1}$$

由上式可知，只需调整电位器 R_2 的滑动端，即可调节输出电压的大小。若图 9.5.4 中的三端集成稳压器为 W7812，$R_1=R_2=R_3=1\text{k}\Omega$，则根据式（9.5.1），可求出输出电压的调节范围是 18～36V。

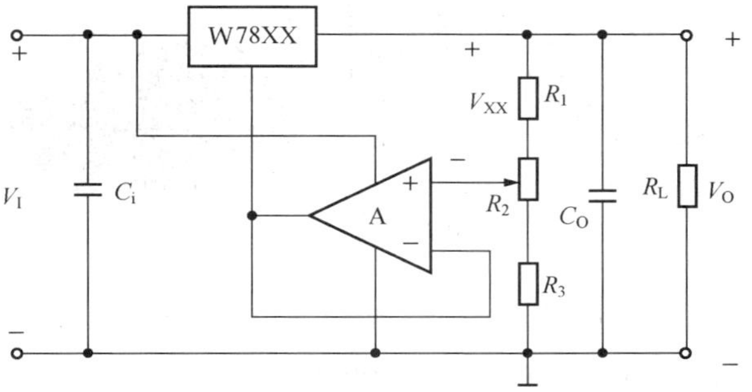

图 9.5.4 输出电压可调的稳压电路

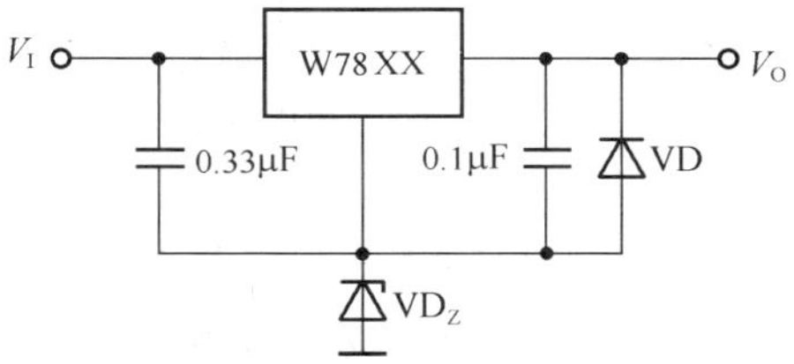

图 9.5.5 提高输出电压的电路

4）提高输出电压的电路

图 9.5.5 所示为提高输出电压的电路。电路的输出电压为

$$V_O = V_{XX} + V_Z \tag{9.5.2}$$

式中，V_{XX} 为 W78XX 系列稳压器的输出电压，V_Z 为稳压二极管 VD_Z 两端的稳定电压。二极管 VD 起输出保护作用，正常工作时它处于截止状态；一旦输出电压小于 V_Z 或对地短路时，二极管 VD 将导通，使输出电流旁路，保护电源输出级不受损坏。

5）恒流源电路

图 9.5.6 所示为采用 W7805 构成的恒流源电路。在输出端和公共端之间并接一个电阻 R，形成一个固定的恒流，让这个电流流过负载 R_L。稳压器本身工作在悬置状态，当负载变化时，稳压器用改变自身压差来维持通过负载的恒定电流。输出电流为

$$I_o = 5/R + I_D \tag{9.5.3}$$

式中，I_D＝5mA（采用 W7805 时，I_D＝5mA）。因此，改变 R 可调整输出电流的大小。

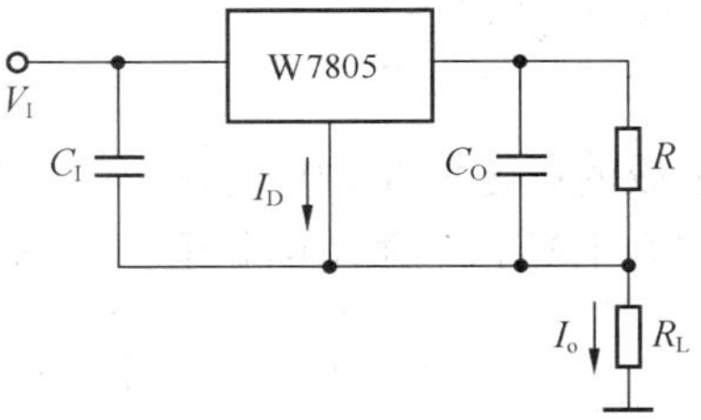

图 9.5.6 恒流源电路

9.5.2 输出电压可调的三端集成稳压器及应用

1. 输出电压可调的三端集成稳压器简介

输出电压可调的三端集成稳压器，稳压精度高，输出纹波小。其典型产品有 LM317 和 LM337 等。其中，LM317 为可调正电压输出稳压器，LM337 为可调负电压输出稳压器，可分别输出 1.25～37V、-1.25～-37V 连续可调的输出电压。其引脚配置与实物图片如图 9.5.7 所示。这种集成稳压器有 3 个引出端，即电压输入端 V_I、电压输出端 V_O 和调节端

ADJ，没有公共接地端，接地端往往通过一个电阻再接地。

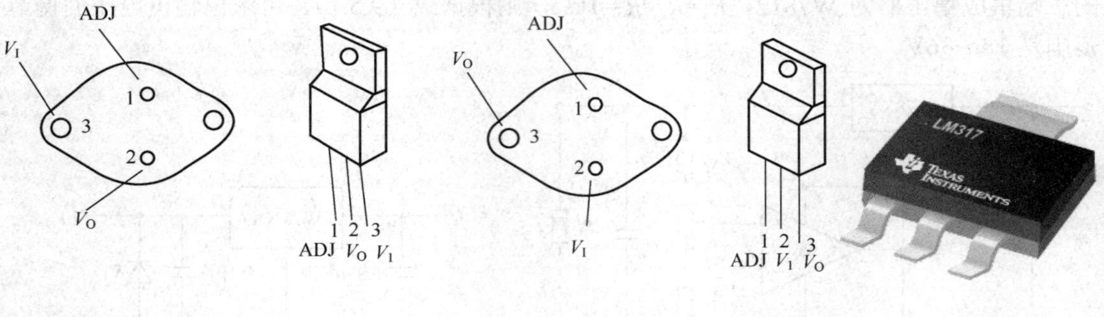

（a）LM317　　（b）LM337　　（c）实物图片

图 9.5.7　输出电压可调的三端集成稳压器的外形与引脚配置

输出电压可调的三端集成稳压器的输出电压为 1.25～37V。每一类中按其输出电流的大小又分为 0.1A、0.5A、1A、1.5A、10A 等。例如，LM317L 的输出电压为 1.25～37V，输出电流为 0.1A；LM317H 的输出电压为 1.25～37V，输出电流为 0.5A；LM317 的输出电压为 1.25～37V，输出电流为 1.5A。

LM337 为负电压输出。例如，LM337L 输出电压为-1.25～-37V，输出电流为 0.1A。

2. 输出电压可调的三端集成稳压器的典型应用电路

1）基本应用电路

图 9.5.8 为输出电压可调的三端集成稳压器的基本应用电路（可调负电压输出稳压器也有类似电路）。输入电容 C_i 用于抑制纹波电压，输出电容 C_o 用于消振，保证电路稳定工作。由于流过调整端的电流非常小（为 50μA 左右），可忽略不计，故电路的输出电压为

$$V_O \approx \left(1+\frac{R_2}{R_1}\right)\times 1.25\text{V} \tag{9.5.4}$$

调节 R_2 可获得大约 1.25～37V 的输出电压。

2）固定低压输出电路

图 9.5.9 所示是由 LM317 组成的固定低压输出电路，LM317 的输出端和调整端之间的电压是非常稳定的电压，其值约为 1.25V。输出电流可达 1.5A。

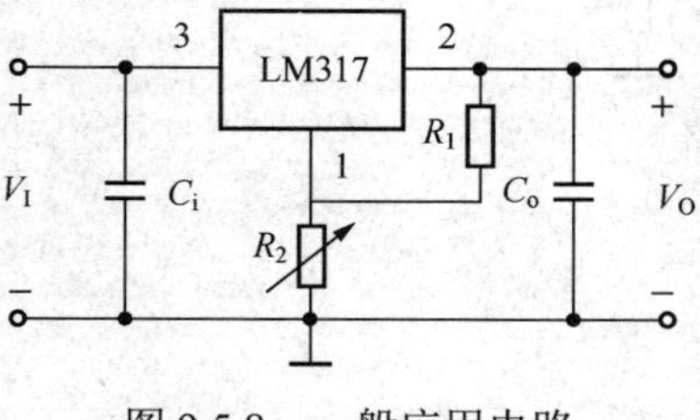

图 9.5.8　一般应用电路

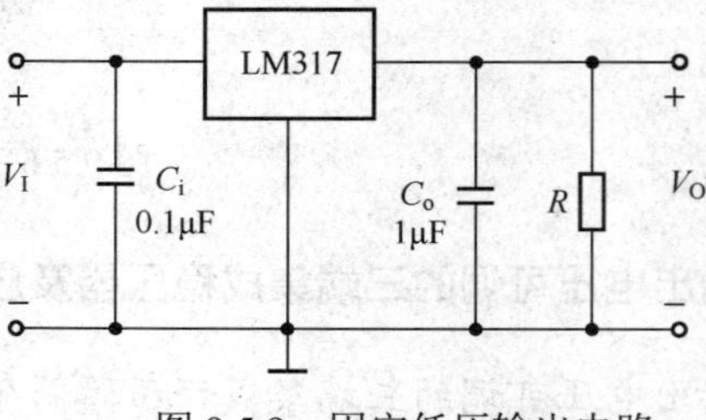

图 9.5.9　固定低压输出电路

3）恒流源电路

图 9.5.10（a）所示是采用 LM317 构成的输出电流为 1A 的恒流源电路。设 R_1=1.25Ω，因此，稳定的基准电压 1.25V 在 R_1 上产生 1A 的电流，这个电流全部流过负载，因为流过调节端的电流很小，仅 50μA，所以可认为流过负载的是恒定电流。图 9.5.10（b）所示为

输出电流在 10mA 到 1.5A 之间任意可调的恒流源电路。

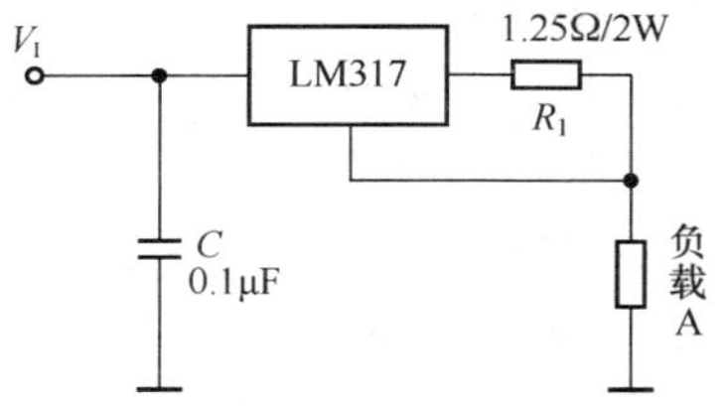

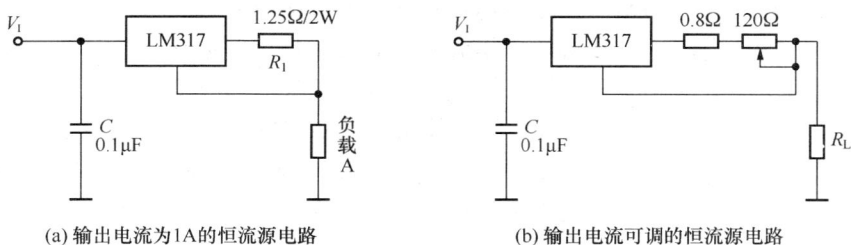

(a) 输出电流为1A的恒流源电路　　(b) 输出电流可调的恒流源电路

图 9.5.10　恒流源电路

例 9.5.1　由三端集成稳压器组成的两个电路如图 9.5.11 所示，已知电流 I_W=10mA。

（1）试写出如图 9.5.11（a）所示电路中 I_O 的表达式，并计算其数值。

（2）写出如图 9.5.11（b）所示电路中 V_O 的表达式，并计算当 R_2=5Ω 时的数值。

（3）指出图中两个电路分别具有什么功能？

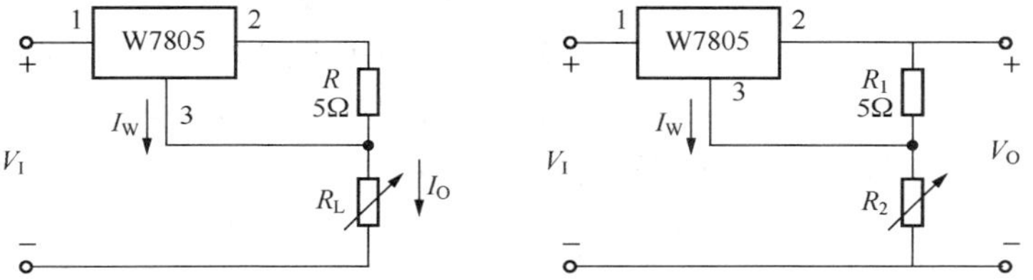

(a)　　(b)

图 9.5.11　例 9.5.1 电路

解：（1）在图 9.5.11（a）中，三端集成稳压器 W7805 的输出电压 V_{23} 恒为 5V，流过负载 R_L 的电流等于流过电阻 R 的电流与电流 I_W 之和，故有

$$I_O = I_W + \frac{V_{23}}{R} = \left(10\times 0.001 + \frac{5}{5}\right)\text{A} = 1.01\text{A}$$

（2）在图 9.5.11（b）中，输出电压是 R_1、R_2 两端电压之和，故 V_O 的表达式为

$$V_O = V_{23} + \left(I_W + \frac{V_{23}}{R_1}\right)R_2$$

当 R_2=5Ω 时，代入电路各参数，可得

$$V_O = 5\text{V} + \left(10\times 0.001 + \frac{5}{5}\right)\times 5\text{V} \approx 10\text{V}$$

（3）如图 9.5.11（a）所示电路中，电流 I_O 与负载电阻 R_L 无关，故属于恒流源电路；而如图 9.5.11（b）所示电路中，通过调节电阻 R_2 可改变输出电压 V_O 的大小，故属于可调直流稳压电路。

9.5.3　三端集成稳压器使用注意事项

（1）三端集成稳压器在接入电路之前，一定要分清稳压器的各个引脚及其作用，避免接错损坏集成块。输出电压大于 6V 的三端集成稳压器的输入、输出端需接保护二极管，以防止输入电压突然降低时，输出电容迅速放电引起集成稳压器的损坏。

（2）在实际应用中，为防止温度过高时稳压性能变差，甚至损坏，一般应在三端集成稳压器上安装足够大的散热器（当然小功率的条件下可不用）。

（3）为扩大输出电流，允许将多个集成稳压器并联使用。但需注意，并联使用的集成稳压器应尽量采用同一厂家、同一批号的产品，以保证参数的一致性。

（4）在使用时必须注意 V_I 和 V_O 之间的关系。以 CW7805 为例，该三端稳压器的固定输出电压是 5V，而输入电压至少应大于 7V，这样输入、输出之间有 2～3V 及以上的压差，可保证调整管工作在放大区。但压差取得过大时，又会增加集成块的功耗。所以，两者应兼顾考虑，做到既保证在最大负载电流时调整管不进入饱和区，又不至于功耗过大。

*9.6 开关型稳压电源

前面介绍的稳压电路，包括分立元件组成的串联型稳压电路，以及集成稳压器均属于线性稳压电路，这是由于其中的调整管都是工作在线性放大区。线性稳压电路的优点是结构简单，调整方便，输出电压脉动较小。但是这种稳压电路的主要缺点是效率低，一般只有 20%～40%。由于调整管消耗的功率较大，有时需要在调整管上加装散热器，致使电源的体积和重量增大，比较笨重。而开关型稳压电路克服了上述缺点，因而得到了日益广泛的应用。

9.6.1 开关型稳压电路的特点和分类

开关型稳压电路主要有以下几方面的特点。

1. 效率高

开关型稳压电路中的调整管工作在开关状态，可以通过改变调整管导通与截止时间的比例来改变输出电压的大小。当调整管饱和导通时，虽然流过较大的电流，但饱和管压降很小；当调整管截止时，管子将承受较高的电压，但流过调整管的电流基本上等于零。可见，工作在开关状态时，调整管的功耗很小。因此，开关型稳压电路的效率较高，一般可达 65%～90%。

2. 体积小、重量轻

因调整管的功耗小，故散热器也可随之减小。而且，许多开关型稳压电路还可省去 50Hz 的工频变压器。由于开关频率通常为几十千赫兹，故滤波电容、电感的容量均可大大减小。所以，开关型稳压电路与同样功率的线性稳压电路相比，体积和重量都小很多。

3. 对电网电压的要求不高

由于开关型稳压电路的输出电压与调整管导通与截止时间的比例有关，而输入直流电压的幅度变化对其影响很小，因此，允许电网电压有较大的波动。一般线性稳压电路允许电网电压波动±10%，而开关型稳压电路在电网电压为 140～260V，电网频率变化±4%时仍可正常工作。

4. 调整管的控制电路比较复杂

为使调整管工作在开关状态，需要增加控制电路，调整管输出的脉冲波形还需经过 LC 滤波后再送到输出端，因此相对于线性稳压电路，其结构比较复杂，调试比较麻烦。

5. 输出电压中纹波和噪声成分较大

因调整管工作在开关状态，将产生尖峰干扰和谐波信号，虽经整流滤波，输出电压中的纹波和噪声成分仍比线性稳压电路大。

总的来说，由于开关型稳压电路的突出优点，使其在计算机、电视机、通信及空间技术等领域得到了愈来愈广泛的应用。

开关型稳压电路的种类很多，可按不同方法来进行分类。

例如，按控制方式分类，有脉冲宽度调制型（PWM），即开关工作频率保持不变，控制导通脉冲的宽度；脉冲频率调制型（PFM），即开关导通的时间不变，控制开关的工作频率；混合调制型，为以上两种控制方式的结合，即脉冲宽度和开关工作频率都将变化。在以上三种方式中，脉冲宽度调制型用得较多。

按是否使用工频变压器来分类，有低压开关稳压电路，即 50Hz 电网电压先经工频变压器转换成较低电压后再进入开关型稳压电路。因这种电路需用笨重的工频变压器，且效率较低，目前已很少采用。高压开关稳压电路，即无工频变压器的开关稳压电路，由于高压大功率晶体管的出现，有可能将 220V 交流电直接进行整流滤波，然后再进行稳压，使开关稳压电路的体积和重量大大减小，而且效率更高。目前，实际工作中大量使用的，主要是无工频变压器的开关型稳压电路。

按激励方式分类，有自激式和他激式。按所用开关调整管的种类分，有双极型晶体管、MOS 场效应管和晶闸管电路等。此外还有其他许多分类方式，在此不一一列举。

9.6.2 开关型稳压电路的组成和工作原理

图 9.6.1 所示是一个串联式开关型稳压电路的组成框图。它由开关调整管、滤波电路、脉冲调制电路、比较放大器、基准电压和采样电路等几部分组成。

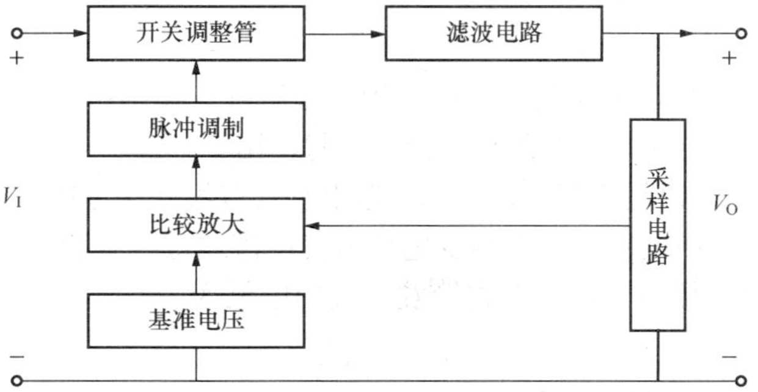

图 9.6.1 开关型稳压电路的组成框图

如果由于输入直流电压或负载电流波动而引起输出电压发生变化时，采样电路将输出电压变化量的一部分送到比较放大电路，与基准电压进行比较并将二者的差值放大后送至脉冲调制电路，使脉冲波形的占空比发生变化。此脉冲信号作为开关调整管的输入（控制）

信号，使调整管导通和截止时间的比例随之发生变化，从而使滤波以后输出电压的平均值基本保持不变。

图 9.6.2 所示是脉冲调宽式开关型稳压电路原理图。电路的控制方式采用脉冲宽度调制。在图 9.6.2 中，三极管 VT 为工作在开关状态的调整管。由电感 L 和电容 C 组成滤波电路，二极管 VD 称为续流二极管。脉冲宽度调制电路由一个电压比较器 A_1 和一个产生三角波的振荡器组成。运放 A_2 作为比较放大电路，基准电源产生一个基准电压 V_{REF}，电阻 R_1、R_2 组成采样电路。

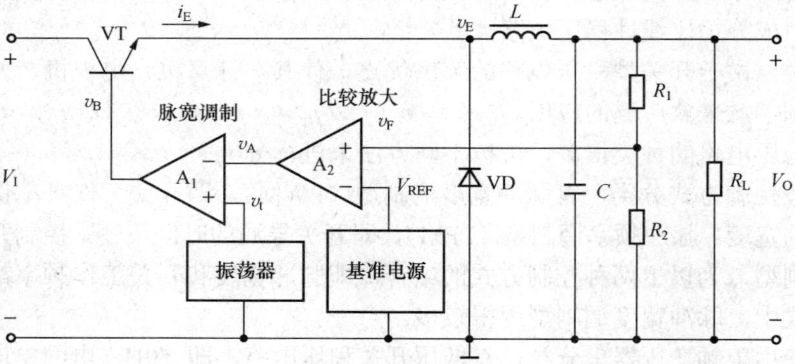

图 9.6.2　脉冲调宽式开关型稳压电路原理图

脉冲调宽式开关型稳压电路的工作原理如下：由采样电路得到的采样电压 v_F 与输出电压成正比，它与基准电压进行比较经放大后得到 v_A，被送到电压比较器 A_1 的反相输入端。振荡器产生的三角波信号 v_t 加在比较器的同相输入端。当 $v_t>v_A$ 时，比较器输出高电平，即

$$v_B=+V_{Om}$$

当 $v_t<v_A$ 时，比较器输出低电平，即

$$v_B=-V_{Om}$$

故调整管 VT 的基极电压 v_B 为高、低电平交替的脉冲波形，如图 9.6.3 所示。

当 v_B 为高电平时，调整管饱和导通，此时发射极电流 i_E 流过电感和负载电阻，一方面向负载提供输出电压，同时将能量存储在电感的磁场和电容的电场中。由于晶体管 VT 饱和导通，因此其发射极电位为

$$v_E=V_I-V_{CES}$$

式中，V_I 为直流输入电压，V_{CES} 为晶体管的饱和管压降。v_E 的极性为上正下负，则二极管 VD 处于反向偏置，不能导通。故此时二极管不起作用。

当 v_B 为低电平时，调整管截止，$i_E=0$。但电感具有维持流过电流不变的特性，此时将存储的能量释放出来，在电感上产生的反电动势使电流通过负载和二极管继续流通，因此，二极管 VD 称为续流二极管。此时调整管发射极的电位为

$$v_E=-V_D$$

式中，V_D 为二极管的正向导通电压。

由图 9.6.3 可见，调整管处于开关工作状态，它的发射极电位 v_E 也是高、低电平交替的脉冲波形。但是，经过 LC 滤波电路以后，在负载上可得到比较平滑的输出电压 v_o。在理想情况下，输出电压 v_o 的平均值 V_O 即是调整管发射极电压 v_E 的平均值。根据图 9.6.3 中 v_E 的波形可求得

$$V_O = \frac{1}{T}\int_0^T v_E \mathrm{d}t = \frac{1}{T}\left[\int_0^{T_1}(V_I - V_{CES})\mathrm{d}t + \int_{T_1}^{T}(-V_D)\mathrm{d}t\right]$$

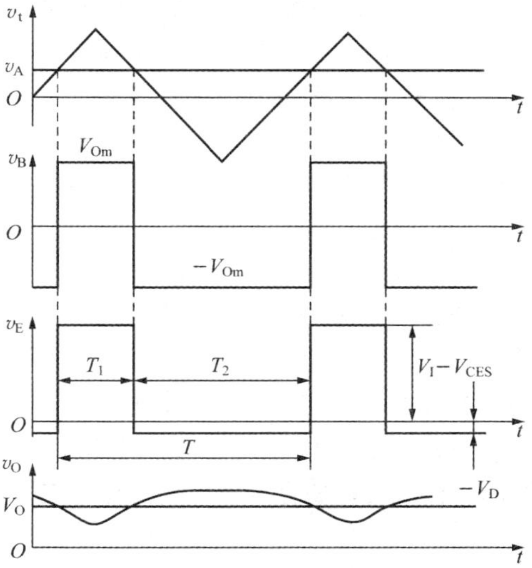

图 9.6.3　图 9.6.2 电路的波形图

因晶体管的饱和管压降 V_{CES} 以及二极管的正向导通电压 V_D 均很小，与直流输入电压 V_I 相比通常可以忽略，则上式可近似表示为

$$V_O \approx \frac{1}{T}\int_0^{T_1} V_I \mathrm{d}t = \frac{T_1}{T}V_I = DV_I \tag{9.6.1}$$

式中，D 为脉冲波形的占空比。由上式可知，在直流输入电压 V_I 一定的情况下，占空比愈大，开关型稳压电路的输出电压 V_O 越大。

下面再来分析当电网电压波动或负载电流变化时，如图 9.6.2 所示电路如何起稳压作用。假设由于电网电压或负载电流的变化使输出电压 V_O 升高，则经过采样电路得到的采样电压 v_F 也随之升高，此电压与基准电压 V_{REF} 比较以后再放大得到的电压 v_A 也将升高，v_A 送到比较器的反相输入端，由如图 9.6.3 所示的波形可见，当 v_A 升高时，将使调整管基极电压 v_B 的波形中高电平的时间缩短，而低电平的时间增加。于是调整管在一个周期中饱和导通的时间减少，截止的时间增加，则其发射极电压 v_E 脉冲波形的占空比减小，从而使输出电压的平均值 V_O 减小，最终使输出电压基本保持不变。

以上简要介绍了脉冲调宽式开关型稳压电路的组成和工作原理，至于其他类型的开关稳压电路，此处不再赘述，读者可参阅有关文献。

小　结

本章主要介绍了直流稳压电源的组成、主要性能指标、整流电路、滤波电路、串联型稳压电路、三端集成稳压器和开关型稳压电源等内容。

（1）直流稳压电源的组成

小功率直流稳压电源一般由电源变压器、整流电路、滤波电路和稳压电路四部分组成。

（2）整流电路

整流电路的作用是将正负交替变化的正弦交流电压变成单向脉动的直流电压。利用二极管的单向导电性可以构成半波、全波整流电路，最常用的是单相桥式整流电路。分析整流电路时，应分别判断在变压器次级电压正、负半周两种情况下二极管的工作状态（导通或截止），从而得到负载两端电压、二极管端电压及其电流波形，并由此得到输出电压和输出电流的平均值，以及二极管的最大整流平均电流和所承受的最高反向电压。

计算整流电路的输出电压平均值 $V_{O(AV)}$、输出电流平均值 $I_{O(AV)}$以及如何选择整流二极管是学习整流电路的重点。

（3）滤波电路

滤波电路的作用是利用储能元件（电容或电感）尽可能滤除整流电路输出的单向脉动电压中的交流成分，给负载提供比较平滑的直流电压。滤波电路有电容滤波、电感滤波和复式滤波几种形式。在小功率直流稳压电源中，主要采用电容滤波。在 $R_LC \geqslant$（3～5）$T/2$ 时，电容滤波电路的输出电压约为 $1.2V_2$。负载电流较大时，应采用电感滤波。对滤波效果要求较高时，可采用复式滤波。滤波电路的工作原理、估算滤波电路的输出电压是学习滤波电路的重点。

（4）稳压电路

稳压电路的作用是在电网电压波动或负载变化时保持输出电压基本不变。常用的直流稳压电路有稳压管稳压电路和串联型稳压电路两种类型。前者电路结构简单，但其输出电压不能调节且带负载能力较差，仅适用于输出电压固定、负载电流较小的场合。因此最常用的是串联型稳压电路，它主要由调整管、基准电压电路、比较放大电路和输出电压取样电路等组成。调整管工作在线性放大状态，并在电路中引入了深度电压负反馈，通过对输出电压的采样来控制调整管的压降，从而实现输出电压的稳定。基准电压的稳定性和反馈深度是影响输出电压稳定性的重要因素。读者应当掌握稳压电路的稳压原理，会估算输出电压的调节范围。

串联型稳压电路已经实现了集成化，在小功率稳压电源中最常用的是三端集成稳压器。三端集成稳压器有固定输出和输出可调两种类型，其基本原理相同，本质上都是串联调整式稳压器。采用三端集成稳压器可以构成各种形式的稳压电路。

（5）开关型稳压电路

开关型稳压电路中的调整管工作在开关状态，因而功耗小、效率高。脉冲宽度调制式开关型稳压电路是在控制电路输出频率不变的情况下，通过电压反馈调整其占空比，从而达到稳定输出电压的目的。

习　题

9.1　填空题。

（1）小功率直流稳压电源一般由________、________、________和________四部分组成。

（2）将________变成________的过程称为整流。

（3）整流电路是利用二极管的________将交流量变为直流量。

（4）负载电阻 R_L 越________，滤波电容 C 越________，电容滤波的效果就越好。

（5）在电容滤波和电感滤波电路中，________滤波适用于大电流负载，________滤波适用于小电流负载，________滤波的直流输出电压高。

（6）串联型线性稳压电路一般由________、________、________和________四部分组成。

（7）串联型稳压电路中，调整管始终工作在________状态。

（8）在如图 9.3.1 所示桥式整流、电容滤波电路中，已知变压器次级电压有效值 V_2=20V。在下列情况下，试判断输出电压平均值的大小。

① 正常工作时，输出电压平均值约为________。

② 负载开路时，输出电压平均值约为________。

③ 若滤波电容开路，输出电压平均值约为________。

④ 整流管 VD_2 和滤波电容 C 同时开路时，输出电压平均值约为________。

⑤ 若 VD_1、VD_2 同时开路，输出电压平均值约为________。

⑥ 若滤波电容被击穿而短路，输出电压平均值约为________。

9.2　选择题。

（1）直流稳压电源中，整流电路的作用是（　　）。

A. 将交流变为直流　　B. 将高频变为低频

C. 将正弦波变为方波

（2）在单相桥式整流电路中，若有一只整流管接反，则（　　）。

A. 输出电压约为 $2V_D$　　B. 变为半波整流

C. 整流管将因电流过大而烧毁

（3）对于单相桥式整流电路，流过每个二极管的平均电流 I_D 与负载直流电流 I_L 的关系为（　　）。

A. $I_D=I_L/4$　　B. $I_D=I_L/2$　　C. $I_D=I_L$

（4）理想二极管在电阻性负载、半波整流电路中，其导通角（　　）。

A. 小于 180°　　B. 等于 180°　　C. 大于 180°

（5）在电阻性负载、半波整流电路中，整流二极管承受的最大反向电压为（　　）；桥式整流电路中，整流二极管承受的最大反向电压为（　　）。

A. 小于 $\sqrt{2}V_2$　　B. $\sqrt{2}V_2$　　C. 大于 $\sqrt{2}V_2$　　D. $2\sqrt{2}V_2$

（6）设变压器次级电压有效值为 V_2，单相半波整流电路中，负载电阻 R_L 上的平均电压约等于（　　）；单相桥式或全波整流电路中，负载电阻 R_L 上的平均电压约等于（　　）。

A. $0.45V_2$　　B. $0.9V_2$　　C. V_2　　D. 大于 V_2

（7）直流稳压电源中滤波电路的作用是（　　）。

A. 将交流变为直流　　B. 将高频变为低频

C. 将交、直流混合量中的交流成分滤掉

（8）直流稳压电路中的滤波电路属于（　　）。

A. 高通滤波电路　B. 低通滤波电路　C. 带通滤波电路

（9）单相桥式或全波整流电路，电容滤波后，负载电阻 R_L 上的平均电压大约等于（　　）；电感滤波后，负载电阻 R_L 上的平均电压大约等于（　　）。

A. $0.9V_2$　　B. $1.2V_2$　　C. $1.4V_2$

（10）在桥式整流电路中接入电容 C 滤波后，输出直流电压较未接电容 C 时（　　）；整流二极管的导通角（　　）。

A. 变大　　B. 变小　　C. 不变

（11）在桥式整流电容滤波电路中，若要求输出电压为12V，则电源变压器次级电压有效值应选（　　）。

A. 9V　　B. 10V　　C. 12V

（12）串联型稳压电路在正常工作时，调整管处于（　　）工作状态。

A. 放大　　B. 开关　　C. 饱和　　D. 截止

（13）串联型稳压电路中的放大环节所放大的对象是（　　）。

A. 基准电压　　B. 采样电压　　C. 基准电压与采样电压之差

（14）要获得+9V 的稳定电压，集成稳压器的型号应选用（　　）。

A. CW7812　　B. CW7909　　C. CW7809

9.3　电路如图 T9.1 所示，变压器次级电压有效值为 $2V_2$。

（1）画出 v_2 和 v_O 的波形。

（2）求出输出电压平均值 $V_{O(AV)}$ 和输出电流平均值 $I_{L(AV)}$ 的表达式。

（3）求出流过二极管的平均电流 $I_{D(AV)}$ 和所承受的最大反向电压 V_{Rmax} 的表达式。

9.4　电路如图 T9.2 所示，变压器副边电压有效值 V_{21}=20V，V_{22}=10V。试问：

（1）输出电压平均值 $V_{O1(AV)}$ 和 $V_{O2(AV)}$ 各为多少？

（2）每个二极管承受的最大反向电压为多少？

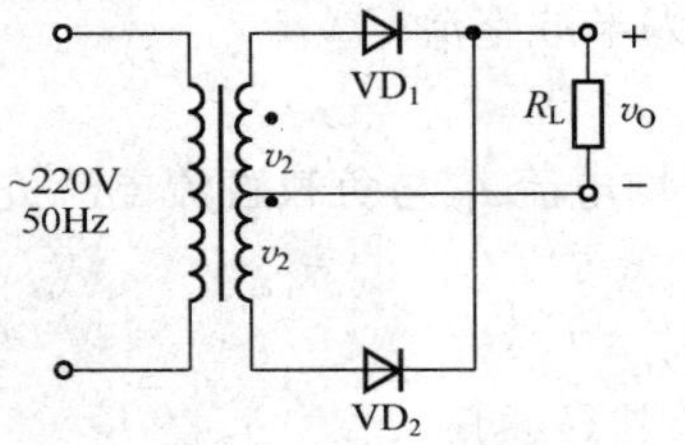

图 T9.1　习题 9.3 电路

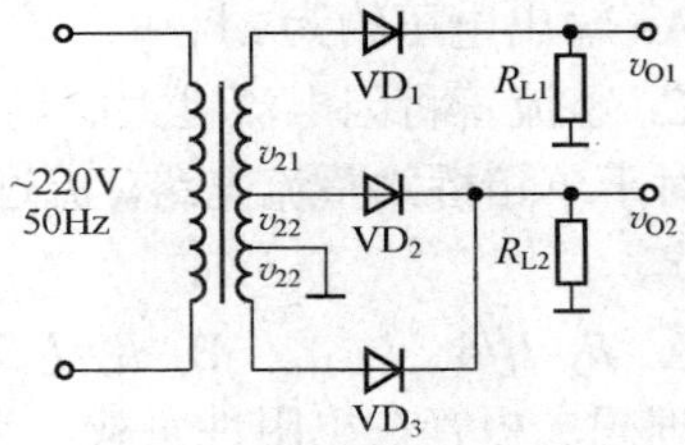

图 T9.2　习题 9.4 电路

9.5　电路如图 T9.3 所示，已知稳压管的稳定电压为 6V，最小稳定电流为 5mA，允许耗散功率为 240mW，动态电阻小于 15Ω。试问：

（1）当输入电压为 20～24V、R_L 为 200～600Ω 时，限流电阻 R 的选取范围是多少？

（2）若 R=390Ω，则电路的稳压系数 S_r 为多少？

9.6　在如图 T9.4 所示电路中，调整管为________，采样电路由________组成，基准电压电路由________组成，比较放大电路由________组成，保护电路由________组成；输出电压最小值的表达式为________，最大值的表达式为________。

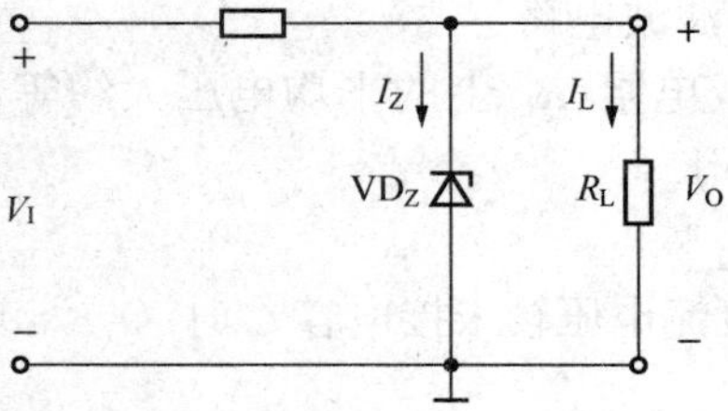

图 T9.3　习题 9.5 电路

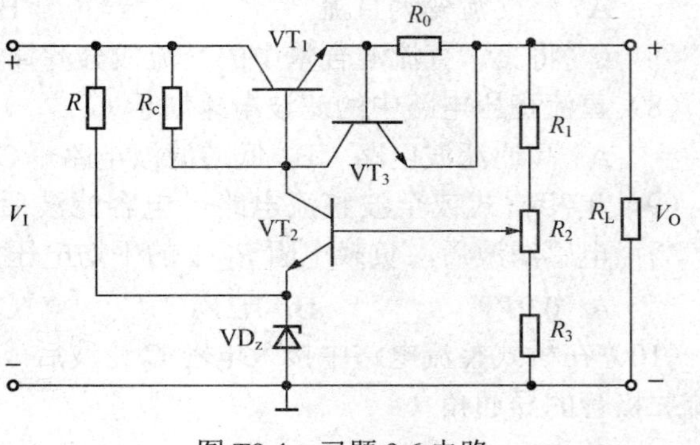

图 T9.4　习题 9.6 电路

9.7　电路如图 T9.5 所示。合理连线，构成 5V 的直流电源。

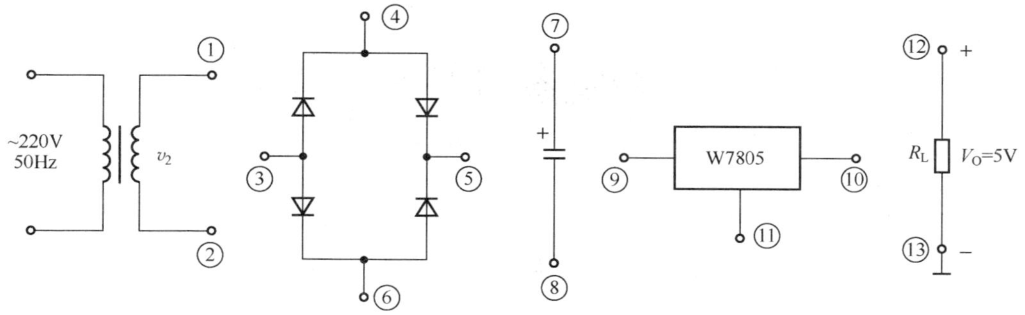

图 T9.5　习题 9.7 电路

9.8　直流稳压电源如图 T9.6 所示。

（1）指出电路中的整流电路、滤波电路、调整管、基准电压电路、比较放大电路、采样电路各由哪些元器件组成。

（2）标出集成运放的同相输入端和反相输入端。

（3）写出输出电压的表达式。

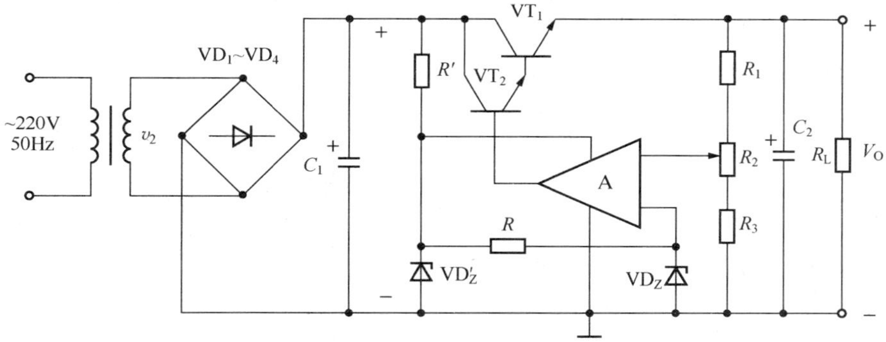

图 T9.6　习题 9.8 电路

9.9　在如图 T9.7 所示电路中，已知 R_1=240Ω，R_2=3kΩ；W117 输入端和输出端电压之差为 3～40V，输出端和调整端之间的电压 V_R 为 1.25V。试求解：

（1）输出电压的调节范围。

（2）输入电压允许的范围。

9.10　电路如图 T9.8 所示，试写出电路的输出电压可调节范围的表达式。

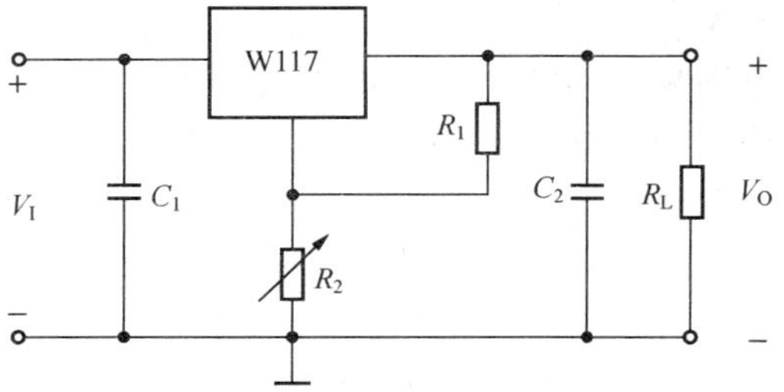

图 T9.7　习题 9.9 电路

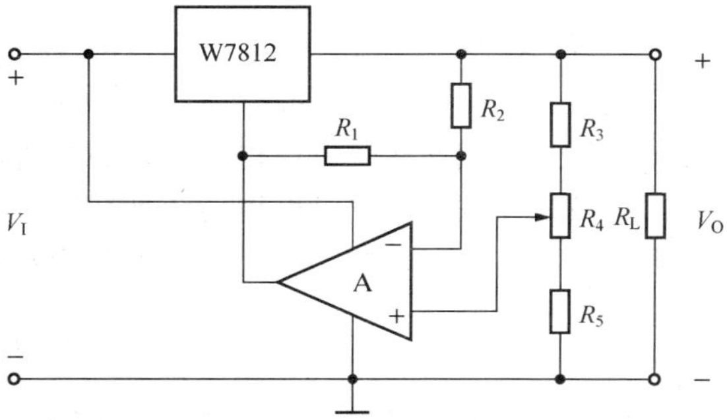

图 T9.8　习题 9.10 电路

习题参考答案

第1章

1.1 （1）导体，绝缘体，硅，锗 （2）5，自由电子，空穴 （3）3，空穴，自由电子 （4）等于，大于，小于 （5）本征激发，掺入杂质（掺杂） （6）少数 （7）正向偏置（正偏），反向偏置（反偏） （8）导通，截止 （9）单向导电性 （10）0.5，0.6～0.8，0.1，0.2～0.3 （11）0，0 （12）反向击穿，规定 （13）热敏，光敏

1.2 （1）B （2）A，B （3）A （4）B （5）A （6）B （7）C

1.3 六个电路中二极管的工作状态依次为：导通，截止，导通，截止，导通，截止。输出电压分别为：$V_{O1}\approx 1.3V$，$V_{O2}=0V$，$V_{O3}\approx -1.3V$，$V_{O4}=2V$，$V_{O5}\approx 1.3V$，$V_{O6}=-2V$

1.4 如图A1.1所示

1.5 如图A1.2所示

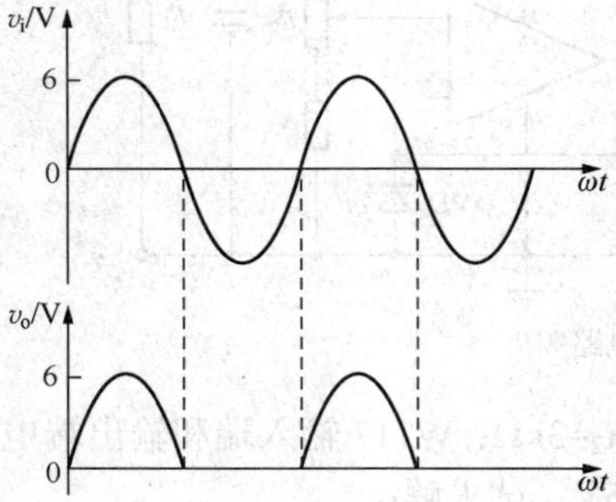

图 A1.1 习题 1.4 答案

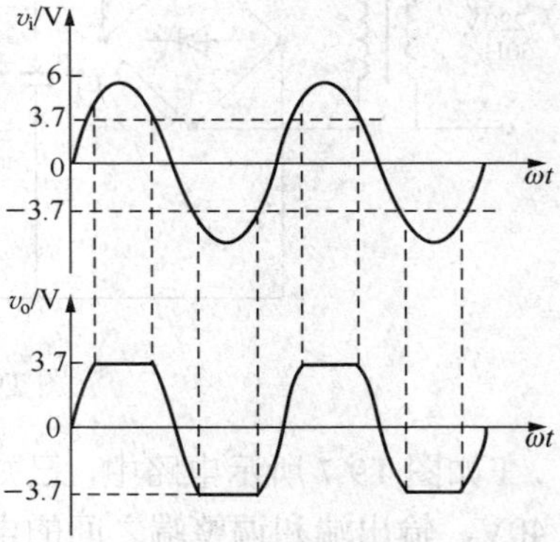

图 A1.2 习题 1.5 答案

1.6 I_d =1mA

1.7（1）S 闭合

（2）R 的范围为：$R_{min}=(V-V_D)/I_{Dmax}\approx 233\Omega$

$$R_{max}=(V-V_D)/I_{Dmin}=700\Omega$$

1.8（1）串联连接时可以得到4种稳压值，分别为：13V、8.7V、5.7V、1.4V。

（2）并联连接时可以得到2种稳压值，分别为：5V、0.7V。

1.9 图T1.7（a）V_{O1}=8V，图T1.7（b）V_O=6V

第2章

2.1 （1）NPN，PNP，自由电子，空穴 （2）正偏，反偏 （3）饱和，截止，放大

（4）增大，减小，增大 （5）截止，低，饱和，高 （6）相反，相同，高，小（7）越小，越强 （8）共射极或共基极，共集电极，共集电极，共基极 （9）1kΩ （10）直接耦合，阻容耦合，变压器耦合 （11）静态工作点，低频特性 （12）直流，交流，交流 （13）（上限或下限）截止频率

2.2 （1）A（2）B（3）B（4）A（5）B（6）B（7）D（8）B（9）B（10）B，A

2.3 如图 A2.1 所示

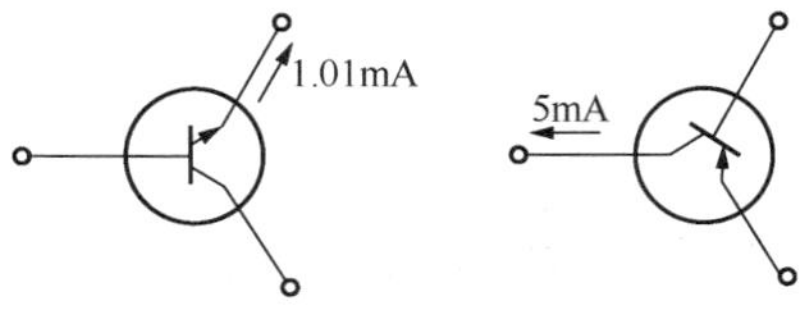

图 A2.1 习题 2.3 答案

2.4 晶体三极管三个电极分别为上、中、下管脚，答案如表 A2.1 所示

表 A2.1

管号	VT_1	VT_2	VT_3	VT_4
上	E	C	C	B
中	B	B	E	E
下	C	E	B	C
管型	PNP	NPN	PNP	NPN
材料	Si	Si	Ge	Ge

2.5 略

2.6 图 T2.4（a）不能，因为晶体三极管将因发射结电压过大而损坏

图 T2.4（b）不能，因为输入信号被 C_2 短路

图 T2.4（c）不能，因为输出信号被 V_{CC} 短路，输出交流电压恒为零

图 T2.4（d）不能，因为输入信号被 V_{BB} 短路

2.7 $R_b \approx 233\text{k}\Omega$，$R_c = 3\text{k}\Omega$

2.8 略

2.9 （1）$I_{BQ} \approx 22.2\mu\text{A}$，$I_{CQ} = 1.77\text{mA}$，$V_{CEQ} \approx 6.68\text{V}$

（2）略

（3）$r_{be} \approx 1.34\text{k}\Omega$

（4）$\dot{A}_v \approx -90$，$\dot{A}_{vs} \approx -36$，$R_i \approx 1.34\,\text{k}\Omega$，$R_o = 3\,\text{k}\Omega$

2.10 （1）$I_{CQ} = \beta \dfrac{V_{CC} - V_{BEQ}}{R_b}$，$V_{CEQ} = V_{CC} - I_{CQ}(R_{c1} + R_{c2})$

（2）$\dot{A}_v = \dfrac{-\beta(R_{c1} /\!/ R_L)}{r_{be}}$，$R_i = R_b /\!/ r_{be}$，$R_o = R_{c1}$

2.11 （1）$I_{BQ} \approx 25.5\mu\text{A}$，$I_{CQ} \approx 1.53\text{mA}$，$V_{CEQ} = 7.35\text{V}$

（2）$\dot{A}_v \approx -72.5$，$\dot{A}_{vs} \approx -47.5$，$R_i \approx 1.14\,\text{k}\Omega$，$R_o = 3\,\text{k}\Omega$

（3）$|\dot{A}_v|$将减小

（4）输入电阻增大，$|\dot{A}_v|$将减小

2.12 （1）$I_{BQ}\approx 33.9\mu A$，$I_{CQ}\approx 2.75mA$，$V_{CEQ}\approx 6.75V$

（2）$R_L=\infty$时，$\dot{A}_v\approx 0.996$，$R_i\approx 110\,k\Omega$

$R_L=3\,k\Omega$ 时，$\dot{A}_v\approx 0.992$，$R_i\approx 76\,k\Omega$

（3）$R_o\approx 37\Omega$

2.13 （1）共基极电路

（2）图略

（3）$\dot{A}_v\approx 64$，$R_i\approx 15.3\Omega$，$R_o=2k\Omega$

2.14 （1）$I_{BQ}\approx 22\mu A$，$I_{CQ}\approx 1.1mA$，$V_{ECQ}=6.5V$

（2）$\dot{A}_v\approx 0.99$，$R_i\approx 86\,k\Omega$，$R_o\approx 65\,\Omega$

2.15 图 T2.10（a）共射-共基；图 T2.10（b）共射-共射；图 T2.10（c）共射-共射；图 T2.10（d）共集-共基

2.16* 图 T2.10（a）$\dot{A}_v=\dfrac{-\beta_1\cdot\dfrac{r_{be2}}{1+\beta_2}}{r_{be1}}\cdot\dfrac{\beta_2R_3}{r_{be2}}\approx-\dfrac{\beta_1R_3}{r_{be1}}$，$R_i=R_1//R_2//r_{be1}$，$R_o=R_3$

图 T2.10（b）$\dot{A}_v=\dfrac{-\beta_1\cdot(R_1//r_{be2})}{r_{be1}}\cdot\left(-\dfrac{\beta_2R_4}{r_{be2}}\right)\approx\dfrac{\beta_1\beta_2R_4R_1}{r_{be1}(R_1+r_{be2})}$

$R_i=(R_5+R_2//R_3)//r_{be1}$，$R_o=R_4$

图 T2.10（c）$\dot{A}_v=\dfrac{-\beta_1\cdot(R_3//r_{be2})}{r_{be1}}\cdot\left(-\dfrac{\beta_2R_4}{r_{be2}}\right)=\dfrac{\beta_1\beta_2R_4R_3}{r_{be1}(R_3+r_{be2})}$

$R_i=R_1//r_{be1}$，$R_o=R_4$

图 T2.10（d）$\dot{A}_v=\dfrac{(1+\beta_1)\cdot\left(R_2//\dfrac{r_{be2}}{1+\beta_2}\right)}{r_{be1}+(1+\beta_1)\left(R_2//\dfrac{r_{be2}}{1+\beta_2}\right)}\cdot\dfrac{\beta_2R_5}{r_{be2}}$

$$R_i=R_1//\left[r_{be1}+(1+\beta_1)\left(R_2//\frac{r_{be2}}{1+\beta_2}\right)\right],\ R_o=R_5$$

2.17* （1）$\dot{A}_{vm}=-100$，$f_L=10Hz$，$f_H=10^5Hz$

（2）波特图如图 A2.2 所示

2.18 $\dot{A}_v\approx\dfrac{-32}{\left(1+\dfrac{10}{jf}\right)\left(1+j\dfrac{f}{10^5}\right)}$ 或 $\dot{A}_v\approx\dfrac{-3.2jf}{\left(1+j\dfrac{f}{10}\right)\left(1+j\dfrac{f}{10^5}\right)}$

2.19* （1）$\dot{A}_{vsm}\approx -178$

（2）$C'_\pi=C_\pi+(1+g_mR_c)C_\mu\approx 1602pF$

（3）$f_H=\dfrac{1}{2\pi RC'_\pi}\approx 175kHz$，$f_L=\dfrac{1}{2\pi(R_s+R_i)C}\approx 14Hz$

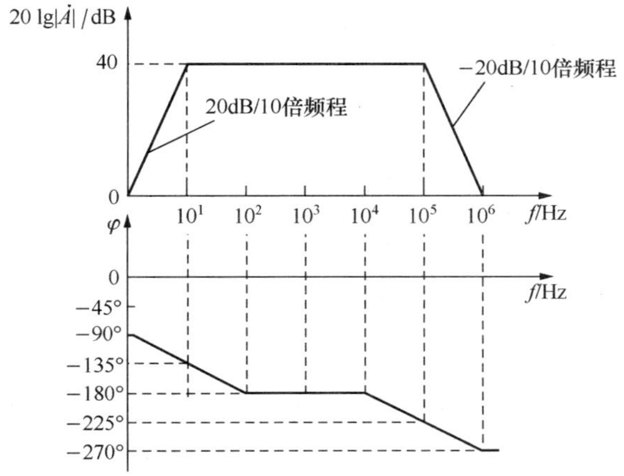

图 A2.2 习题 2.20 答案

第 3 章

3.1 （1）A （2）B （3）B （4）A （5）A，C （6）A，C （7）A，B （8）C （9）A （10）C

3.2 （1）N 沟道结型场效应管 （2）$V_P \approx -3\,V$，$I_{DSS} \approx 3\,mA$

3.3 当 v_i=3V、9V 和 12V 时，场效应管分别工作在截止区、恒流区和可变电阻区。

3.4 图 T3.4（a）源极加电阻 R_s；图 T3.4（b）漏极加电阻 R_d，输入端加耦合电容；图 T3.4（c）输入端加耦合电容；图 T3.4（d）在 R_g 支路加$-V_{GG}$，$+V_{DD}$ 改为$-V_{DD}$。改正电路如图 A3.1 所示。

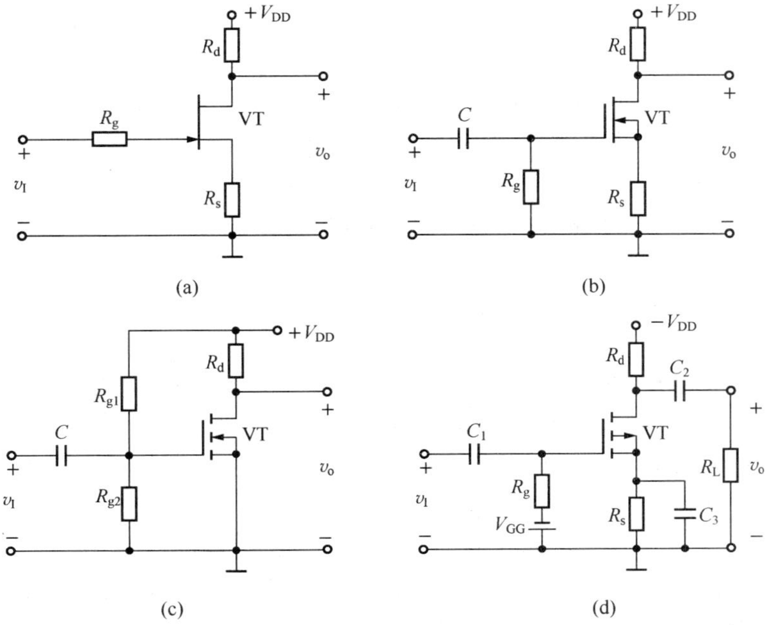

图 A3.1 习题 3.4 答案

3.5 （1）V_{GSQ}=−2.26V，V_{DSQ}=6.4V，I_{DQ}=1.13mA

（2）$\dot{A}_v$=−6.5，R_i=10MΩ，R_o=10kΩ

3.6 （1）V_{GSQ}=4V，V_{DSQ}=6V，I_{DQ}=1mA

（2）略

（3）$\dot{A}_v$=−5，R_i=0.48MΩ，R_o=10kΩ

3.7 （1）V_{GSQ}=2V，V_{DSQ}=7V，I_{DQ}=1mA

（2）$\dot{A}_v$=−3.6，R_i=1MΩ，R_o=10kΩ

3.8 $\dot{A}_v$=0.83，R_i=1MΩ，R_o=1kΩ

第4章

4.1 （1）输入级，中间级，输出级、偏置电路 （2）同相，反相 （3）∞，∞，∞，0 （4）虚短，虚断 （5）线性，非线性 （6）对称性 （7）0 （8）0.965V （9）6，7，−60 （10）①0 ②1000mV ③1000mV ④−1000mV

4.2 （1）C （2）A （3）C （4）C （5）A，C （6）B （7）A （8）C （9）B （10）B

4.3 （1）$I_{CQ1}=I_{CQ2}\approx0.36$ mA，$V_{CEQ1}=V_{CEQ2}\approx8.5$V，$I_{BQ1}=I_{BQ2}\approx27.2\mu$A

（2）A_d=−270，A_c=0，$K_{CMR}=\infty$

（3）$v_o\approx1.62$V

4.4 A_d=−50，R_{id}=10kΩ，R_{od}=10kΩ

4.5 v_{ic}=10mV，v_{id}=10mV，Δv_o=−2.5V

4.6 $I_R\approx0.73$mA，$I_{C13}\approx0.52$mA，$I_{C10}\approx\dfrac{V_T}{R_4}\ln\dfrac{I_R}{I_{C10}}$

4.7 （1）镜像电流源作为有源负载

（2）$r_{ce2}//r_{ce1}$

4.8 图T4.6（a）不能 图T4.6（b）不能 图T4.6（c）构成NPN型管，上端为集电极，中端为基极，下端为发射极 图T4.6（d）不能 图T4.6（e）不能

4.9 （1）① （2）③ （3）⑦ （4）② （5）⑥ （6）⑤ （7）④

4.10 A_1为通用型运算放大器，A_2为高精度型运算放大器，A_3为高阻型运算放大器，A_4为高速型运算放大器

第5章

5.1 （1）基本放大电路，反馈通路，反馈通路 （2）开环，闭环 （3）直流性能，交流性能 （4）负反馈，正反馈 （5）电压串联负反馈，电压并联负反馈，电流串联负反馈，电流并联负反馈 （6）串联负反馈，电压负反馈，电流负反馈，电压负反馈 （7）电流并联负反馈，电压并联负反馈

5.2 （1）C （2）A （3）B （4）A （5）C （6）D、A （7）B （8）C （9）A

5.3 如图T5.1（a）所示电路中，R_2、R_3、C组成反馈通路，引入了直流负反馈；图T5.1（b）所示电路中，R_2组成级间反馈通路，引入了交、直流电压并联负反馈；图T5.1（c）所示电路中，R_1、R_3组成级间反馈通路，引入了交、直流电压串联负反馈；图T5.1（d）所示电路中，R_1、R_2组成级间反馈通路，引入了交、直流电压串联负反馈；图T5.1（e）所示电路中，R_1组成级间反馈通路，引入了交、直流电流并联负反馈；图T5.1（f）所示电路

中，R_3、R_7、C_2组成级间反馈通路，引入了直流负反馈；R_4组成级间反馈通路，引入交、直流电流串联负反馈；图 T5.1（g）所示电路中，R_4组成级间反馈通路，引入了交、直流电压并联负反馈；图 T5.1（h）所示电路中，R_1、R_4组成级间反馈通路，引入了交、直流电压串联负反馈。

5.4　图 T5.1（b）$\dot{A}_{vf}\approx -\dfrac{R_2}{R_1}$；图 T5.1（c）$\dot{A}_{vf}\approx 1+\dfrac{R_3}{R_1}$；图 T5.1（d）$\dot{A}_{vf}\approx 1+\dfrac{R_2}{R_1}$；图 T5.1（h）$\dot{A}_{vf}\approx 1+\dfrac{R_4}{R_1}$。

5.5　电路图 T5.1（b）、图 T5.1（c）、图 T5.1（d）、图 T5.1（g）、图 T5.1（h）能稳定输出电压，并能减小输出电阻；电路图 T5.1（e）、图 T5.1（f）能稳定输出电流，并能增大输出电阻；电路图 T5.1（c）、图 T5.1（d）、图 T5.1（f）、图 T5.1（h）能增大输入电阻；电路图 T5.1（b）、图 T5.1（e）、图 T5.1（g）能减小输入电阻

5.6　（1）h-i 相连，j-f 相连，a-c 相连，d-b 相连；（2）h-i 相连，j-f 相连，a-d 相连，c-b 相连；（3）g-i 相连，j-e 相连，a-d 相连，c-b 相连；（4）g-i 相连，j-e 相连，a-c 相连，d-b 相连。

5.7　$F=0.025$

5.8　（1）$A_f\approx 1/F=50$　（2）A_f的相对变化量约为 0.05%

5.9　$F=0.04$，$A_v\approx 2500$

第 6 章

6.1　（1）负反馈，开环，正反馈　（2）电位（电压），电流　（3）积分，微分　（4）加减　（5）开环，正反馈，开环，正反馈　（6）1，2，回差　（7）阈值电压　（8）低通，高通，带阻，带通

6.2　（1）C　（2）B　（3）B，A　（4）A　（5）A　（6）B

6.3　图 T6.1（a）$A_v=-10$，$R_i=1\text{k}\Omega$；图 T6.1（b）$A_v=0$，$R_i=1\text{k}\Omega$

6.4　（a）$v_o=6\text{V}$（b）$v_o=6\text{V}$（c）$v_o=2\text{V}$（d）$v_o=2\text{V}$

6.5　（1）S 闭合，$v_o=-v_i$

（2）S 断开，$v_o=v_i$

6.6　$A_v=1$

6.7　① $v_o=-4\text{V}$

② $v_o=-4\text{V}$

③ 电路无反馈，$v_o=-14\text{V}$

④ $v_o=-8\text{V}$

6.8　$I_1=1\text{mA}$，$I_2=0.4\text{mA}$，$R_3=10\text{k}\Omega$

6.9　图 T6.7（a）$v_o=-2v_{i1}-2v_{i2}+5v_{i3}$；图 T6.7（b）$v_o=-10v_{i1}+10v_{i2}+v_{i3}$；图 T6.7（c）$v_o=8\,(v_{i2}-v_{i1})$；图 T6.7（d）$v_o=-20v_{i1}-20v_{i2}+40v_{i3}+v_{i4}$

6.10　（1）$V_C=6\text{V}$，$V_B=0\text{V}$，$V_E=-0.7\text{V}$　（2）$\beta=50$

6.11　（1）$v_3=$（$1+2.04\sin\omega t$)V，$v_4=$（$1-2.04\sin\omega t$)V，$v_o=-$（v_3-v_4）$=-4.08\sin\omega t\text{V}$

（2）$A_V=-270$，$R_1=186\Omega$

6.12　在图 T6.10 中，输入为方波，输出为三角波

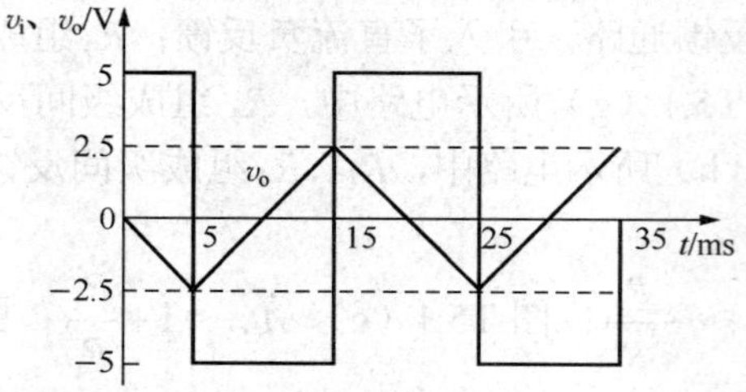

图 A6.1　习题 6.12 答案

6.13　①低通　②带通　③高通　④带阻

6.14　图 T6.11 (a)　$v_o = -\dfrac{R_3}{kv_{i3}}\left(\dfrac{v_{i1}}{R_1}+\dfrac{v_{i2}}{R_2}\right)$；图 T6.11 (b)　$v_o = -\dfrac{R_4}{R_2}kv_i^2 - \dfrac{R_4}{R_3}k^2v_i^3 - \dfrac{R_4}{R_1}v_i$

6.15　图 T6.12（a）　$\dot{A}_v = -\dfrac{R_2}{R_1}\bullet\dfrac{1}{1+j\omega R_2C}$，一阶低通滤波器

图 T6.12（b）$\dot{A}_v = \dfrac{1-j\omega CR}{1+j\omega CR}$，全通滤波器

图 T6.12（c）$\dot{A}_v = -\dfrac{j\omega R_2C_1}{1+j\omega(R_1C_1+R_2C_2)+R_1C_1R_2C_2(j\omega)^2}$，二阶带通滤波器

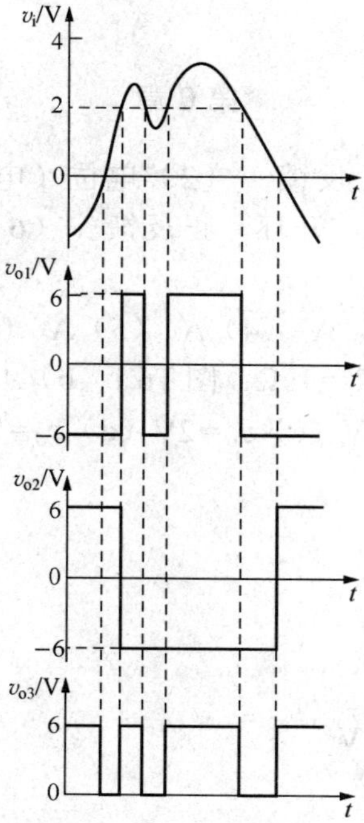

图 A6.2　习题 6.17 答案

6.16　图 T6.13（a）$V_T = -3V$，同相输入，$V_{OH} = 8V$、$V_{OL} = -8V$

图 T6.13（b）$V_T = 0V$，同相输入，$V_{OH} = 5V$、$V_{OL} = 0V$

图 T6.13（c）$V_{T1} = -2/3V$、$V_{T2} = 14/3V$，反相输入，$V_{OH} = 8V$、$V_{OL} = -8V$

图 T6.13（d）$V_{T1} = 0.5V$、$V_{T2} = 8.5V$，同相输入，$V_{OH} = 8V$、$V_{OL} = -8V$

图 T6.13（e）$V_T = 2V$，同相输入，$V_{OH} = 6V$、$V_{OL} = -6V$

图 T6.13（f）$V_{T1}=0V$、$V_{T2}=2V$，反相输入，$V_{OH}=6V$、$V_{OL}=-6V$

图 T6.13（g）$V_{T1}=0V$、$V_{T2}=2V$，窗口比较器，$V_{OH}=6V$、$V_{OL}=0V$

6.17　如图 A6.2 所示

6.18* （1）A_1 工作在线性区（电路引入了负反馈）；A_2 工作在非线性区（电路仅引入了正反馈）

（2）v_{o1} 与 i 的关系式为

$$v_{o1}=iR_1=100i$$

v_o 与 v_{o1} 的电压传输特性如图 A6.3（a）所示，因此 v_o 与 i 关系的传输特性如图 A6.3（b）所示。

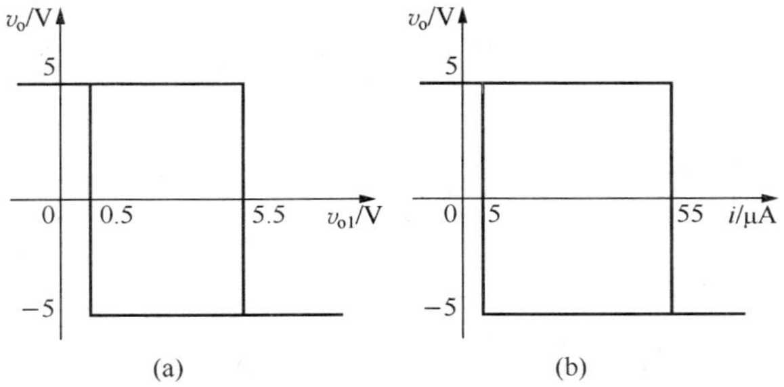

图 A6.3　习题 6.18 答案

第 7 章

7.1 （1）输入信号　（2）RC 振荡器，LC 振荡器，石英晶体振荡器　（3）$\dot{A}\dot{F}=1$，$\varphi_A+\varphi_F=2n\pi$，$|\dot{A}\dot{F}|=1$，$|\dot{A}\dot{F}|>1$　（4）一条水平亮线（电路不起振），方波（电压放大倍数太大）　（5）$\dfrac{1}{2\pi RC}$　（6）减小，负

7.2 （1）B （2）C （3）C （4）B，A，C （5）A （6）A，B，C （7）B，B，A，C，B，C，A

7.3 （1）× （2）× （3）× （4）× （5）√ （6）× （7）× （8）× （9）√

7.4 （1）R_P 的下限值为 2kΩ

（2）振荡频率的最大值和最小值分别为

$$f_{0\max}=\frac{1}{2\pi R_1C}\approx 1.6\text{kHz},\quad f_{0\min}=\frac{1}{2\pi(R_1+R_2)C}\approx 145\text{Hz}$$

7.5 （1）上“−”，下“+”

（2）输出严重失真，几乎为方波

（3）电路不起振，没有输出

（4）电路不起振，没有输出

（5）输出严重失真，几乎为方波

7.6 （1）上“+”，下“−”

（2）$145\text{Hz}<f_0<1592\text{Hz}$

（3）负温度系数

（4）R_t=2kΩ，I_t=1.5mA

（5）V_o≈6.4V

7.7 图 T7.4（a）可能，$f_0=\dfrac{1}{2\pi\sqrt{LC_1C_2/(C_1+C_2)}}$；图 T7.4（b）不能，图 T7.4（c）不能，图 T7.4（d）可能，$f_0=\dfrac{1}{2\pi\sqrt{LC_1C_2/(C_1+C_2)}}$

7.8 j-k 相连、m-n 相连。

7.9 正弦波振荡电路、同相输入过零比较器、反相输入积分运算电路、同相输入滞回比较器

7.10 T≈811μs，图略

7.11* （1）设 R_{P1}、R_{P2} 在未调整前滑动端均处于中点，则应填入 B，A，C，B，A，B，A，B，B。

（2）如图 A7.1 所示

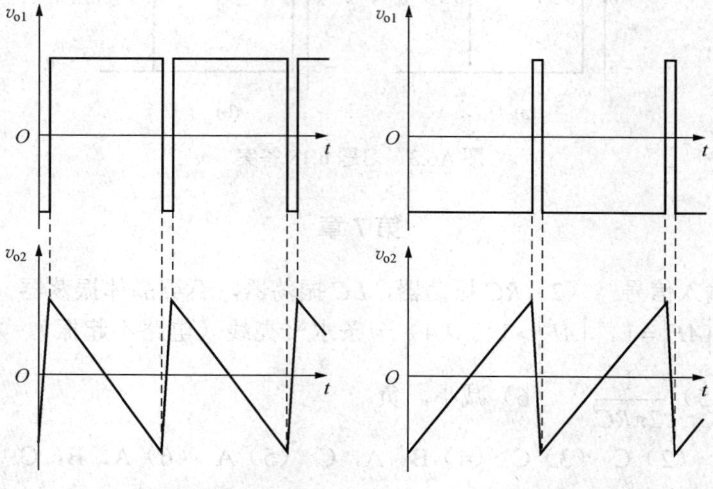

图 A7.1 习题 7.11 答案

第 8 章

8.1 （1）360°，180°，大于 180°小于 360° （2）输出功率，效率 （3）直流电源 （4）集电极最大允许耗散功率 P_{CM}，晶体三极管 c-e 间的击穿电压 $|V_{(BR)CEO}|$，最大集电极电流 I_{CM} （5）4W （6）16，78.5%，32

8.2 （1）A （2）B （3）B （4）C （5）C （6）B （7）B

8.3 （1）B （2）C （3）C （4）A （5）A （6）C （7）A

8.4 （1）R_3、VD_1 和 VD_2 用来克服交越失真；晶体三极管 VT_5 是前置放大级，起电压放大作用

（2）当输入正弦电压 v_i 为正半周时，VT_1、VT_2 截止，VT_3、VT_4 导通

（3）P_{om}=4W，η≈69.8%

（4）I_{Cmax}=0.5A，V_{CEmax}=34V，P_{Tmax}≈1W

8.5 （1）消除交越失真

（2）P_{om}=16W，$\eta\approx$69.8%

（3）R_6至少应取 10.3kΩ

（4）$P_{om}\approx$8W

8.6* （1）V_A=0.7V，V_B=9.3V，V_C=11.4V，V_D=10V

（2）$P_{om}\approx$1.53W，$\eta\approx$55%

第9章

9.1 （1）变压器，整流，滤波，稳压 （2）交流，直流 （3）单向导电性 （4）大，大 （5）电感，电容，电容 （6）基准电源，调整管，比较放大环节，采样电路 （7）放大 （8）①24V ②28V ③18V ④9V ⑤0V ⑥0V

9.2 （1）A （2）C （3）B （4）B （5）B，B （6）A，B （7）C （8）B （9）B，A （10）A，B （11）B （12）A （13）C （14）C

9.3 （1）波形图略

（2）$V_{O(AV)}\approx 0.9V_2$，$I_{L(AV)}\approx \dfrac{0.9V_2}{R_L}$

（3）二极管的平均电流$I_{D(AV)}$和所承受的最大反向电压V_R为

$$I_D\approx\frac{0.45V_2}{R_L},\quad V_R=2\sqrt{2}V_2$$

9.4 （1）$V_{O1}\approx0.45(V_{21}+V_{22})=13.5V$，$V_{O2}\approx0.9V_{22}=9V$

（2）VD_1的最大反向电压：$V_R>\sqrt{2}(V_{21}+V_{22})\approx 42V$

VD_2、VD_3的最大反向电压：$V_R>2\sqrt{2}V_{22}\approx 28V$

9.5 （1）$R_{max}=\dfrac{V_{Imin}-V_Z}{I_Z+I_{Lmax}}=400\Omega$，$R_{min}=\dfrac{V_{Imax}-V_Z}{I_{Zmax}+I_{Lmin}}=360\Omega$

（2）$S_r\approx\dfrac{r_Z}{R}\cdot\dfrac{V_I}{V_Z}\approx0.154$

9.6 VT_1，R_1、R_2、R_3，R、VD_Z，VT_2、R_c，R_0、VT_3，$\dfrac{R_1+R_2+R_3}{R_2+R_3}(V_Z+V_{BE2})$，$\dfrac{R_1+R_2+R_3}{R_3}(V_Z+V_{BE2})$

9.7 1接4，2接6，5接7、9，3接8、11、13，10接12，如图A9.1所示

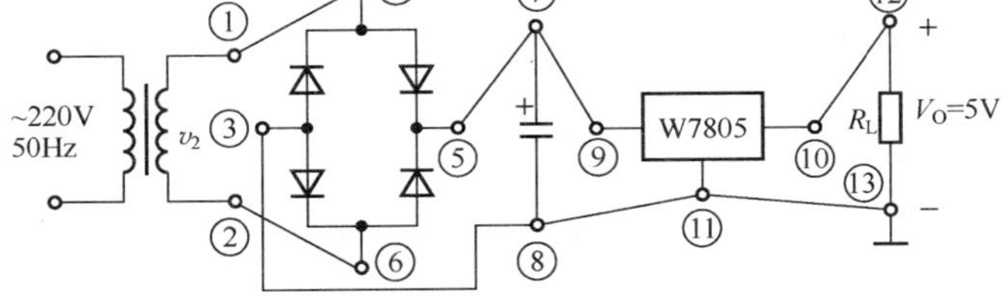

图 A9.1 习题 9.7 答案

9.8 （1）整流电路：VD_1～VD_4；滤波电路：C_1；调整管：VT_1、VT_2；基准电压电路：

R'、VD'_Z、R、VD_Z；比较放大电路：A；取样电路：R_1、R_2、R_3。

（2）上“-”、下“+”。

（3）输出电压表达式为

$$\frac{R_1+R_2+R_3}{R_2+R_3}\cdot V_Z \leqslant V_O \leqslant \frac{R_1+R_2+R_3}{R_3}\cdot V_Z$$

9.9 （1）$V_O \approx \left(1+\frac{R_2}{R_1}\right)V_{REF} = 1.25 \sim 16.9V$

（2）$V_{Imin} = V_{O\max} + V_{12\min} \approx 20V$；$V_{Imax} = V_{Omin} + V_{12\max} \approx 41.25V$

9.10 $V_{R2} = \frac{R_2}{R_1+R_2}\cdot V_{REF}$；$\frac{R_3+R_4+R_5}{R_3+R_4}\cdot V_{R2} \leqslant V_O \leqslant \frac{R_3+R_4+R_5}{R_3}\cdot V_{R2}$

参 考 文 献

陈大钦，2006. 模拟电子技术基础[M]. 北京：机械工业出版社.

高吉祥，2004. 模拟电子技术 [M]. 北京：电子工业出版社.

华成英，2007. 模拟电子技术基本教程[M]. 北京：清华大学出版社.

康华光，2013. 电子技术基础（模拟部分）[M]. 6 版. 北京：高等教育出版社.

李长俊，2010. 模拟电子技术[M]. 北京：科学出版社.

李晶皎，等，2012. 电路与电子学[M]. 北京：电子工业出版社.

李哲英，等，2008. 电子技术及其应用基础[M]. 北京：高等教育出版社.

龙忠琪，2007. 模拟集成电路教程[M]. 2 版. 北京：科学出版社.

谭博学，等，2012. 集成电路原理及应用[M]. 北京：电子工业出版社.

唐治德，2010. 模拟电子技术基础[M]. 北京：科学出版社.

童诗白，2009. 模拟电子技术基础[M]. 北京：高等教育出版社.

王丽，等，2012. 模拟电子技术基础[M]. 北京：电子工业出版社.

王淑娟，等，2009. 模拟电子技术基础[M]. 北京：高等教育出版社.

杨栓科，2003. 模拟电子技术基础[M]. 北京：高等教育出版社.

邹逢兴，2005. 集成模拟电子技术[M]. 北京：电子工业出版社.

Thomas L F, David M B, 2013. Analog Fundmentals-A Systems Approach [M].London:Pearson Education.